"十四五"职业教育国家规划教材

# 综合布线系统设计与实施

（第四版）

新世纪高职高专教材编审委员会 组 编
范 荣 主 编
谭 阳 彭治湘 刘 章 副主编

ZONGHE BUXIAN XITONG
SHEJI YU SHISHI

大连理工大学出版社

**图书在版编目(CIP)数据**

综合布线系统设计与实施 / 范荣主编. -- 4 版. --
大连 ：大连理工大学出版社，2022.1(2025.2 重印)
新世纪高职高专计算机网络技术专业系列规划教材
ISBN 978-7-5685-3684-4

Ⅰ. ①综… Ⅱ. ①范… Ⅲ. ①智能化建筑－布线－高等职业教育－教材 Ⅳ. ①TU855

中国版本图书馆 CIP 数据核字(2022)第 022306 号

大连理工大学出版社出版

地址:大连市软件园路 80 号　邮政编码:116023
发行:0411-84708842　邮购:0411-84708943　传真:0411-84701466
E-mail:dutp@dutp.cn　URL:https://www.dutp.cn

大连日升彩色印刷有限公司印刷　　大连理工大学出版社发行

---

幅面尺寸:185mm×260mm　　印张:18.75　　字数:433 千字
2008 年 8 月第 1 版　　2022 年 1 月第 4 版
2025 年 2 月第 8 次印刷

---

责任编辑:马　双　　责任校对:李　红
封面设计:对岸书影

---

ISBN 978-7-5685-3684-4　　定　价:59.80 元

# 前言

《综合布线系统设计与实施》(第四版)是“十四五”职业教育国家规划教材、“十三五”职业教育国家规划教材，也是新世纪高职高专教材编审委员会组编的计算机网络技术专业系列规划教材之一。

党的二十大报告指出，必须坚持科技是第一生产力、人才是第一资源、创新是第一动力。大国工匠和高技能人才作为人才强国战略的重要组成部分，在现代化国家建设中起着重要的作用。网络强国是国家的发展战略。要做到网络强国，不但要在网络技术上领先和创新，而且要确保网络不受国内外敌对势力的攻击，保障重大应用系统正常运营。因此，网络技能型人才的培养显得尤为重要。

本教材面向智能建筑系统集成师、计算机信息系统集成师、网络管理领域项目经理、系统集成工程师、网络管理员等相关工作岗位需求，培养学生综合布线系统需求分析、方案设计、安装施工、项目管理、测试验收、维护管理等职业能力。

本教材以项目为载体组织教学内容并以项目活动为主要学习方式(包括实训指导)，按照项目由易到难、由局部到整体的顺序组织涵盖综合布线技术的教学内容。全书分为基础模块和实践模块两个部分。基础模块分为两个单元：单元1认识综合布线系统，介绍智能大厦与综合布线的关系、综合布线的特点及组成等基础知识。单元2综合布线工程材料选型，介绍电缆器材、光缆器材、布线器材、常见综合布线设备等选型。实践模块包括八个项目：项目1通过对某检察院办公大楼综合布线项目的初步设计，介绍综合布线工程设计的基础知识及方法技能。项目2通过一多媒体教室的布线项目，重点介绍工作区子系统的设计与实施。项目3通过某酒店标准层综合布线工程，介绍配线子系统、管理子系统的设计与实施。项目4通过某医院综合教学楼的综合布线工程，重点介绍干线子系统、设备间子系统及接地的设计与实施。项目5通过一工业园区的综合布线工程，重点介绍进线间和建筑群子系统的设计与实施，还介绍

了综合布线工程的项目管理及工程验收等知识。项目6介绍居民小区的综合布线工程的设计与实施。项目7介绍数据中心的布线设计与实施。项目8介绍家居布线的设计与实施。

本教材由湖南网络工程职业学院范荣担任主编,由湖南网络工程职业学院谭阳、彭治湘、刘章担任副主编,长沙千通网络科技有限公司刘星宇参与编写。具体编写分工如下:范荣编写第一部分、第二部分项目2、项目5,谭阳编写第二部分项目1,彭治湘编写第二部分项目6,刘章编写第二部分项目3,刘星宇编写第二部分项目4、项目7、项目8。

在编写本教材的过程中,编者参考、引用和改编了国内外出版物中的相关资料以及网络资源,在此表示深深的谢意!相关著作权人看到本教材后,请与出版社联系,出版社将按照相关法律的规定支付稿酬。

本教材对技能操作内容提供了详细的操作步骤,每章节和项目都附有实训和习题,供学生技能训练使用和帮助学生进一步巩固基础知识。本教材配备了PPT课件及相关教案和实训视频,可直接登录网站(http://www.zonghebuxian.net.cn)下载或关注微信公众号"千通布线"获取。

由于作者知识水平和认知程度有限,书中难免有错误和不足之处,敬请使用本教材的师生和读者们批评指正。

编 者

所有意见和建议请发往:dutpgz@163.com
欢迎访问职教数字化服务平台:https://www.dutp.cn/sve/
联系电话:0411—84706671 84707492

# 目 录

## 第一部分 基础模块



## 第二部分 实践模块

# 本书配套 AR 资源使用说明

针对本书配套 AR 资源的使用方法，特做如下说明：首先用移动设备在华为、小米、360、百度、腾讯、苹果等应用商店里下载“大工职教教师版”或“大工职教学生版”APP，安装后点击“教材 AR 扫描入口”按钮，扫描书中带有 标识的图片，即可体验 AR 功能。

本书 AR 资源展示

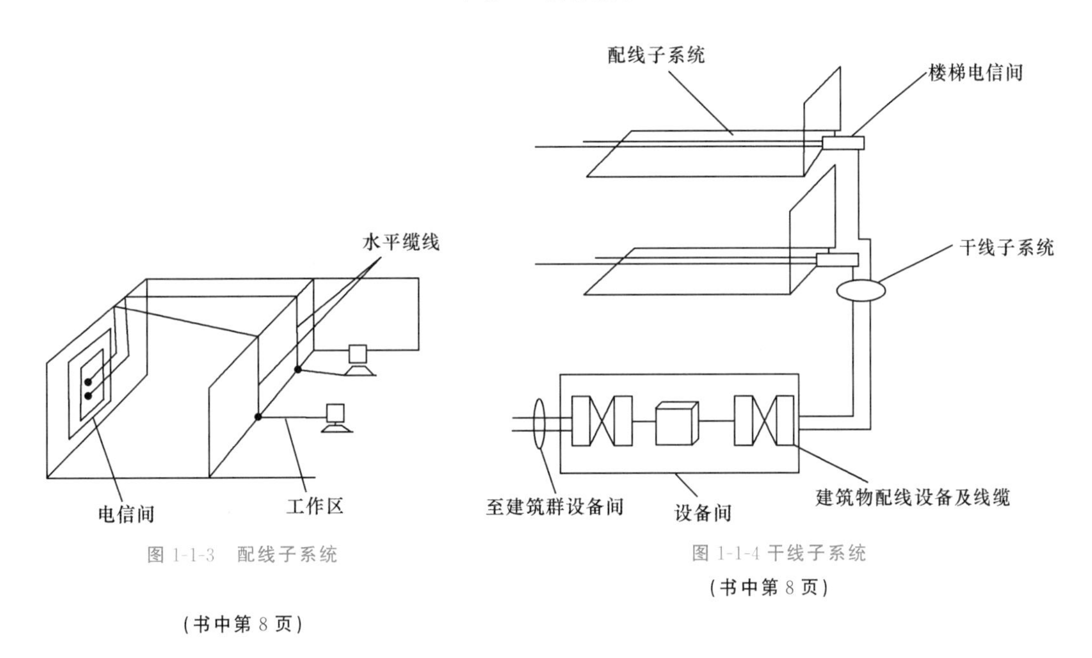


图 1-1-3 配线子系统

(书中第 8 页)

图 1-1-4 干线子系统

(书中第 8 页)

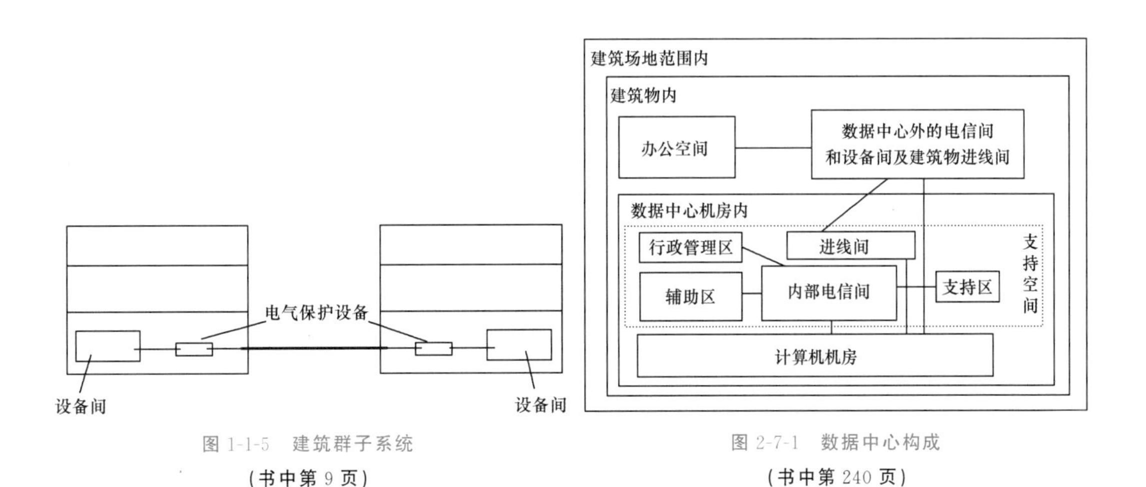


图 1-1-5 建筑群子系统

(书中第 9 页)

图 2-7-1 数据中心构成

(书中第 240 页)

# 第一部分
## 基础模块

# 单元 1 认识综合布线系统

## 1.1 综合布线的发展过程

### 1.1.1 结构化布线系统的产生

综合布线已经有 30 多年的历史。在 20 世纪 70 年代人们就发现，一些建成时间稍长的大厦内可能有高达 90%的电缆都是报废不用的。因为每上一种新应用或设备(那时多数是非标应用和非标设备)，设备供应商就鼓动用户铺设新的电缆，并声称如果不用他们指定规格的电缆，就不能保证新上的设备一定能稳定可靠地使用，多数用户被迫大量投资安装新规格非标电缆系统。10～20 年后，因为设备的更新换代，这些电缆不得不被废弃，造成巨大的浪费。并且，废弃不用的电缆被留在了建筑物的天花板和竖井中，成为火灾快速蔓延的助燃隐患。

人们开始转而期望用一种通用的、部署灵活的结构化布线系统来代替所有的信息电缆和控制电缆，一次布线终身使用。美国康普(CommScope)的贝尔(Bell)实验室的专家经过多年的研究，在办公楼和工厂试验成功的基础上，于 20 世纪 80 年代末率先推出了结构化布线系统(SCS)，其代表产品是建筑与建筑群综合布线系统(SYSTIMATMPDS)，并于 1986 年通过了美国电子工业协会(EIA)和电信工业协会(TIA)的认证，于是综合布线系统很快得到世界的广泛认同并在全球范围内推广。此后，美国安普(AMP)公司、美国西蒙(Siemon)公司、加拿大丽特网络(NORDX/CDT，原北方电信 Dorthern Telecom)公司、法国耐克森(Nexans，原 Alcatel 的电缆及部件公司)公司、德国科隆(KRONE)公司等也都相继推出了各自的综合布线产品。

结构化布线的核心概念是模块化。不管以后上什么新设备和新应用，都可以使用这种布线系统，无须重新铺设电缆，仅仅将跳线重新跳接到合适的设备上即可。结构化布线(铜缆)的发展速度在近 20 年非常惊人，从最早仅仅用于语音的 Class A 电缆，到带宽达到 4 MHz 的 Class B 类电缆，再到 16 MHz 的 Cat3、20 MHz 的 Cat4、突破性的 100 MHz 的 Cat5 和 Cat5E，继续向稳定的千兆以上速度突进的 Cat6 和支持万兆的 Cat6A，还有带宽达到 600 MHz/1 000 MHz、支持更高速率容量的 Class F/FA。人们不光考虑支持单个用户的大数据率传输需求，也考虑使用电缆来支持骨干链路高速率应用。

我国在 20 世纪 80 年代末期，也开始引入综合布线系统，随着综合布线系统在国内的普及，国内厂家如成都大唐、南京普天、TCL、浙江一舟、上海天诚等，也大量生产综合布线产品，国内综合布线产品在技术上虽然还与国外著名厂商有些差距，但都符合综合布线系统的标准和要求，相对于国外同类品牌的产品，其性价比更高，因此在综合布线选材中，应优先选择国内的综合布线产品。

### 1.1.2 智能大厦的产生

20 世纪 80 年代以来，随着科学技术的不断发展，大型建筑的服务功能不断增加。尤其是计算机、通信、控制技术及图形显示技术的相互融合和发展，使大厦的智能化程度越来越高，世界各地都兴建了智能大厦。

一般认为，智能大厦是将建筑、通信、计算机和监控等方面的先进技术相互融合，集成了最优化的整体，具有工程投资合理、设备高度自控、信息管理科学、服务高效优质、使用灵活便利和环境安全舒适等特点，并且能够适应信息化社会发展需要的建筑。

智能大厦是多学科跨行业的系统工程。它是现代高新技术的结晶，是建筑艺术与信息技术相结合的产物。随着通信技术和计算机技术的不断发展，大厦内的所有设施智能化程度越来越高，从而提高了智能大厦的服务水平。一栋智能大厦常由主控中心及建筑物自动化系统(BAS)、办公自动化系统(OAS)、通信自动化系统(CAS)四个部分组成。综合布线系统(GCS)是智能大厦内所有信息的传输系统。其系统组成和功能如图 1-1-1 所示。

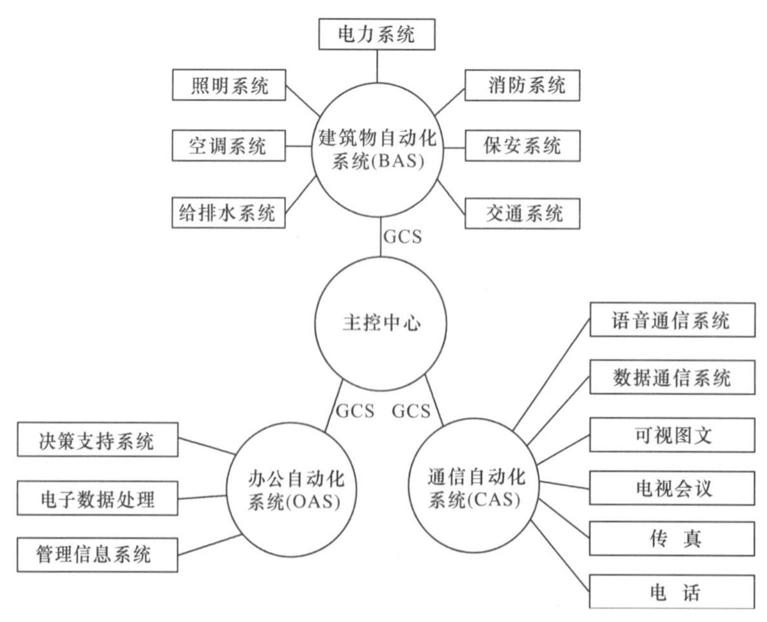


图 1-1-1 智能大厦的组成和功能

主控中心是以计算机为主体的智能大厦的最高层控制中心，它通过综合布线系统将各子系统连接为一体，对整个大厦实施统一的管理和监控，同时为各子系统之间建立起一个标准的信息交换平台。

建筑物自动化系统（BAS）是利用现代技术对建筑物内的环境及设备运转状况进行监控和管理，从而使大厦达到安全、舒适、高效、便利和灵活的目标，具体包括照明系统、空调系统、给排水系统、电力系统、消防系统、保安系统、交通系统。

办公自动化系统（OAS）是把计算机技术、通信技术、系统科学及行为科学应用于传统的数据处理技术难以处理的、数据量庞大且结构不明确的业务上，其主要有三项任务：电子数据处理（EDP）、管理信息系统（MIS）、决策支持系统（DSS）。

通信自动化系统（CAS）能实现智能大厦内各种图像、文字、语音及数据的高速传输，包括语音通信系统、数据通信系统、可视图文、电视会议、传真、电话等，它为用户提供各种通信手段。

综合布线系统（GCS）是智能大厦内所有信息的传输系统。它是由线缆及相关连接硬件组成的信息传输通道。它采用积木式结构、模块化设计、统一的技术标准，满足智能化建筑高效性、可靠性、灵活性的要求。

从上述的介绍中，可以归纳出智能大厦的四大主要特征：

（1）建筑物自动化（Building Automation，BA）。

（2）通信自动化（Communication Automation，CA）。

（3）办公自动化（Office Automation，OA）。

（4）布线综合化（Generic Cabling System，GBS）。

具有前三大特征的建筑可称为“3A”智能建筑。目前也有些建筑商将防火自动化（Fire Automation，FA）、管理自动化（Maintenance Automation，MA）、保安自动化（Safety Automation，SA）加入智能建筑中，得到“6A”智能建筑。但按照国际惯例来看，一般将FA和SA均放在BA中，而将MA放在OA内，因此，通常还是使用“3A”智能建筑的说法。

### 1.1.3 智能大厦与综合布线系统的关系

综合布线系统是智能大厦非常重要的组成部分，它是智能大厦信息传输的通道，为其他子系统的构建提供了灵活、可靠的通信基础。如果将智能大厦看成一个人的身体，各个应用系统看成人的各个肢体部分，那么综合布线系统则是遍布人体的神经网络，连接各个肢体部分，传输各种信息。它们之间的关系极为密切，主要表现在以下几个方面：

**1.综合布线系统是衡量智能大厦智能化的重要标志**

在衡量建筑的智能化程度时，既不看建筑的体积是否高大和造型是否新颖，也不看装修是否宏伟华丽和设备是否齐全，主要看建筑物中综合布线系统的配线能力，例如设备配置是否成套、技术功能是否完善、网络分布是否合理以及工程质量是否优良，这些都是决定建筑的智能化程度的重要因素，因为智能大厦能否为用户提供高度智能化服务，有赖于传送信息的网络的质量和技术，因此，综合布线系统具有决定性的作用。

**2.综合布线系统是智能大厦必备的基础设施**

综合布线系统在智能大厦中与其他设备一样，都属于建筑物必备的基础设施。综合布线系统把智能大厦内部的通信设备、计算机和各种设施以及设备,在一定条件下相互连接起来,形成完整配套的有机整体,以达到高度智能化的要求。由于综合布线系统具有兼容性、可靠性、使用灵活性和管理科学性等特点,所以能适应各种设施当前的需要和今后的发展,使智能大厦能够充分发挥智能水平。

3.综合布线系统需与房屋建筑融为一体

综合布线系统和房屋建筑既是不可分离的整体,又是不同类型和性质的工程建设项目。综合布线系统分布在智能大厦内,必然会有相互融合的需要,同时也有可能彼此产生矛盾。所以,在综合布线系统的工程设计、安装施工和使用管理的过程中应经常与建筑工程设计、施工、建设等有关单位密切联系,协调配合,寻求妥善合理的方式解决问题,以最大限度地满足各方面的要求。

4.综合布线系统能适应智能大厦建筑今后发展的需要

房屋建筑工程是百年大计,其使用寿命较长,一般都在几十年以上,甚至近百年或在百年以上。因此,目前在建筑规划或设计新的建筑时,应有长期性的考虑,使之能够适应今后的发展需要。由于综合布线系统具有较高的适应性和灵活性,能在今后相当长时期内满足通信发展要求。为此,在新建的高层建筑或重要的公共建筑中,应根据建筑物的使用对象和业务性质以及今后发展等各种因素,积极采用综合布线系统。对于近期确无需要或因其他因素,暂时不准备设置综合布线系统的建筑,应在工程中考虑今后设置综合布线系统的可能性,在主要通道或路由等关键部位,适当预留空间,以便今后安装综合布线系统时,避免临时打洞、凿眼或拆卸地板及吊顶等问题,以免影响房屋建筑结构强度和内部环境装修美观。

总之,智能大厦在规划设计的过程中,与综合布线的关系极为密切,必须在各个环节加以重视。

## 1.2 综合布线系统的特点

综合布线系统一般由高质量的线缆(包括双绞线电缆、同轴电缆或光缆)、标准的配线连接设备(简称接续设备或配线设备)和连接硬件等组成,是目前国内外公认的技术先进、服务质量优良的布线系统,正被广泛地推广使用。它具有以下几个特点:

1.综合性、兼容性好

综合布线系统具有综合所有系统和互相兼容的特点,采用光缆或高质量的布线材料和配线接续设备,能满足不同生产厂家终端设备的需要,语音、数据和图像等信号均能高质量地传递。

2.灵活性、适应性强

综合布线系统是根据语音、数据、视频和控制等不同信号的要求和特点,经过统一规划设计,将其综合在一套标准化的系统中,并备有适应各种终端设备和开放性网络结构的布线部件及接续设备(包括墙壁式的插座等),能完成各类不同带宽、不同速率和不同码型的信息传输任务。在综合布线系统中,任何一个信息点都能够连接不同类型的终端设备,当终端设备的数量和位置发生变化时,只需将插头拔出,插入新的插座,在相关的接续设

备上连接跳线式的装置就可以了,不需要新增电缆和插座。所以综合布线系统的灵活性和适应性要明显强于传统专业布线系统,而且使用方便,能够节省基本建设投资和维护费用。

**3.便于今后扩建和维护管理**

综合布线系统是由建筑物配线架(BD)、楼层配线架(FD)以及通信引出端(TO)组成的三级配线网络,每级采用星型拓扑结构,采用积木式的标准件和模块化设计,由中心结点集中管理,各条线路自成独立系统,互不影响。因此对综合布线系统的分析、检查、测试和排除故障都极为简便,可以节约大量维护费用和提高工作效率,并且系统的改建或扩建也非常方便。

**4.技术先进、经济合理**

综合布线系统各部分都采用高质量材料和标准化部件,并在安装施工过程中经过了严格的检查和测试,从而保证了整个系统在技术性能上优良可靠,完全可以满足目前和今后的通信需要。据统计,采用综合布线系统后,由于大楼中所有系统共用一个配线网络,其初装费可减少15%～20%,可使大楼管理人员减少约50%,大楼的能源损耗降低30%,系统发生变更时可减少大量的维护费用。因此,采用综合布线系统虽然初次投资较多,但总体上符合技术先进、经济合理的要求。

## 1.3 综合布线系统的组成

综合布线系统应为开放式网络拓扑结构,应能支持语音、数据、图像等多媒体业务信息传递的应用。综合布线系统一般采用分层星型拓扑结构,每个分支子系统都是相对独立的单元,对每个分支子系统的改动不影响其他子系统。综合布线系统工程设计分为以下几个部分。

**1.工作区**

一个独立的需要设置终端设备(TE)的区域宜划分为一个工作区。工作区应包括信息插座模块(TO)、终端设备处的连接线缆及适配器,如图1-1-2所示。

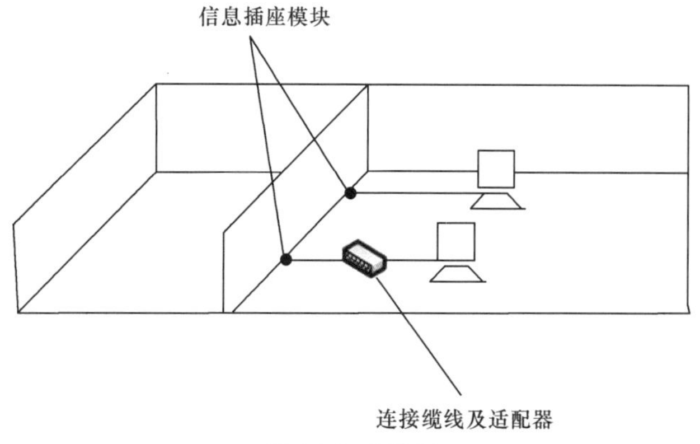


图1-1-2 工作区

2.配线子系统

配线子系统应由工作区内的信息插座模块、信息插座模块至电信间配线设备(FD)的水平线缆、电信间的配线设备及设备线缆和跳线等组成，如图 1-1-3 所示。

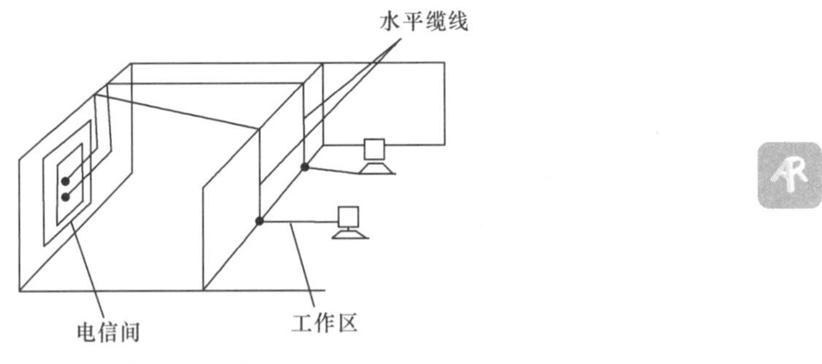


图 1-1-3 配线子系统

在综合布线系统中，要根据不同种类的终端设备选择相应的线缆，常用的线缆有 4 对屏蔽或非屏蔽双绞线、光缆。电信间是为楼层配线设备服务的，配线设备及相关线缆要根据接入系统的规模及类型确定。

3.干线子系统

干线子系统应由设备间至电信间的主干线缆、安装在设备间的建筑物配线设备(BD)及设备线缆和跳线组成，如图 1-1-4 所示。

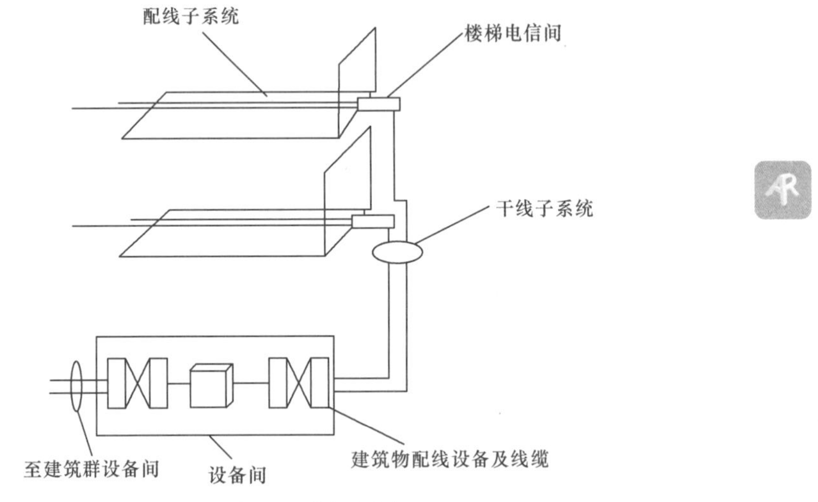


图 1-1-4 干线子系统

干线子系统一般采用大对数双绞线电缆或光缆，两端分别端接在设备间和楼层配线间的配线架上。干线电缆的规格和数量由每个楼层所连接的终端设备的类型及数量决定。干线子系统一般采用垂直路由，主干线缆沿着垂直竖井布放。

4.建筑群子系统

建筑群子系统应由连接多个建筑物之间的主干电缆和光缆、建筑群配线设备(CD)及设备线缆和跳线组成，如图 1-1-5 所示。

建筑群子系统提供了楼群之间通信所需的硬件，包括导线电缆、光缆以及防止电缆上

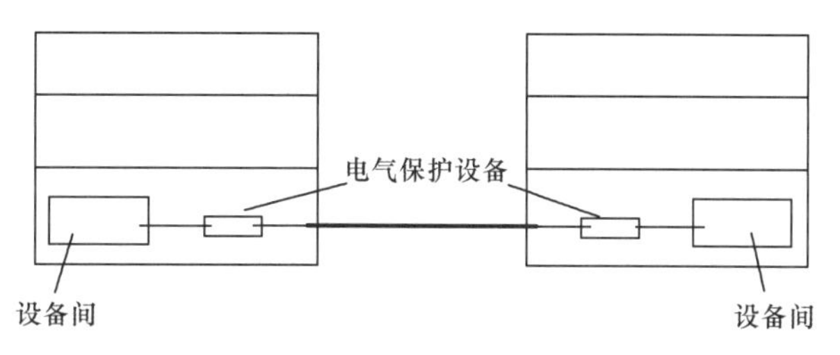

图 1-1-5 建筑群子系统

的脉冲电压进入建筑物的电气保护设备。建筑群子系统常用大对数电缆和光缆作为传输线缆，线缆铺设方式要根据工程造价及建筑群的具体环境而定。

5.设备间

设备间是在每栋建筑物的适当地点进行配线管理、网络管理和信息交换的场地。综合布线系统设备间宜安装建筑物配线设备、建筑群配线设备、以太网交换机、电话交换机、计算机网络设备。入口设施也可安装在设备间如图 1-1-6 所示。

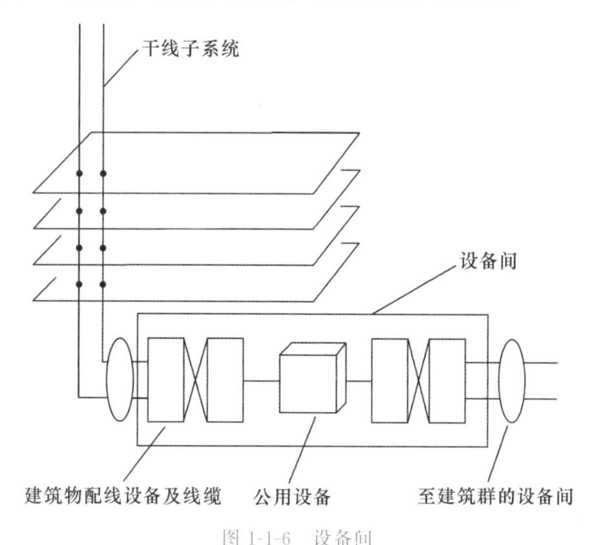


图 1-1-6 设备间

6.进线间

进线间是建筑物外部通信和信息管线的入口部位，并可作为入口设施和建筑群配线设备的安装场地。进线间主要作为多家电信业务经营者和建筑物布线系统安装入口设施时共同使用，并满足室外电、光缆引入楼内成端与分支及光缆的盘长空间的需要。由于光缆至大楼(FTTB)、至用户(FTTH)、至桌面(FTTO)的应用会使得光纤的容量日益增多，进线间就显得尤为重要。同时，进线间的环境条件应符合入口设施的安装工艺要求。在建筑物不具备设置单独进线间或引入建筑内的电、光缆数量较少时，也可以在线缆引入建筑物内的部位采用挖地沟或使用较小的空间完成线缆的成端与盘长，入口设施(配线设备)则可安装在设备间，但多家电信业务经营者的入口设施(配线设备)宜设置单独的场地，以便功能分区。

7.管理

管理应对工作区、电信间、设备间、进线间、布线路径环境中的配线设备、线缆、信息插座模块等设施按一定的模式进行标识、记录和管理。确保工程竣工后移交给用户的综合布线系统是可维护、易管理的。

设计综合布线系统应采用开放式星型拓扑结构，该结构下的每个子系统都是相对独立的。只要改变连接就可使网络在星型、总线型、环型等各种类型的网络拓扑间进行转换。综合布线配线设备的典型设置与功能组合如图1-1-7所示。当由多个建筑物构成配线系统时，为了使布线系统安全与正常工作，需要对布线路由有冗余的设计。不同建筑物内的建筑物配线设备(BD)与建筑物配线设备(BD)之间、本建筑物的建筑物配线设备(BD)与另一建筑物楼层配线设备(FD)之间、同一建筑物内的楼层配线设备(FD)与楼层配线设备(FD)之间可设置直通的路由。

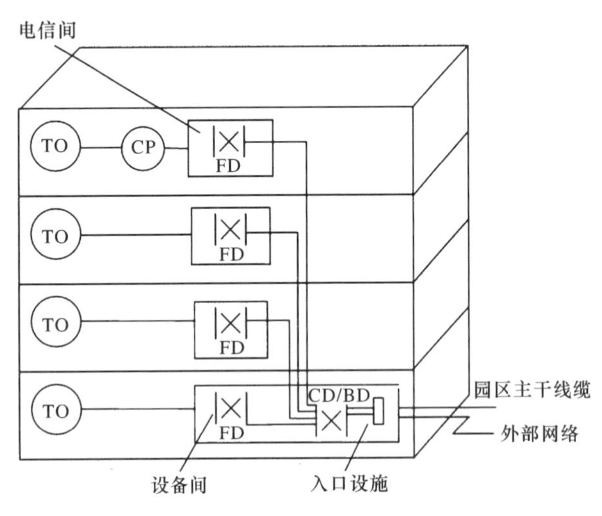


图1-1-7 综合布线配线设备的典型设置与功能组合

# 1.4 数据通信基本原理

## 1.4.1 数据通信基础

1.数据

数据(Data)是信息的载体，信息(Information)是数据的内容或解析，通信的目的是传送信息。在通信过程中，把各种信息包括字符、图形、音频与视频等转换成数据(如用ASCII或EBCDIC来表达字母和数字，采用GIF或BMP等表达图像)的形式。

数据可分为模拟数据和数字数据。模拟数据(Analog Data)是在某区间内连续变化的值，如由传感器采集得到的连续变化的温度、压力等；数字数据(Digital Data)是离散的值，如计算机中所用的二进制代码“1”和“0”。

2.信号

信号(Signal)是数据的电子或电磁编号，它使数据以适当的形式在介质中传输。信号可分为模拟信号和数字信号。模拟信号是随时间连续变化的电流、电压或电磁波；数字信号则是一系列离散的电脉冲。如图 1-1-8 所示，在示波器上看到的模拟信号是连续的正弦波，数字信号是离散的方波，用高电平和低电平来表示逻辑上的“1”和“0”。信号波形随着模拟信号的变化而变化。从数学角度看，信号通常是时间的函数，在时域上可划分为连续函数和离散函数。

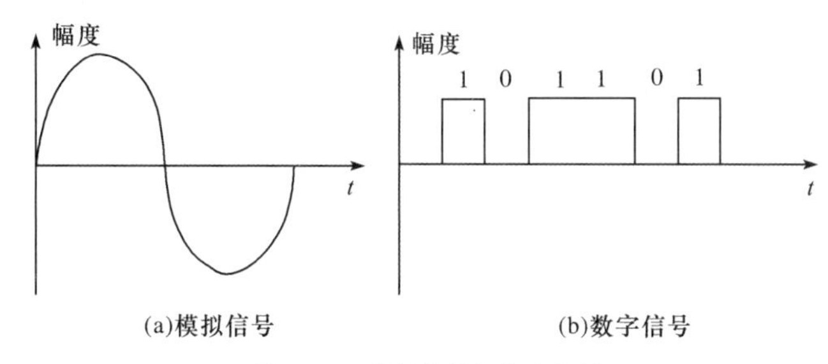


图 1-1-8 模拟信号与数字信号

3.数据通信模型

数据通信(Data Communication)是指通过某种传输媒介，依照一定的通信协议，在两地之间进行数据信息的传输和交换的一种通信业务。它可实现计算机和计算机、计算机和终端以及终端与终端之间的数据信息传送。是继电报、电话业务之后的第三种最大的通信业务。

任何一个远程信息处理系统或计算机通信网都必须实现数据通信与信息处理两方面的功能，前者为后者提供信息传输服务，而后者则是在前者提供的服务基础上实现系统的应用。数据的传输和交换可以发生在计算机内部各部件之间、计算机与各种外围设备之间或者计算机与计算机之间。由于数据通信是计算机与计算机或计算机与终端的通信，为了有效而可靠地进行通信，通信双方必须按一定的规程进行，如收发双方的同步、差错控制、传输链路的建立、维护和拆除及数据流量控制等，所以必须设置通信控制器来完成这些功能，对于软件部分就是通信协议，这也是数据通信与传统电话通信的主要区别。

数据通信系统是由数据信息、数据终端设备和数据电路终接设备以及通信链路 4 个部分组成的一个完整系统，各部分互相配合实现数据终端之间的数据通信。由于数据通信传输的是数据，所以一台或多台计算机及与计算机有关的设备将是数据通信系统的一部分。

(1)数据信息

在数据通信中被传送的具有一定编码、格式和位长要求的数字信号称为数据信息。

网络系统中，数据信息的传输实际上是信号(电信号或光信号)在传输介质中的传送。在物理层上，信息被转换成可以通过有线介质(铜线或光缆)或无线介质(电磁波)传输的信号。

(2)数据终端设备(DTE)

数据终端设备通常指计算机或终端,主要是计算机,它是数据通信的来源与目的地,即数据通信的起点和终点。DTE产生的是数字信号,接收的也是数字信号。

(3)数据电路终接设备(DCE)

数据电路终接设备是DTE与通信链路之间的转换连接设备,也可认为它是DTE与通信子网的接口设备。如调制解调器(MODEM)、编码解码器(CODEC)。

(4)通信链路(Communication Link)

在数据通信系统中,通信结点之间必须建立一条物理或逻辑的数据通道,用以传输数据,这条数据通道称为通信链路。可以是简单的传输线路或复杂的网络系统。一般在大型通信网络中或相距较远的两结点之间的通信链路,都利用现有的公共数据通信线路。常用的通信链路包括无调制解调器电缆、公用电话网(PSTN)、分组交换网(PSN)、数字数据网(DDN)、局域网(LAN)、综合业务数字网(ISDN)等。

按照通信链路上各数据终端结点的连接方式,可将数据通信系统分为“点到点”链路和“多点共享”链路两种拓扑结构。一般“点到点”结构的数据通信系统模型可由图1-1-9加以概括。

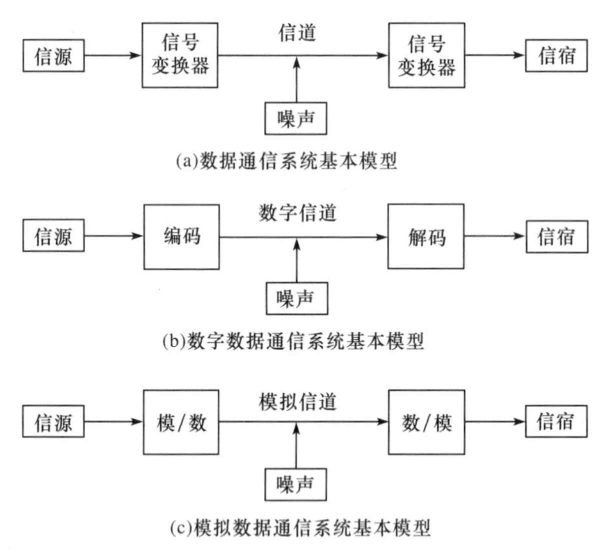


图1-1-9 数据通信系统模型

信源是通信过程中产生和发送信息的DTE,信宿是通信过程中接收和处理信息的DTE。信源的作用是把各种可能信息转换成原始电信号,通过DCE变换将其转换成适合在信道上传输的信号,通过信道传输到远地的电信号先由接收端的变换器DCE复原成原始的信号,再送给信宿,而后由信宿将其转换成各种信息,从而提供不同应用。

信道(Channel)是通信双方之间以传输介质为基础传输信号的通道,由传输介质及其两端的信道设备共同构成。按传输介质,信道可分为有线信道和无线信道两大类。使用有形的媒体作为传输介质的信道称之为有线信道,包括电话线、双绞线、同轴电缆和光缆等。综合布线系统就是提供信号传输的有线信道,是指连接两个应用设备的端到端的传输通道。信道包括设备电缆、设备光缆和工作区电缆、工作区光缆。以电磁波在空间的传播方式传送信息的信道称之为无线信道，包括无线电、微波、红外线和卫星通信信道等。

信号变换器的作用是将信源发出的信息变换成适合在信道上传输的信号。

信道和通信链路并不等同。信道一般是用来表示向某一个方向传送信息的介质，而一条通信链路往往包含一条发送信息信道和一条接收信息信道。一个信道可以看成一条通信链路的逻辑部件。同一传输介质上可提供多条信道，一条信道只允许一路信号通过。按相应的数据在传输过程中采用的信号方式，可以把信道划分为模拟信道和数字信道两类。

4.数据通信方式

(1)按每次传送的位数划分

计算机网络中传输的信息都是数字数据，计算机之间的通信就是数据通信方式，数据通信是计算机和通信线路结合的通信方式。在数据通信中，按每次传送的数据位数，通信方式可分为并行通信和串行通信，如图 1-1-10 所示。

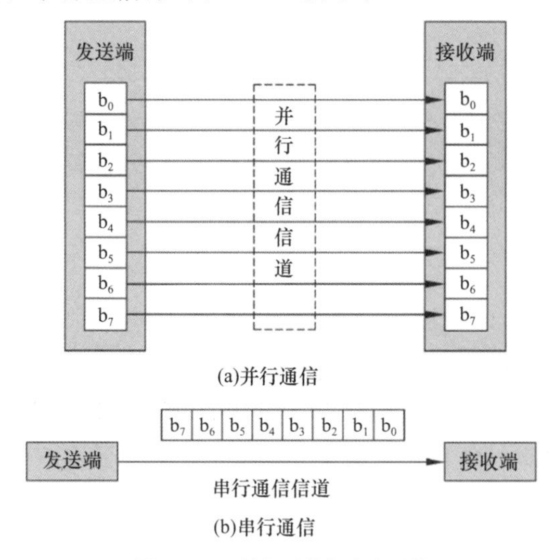


图 1-1-10 并行通信与串行通信

并行通信是一次同时传送 8 位二进制数据，从发送端到接收端需要 8 根传输线。并行方式主要用于近距离通信，如在计算机内部的数据通信通常以并行方式进行。这种方式的优点是传输速度快，处理简单。

串行通信一次只传送一位二进制的数据，从发送端到接收端只需要 1 根传输线。串行方式虽然传输效率低，但适合远距离传输，在网络中(如公用电话系统)，普遍采用串行通信方式。

(2)按传输的方向分为单工通信、半双工通信、全双工通信(图 1-1-11)

单工通信信道是单向信道，发送端和接收端的身份是固定的，发送端只能发送信息，不能接收信息；接收端只能接收信息，不能发送信息，数据信号仅从一端传送到另一端，即信息流是单方向的。

半双工通信是指数据可以沿两个方向传送，但同一时刻一个信道只允许单方向传送，因此又被称为双向交替通信(信息在两点之间能够在两个方向上进行发送，但不能同时发送)。

全双工通信是指在通信的任意时刻，线路上可以同时存在 A 到 B 和 B 到 A 的双向信号传输。在全双工方式下，通信系统的每一端都设置了发送器和接收器，因此，能控制数据同时在两个方向上传送。全双工方式无须进行方向的切换，因此，没有切换操作所产生的时间延迟，这对那些不能有时间延误的交互式应用(例如远程监测和控制系统)十分有利。

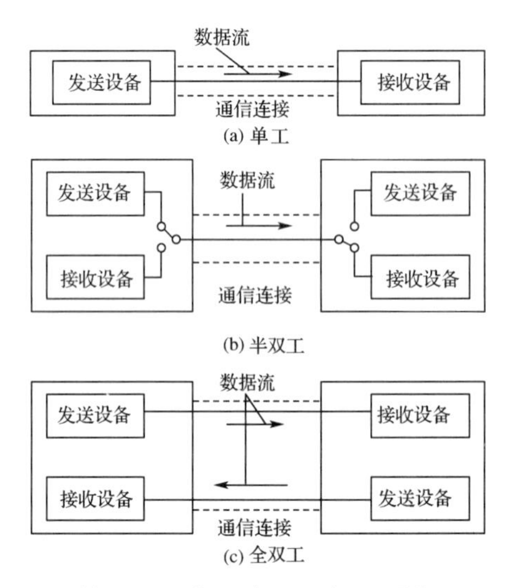


图 1-1-11 单工、半双工、全双工通信

(3)按通信的收发双方时间同步方式不同分为异步传输和同步传输

数字通信中必须解决的一个重要问题，就是要求通信的收发双方在时间基准上保持一致。即接收方必须知道它所接收的数据每一位的开始时间与持续时间，这样才能正确地接收发送方发来的数据。数据通信中常用的两种同步方式是异步传输和同步传输。

异步传输是以字符为单位进行传输，传输字符之间的时间间隔可以是随机的、不同步的。但在传输一个字符的时段内，收发双方仍需依据比特流保持同步，所以也称为起-止式同步传输。为实现字符数据异步传输，每个字符的首尾附加起始位和停止位，如图 1-1-12 所示。

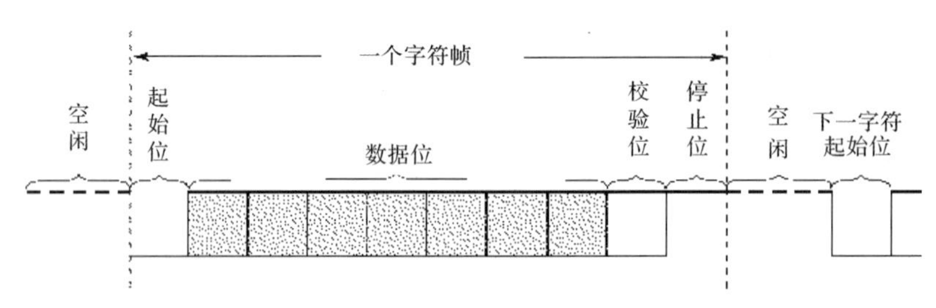


图 1-1-12 异步传输原理

同步传输是以数据块为传输单位。每个数据块的头部和尾部都要附加一个特殊的字符或比特序列，标记一个数据块的开始和结束，一般还要附加一个校验序列(如 16 位或 32 位 CRC 校验码)，以便对数据块进行差错控制，如图 1-1-13 所示。

同步方式数据帧的典型组成如下：

- 同步字符(SYN)：表示数据帧的开始
- 地址字符：包括源地址和目的地址
- 控制字符：用于控制信息
- 数据字符：用户数据
- 检验字符：用于检错
- 帧结束字符：表示数据帧的结束

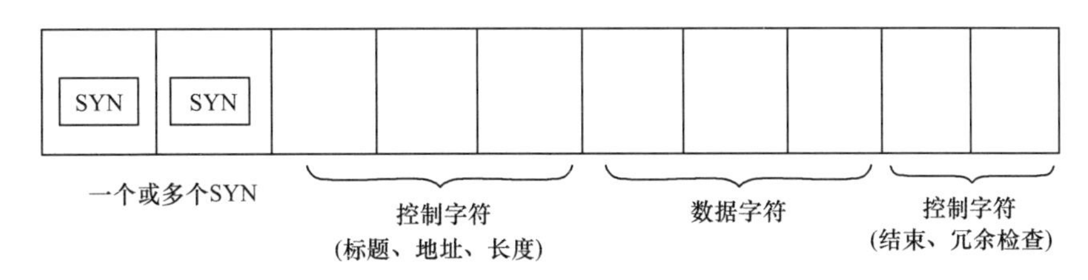


图 1-1-13　同步传输原理

异步传输通过传输字符的“起止位”和“停止位”而进行收发双方的字符同步，但不需要每位严格同步；而同步传输不但需要每位精确同步，还需要在数据块的起始与终止位置进行一个或多个同步字符的双方字符同步的过程。

异步传输相对于同步传输具有效率低、速度慢、设备便宜等特点，适用于低速场合。

## 1.4.2　数据通信系统的主要指标

在数字通信中，一般使用比特率和误码率来分别描述数据信号传输速率和传输质量；在模拟通信中，常使用带宽和波特率来描述通信信道传输能力和数据信号对载波的调制速率。

### 1.传输速率

传输速率是指数据在信道中传输的速率，有两种度量单位：比特率和波特率。

(1)比特率

比特率是指数据的传输速率，也叫信息速率，反映一个数据通信系统每秒传输二进制信息的位数，在数值上等于每秒钟传输构成数据代码的二进制比特数，单位为比特/秒，记作 bit/s 或 b/s，即 bps(bit per second)。更常用的单位是千比每秒，即 kbit/s($10^3$ bit/s)；兆比每秒，即 Mbit/s($10^6$ bit/s)；吉比每秒，即 Gbit/s($10^9$ bit/s)；太比每秒，即 Tbit/s($10^{12}$ bit/s)。

(2)波特率

波特率指信号的传输速率，它是数字信号经过调制后的传输速率，又称码元速率或波形速率，指单位时间内通过信道传输的码元数，单位为波特，记作 Baud。1 波特表示每秒传送一个码元(Code Cell)。

### 2.误码率

误码率是衡量数据通信系统在正常工作情况下传输可靠性的指标，它定义为传输出错的码元数占传输总码元数的比例。假设传输总码元数为 $N$，传输出错的码元数为 $Ne$，

则误码率 $Pe=Ne/N$。在数据通信中，为了控制差错，一般要求系统的误码率 $Pe\leqslant 10^{-8}$。对于一个实际的数据传输系统，不能笼统地说误码率越低越好，要根据实际传输要求提出误码率要求。在数据传输速率确定后，误码率越低，传输系统设备越复杂，造价越高。在实际的数据传输中，电话线路传输速率在 300～2 400 bit/s 时，平均误码率为 $10^{-2}$～$10^{-4}$。计算机通信的平均误码率要求低于 $10^{-9}$。

3.带宽

带宽(bandwidth)即频带宽度，通常有 3 种意义。

(1)信号带宽：指某个信号具有的频带宽度，单位为赫(Hz)。由于信号中的大部分能量都集中在一个相对较窄的频带范围之内，因此一般将信号大部分能量集中的那段频带称为有效带宽，简称带宽。任何信号都有带宽。一般来说，信号的带宽越大，利用这种信号传送数据的速率就越高，要求传输介质的带宽也越大。如声音信号的频谱大致是 20 Hz～20 kHz 的(低于 20 Hz 的信号为次声波，高于 20 kHz 的信号为超声波)，但用一个窄得多的带宽就能重现可接收的话音，因而话音信号的标准频谱为 300 Hz～3 400 Hz，其带宽为 3.1 kHz。电视信号的频谱为 0～4 MHz，因此其带宽为 4 MHz。信号带宽由信号能量谱密度或功率谱密度在频域的分布规律确定。

(2)信道带宽：指信道能不失真地传输信号的频率宽度，即信道可传送信号的上、下限频率的差值，单位是赫 Hz(或千赫 kHz、兆赫 MHz、吉赫 GHz 等)。例如，模拟电话信道的带宽为 4 kHz，数字电话信道带宽约为 64 kHz，而传送电视信号的信道带宽不低于 4 MHz。所谓宽带，就是指比音频(4 kHz)带宽还要宽的频带。带宽由信道的物理特性决定，带宽在一定程度上体现了信道的信息传送能力。

在以 MHz 来计量的信道带宽和以 Mbit/s 来计量的数据传输速率之间存在着一个基本关系。可以利用高速公路主干线的交通流量来形象地说明带宽与数据传输速率概念之间的关系。带宽可比作高速公路上行车道的数量，数据传输速率可比作交通流量或每小时车辆的通过数量。扩大交通流量的一种方法是加宽高速公路，而另一种方法是改善路面质量和消除瓶颈。在计算机网络行业中，广泛使用的是数据传输速率，而在综合布线行业中使用的则是信道带宽。例如基于 ATM(Asynchronous Transfer Mode)技术的宽带综合业务数字网(B-ISDN)，骨干带宽为 2.5 Gbit/s，接入层带宽为 622 MHz/155 MHz，对于ATM155，其中 155 是指数据传输速率，即 155 Mbit/s，而实际带宽为 80 MHz；又如 1 000 Mbit/s 以太网，由于采用 4 对线全双工的工作方式，对其传输带宽的要求只有 100 MHz，所以要注意分清信道带宽与数据传输速率这两个概念，不要将二者混淆。

对于数字信道，一般用信道容量这个术语描述它的信息传送能力，通常指一个信道的最大数据传输速率，单位是比特/秒(bit/s)。信道容量与数据传输速率的区别是，前者表示信道的最大数据传输速率，是信道传输数据能力的极限，而后者是实际的数据传输速率。就像高速公路上的最大限速与汽车实际速度的关系一样。当传输速率超过信道容量时就会产生失真。只要传输速率低于信道容量，就一定可以找到某种办法来实现无差错的传输。

用于描述无噪声信道和有噪声信道的信道容量与信道带宽的关系，有两个重要的准则，即奈奎斯特定理和香农定理。奈奎斯特定理说明了离散无噪声信道的容量为信道带

宽的两倍，香农定理说明了信道容量与信噪比有关。信道的带宽或信噪比越大，信道的极限传输速率越高。所以在选择综合布线线缆类型时应从线缆用途、要求的传输容量、价格等多方面综合考虑，更重要的是注意线缆的频率特性和传输带宽的大小。一般来说，信道的带宽与其信道的容量成正比，信道的带宽大，其信道的容量也大，其传输速率也较高。因此，在综合布线系统中更高的带宽意味着更高的数据传输速率。有时“带宽”也是数字信道所能传送的“最高数据速率”的同义词。表 1-1-1 是几种常用传输媒介的速率与带宽比较。

表 1-1-1　常用传输媒介的速率与带宽比较

| 传输媒介 | 速率/带宽 | 传输距离 | 性能(抗干扰性) | 价格 | 应用 |
|---|---|---|---|---|---|
| 双绞线 | 10～10 000 Mbit/s | 100m | 可以 | 低 | 模拟/数字传输 |
| 50 Ω 同轴电缆 | 10 Mbit/s | 3 km | 较好 | 略高于双绞线 | 基带数字信号 |
| 75 Ω 同轴电缆 | 300～450 MHz | 100 km | 较好 | 较高 | 模拟传输视频、数字及音频信号 |
| 光纤 | 几十 Gbit/s | 30 km | 很好 | 较高 | 远距离传输 |
| 短波 | <50 MHz | 全球 | 较差 | 较低 | 远程低速通信 |
| 地面微波接力 | 4～6 GHz | 几百 km | 好 | 中等 | 远程通信 |
| 卫星 | 500 MHz | 18 000 km | 很好 | 与距离无关 | 远程通信 |

(3)系统带宽：指数据通信系统的 DCE 实际接入带宽，通常由通信链路的传输介质、接口部件、协议及传输信息的特性等决定。在模拟通信中模拟信号的传输要求接收端无波形失真，一般要求信道带宽大于系统带宽，系统带宽大于信号带宽，否则就会产生信号失真。而在数字通信中数字信号的传输要求接收端无差错地恢复成原来的二进制码，可以允许一定的信号失真存在，只要不影响正确恢复信码即可，所以上述要求可以适当放宽。

例如，计算机通过 RS-232 与外置型 56 kbit/s MODEM 联机拨号上网时的理论速率为 56 kbit/s，实际 DCE 连接速率 52 kbit/s 为通信系统的传输速率，而 PSTN 的极限速率 33.6 kbit/s 才是真正的数据传输速率。此系统带宽主要与用户的 DCE、通信链路种类及 ISP 的联机方式有关。

### 1.4.3 数据传输技术

数据通信按照信号传输方式，可分为基带传输、频带传输和宽带传输 3 种。

#### 1.基带传输

基带传输(Baseband Transmission)指通过有线信道直接传输数字信号。由于在近距离范围内，基带信号的功率衰减不大，从而信道容量不会发生变化，因此，基带传输一般用于传输距离较近的数字通信系统，如总线拓扑结构的局域网，在 2.5 km 的范围内，可以达到 10 Mbit/s 的传输速率。

根据一次传输数位的多少可将基带传输分为串行(Serial)和并行(Parallel)通信方式。串行通信是在一根数据传输线上，每次传送一位二进制数据，即数据一位接一位地传送，在传输距离远和传输数字数据时，都采用串行通信方式。并行通信方式是将 8 位、

16 位或 32 位的数据按数位宽度同时进行传输，每一个数位都有自己的数据传输线和发送、接收设备。在计算机设备内部或主机与高速外设(如打印机、磁盘存储器)之间，一般都采用并行通信，它可以获得很高的数据传输速率。并行通信一般只在 1 m 以内的极短距离内进行。如果要进行远距离的并行通信，则要求采用多元调制或复用的信号编码与变换技术。在同样的时钟频率下，与同时传输多位数据的并行通信相比，串行通信方式的速度要慢得多。但由于串行通信节省了大量通信设备和通信线路，在技术上更适合远距离通信。因此，计算机网络普遍采用串行通信方式传输数据。

2.频带传输

在实现远距离通信时，经常借助于 PSTN，此时就需要利用频带传输方式。在 PSTN 中双绞铜线为传统的模拟电话提供 300～3 400 Hz 的频带，不适合直接传输计算机的数字基带信号。为此，必须将基带信号通过某种频率变换后模拟为语音频带信号与对方实行数据通信。所谓频带传输，是指将数字信号调制成音频信号后再进行发送和传输，到达接收端时再把音频信号解调成原来的数字信号。可见，在采用频带传输方式时，要求发送端和接收端都要安装调制器(Modulator)和解调器(DEModulator)。若发送端和接收端以全双工进行数据传输时，每段都需要一个同时具备调制和解调功能的设备，这种设备称为调制解调器(MODEM)。如计算机利用 56 kbit/s MODEM 可通过 PSTN 拨号接入因特网进行数据传输，即窄带上网。

3.宽带传输

宽带传输(Broadband Transmission)是指用比语音频带更宽的频带传输。宽带传输常采用 75 Ω 电视同轴电缆或光纤作为传输介质，通过使用多路复用(Multiplex)技术，将音频信号、视频信号和数字信号这三个子频带同时进行传输。例如宽带同轴电缆原是用来传输电视信号的，当用它来传输数字信号时需要利用电缆调制解调器(Cable MODEM)把数字信号变换成几十 MHz 到几百 MHz 的模拟信号。采用频分复用(FDM)技术将整个带宽划分为若干个子频带，分别用这些子频带来传送音频信号、视频信号以及数字信号。这样可以让多路通信信道同时共用一条通信链路，以提高传输线路的利用率。需要注意的是：宽带传输一般是采用频带传输技术的，但频带传输不一定就是宽带传输(如拨号上网)。

宽带传输的优点是传输距离远，可达几十公里，而且同时提供了多个信道。但它的技术较复杂，其传输系统的成本也相对较高。人们通常把骨干网传输速率在 2.5 Gbit/s 以上、接入网传输速率能够达到 1 Mbit/s 的网络定义为“宽带网”。与传统的窄带网络相比，宽带网在速度上占据极大的优势，它可以为上网者提供更为平滑的视频图像、更为清晰逼真的声音效果和更为迅速的网站搜索服务。

## 1.5 综合布线工程的基本流程和工作

综合布线系统是在智能建筑或智能小区中计算机网络系统互联的一个基础系统。在智能建筑中的网络系统工程建设项目内，综合布线系统工程建设既可以作为整个网络系统工程建设的一部分，由总系统集成单位来完成，也可以作为一个独立的工程建设分立出来，由布线系统集成单位来完成。

### 1.5.1 综合布线基本流程

建设综合布线工程的目标是满足智能建筑和智能小区中用户的各种信息要求，将综合布线系统的各种线缆、接续设备和连接硬件进行优化组合，合理配置，系统集成，将它建设成为高效实用、经济合理、性能优良、安全可靠、运行稳定和使用方便的信息化网络系统。所以综合布线系统工程的基本流程是从用户需求分析、方案设计开始，包括土建施工、技术安装、功能测试，直到最后维护运行。目前，综合布线工程大致可分成预售/销售、具体实施、验收与客户支持3个阶段。

**1.预售/销售阶段**

预售/销售阶段是布线工程的第一个阶段。这个阶段的第一步就是获得工程项目，承包商应将能说明其能力和历史背景的资料提交给客户。预售阶段的结果是预期的客户接受承包商的资质并邀请他们参与投标。综合布线工程招标文件规定了工作的范围，也提供了详细的规范文档。承包商应从客户处领取招标文件。

承包商领取综合布线工程招标文件之后，将进行用户需求分析，主要任务是与客户协商网络需求，现场勘察建筑，根据建筑平面图等资料，初步确定信息点数目与位置、主干路由和机柜位置。

在此之后，对招标文件的回应成为承包商的责任。承包商需要针对招标文件和需求分析结果，为客户提供一个切实可行的解决方案，在该方案中对整个工程进行设计，说明综合布线工程施工将要包含的内容，例如电缆类型、连接器以及其他设备和报价。根据工程的规模，承包商还需要提供项目评价、分包商名单等内容，从而形成承包商的投标文件。

客户将对承包商提交的方案进行评议，确定初步中标单位的先后顺序，然后对初步中标的单位进行审查、筛选、对比，必要时可进一步考察，最终决定工程承包商。客户在选择时，不应排除各种专业公司组合的可能性。例如，可以选择布线系统公司负责系统布线工程，计算机集成公司负责计算机系统，网络集成公司负责网络系统的互联，以充分发挥其各自的优势，弥补不足。

客户组织有关单位开会或聘请专家小组对承包商提交的设计方案全面审查和评议，提出修改意见和建议，最后承包商按评审意见和结论进行修正。然后，客户与系统集成单位进行设备或部件的选型，商定订货细节，办理所有对外协议和签订合同。

**2.具体实施阶段**

综合布线工程的具体实施会根据工程的不同情况有所区别，通常有以下流程：

(1)设计交底

承包商应根据工程进度计划、工程量、施工组织设计要求及现场实际情况，在人员进场之前做好教育工作，并组织好人力、物资的进场工作。各施工人员要熟悉图纸及图纸会审纪要，密切配合土建施工。在施工期间，要密切注意由土建负责施工的预埋件和预留孔是否正确，以及管槽安装是否正确。

(2)管槽安装施工

根据设计方案和工程实际情况,由综合布线工程承包商与建筑物土建承包商、装潢承包商等相互协调,完成地板内或吊顶上线槽和线管的安装和调整,以及弱电竖井中垂直线槽的安装等。

(3)线缆的布放

施工管理人员首先按照设计的要求并依照系统规划图对设备间的定位、线缆的路由进行分析,对施工人员进行施工前的技术交底。对于光缆和铜缆干线部分的敷设,从各个分配线架开始,顺本层水平线槽、竖井线槽到主配线间。在这一阶段所有的线缆将被安装到天花板、墙壁、地板导管以及上升管道中。这可能是对客户最有影响的阶段,电缆安装员必须非常小心,以免扰乱客户的业务活动。这也是岩屑产生最多的阶段,必须在每天施工结束时进行清扫。如果建筑物正在使用,清扫应更频繁。

(4)线缆的端接

这一阶段的主要任务是线缆管理和端接线缆。按照布线设计要求和施工规范及工艺要求进行配线架、机柜和信息插座的制作、安装。如果建筑物正在使用,可能给客户的工作带来干扰,因为经常需要移动桌子或办公设备以便接近插座。这一阶段的工作应该尽可能安静地完成,并且在安装插座之后,进行适当的清理。

(5)系统测试

这一阶段的主要任务是线缆的测试、故障诊断以及验证。在测试基本通断情况的基础上,通常应根据相关测试标准和要求,对各项性能指标进行测试,并制作详细的报告。

图 1-1-14 所示是某综合布线工程具体实施阶段的流程图。

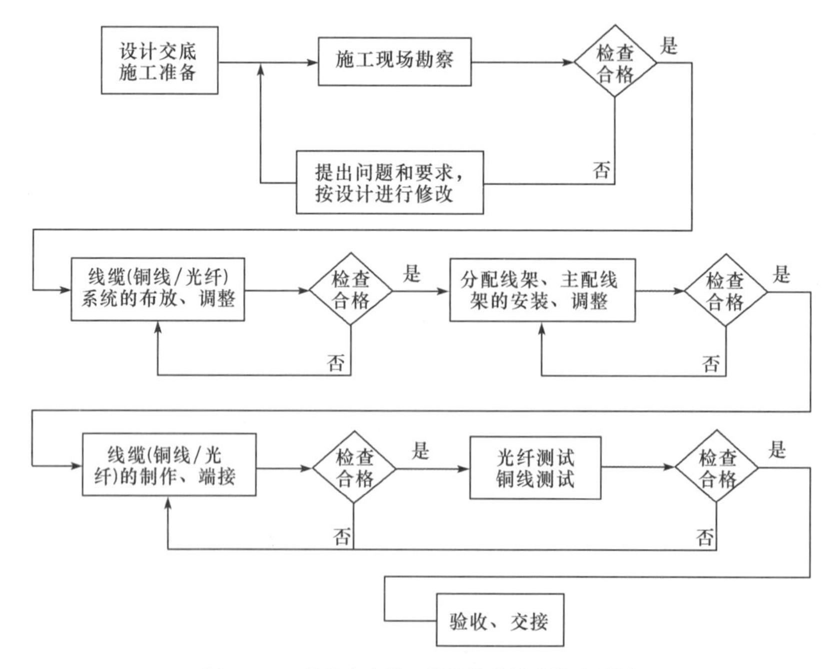


图 1-1-14 某综合布线工程具体实施阶段流程图

3.验收与客户支持

在工程的最后阶段，承包商应对客户进行培训，并一起沿着网络排查，向客户提交正式的测试结果和其他文档，主要有材料实际用量表、测试报告书、机柜配线图、楼层配线图、信息点分布图以及光纤、语音和视频主干路由图，为日后的维修提供数据依据。如果客户对工程满意，将对工程进行签收。以后如果系统存在问题，承包商应该根据合同提供后续的客户支持。

### 1.5.2 综合布线工作

综合布线工作需要多种技能。首先，要在建筑物和房间里牵引线缆，当线缆放入恰当的位置并固定后，使用适当的连接器来端接它们或插入分线盒中。然后测试线缆，检查连线是否正确以及是否连接到了正确的工作站。在进行线缆验证的过程中，要基于测试数据制定性能文档，这些文档可以在日后发现问题时使用，也可作为今后网络扩展和修改的指导。综合布线工作的复杂性决定了在综合布线工程的各个环节需要不同角色的工作人员，下面将参照国际知名布线公司的岗位设置，对综合布线行业中的工作类型和相应职位进行探讨。

1.入门级职位

综合布线行业最可能给学生的职位是电缆安装助理和电缆安装技术员。

(1)电缆安装助理

电缆安装助理是综合布线行业中最底层的职位，从业人员通常没有布线方面的经验，但能在工作中很快学会。

①岗位职责

作为电缆安装助理，将在电缆安装技术员和安装监督员的指导下安装通信线缆。除了时刻注意并对安装监督员的指令快速响应外，电缆安装助理还需要有专业且整洁的外表和处理好与客户关系的技能。电缆安装助理有时需要出差，需要准备基本的布线工具，认真使用并看管好公司提供的电子工具、测试仪等成本较高的工具。

②资质要求

从业人员一般不需要经验，公司将进行培训。必须能够攀爬、能提起20 kg的重物、每天能站立12小时、具有一定的PC技能。电缆安装助理必须学习线缆的端接、接续、测试、验证，并能阅读设计图纸，以便向电缆安装技术员发展。

(2)电缆安装技术员

①岗位职责

电缆安装技术员在安装监督员或小组负责人的指导下工作，但需要独立处理很多细节问题。除了时刻注意并对安装监督员的指令快速响应外，他们被要求和电缆安装助理一起工作。公司将向安装技术员发放公司服装和装备，电缆安装技术员必须以公司员工的身份工作，保持专业的外表，并具有处理好与客户关系的技能。电缆安装技术员需要定期出差，需要准备基本的布线工具，并对从公司仓库中取出的电子工具、测试仪等高成本工具负责。

②资质要求

电缆安装技术员需具有1～2年的工作经验,必须能够攀爬、能提起20 kg的重物、每天能站立较长时间、具有一定的PC技能。电缆安装技术员必须继续学习综合布线工程中的相关技能和感兴趣的知识,在工作数年后会有多种选择,很多人将成为布线监督员或项目经理。学习了更多关于网络和网络设备知识的技术员将成为网络设计师或网络工程师,喜欢和客户打交道的技术员,会从事销售方面的工作。

**2.**管理职位

综合布线行业中存在着多种管理职位,作为刚刚步入布线行业的人,在和管理者一起工作的时候,应该注意学习他们所具备的技能。

(1)布线安装监督员

①岗位职责

布线安装监督员是一个具有2～15人的工程小组的负责人,必须能够熟练地使用各种工具、管理库存以及调度任务等。他们通过处理考勤表、工程经费报告以及其他需要及时、精确完成的书面工作来履行职责,同时需要具有专业且整洁的外表和良好的客户关系。布线安装监督员需要定期出差,应该具有自己的工具,并准备把大多数时间用于监督其他人。

②资质要求

布线安装监督员应具备3～4年的复杂工程经验,对室内、直埋、架空等布线环境有丰富的经验,熟悉地方的应用法规和技术,精通复杂测试仪的使用。最好具有两年的电气化建设经验,通过相关职业资格认证。

(2)布线安装项目经理

①岗位职责

布线安装项目经理负责管理多个工程小组、分包商,负责管理工具、管理设备库存、任务调度、完成工作订单以及项目经费报告,能够组织团队成员一起高效地工作。

②资质要求

布线安装项目经理应具备3～4年的室内、直埋、架空等复杂环境工作的经验,必须具备2～3年的管理经验并具备培训他人的能力,必须在布线安装的各个阶段具有丰富的经验,具备和其他行业团队协同工作的能力,必须熟悉综合布线的各种标准和法规,熟悉常用办公软件和一种数据库的应用。

(3)布线地区经理

①岗位职责

布线地区经理作为公司在地方的代表,负责销售队伍支持,进行项目评估,管理安装工程小组,负责地区机构的运行、维护和分包商的关系。

②资质要求

布线地区经理应具有两年管理员工和企业经营的经验,四年对室内、直埋、架空等复杂工程环境的现场设计和评估经验,两年书写通信安装工作规范和建议的经验,两年书写市场或销售支持文档的经验,具有对各种类型语音、数据、视频布线系统的成本评估经验,必须熟悉综合布线的各种标准和法规,最好能熟悉AutoCAD的使用。

3.专业职位

在成为一名布线安装技术员后，专业化也是可能的，例如某个安装员可能非常擅长安装基于无线电的系统、微波以及卫星天线。光缆的端接也是一种很有技巧的工作，安装员可以获得专业认证。验证和文档专员应确保文档能精确地反映安装的效果。这些都是专业技术职位，不是领导职位。

(1)布线评估师

①岗位职责

布线评估师应能分析用户需求，确定时间成本和材料成本，决定最佳报价，向地区经理和公司地区代表提供详细的评估。

②资质要求

布线评估师应具备3～5年设计复杂布线系统，包括对室内、直埋、架空等复杂布线环境的经验。3年以上创建通信安装工作规范和建议的经验，两年市场或销售支持经验。必须能够设计和评估各种类型的语音、数据、视频布线系统，并能解释每一种方案的优势。必须熟悉综合布线的各种标准和法规，熟悉AutoCAD的使用，最好通过相关职业资格认证。

(2)布线销售代表

①岗位职责

布线销售代表负责综合布线系统设计、安装和维护的销售。

②资质要求

布线销售代表应具备两年以上布线设计和安装经验，良好的客户沟通技能，能够建立超过工作范围的个人人际关系，有较强的演示和提案书写技巧，熟练使用常用办公软件和演示工具，熟悉布线行业，包括各种标准的法规。

## 1.6 小　结

通过本章的介绍，我们了解了综合布线系统的发展过程、智能大厦的构成、智能大厦与综合布线的关系、综合布线系统的特点以及综合布线系统组成。同时还了解了数据通信的基本原理，综合布线的工作市场，对综合布线项目有了一个基础的准备。

## 1.7 实　训

参观访问采用结构化综合布线系统的学校或企业，根据所见内容画出综合布线系统，并根据以下步骤记录所参观到的内容。

(1)在老师和技术员的带领下，了解所参观网络的基本情况，包括建筑环境(共几栋建筑物或楼层数等)、结构、信息点数目及功能。

(2)参观网络设备间，记录所用设备的名称、规格以及线缆连接情况。

(3)参观管理间，查看配线架，并记录规格和标识(注：设备间和管理间可同在一间)。

(4)参观干线子系统,观察敷设方式,记录线缆的类型和规格。

(5)参观水平子系统,观察布线方式,了解并记录线缆的类型和规格。

(6)参观几个典型的布线工作区,查看并记录信息插座配置数量、类型、高度和布线方式。

## 1.8 习 题

**1.填空题**

(1)智能大厦常由主控中心及________、________、________、________、________构成。

(2)3A 智能大厦具有________、________、________的特性。

(3)综合布线系统由 7 个子系统组成,即________、________、________、________、________、________和________。

(4)建筑物外部通信和信息管线的入口部位为________。

(5)________是通信过程中产生和发送信息的 DTE。

(6)在数据通信中,按每次传送的数据位数,通信方式可分为________和________。

(7)按通信的收发双方时间同步方式不同,将通信方式分为________和________。

(8)________是综合布线行业中最底层的职位。

**2.选择题**

(1)综合布线系统中直接与用户终端设备相连的子系统是________。

A.工作区　　B.配线子系统　　C.干线子系统　　D.管理

(2)综合布线系统中,对配线设备、线缆、信息插座模块等设备进行标识和记录,这项内容属于综合布线的________。

A.管理子系统　　B.干线子系统　　C.设备间子系统　　D.建筑群子系统

(3) 综合布线系统中用于连接两栋建筑物的子系统是________。

A.管理子系统　　B.干线子系统　　C.设备间子系统　　D.建筑群子系统

(4)综合布线系统中用于连接楼层配线间和设备间的子系统是________。

A.工作区　　B.配线子系统　　C.干线子系统　　D.管理子系统

(5)综合布线系统中用于连接工作区信息插座与楼层配线间的子系统是________。

A.工作区　　B.配线子系统　　C.干线子系统　　D.管理子系统

# 单元 2
# 综合布线工程材料选型

综合布线项目中，必须根据用户的需求，采用符合传输特性的布线产品，目前市场上有大量的综合布线产品供应商，不同厂商提供的产品各有特点。面对用户的需求，面对复杂的产品，必须熟悉综合布线系统中所使用的各种部件，熟悉主要产品。

综合布线系统的基本构成应包括建筑群子系统、干线子系统和配线子系统，如图 1-2-1 所示。

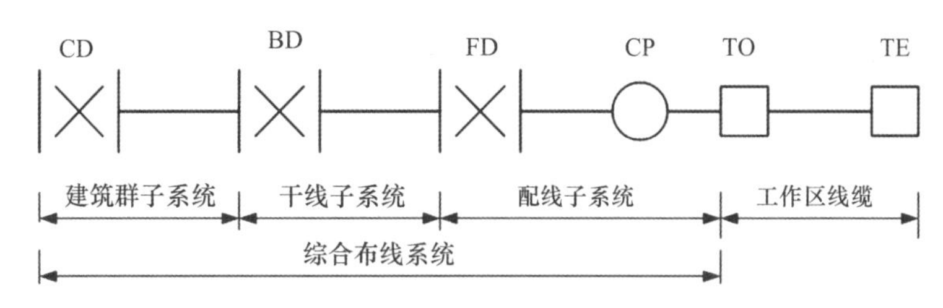


图 1-2-1　综合布线系统构成

综合布线工程选型主要包括电缆器材、光缆器材、布线器材以及综合布线设备的选型。

## 2.1 配线子系统主要材料

配线子系统的主要材料包括工作区内的信息插座模块、信息插座模块至电信间配线设备的水平线缆、电信间的配线设备及设备线缆和跳线等。目前，水平线缆通常使用双绞线。

### 2.1.1 双绞线

双绞线(Twisted Pair，TP)是综合布线中最常用的一种传输介质。它由两根具有绝缘保护层的铜导线组成。把两根绝缘的铜导线按一定密度互相绞在一起，可降低信号干扰的程度，每一根导线在传输时辐射出来的电波会被另一根导线上发出的电波抵消。如果把一对或多对双绞线放在一个绝缘套管中便成了双绞线电缆，如图 1-2-2 所示。

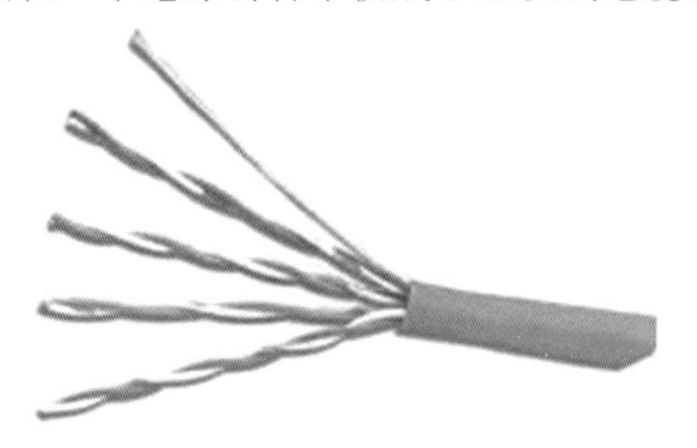

图 1-2-2　双绞线电缆

按美国线缆标准（American Wire Gauge，AWG），双绞线的绝缘铜导线线芯大小有 22、23、24 和 26 等规格，规格数字越大，导线越细。常用的 5E 类非屏蔽双绞线规格是 24AWG，铜导线线芯直径约为 0.51 mm，加上绝缘层的铜导线直径约为 0.92 mm，其中绝缘材料是 PE（高密度聚乙烯）。典型的加上塑料外部护套的 5E 类非屏蔽双绞线电缆直径约为 5.3 mm。常用的 6 类非屏蔽双绞线规格是 23AWG，铜导线线芯直径约为 0.58 mm，6 类非屏蔽双绞线普遍比 5E 类双绞线粗，由于 6 类线缆结构较多，因此粗细不一，如直径有 5.8 mm、5.9 mm、6.5 mm 等多种。

用于数据通信的双绞线为 4 对结构，为了便于安装与管理，每对双绞线都用不同颜色标识，4 对 UTP 电缆的颜色分别为：蓝色、橙色、绿色和棕色。每对线中，其中一根的颜色为线对颜色加上白色条纹或斑点（纯色），另一根的颜色为白底色加线对颜色的条纹或斑点。具体的颜色编码见表 1-2-1。

表 1-2-1　　4 对 UTP 电缆颜色编码

| 线对 | 颜色编码 | 缩写 |
|---|---|---|
| 线对 1 | 白-蓝<br>蓝 | W-BL<br>BL |
| 线对 2 | 白-橙<br>橙 | W-O<br>O |
| 线对 3 | 白-绿<br>绿 | W-G<br>G |
| 线对 4 | 白-棕<br>棕 | W-BR<br>BR |

**1.双绞线的分类**

（1）阻燃型线缆和非阻燃型线缆

电缆护套外皮有非阻燃（CMR）、阻燃（CMP）和低烟无卤（Low Smoke Zero Halogen，LSZH）3 种材料。电缆的护套若含卤素，则不易燃烧（阻燃），但在燃烧过程中释放的毒性大；电缆的护套若不含卤素，则易燃烧（非阻燃），但在燃烧过程中所释放的毒性小。因此，在设计综合布线时，应根据建筑物的防火等级，选择阻燃型线缆或非阻燃型线缆。

（2）非屏蔽双绞线与屏蔽双绞线电缆

①非屏蔽双绞线（UTP）。顾名思义，它没有金属屏蔽层，只在绝缘套管中封装了一

对或一对以上的双绞线，每对双绞线按一定密度互相绞在一起，提高了抵抗系统本身电子噪声和电磁干扰的能力，但不能防止周围的电子干扰。UTP 中还有一条撕剥线，使套管更易剥脱，如图 1-2-3 所示。

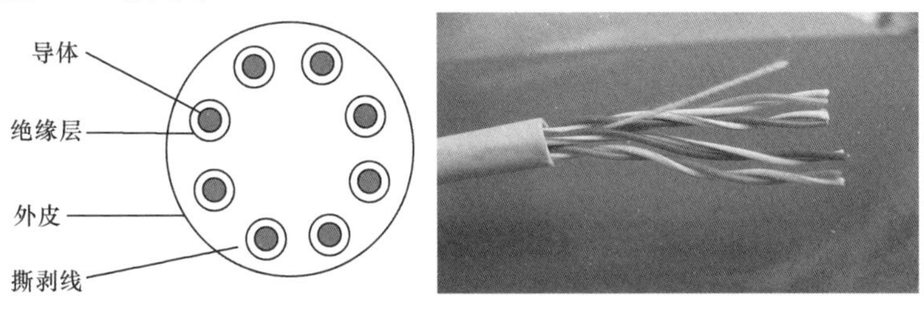


图 1-2-3　5E 类 4 对 24AWG-UTP

UTP 电缆是通信系统和综合布线系统中最流行使用的传输介质，常用的双绞线电缆封装 4 对双绞线，配上标准的 RJ45 插座，可应用于语音、数据、音频、呼叫系统以及楼宇自动控制系统，UTP 电缆可同时用于干线子系统和配线子系统。封装 25 对、50 对和 100 对等大对数的双绞线电缆，可被应用于语音通信的干线子系统中。

非屏蔽双绞线电缆的优点是无屏蔽外套，直径小，节省空间；质量小、易弯曲、易安装；将串扰减至最小或消除串扰，具有阻燃性。

②屏蔽双绞线。一方面，随着电气设备和电子设备的大量应用，通信链路受到越来越多的电子干扰，这些电子干扰来自诸如动力线、发动机、大功率无线电和雷达信号之类的其他信号源。另一方面，电缆导线中传输的信号能量的辐射，也会对临近系统设备和电缆产生电磁干扰(EMI)。在双绞线电缆中增加屏蔽层就是为了提高电缆的物理性能和电气性能，减少电缆信号传输中的电磁干扰。

电缆屏蔽层的设计有如下几种形式：屏蔽整个电缆、屏蔽电缆中的线对和屏蔽电缆中的单根导线。

电缆屏蔽层由金属箔、金属丝或金属网几种材料构成，如图 1-2-4 所示。新版国标引用了 ISO 11801－2002 中对屏蔽结构的定义，使用“/”作为 4 对芯线总体屏蔽与每对芯线单独屏蔽的分隔符，使用 U、S、F 分别对应非屏蔽、丝网屏蔽和铝箔屏蔽，通过分隔符与字母组合，形成了对屏蔽结构的真实描写。例如：非屏蔽结构为 U/UTP，当前最常见的 4 种屏蔽结构分别为：F/UTP(铝箔总屏蔽)、U/FTP(铝箔线对屏蔽)、SF/UTP(丝网＋铝箔总屏蔽)和 S/FTP(丝网总屏蔽＋铝箔线对屏蔽)。

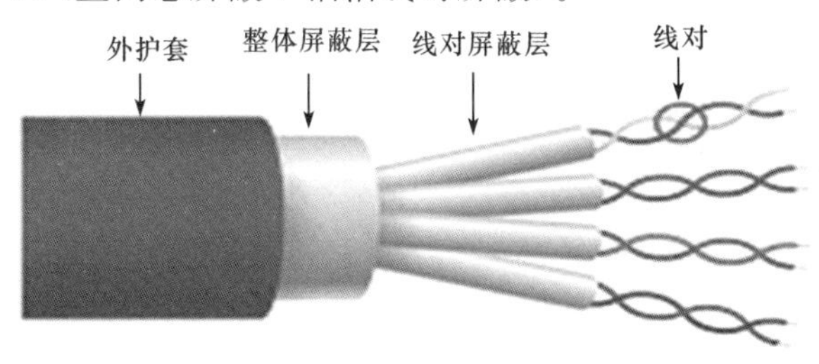


图 1-2-4　屏蔽双绞线电缆 STP

不同的屏蔽电缆会产生不同的屏蔽效果。一般认可金属箔对高频、金属编织丝网对低频的电磁屏蔽效果为佳。如果采用双重屏蔽(SF/UTP 和 S/FTP)则屏蔽效果更为理想，可以同时抵御线对之间和来自外部的电磁辐射干扰，减少线对之间及线对对外部的电磁辐射干扰。因此，屏蔽布线工程有多种形式的电缆可以选择，但为保证良好屏蔽效果，电缆的屏蔽层与屏蔽连接器件之间必须做好 360°的连接。

2.双绞线的电缆等级

(1)1 类双绞线(Cat1):线缆最高频率带宽是 750 kHz,用于报警系统和语音。

(2)2 类双绞线(Cat2):线缆最高频率带宽是 1 MHz,用于语音。

(3)3 类双绞线(Cat3):3 类/C 级电缆的频率带宽最高为 16 MHz,主要应用于语音、10 Mbit/s 的以太网和 4 Mbit/s 令牌环,最大网段长为 100 m,采用 RJ 形式的连接器。目前,4 对 3 类双绞线已退出市场,市场上的 3 类双绞线产品只有用于语音主干线的 3 类大对数电缆及相关配线设备。

(4)4 类双绞线(Cat4):线缆最高频率带宽为 20 MHz,最高数据传输速率为 20 Mbit/s,主要应用于语音、10 Mbit/s 的以太网和 16 Mbit/s 令牌环,最大网段长为 100 m,采用 RJ 形式连接器,未被广泛采用。

(5)5 类双绞线(Cat5):5 类/D 级电缆增加了绕线密度,外套为高质量的绝缘材料。在双绞线电缆内,不同线对具有不同的绞距长度。一般地说,4 对双绞线绞距周期在 38.1 mm 内,按逆时针方向扭绞,一对线对的扭绞长度在 12.7 mm 以内。线缆最高频率带宽为 100 MHz,传输速率为 100 Mbit/s(最高可达 1 000 Mbit/s),主要应用于语音、100 Mbit/s的快速以太网,最大网段长为 100 m,采用 RJ 形式的连接器。用于数据通信的 4 对 5 类产品已退出市场,目前只有应用于语音主干线的 5 类大对数电缆及相关配线设备。

(6)超 5 类双绞线(Cat5E):超 5 类/D 级双绞线(Enhanced Cat5)或称为"5 类增强型""增强型 5 类",简称 5E 类,是目前市场的主流产品。超 5 类双绞线与普通的 5 类 UTP 比较,其衰减更小,同时具有更高的衰减串音比 ACR 和回波损耗 RL,更小的延时,因此性能得到提高。超 5 类 UTP 具有以下优点:

①提供了坚实的网络基础,可以方便迁移到更新的网络。

②能够满足大多数应用,并满足偏差和低串音总和的要求。

③为将来的网络应用提供了传输解决方案。

④充足的性能余量,给安装和测试带来方便。

比起普通 5 类双绞线,超 5 类系统在 100 MHz 的频率下运行时,可提供 8 dB 近端串扰的余量,用户的设备受到的干扰只有普通 5 类线系统的 1/4,系统具有更强的独立性和可靠性。近端串音、近端串音功率和、衰减和回波损耗这 4 个参数是超 5 类线缆非常重要的参数。

(7)6 类双绞线(Cat6):6 类/E 级双绞线是 1 000 Mbit/s 数据传输的最佳选择,自 TIA/EIA 在 2002 年正式颁布 6 类标准以来,6 类布线系统已成为市场的主流产品。

6 类双绞线性能超过 Cat5E,标准规定线缆频率带宽为 250 MHz,能够适应当前的语音、数据和视频以及 1 Gbit 应用。6 类电缆的绞距比超 5 类更密,线对间的相互影响更小,从而提高了性能。为了减少衰减,电缆绝缘材料和外套材料的损耗应达到最小。在电缆中通常使用结构和 5 类产品类似,第 1 种采用紧凑的圆形设计方式及中心平行隔离带技术,它可获得较好的电气性能,其结构如图 1-2-5(a)所示;第 2 种是一字隔离,将线对两两隔离,如图 1-2-5(b)所示;第 3 种结构采用中心钮十字技术,电缆采用十字分隔器,线对之间的分隔可阻止线对间串扰,其结构如图 1-2-5(c)所示。

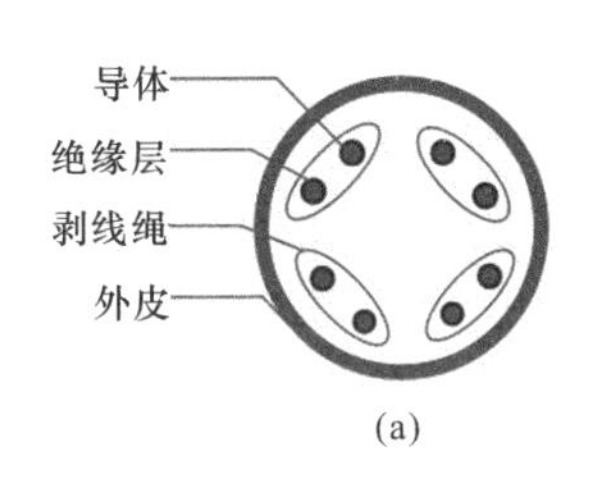

(a)

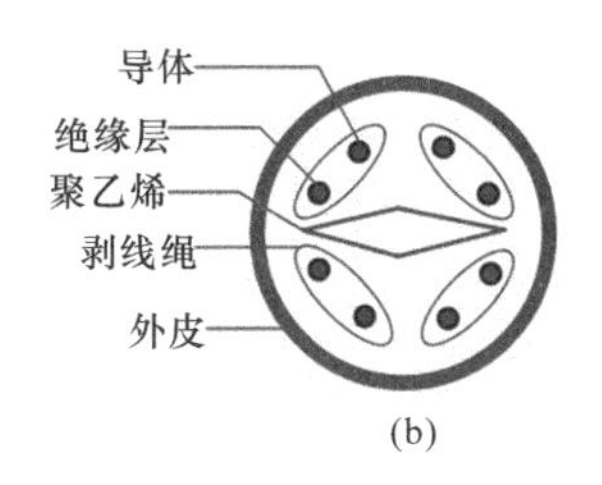

(b)

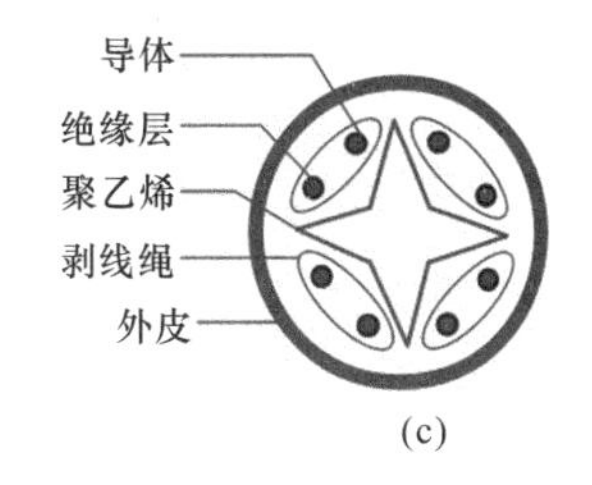

(c)

图 1-2-5 6 类 UTP 结构

(8)增强 6 类双绞线(Cat6A):增强 6 类(俗称超 6 类)双绞线概念最早是由厂家提出的,由于 6 类双绞线标准规定线缆频率带宽为 250 MHz。有的厂家的 6 类双绞线频率带宽超过了 250 MHz,如为 300 MHz 或 350 MHz 时,就自定义了"超 6 类""Cat6A""Cat6E"等类别名称,表现自己的产品性能超过了 6 类双绞线,ISO/IEC 定义其为 EA 级。

IEEE 802.3an 10G base-T 标准的发布,将 10 Gbit 铜缆布线时代正式推到人们面前,布线标准组织正式提出了扩展 6 类(Cat6A)的概念。已颁发的 10G base-T 标准包含了传输要求等指标,而这对线缆的选择产生了一定的困扰。因为,10G base-T 标准中的传输要求超过了 Cat6/ClassE 的要求指标,10G base-T 在 Cat6/ClassE 线缆上仅能支持极为有限的距离。布线标准组织正在制定铜缆支持 10 Gbit 以太网的更为详细的规则,包括降低邻近信道的串扰和提高频率性能。在 IEEE 802.3an 标准中,综合布线系统 6 类布线系统在 10 Gbit 以太网中所支持的长度应不大于 55 m。在 6 类线上,当然还需要采用消除干扰的手段。

为突破距离的限制,在 TIA/EIA-568B.2-10 标准中已规定了 6A 类(超 6 类)布线系统,支持的传输带宽为 500 MHz,其传输距离为 100 m,线缆及连接类型也为 UTP 或 FTP。

(9)7 类双绞线(Cat7):Cat7 线缆频率带宽为 600 MHz 以上。今日的网络正走向集中化,数据、语音和视频在单个媒质上的传输可节省巨大的花费。基于 7 类/F 级标准开发的 STP 布线系统,可以在一个连接器和单根电缆中,同时传送独立的视频、语音和数据信号。它甚至可以支持在单对电缆上传送全带宽的模拟视频(一般为 870 MHz),并且在同一护套内的其他双绞线对上同时进行语音和数据的实时传送。

7 类/F 级标准定义的传输媒质是线对屏蔽(也称全屏蔽)的 STP 线缆,它在传统护套内加裹金属屏蔽层/网的基础上又增加了每个双绞线对的单独屏蔽。7 类/F 级线缆的特殊屏蔽结构保证了它既能有效隔离外界的电磁干扰和内部向外的辐射,也可以大幅度削弱护套内部相邻线对间的信号耦合串扰,从而在获得高带宽传输性能保障的同时,增加并行传输多种类型信号的能力。

7 类/F 级 STP 布线系统可采用两种模块化接口方式,一种选择是传统的 RJ 类接口,其优点是机械上能够兼容低级别的设备,但是受其结构的制约很难达到标准要求的 600 MHz 带宽;另一种是非 RJ 型接口,是 7 类/F 级标准带宽的两倍,并且已经被 ISO/IEC 11801 认可,并被批准为 7 类/F 级标准接口。

### 3.双绞线的命名

双绞线电缆的外部护套上每隔两英尺(1 英尺≈0.3048 米)会印刷上一些标识。不同生产商的产品标识可能不同，但一般包括双绞线类型、NEC/UL 防火测试和级别、CSA 防火测试、长度标识、生产日期、双绞线的生产商和产品号码等信息。下面以 TCL 的产品为例说明这些标识。

例 1：TCL 公司的超 5 类双绞线标志为“TCL PC101004 TYPE CAT 5E 24AWG/4PRS UTP 75℃ 223M III 2009. 09. 28”，这些标识提供了以下信息：

TCL：指的是该双绞线的生产商。

PC101004：指的是产品编号。

CAT 5E：类型为超 5 类双绞线。

24AWG/4PRS：指网线是由 4 对 24AWG 电线所构成。

UTP：非屏蔽双绞线。

75 ℃ 223M III 2009.09.28：指环境温度不能高于 75 ℃，线缆距线头的长度为 223 m，生产日期为 2009 年 9 月 28 日。

## 2.1.2 模块与面板

信息模块用于端接水平电缆，模块中有 8 个与电缆导线连接的接线。从前端看，这些触点从接线端开始用数字 1～8 标记。RJ45 连接头插入模块后，与那些触点物理连接在一起。信息模块与插头的 8 根针状金属片具有弹性连接，且有锁定装置的特性，一旦插入连接，很难直接拔出，必须解锁后才能顺利拔出。由于弹簧片的摩擦作用，电接触随插头的插入而得到进一步加强。最新国际标准提出信息模块应具有 45°斜面，并具有防尘、防潮护板功能。

信息模块用绝缘位移式连接(IDC)技术设计而成。连接器上有与单根电缆导线相连的接线块(狭槽)，通过打线工具或者特殊的连接器帽盖将双绞线导线压到接线块里。卡接端可以穿过导线的绝缘层直接与连接器物理接触。双绞电缆与信息模块的接线块连接时，应按色标要求的顺序进行卡接。图 1-2-6 为信息模块结构图。

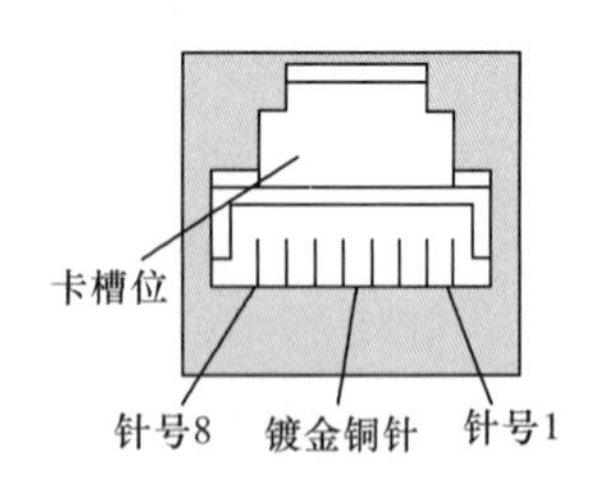

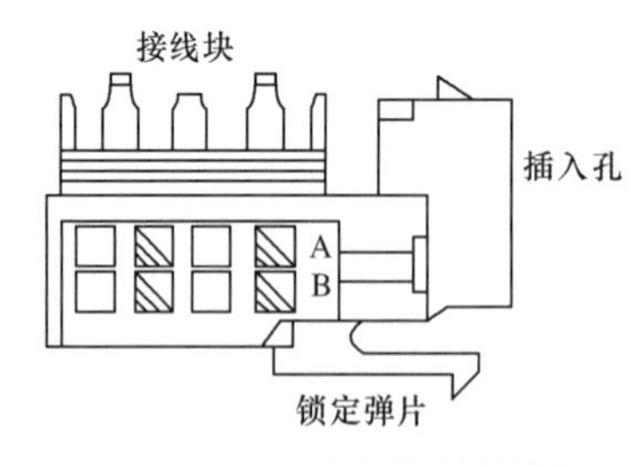

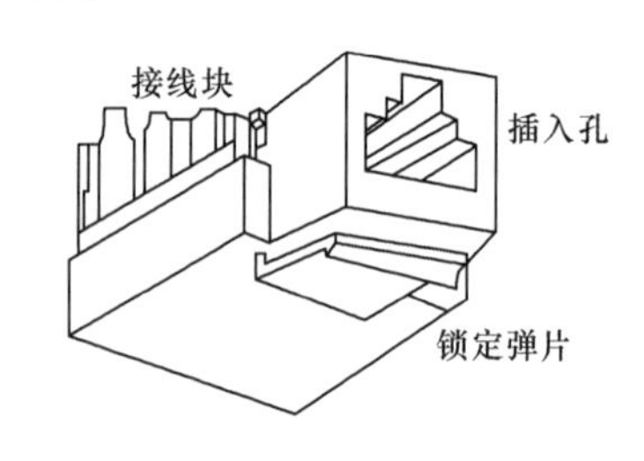


图 1-2-6 信息模块结构图

综合布线所用的信息模块多种多样，不同厂商的信息模块的接线结构和外观也不一致，不管怎样，信息模块都应在底盒内部做固定线的连接。根据端接双绞线的方式，信息模块有 110 打线式信息模块和免打线式信息模块两类。打线式信息模块需用专用的 110 打线工具将双绞线导线压到信息模块的接线块里，如图 1-2-7 所示。

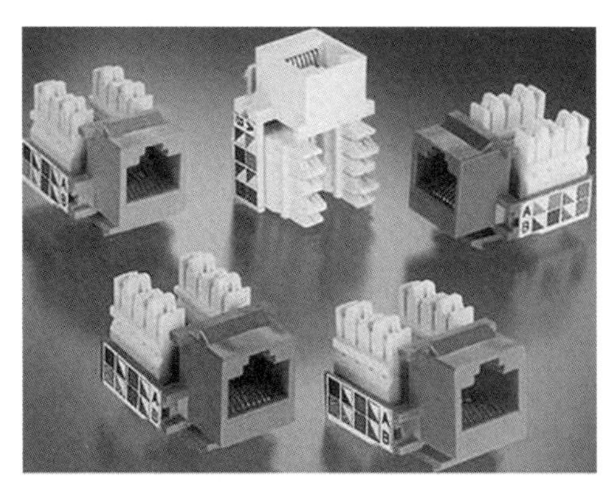

图 1-2-7　打线式信息模块

而免打线式信息模块只需用连接器帽盖将双绞线导线压到信息模块的接线块里(也可用专用的打线工具),如图 1-2-8 所示。目前市场上流行的是免打线式信息模块。

图 1-2-8　免打线式信息模块

除 UTP 信息模块外,还有屏蔽式信息模块。当安装屏蔽电缆系统时,整个链路都必须屏蔽,包括线缆和连接件。屏蔽双绞电缆的屏蔽层与连接硬件端接处的屏蔽罩必须保持良好接触。线缆屏蔽层应与连接硬件屏蔽罩 360°圆周接触,接触长度不宜小于 10 mm。

以上介绍信息模块适用于模块式结构的信息插座,模块化信息插座包括底盒、信息模块和面板三部分,面板及安装盒是用于在信息出口位置安装固定模块的装置,按照结构可分为底盒、单口、双口、多口和多功能型面板及地插,如图 1-2-9 所示。

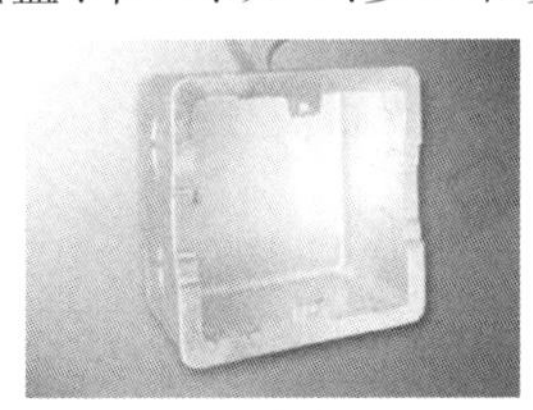

(a)底盒

(b)单口面板

(c)双口面板

(d)多口面板

(e)多功能型面板

(f)地插

图 1-2-9　面板和安装盒

### 2.1.3 配线架

配线架是电缆或光缆进行端接和连接的装置，在配线架上可进行互连或交接操作。建筑群配线架是端接建筑群干线电缆、光缆的连接装置。建筑物配线架是端接建筑物干线电缆、干线光缆并可连接建筑群干线电缆、干线光缆的连接装置。楼层配线架是水平电缆、水平光缆与其他布线子系统或设备相连的装置。

根据数据通信和语音通信的区别，配线架一般分为数据配线架和110语音配线架两种。按管理方式分，又分为传统配线架和电子配线架。

#### 1.数据配线架

数据配线架都是安装在19英寸标准机柜上的，主要有24口和48口两种规格，用于端接水平布线的4对双绞线电缆。如果是数据链路，则用RJ45跳线连接到网络设备上，如果是语音链路，则用RJ45-110跳线跳接到110语音配线架(连语音主干电缆)上。

目前流行的是模块化配线架。模块化配线架分为两种，一种为空板配线架，配通常的信息模块，图1-2-10(a)是一款24口模块化配线架，满配为24个信息模块；另一种是空板配线架，配专门的配线架信息模块，如图1-2-10(b)所示，是一款48口的模块化配线架；还有多用于数据中心的带有转角的配线架，如图1-2-10(c)所示。

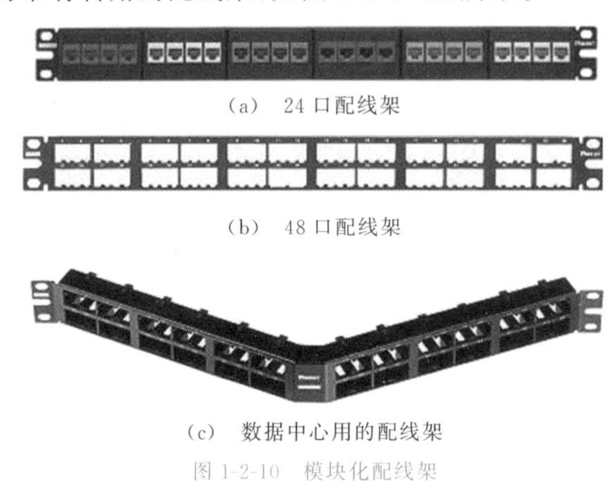
(a) 24口配线架

(b) 48口配线架

(c) 数据中心用的配线架

图1-2-10 模块化配线架

#### 2.电子配线架

电子配线架，英文为E-panel或者Patch Panel，又称“综合布线管理系统”或者“智能布线管理系统”等，其基本功能是：

(1)引导跳线，其中包括用LED灯引导、显示屏文字引导以及声音和机柜顶灯引导等方式。

(2)实时记录跳线操作，形成日志文档。

(3)以数据库方式保存所有链路信息。

(4)以Web方式远程登录系统。

目前市面上电子配线架按照其原理可分为端口探测型配线架(以美国康普公司配线架为代表)和链路探测型配线架(以以色列瑞特公司配线架为代表)，而按布线结构可以分为单配线架方式(Inter Connection)和双配线架方式(Cross Connection),按跳线种类可分为普通跳线和 9 针跳线。利用电子配线架能大大减少工作人员的人工误差,以及工作人员交替造成的数据库混乱。以下是电子配线架做线路配线管理的主要特点:

(1)可实时探测配线架之间跳线的连接关系。

(2)可实时地将探测到的连接关系生成数据库。

(3)可根据探测到的跳接变化实时地自动更新数据库。

有了上述三个最基本的功能,电子配线架就可以派生出许许多多其他非常有用的功能,例如 LED 引导跳线功能、跳线操作纠错功能等。下面解释一下它们的工作原理:

LED 引导跳线就是电子配线架用 LED 灯的指示引导网管人员完成跳线操作的一种功能。网管人员首先要在数据库里调出要跳接的端口信息,网管人员可以向两个需要连接或断开的端口发出指令,让这两个端口上的 LED 指示灯开始闪烁或持续点亮。同时电子配线架系统会保留这个指令,等待配线架跳接关系的改变。网管人员到配线架跟前就可以按照 LED 灯的指示用跳线连接这两个端口或将这两个端口上的跳线拔掉。当网管人员做这些操作时电子配线架系统在不停地探测所有的端口,当然也包括这两个端口。每当配线架之间的跳线连接关系发生变化的时候,电子配线架系统就会与刚才保存的指令相比对,如果连接关系的变化与刚才指令要求的相同,说明网管人员的操作正确;如果新的连接关系和指令不一样,电子配线架系统就会通过 LED 灯指示网管人员纠正刚才的操作,直至新的连接关系符合指令的要求。

### 2.1.4 水平跳线

在使用双绞线电缆布线时,通常要使用双绞线跳线来完成布线系统与相应设备的连接。所谓双绞线跳线,是指两端带有 RJ45 连接器的一段双绞线电缆,如图 1-2-11 所示。

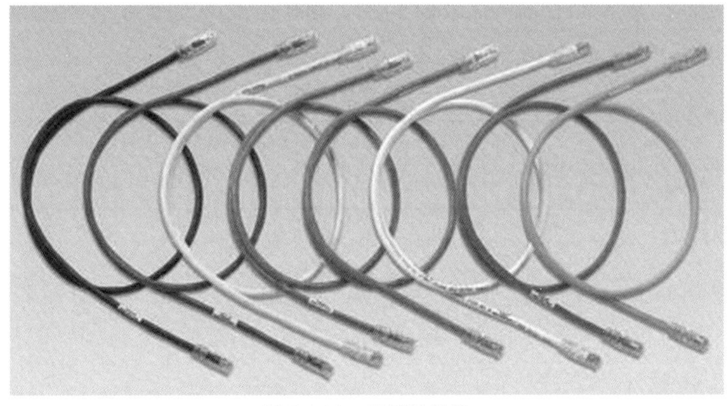

图 1-2-11 双绞线跳线

双绞线跳线由短网线和 RJ45 连接器构成,RJ45 连接器是一种透明的塑料接插件,因为其看起来像水晶,所以又称作 RJ45 水晶头。RJ45 连接器的外形与电话线的插头非常相似,不过电话线的插头使用的是 RJ11 连接器,与 RJ45 连接器的线数不同。如图 1-2-12 所示。

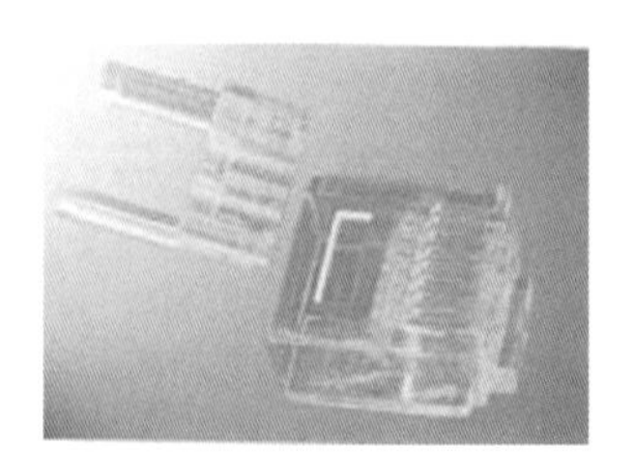
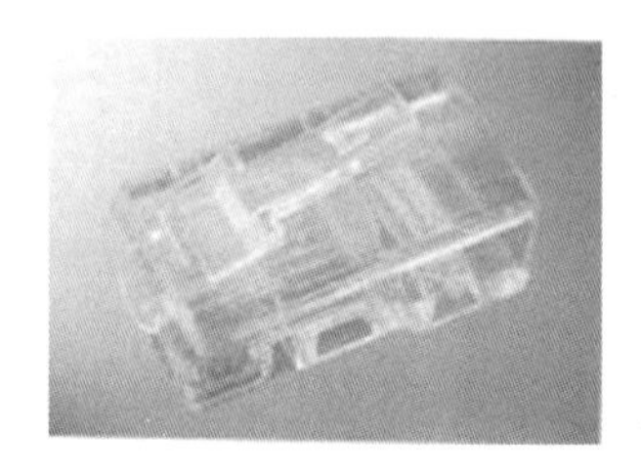

图 1-2-12 RJ45 水晶头

未连接双绞线的 RJ45 连接器的头部有 8 片带 V 字形刀口的铜片并排放置，V 字形的两个尖锐处是较锋利的刀口。制作双绞线跳线的时候，将双绞线的 8 根导线按照一定的顺序插入 RJ45 连接器，导线会自动位于 V 字形刀口的上部。用压线钳将 RJ45 连接器压紧，这时 RJ45 连接器中的 8 片 V 字形刀口将刺破双绞线导线的绝缘层，分别与 8 根导线相连接。

通常使用的双绞线跳线有以下三种。

### 1.直通线

直通线用于将计算机连入交换机，以及交换机和交换机之间不同类型端口的连接。在综合布线系统中可以用来连接工作区的信息插座与工作站，以及管理间、设备间的配线架与交换机。根据 EIA/TIA 568B 标准，直通线两端 RJ45 连接器的连接线序见表 1-2-2。

表 1-2-2 直通线连接线序

| 端 1 | 白/橙 | 橙 | 白/绿 | 蓝 | 白/蓝 | 绿 | 白/棕 | 棕 |
|---|---|---|---|---|---|---|---|---|
| 端 2 | 白/橙 | 橙 | 白/绿 | 蓝 | 白/蓝 | 绿 | 白/棕 | 棕 |

### 2.交叉线

交叉线用于计算机与计算机的直接相连、交换机与交换机相同类型端口的直接相连，也用于将计算机直接接入路由器的以太网接口。根据 EIA/TIA 568B 标准，交叉线两端 RJ45 连接器的连接线序见表 1-2-3。

表 1-2-3 交叉线连接线序

| 端 1 | 白/橙 | 橙 | 白/绿 | 蓝 | 白/蓝 | 绿 | 白/棕 | 棕 |
|---|---|---|---|---|---|---|---|---|
| 端 2 | 白/绿 | 绿 | 白/橙 | 蓝 | 白/蓝 | 橙 | 白/棕 | 棕 |

### 3.反接线

反接线用于将计算机接入交换机或路由器的控制端口，此时计算机将作为网络设备的超级终端，实现对网络设备的管理和配置。根据 EIA/TIA 568B 标准，反接线两端 RJ45连接器的连接线序见表 1-2-4。

表 1-2-4 反接线连接线序

| 端 1 | 白/橙 | 橙 | 白/绿 | 蓝 | 白/蓝 | 绿 | 白/棕 | 棕 |
|---|---|---|---|---|---|---|---|---|
| 端 2 | 棕 | 白/棕 | 绿 | 白/蓝 | 蓝 | 白/绿 | 橙 | 白/橙 |

## 2.2 干线子系统主要工程材料

### 2.2.1 语音干线子系统主要工程材料

#### 1.大对数电缆

大对数电缆,即大对数干线电缆。大对数电缆为 25 线对、50 线对、100 线对等成束的电缆,从外观上看,为直径更大的单根电缆,如图 1-2-13 所示。图 1-2-13 上面那根为 25 对大对数电缆,图 1-2-13 下面那根为 100 对大对数电缆,每一门电话使用一对线芯。大对数只有 UTP 电缆。

图 1-2-13 大对数电缆

为方便安装和管理,大对数电缆采用 25 对国际工业标准彩色编码进行管理,每个线对束都有不同的颜色编码,同一束内的每个线对又有不同的颜色编码。

它们的颜色顺序见表 1-2-5。

表 1-2-5 大对数电缆颜色顺序

| 01 | 02 | 03 | 04 | 05 | 06 | 07 | 08 | 09 | 10 | 11 | 12 | 13 | 14 | 15 | 16 | 17 | 18 | 19 | 20 | 21 | 22 | 23 | 24 | 25 |
|---|---|---|---|---|---|---|---|---|---|---|---|---|---|---|---|---|---|---|---|---|---|---|---|---|
| 白 | | | | | 红 | | | | | 黑 | | | | | 黄 | | | | | 紫 | | | | |
| 蓝 | 橙 | 绿 | 棕 | 灰 | 蓝 | 橙 | 绿 | 棕 | 灰 | 蓝 | 橙 | 绿 | 棕 | 灰 | 蓝 | 橙 | 绿 | 棕 | 灰 | 蓝 | 橙 | 绿 | 棕 | 灰 |

主色:白、红、黑、黄、紫;辅色:蓝、橙、绿、棕、灰。任何系统只要使用超过 1 对的线对,就应该在 25 个线对中按顺序分配,不要随意分配线对。

25 对非屏蔽软线导线彩色编码见表 1-2-6。

表 1-2-6 25 对非屏蔽软线导线彩色编码表

| 线对 | 色彩码 | 线对 | 色彩码 |
|---|---|---|---|
| 1 | 白/蓝-蓝/白 | 14 | 黑/棕-棕/黑 |
| 2 | 白/橙-橙/白 | 15 | 黑/灰-灰/黑 |
| 3 | 白/绿-绿/白 | 16 | 黄/蓝-蓝/黄 |
| 4 | 白/棕-棕/白 | 17 | 黄/橙-橙/黄 |
| 5 | 白/灰-灰/白 | 18 | 黄/绿-绿/黄 |
| 6 | 红/蓝-蓝/红 | 19 | 黄/棕-棕/黄 |
| 7 | 红/橙-橙/红 | 20 | 黄/灰-灰/黄 |
| 8 | 红/绿-绿/红 | 21 | 紫/蓝-蓝/紫 |
| 9 | 红/棕-棕/红 | 22 | 紫/橙-橙/紫 |
| 10 | 红/灰-灰/红 | 23 | 紫/绿-绿/紫 |
| 11 | 黑/蓝-蓝/黑 | 24 | 紫/棕-棕/紫 |
| 12 | 黑/橙-橙/黑 | 25 | 紫/灰-灰/紫 |
| 13 | 黑/绿-绿/黑 | | |

**2.110 语音配线架**

110 型连接管理系统的基本部件是 110 语音配线架、连接块、跳线和标签。这种配线架有 25 对、50 对、100 对、300 对等规格。110 语音配线架上装有若干齿形条，沿配线架正面从左到右均有色标，以区别各条输入线。这些线放入齿形条的槽缝里，再与连接块结合，利用 788JI 工具，就可将配线环的连线“冲压”到 110C 连接块上。

110 系列语音配线架有多种结构，如夹接式的 110A 型、110D 型和接插式的 110P 型等。下面介绍几种主要的类型。

(1)110A 型配线架。110A 型配线架配有若干引脚，俗称“带腿的 110 配线架”，如图 1-2-14 所示，110A 可以应用于所有场合，特别是大型电话应用场合，通常直接安装在二级交换间、配线间或设备的墙壁上。

(2)110D 型配线架。俗称“不带引脚 110 配线架”，适用于标准线机柜安装。如图1-2-15 所示。

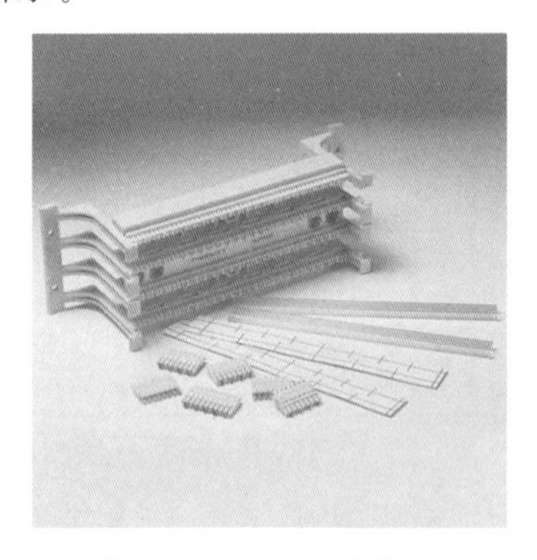

图 1-2-14　110A 型配线架

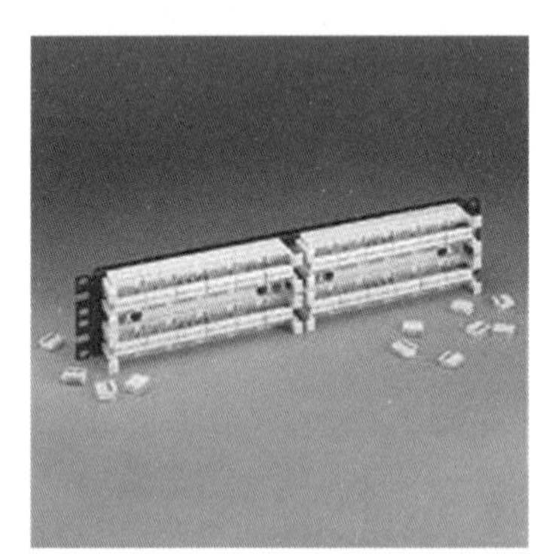

图 1-2-15　110D 型配线架

(3)110P 型配线架。110P 型配线架由 100 对 110D 型配线架及相应的水平过线槽组成，安装在一个背板支架上，底部有一个半密闭的过线槽，110P 型配线架有 300 对和 900 对两种。图 1-2-16 所示为 300 对带 188 理线槽的 110P 型配线架，它的外观简洁，用简单易用的插拔快接跳线代替了跨接线，为管理带来了方便。110P 型配线架采用 188C3(900 对)和 188D3(300 对)理线槽。

图 1-2-16　110P 型配线架

110 配线系统中都用到了连接块(Connection Block)，称为 110C，如图 1-2-17 所示。有 3 对线(110C-3)、4 对线(110C-4)和 5 对线(110C-5)3 种规格的连接块。连接块包括了一个单层耐火塑模密封器，内含熔锡快速接线柱，它们穿过 22-26AWG 线缆上的绝缘层，接在连接块的底座上，而且在配线架上电缆连接器和跳线或 110 型快接式跳线之间运用了电气紧密连接。

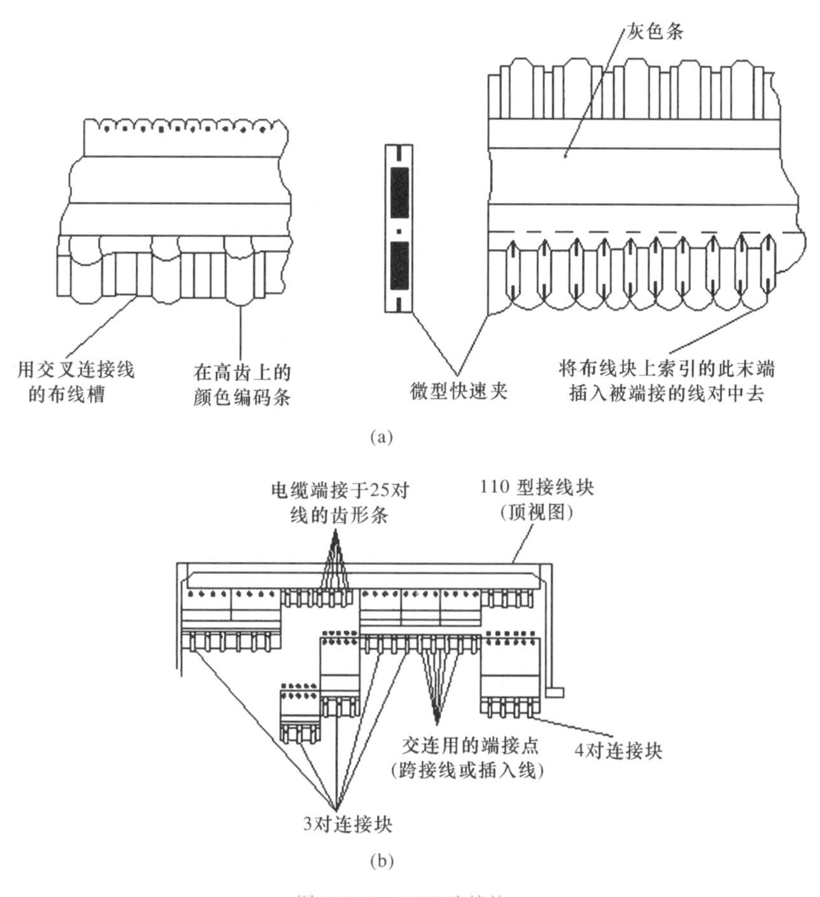


图 1-2-17 110C 连接块

连接块上彩色标识顺序为蓝、橙、绿、棕、灰。3 对连接块为蓝、橙、绿；4 对连接块为蓝、橙、棕；5 对连接块为蓝、橙、绿、棕、灰。在 25 对的 110 配线架基座上安装时，应选择 5 个 4 对连接块和 1 个 5 对连接块，或 7 个 3 对连接块和 1 个 4 对连接块。从左到右完成白区、红区、黑区、黄区和紫区的安装。这与 25 对大对数电缆的安装色序一致。

### 2.2.2 数据干线子系统主要工程材料

在垂直干线子系统中，数据干线可以采用 5E 以上 4 对双绞线电缆(UTP 或 STP)，也可以采用光纤。光纤作为高带宽、高安全性的数据传输介质被广泛应用于各种大中型网络之中。由于线缆和设备造价昂贵，光纤大多只被用于网络主干，即应用于垂直主干子系统和建筑群子系统的系统布线，实现楼宇之间以及楼层之间的连接，目前也被应用于对传输速率和安全性有较高要求的水平布线子系统。

1.光纤

(1)光的特性

光是一种电磁波,可见光部分波长范围是:390～760 nm(纳米)。大于760 nm部分是红外光,小于390 nm部分是紫外光。常见的光纤应用波长是850 nm,1 300 nm,1 550 nm三种。

(2)光的折射、反射和全反射

因光在不同物质中的传播速度是不同的,所以光从一种物质射向另一种物质时,在两种物质的交界面处会产生折射和反射。而且,折射光的角度会随入射光的角度变化而变化。当入射光的角度达到或超过某一角度时,折射光会消失,入射光全部被反射回来,这就是光的全反射。不同的物质对相同波长光的折射角度是不同的(即不同的物质有不同的光折射率),相同的物质对不同波长光的折射角度也是不同的。光纤通信就是基于以上原理而形成的。

(3)光纤结构

光纤裸纤一般分为三层:中心为高折射率玻璃芯(芯径一般为50或62.5 μm),中间为低折射率硅玻璃包层(直径一般为125 μm),最外层是加强用的树脂涂层。

光能沿着光导纤维传播,但若只有这根玻璃纤维的话,也无法传播光。因为不同角度的入射光会毫无阻挡地直穿过它,而不是沿着光纤传播,就好像一块透明玻璃不会使光线方向发生改变一样。因此,为了使光线的方向发生变化从而使其可以沿光纤传播,就在光纤纤芯外涂上折射率比光纤纤芯材料低的材料,这个涂层材料被称为包层。这样,当一定角度之内的入射光射入光纤纤芯后会在光纤纤芯与包层的交界处发生全反射,经过这样若干次全反射之后,光线就极少损耗地到达了光纤的另一端。包层所起的作用就如透明玻璃背后所涂的水银,此时透明的玻璃就变成了镜子。而光纤加上包层之后才可以正常地传播光。光纤是数据传输中最高效的一种传输介质。

典型的光纤结构如图1-2-18所示,自内向外为纤芯、包层及涂覆层。

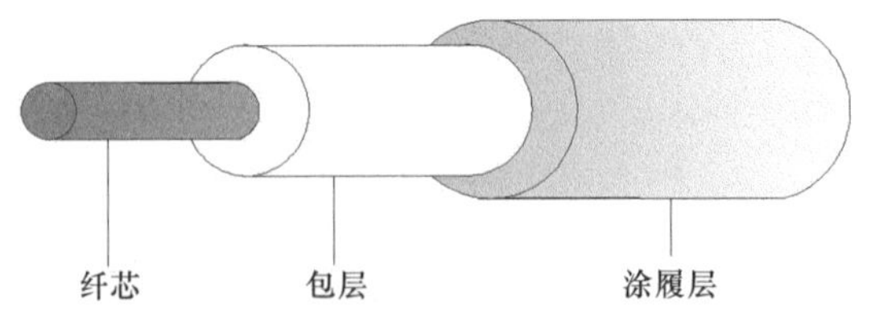


图1-2-18 光纤结构

包层的外径一般为125 μm(头发的直径约为100 μm),在包层外面是5～40 μm的涂覆层,涂覆层的材料是环氧树脂或硅橡胶。常用的62.5/125 μm多模光纤,指的是纤芯外径是62.5 μm,加上包层后外径是125 μm。而单模光纤的纤芯直径是4～10 μm,被广泛使用的是8～9 μm规格,外径也是125 μm。需要注意的是,纤芯和包层是不可分离的,纤芯与包层合起来组成裸光纤,光纤的光学级传输特性主要由它决定。用光纤工具剥去外皮(Jacket)和塑料层(Coating)后,暴露出来的是涂有包层的纤芯。

(4)数值孔径

入射到光纤端面的光并不能全部被光纤所传输,只是在某个角度范围内的入射光才可以。这个角度就称为光纤的数值孔径。光纤的数值孔径大些对于光纤的对接是有利的。不同厂家生产的光纤的数值孔径不同。

当然光纤也存在着一些缺点,如质地脆、机械强度低、切断和连接中技术要求较高等,这些缺点也限制了目前光纤的普及。

(5)光纤的种类

①按光在光纤中的传输模式可分为单模光纤和多模光纤,如图 1-2-19 所示。

单模光纤:中心玻璃芯较细(芯径一般为 9 或 10μm),只能传输一种模式的光。因此,其模间色散很小,传输频带宽且传输容量大。光信号沿着光纤的轴向传播,因此其损耗小,离散也很小,传播距离较远。因其采用固体激光器作为光源,故成本较高,通常在建筑物之间或地域分散时使用。

多模光纤:中心玻璃芯较粗(50 或 62.5μm),可传输多种模式的光。但其模间色散较大,因而限制了传输数字信号的频率,而且随距离的增加色散会更加严重。例如:600 MB/km 的光纤在 2 km 时则只有 300 MB 的带宽了。因此,多模光纤传输的距离就比较近,一般只有几公里。多模光纤的纤芯直径一般为 50～200 μm,而包层直径的变化范围为 125～230 μm。国内计算机网络一般采用的纤芯直径为 62.5 μm,包层为 125 μm,也就是通常所说的 62.5 μm 光纤。

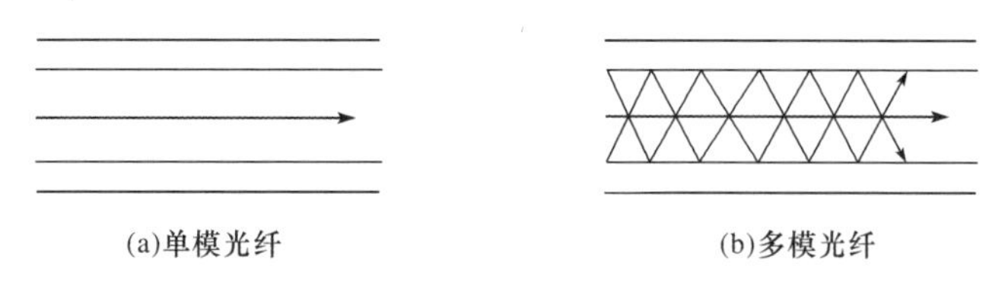


图 1-2-19 单模光纤和多模光纤

单模光纤和多模光纤的特性比较见表 1-2-7。

表 1-2-7 单模光纤和多模光纤的特性比较

| 比较项目 | 单模光纤 | 多模光纤 |
|---|---|---|
| 速度 | 高速度 | 低速度 |
| 距离 | 长距离 | 短距离 |
| 成本 | 成本高 | 成本低 |
| 其他性能 | 窄芯线,需要激光源,聚光好,耗散极小,高效 | 宽芯线,耗散大,低效 |

②按最佳传输频率窗口可分为常规型单模光纤和色散位移型单模光纤。

常规型光纤:光纤生产厂家将光纤传输频率最佳化在单一波长的光上,如 1 300 nm。

色散位移型光纤:光纤生产厂家将光纤传输频率最佳化在两个波长的光上,如:1 300 nm 和 1 550 nm。

③按折射率分布情况可分为突变型光纤和渐变型光纤。

如果在光纤纤芯外面只涂一层包层的话,光线从不同的角度入射,角度大的(高次模光线)反射次数多,从而行程长;角度小的(低次模光线)反射次数少,从而行程短。这样在一端同时发出的光线将不能同时到达另一端,就会造成尖锐的光脉冲经过光纤传播以后变得平缓(这种现象被称为"模态散射"),从而可能使接收端的设备产生错误操作。为了改善光纤的性能,人们一般在光纤纤芯包层的外面再涂上一层涂覆层,内层的折射率高(但比光纤纤芯折射率低),外层的折射率低,形成折射率梯度。当光线在光纤内传播时,减少了入射角大的光线行程,使得不同角度入射的光线可以同时到达端另一端,就好像利用包层聚焦了一样。

突变型光纤:光纤纤芯到玻璃包层的折射率是突变的。其成本低,模间色散大。适用于短途低速通信,如:工控。但单模光纤由于模间色散很小,所以单模光纤都采用突变型。

渐变型光纤:光纤纤芯到玻璃包层的折射率逐渐变小,可使高模光按正弦形式传播,这能减少模间色散,提高光纤带宽,增加传输距离,但成本较高,现在的多模光纤多为渐变型光纤。

④按照材料成分不同,光纤一般可分为玻璃光纤、胶套硅光纤和塑料光纤 3 类。

玻璃光纤:纤芯与包层都是玻璃,损耗小,传输距离长,成本高。

胶套硅光纤:纤芯是玻璃,包层为塑料,特性同玻璃光纤差不多,成本较低。

塑料光纤:纤芯与包层都是塑料,损耗大,传输距离很短,价格很低。多用于家电音响以及短距离的图像传输。

(6)光纤的衰减

造成光纤衰减的主要因素有:本征、弯曲、挤压、杂质、不均匀和对接等。

本征:是光纤的固有损耗,包括瑞利散射、固有吸收等。

弯曲:光纤弯曲时部分光纤内的光会因散射而被损失掉,造成损耗。

挤压:光纤受到挤压时产生微小的弯曲而造成损耗。

杂质:光纤内杂质吸收和散射在光纤中传播的光,造成损耗。

不均匀:光纤材料的折射率不均匀造成损耗。

对接:光纤对接时会产生损耗,如:不同轴(单模光纤同轴度要求小于 0.8 μm),端面与轴心不垂直,端面不平,对接芯径不匹配和熔接质量差等。

(7)光纤优点

①光纤通信的频带很宽,理论可达到 $30\times10^{10}$ MHz。

②电磁绝缘性能好。光缆中传输的是光束,而光束是不受外界电磁干扰影响的,并且本身也不向外辐射信号,因此它适用于长距离的信息传输以及要求高度安全的场合。

③衰减小,在较大范围内基本上是一个常数值。

④需要增设光中继器的间隔距离较大,因此整个通道中中继器的数目可以减少,降低了成本。根据诺贝尔实验室的测试,当数据传输速率为 420 Mbit/s,且距离为 119 km 无中继器时,其误码率为 $10^{-8}$,传输质量很好。而同轴电缆和双绞线在长距离使用时都需要续接中继器。

⑤重量轻,体积小,适用的环境温度范围宽,使用寿命长。

⑥光纤通信不带电，使用安全，可用于易燃、易爆场所。

⑦抗化学腐蚀能力强，适用于一些特殊环境下的布线。

(8)光纤的连接方式

①熔接。用放电的方法将光纤连接点熔化并连在一起。一般用于长途接续、永久或半永久固定连接，熔接处有一点衰减，但其衰减在所有方法中是最低的。

②机械接合。是用机械和化学的方法将其接合。方法是将两根小心切割好的光纤的一端放在一个套管中，然后钳起来或粘贴在一起并固定。训练有素的工作人员进行机械接合大约需要5分钟的时间，光源的损失大约为10%。机械接合的主要特点是连接迅速可靠。

③模块式连接。是利用各种光纤连接器件，将站点与站点或站点与光缆连接在一起的方法，连接头要损耗10%～20%的光源，但重新配置布线系统很方便。模块式连接的特点是灵活、简单、方便、可靠，光纤连接器多用这种连接方式。

对于这三种连接方法，接合处都有反射，并且反射的能量会和信号产生交互作用。

### 2.光缆

(1)光缆的组成部分

光缆是由缆芯、加强钢丝、填充物和护套等几部分组成，另外根据需要还有防水层、缓冲层、绝缘金属导线等构件。光缆的主要用料有以下几种：

①纤芯。要求有较大的扩充能力、较高的信噪比、较低的比特误码率、较长的放大器间距和较高的信息运载能力。

②光纤油膏。指在光纤管中填充的油膏。其作用一是防止空气中的潮气侵蚀光纤，二是对光纤起衬垫作用，缓冲光纤受震动或冲击的影响。

③护套材料。对光缆长期可靠性具有相当重要的作用，是决定光缆拉伸、压偏、弯曲特性、温度特性、耐老化特性以及光缆的疲劳特性的关键。

④套管材料。套管材料是光缆制造过程中对光纤的第一道机械保护层。

(2)光缆的分类

简称为光缆。按结构分有：中心束管式光缆、层绞式光缆、紧抱式光缆、带状式光缆、非金属光缆和可分支光缆。一般12芯以下的采用中心束管式，中心束管式工艺简单，成本低。层绞式的最大优点是易于分叉，即光缆部分光纤需分别使用时，不必将整个光缆断开，只需将要分叉的光纤断开即可。层绞式光缆采用中心放置钢绞线或单根钢丝加强，成缆纤数可达144芯。带状式光缆的芯数可以做到上千芯，它将4～12芯光纤排列成行，构成带状光纤单元，再将多个带状单元按一定方式排列成光缆。

按光缆敷设方式分有：室内光缆、架空光缆、直埋光缆、管道光缆和水底光缆等。综合布线系统中采用的光缆主要依据此分类方式。

①室内光缆

室内光缆用于垂直、水平子系统的室内应用。如图1-2-20所示为62.5/125 μm室内多芯光缆，用于支撑骨干网建设和光纤到工作站的连接。

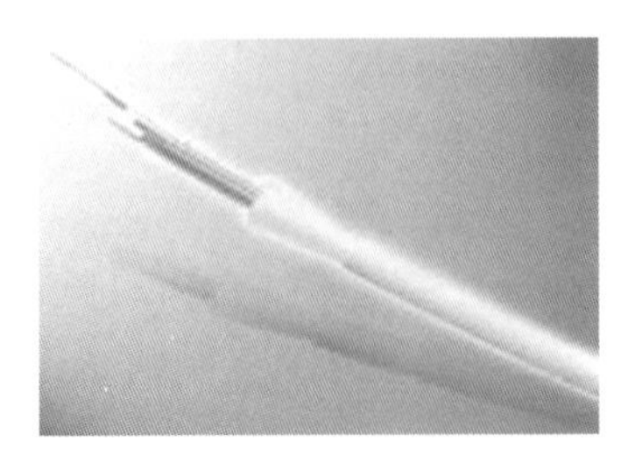

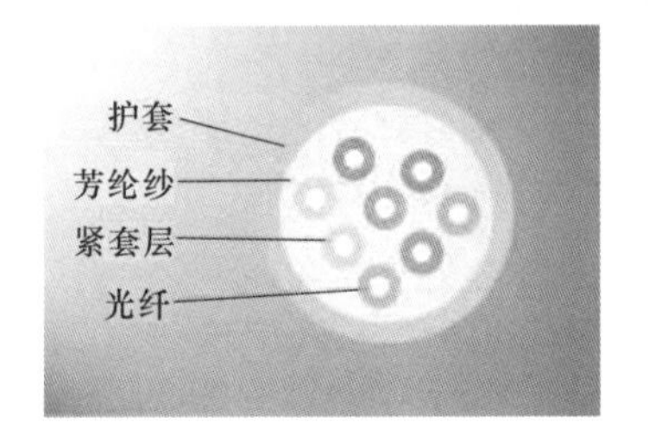


图 1-2-20 室内多芯光缆

②架空光缆

架空光缆是架挂在电杆上使用的光缆，这种敷设方式可以利用原有的架空明线杆路，从而节省费用、缩短建设周期。架空光缆一般用于长途二级或二级以下线路，适用于专用网光线缆路或某些局部特殊地段。架空光缆的敷设方式有吊线式和自承式两种。架空光缆结构如图 1-2-21 所示。

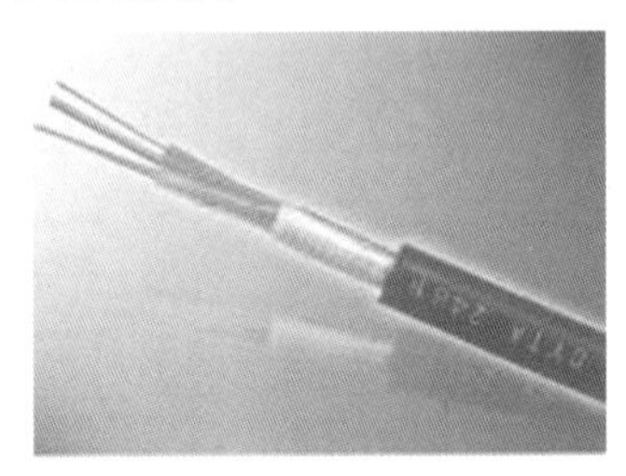

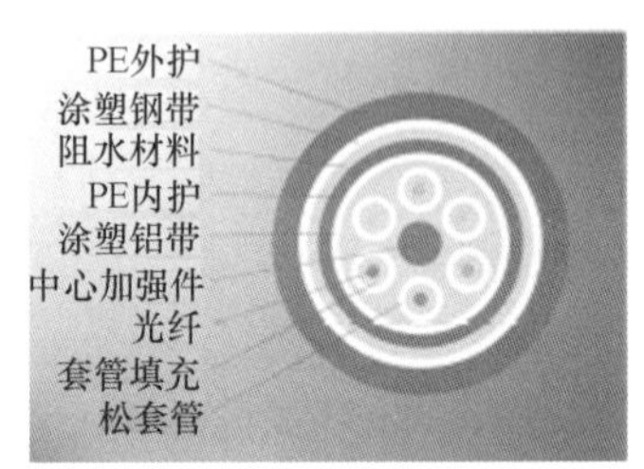


图 1-2-21 架空光缆

③直埋光缆

直埋光缆外部有钢带或钢丝的铠装，直接埋设在地下。根据土质和环境不同，光缆埋入地下的深度一般为 0.8～1.2 m。

④管道光缆

管道光缆敷设一般是在城市地区，对光缆护层没有特殊要求。制作管道的材料可选用混凝土、石棉水泥、钢管和塑料管等。

⑤水底光缆

水底光缆分深水底光缆（又称海底光缆）和浅水底光缆。深水底光缆是敷设于水底穿越河流、湖泊等深水处的光缆。这种光缆的敷设环境很差，所以必须采用钢丝或钢带铠装的结构。深水底光缆要求长距离、低衰减的传输，而且要适应海底环境，需要使用多用途海底光缆接头、特别设计的防氢海底接头盒以及其光缆配件。浅水底光缆是区别于海底光缆而提出来的另一类结构的水下光缆，适合于在海边和浅水中安装，无须中继，在通信距离比较短的水下敷设使用。这种光缆需要的光纤数不多，要求结构简单、成本较低、易于安装和运输，便于修复和维护。

按光缆用途分有：长途通信光缆、短途室外光缆、混合光缆和建筑物内用光缆。

**3.光纤配线设备**

光纤配线架（Fiber Panel）也称光纤终端盒，是光纤进行端接或连接的装置，用于保护光纤和尾纤，是光纤接入网的关键设备之一，分为室内配线设备和室外配线设备两大类。

其中，室内配线包括机架式（光纤配线架、混合配线架）、机柜式（光纤配线柜、混合配线柜）和壁挂式（光纤配线箱、光缆终端盒、综合配线箱）三种，室外配线设备包括光缆交接箱、光纤配线箱和光缆接续盒。这些配线设备主要由配线单元、熔接单元、光缆固定开剥保护单元、存储单元及连接器件组成。综合配线产品含有相应的数字配线模块和音频配线模块。

（1）室外光缆接续（端接）盒

室外光缆接续盒主要用于站点和建筑外光缆交接点。通过侧面端口，接续盒可接纳多种光缆外套。光缆进入端口被密封，接续被设计用于机械接续（端接）和熔合接续。接续盒可端接的光缆尺寸为 0.64～2.54 cm。结构如图 1-2-22 所示。

图 1-2-22 光缆接续盒

（2）光缆进线设备箱

光缆进线设备箱设计用于站点和建筑外分类间存放大量光缆交接点，适用于建筑群（校园主干）子系统。通过底部、侧面和顶部的端口，设备箱可接纳多种光缆外套。光缆进入端口被密封，接续被设计用于机械接续（端接）和熔合接续。设备箱可端接的光缆尺寸为 0.64～2.54 cm。结构如图 1-2-23 所示。

图 1-2-23 光缆进线设备箱

（3）600 型组合式配线箱

600 型组合式配线箱是可以墙上安装的箱体，它可以用于光缆端接或熔接，并使光缆有组织的对接。该配线架包括背角的进线孔、固定缓冲光缆的线缆支持架、保持缓冲光缆最小弯曲半径用的光缆存储线盘、连接头面板、24 个双芯耦合器和两个机械或熔接托架。600 型组合式配线箱分 600A 组合式和 600B 组合式，配线架适用于干线系统、水平子系统及建筑群干线子系统。600B 组合式配线架与 600A 组合式配线架的区别是它装有前端入口设备的滑轨。跳线槽已经合并在 600B 连接配线架内，从而减少了安装所需的空间。图 1-2-24 所示为 B 型光纤配线架。

图 1-2-24　B 型光纤配线架

(4)ODF 光纤配线架及光耦合器

在一些大中型项目中,可能会使用到 ODF 光纤配线架及光耦合器等设备,如图 1-2-25 所示,ODF 光纤配线架主要应用于机房,可以让众多光纤更加规整,方便维护。

图 1-2-25　ODF 光纤配线架

**4.光纤连接器**

(1)光纤连接器类型

光纤连接器(Fiber Connector)是光纤系统中使用最多的光纤无源器件,是用来端接光纤的。光纤连接器的首要功能是把两条光纤的纤芯对齐,提供低损耗的连接。光纤连接器按连接头结构可分为 SC、ST、LC、D4、DIN、MU、MT 等形式;按光纤端面形状可分为 FC、PC 等形式(包括 SPC 或 UPC)和 APC 型;按光纤芯数还可分为单芯、多芯(如 MT-RJ)。

传统主流的光纤连接器品种是 SC 型(直插式)、ST 型(卡扣式)和 FC 型(螺纹连接式)3 种,它们的共同特点是都有直径为 2.5 mm 的陶瓷插针,这种插针可以大批量地进行精密磨削加工,以确保光纤连接的精密准直。插针与光纤组装非常方便,经研磨抛光后,插入损耗一般小于 0.2 dB。

随着光缆在综合布线工程中的大量使用,光缆密度和光纤配线架上连接器密度的不断增加,目前使用的连接器已显示出体积过大、价格太贵的缺点。小型化(SFF)光纤连接器正是为了满足用户对连接器小型化、高密度连接的使用要求而开发出来的。它压缩了整个网络中面板、墙板及配线箱所需要的空间,使其占有的空间只相当于传统 ST 和 SC 连接器的一半。在光纤通信中,SFF 光纤连接器在连接光缆时都是成对儿使用的,即一个输出(Output,也为光源),一个输入(Input,光检测器),而且不用考虑连接的方向,因而连接快捷方便,有助于网络连接。目前,SFF光纤连接器已受到越来越多用户的喜爱,大有取代传统主流光纤连接器ST、SC和FC的趋势。因此小型化是光纤连接器的发展方向。

下面介绍几种常用的光纤连接器。

①SC型光纤连接器

SC型光纤连接器外壳呈矩形,所采用的插针与耦合套筒的结构尺寸与FC型完全相同,其中插针的端面多采用PC或APC型研磨方式,紧固方式是采用插拔销闩式,不需旋转。此类连接器价格低廉,插拔操作方便,抗压强度较高,安装密度高。

②ST型光纤连接器

ST型光纤连接器外壳呈圆形,所采用的插针与耦合套筒的结构尺寸与FC型完全相同,其中插针的端面多采用PC或APC型研磨方式,紧固方式为螺丝扣。此类连接器适用于各种光纤网络,操作简便,且有良好的互换性。

③FC型光纤连接器

FC(Ferrule Connector)的外部加强采用金属套,紧固方式为螺丝扣。最早,FC类型的连接器采用的陶瓷插针的对接端面是平面接触方式。此类连接器结构简单,操作方便,制作容易,但光纤端面对微尘较为敏感。后来,该类型连接器有了改进,采用对接端面呈球面的插针(PC),而外部结构没有改变,使得插入损耗和回波损耗性能有了较大幅度的提高。

SC、ST、FC连接器根据安装光纤方式有压接型免打磨光纤连接器、压接型光纤连接器和胶粘型光纤连接器等种类,安装方式不同,结构有所区别,外观一致,如图1-2-26所示。

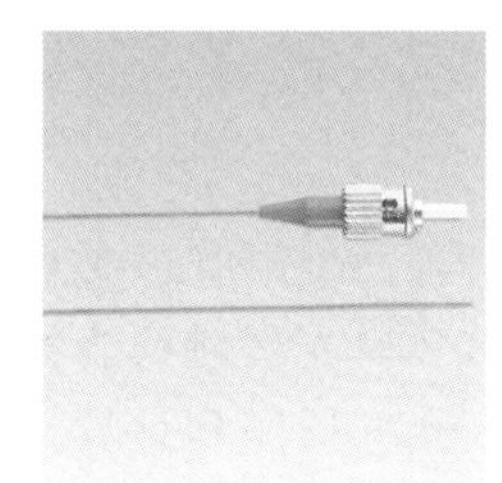
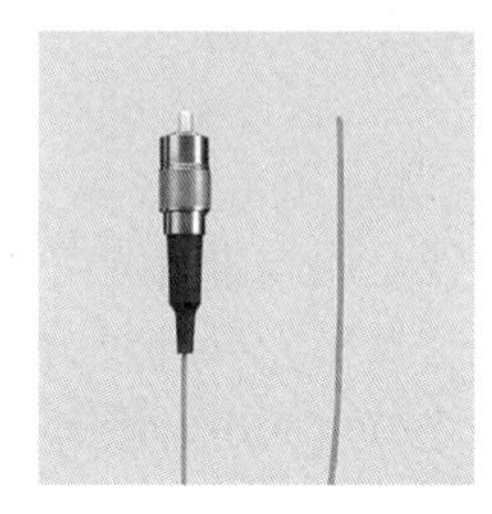

图1-2-26 SC、ST、FC光纤连接器

④小型化(SFF)光纤连接器

小型化光纤连接器是为了满足用户对连接器小型化、高密度连接的使用要求而研发出来的,它压缩了光纤配线架所需要的空间,使其占有的空间只相当于传统ST型和SC型连接器的一半,因此越来越受到用户的喜爱,大有取代传统光纤连接器的趋势,是光纤连接器的发展方向。目前最主要的SFF光纤连接器有4种类型:美国朗讯公司开发的LC型光纤连接器、日本NTT公司开发的MU型光纤连接器、美国Tyco Electronics和Siecor公司联合开发的MT-RJ型光纤连接器和3COM公司开发的VF-45型光纤连接器,其外形如图1-2-27所示。

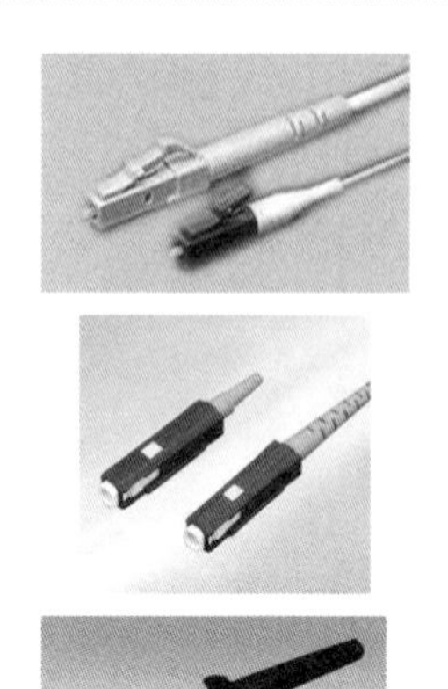
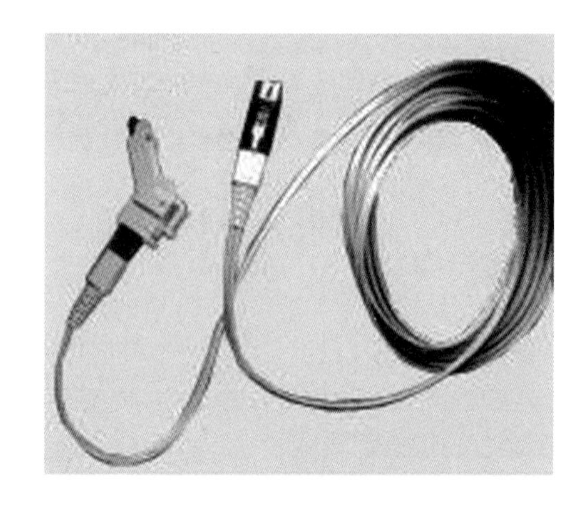

图 1-2-27 LC、MU、MT-RJ、VF-45 连接器

(2)光纤适配器(Optical Fibre Connector)

光纤适配器又称光耦合器,是将两对或一对光纤连接器件进行连接的器件,用于连接已成端的光纤或尾纤,是实现光纤活动连接的重要器件之一。它通过尺寸精密的开口套管在适配器内部实现了光纤连接器的精密对准连接,保证两个连接器之间有一个低的连接损耗。

综合布线中常用的光纤适配器有 FC、SC 和 ST 耦合器等,如图 1-2-28 所示。

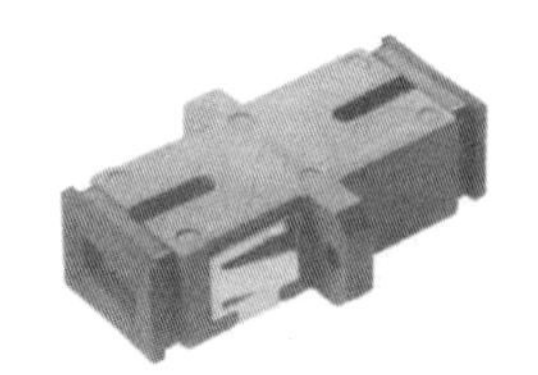

图 1-2-28 FC、SC、ST 耦合器

(3)光纤跳线和光纤尾纤

光纤跳线是两端带有光纤连接器的光纤软线,又称为互连光缆,有单芯和双芯、多模和单模之分。单模光纤跳线为黄色,多模光纤跳线为橘红色。光纤跳线主要用于光纤配线架到交换光口或光电转换器之间、光纤插座到计算机的连接,根据需要,光纤跳线两端的连接器可以是同类型的,也可以是不同类型的,其长度一般在 5 m 以内。光纤尾纤的一端是光纤,另一端是光纤连接器。采用光纤熔接法制作光缆成端。事实上,一条光纤跳线剪断后,就成了两条光纤尾纤。

常见光纤跳线如图 1-2-29 所示。

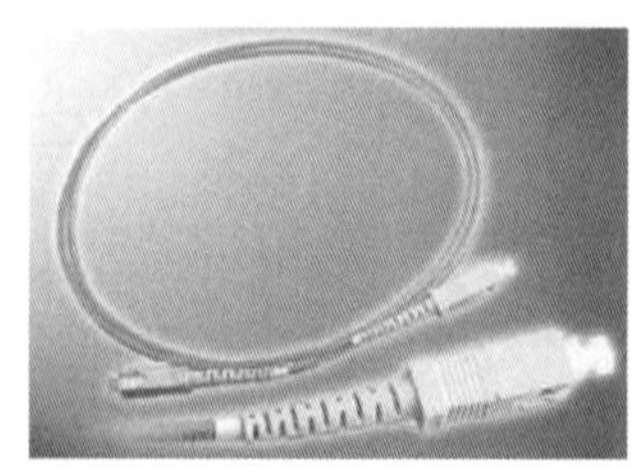
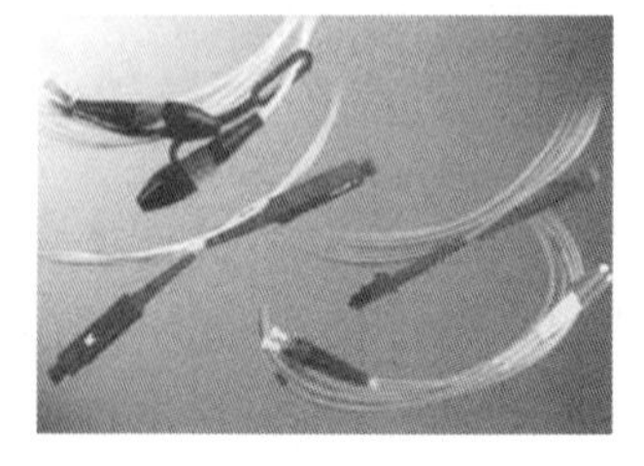
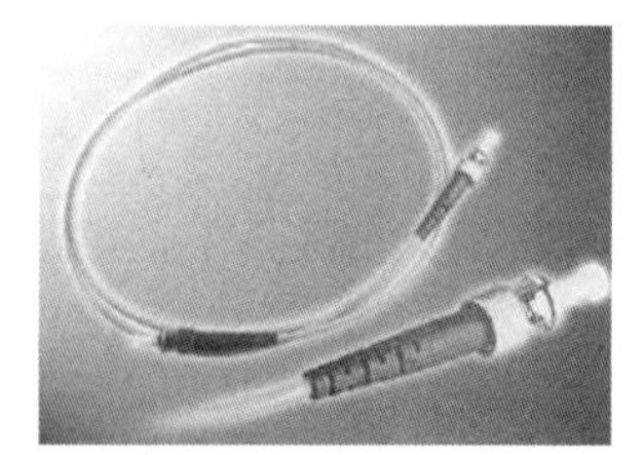

图 1-2-29 光纤跳线

5.其他光纤设备

(1)光纤插座

光纤到桌面时,需要安装光纤插座,光纤插座是一个带光纤适配器的光纤面板。图 1-2-30 所示为一种光纤插座面板的外观。

图 1-2-30 光纤插座面板

(2)光缆接续盒,如图 1-2-31 所示。光缆接头盒是将两根或多根光缆连接在一起,并保护部件的接续部分,是光缆线路工程建设中必须采用的,而且是非常重要的器材之一,光缆接头盒的质量直接影响光缆线路的质量和光缆线路的使用寿命。

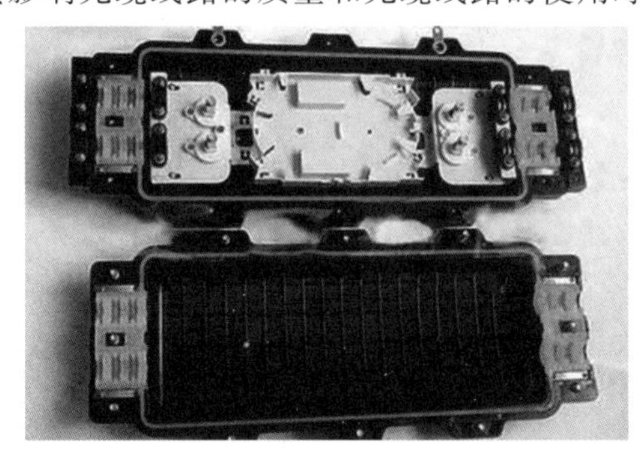

图 1-2-31 光缆接续盒

(3)光纤收发器,如图 1-2-32 所示,也被称为光电转换机,是将光口、电口进行转换的设备,成对使用,电口连接交换机,光口连接光纤尾纤。光纤收发器由光发送机和光接收机构成。光发送机的主要功能是产生光束,将电信号转换为光信号,再把光信号导入光纤。目前主要使用两种光源,即发光二极管(LED)和半导体激光二极管(ILD),它们有着不同的特性,见表 1-2-8。光接收机主要功能是负责接收光纤上传输的光信号,并将其转换为电信号,经过解码后再做相应的处理。光接收机由光电二极管构成,遇到光时,给出一个电脉冲。

图 1-2-32 光纤收发器

表 1-2-8　　发光二极管和半导体激光二极管的特性比较

| 项目 | 发光二极管 | 半导体激光二极管 |
| --- | --- | --- |
| 数据速率 | 低 | 高 |
| 模式 | 多模 | 单模或多模 |
| 距离 | 短 | 长 |
| 生命期 | 长 | 短 |
| 温度敏感性 | 较小 | 较敏感 |
| 造价 | 低造价 | 昂贵 |

光发送机和光接收机可以是分离的单元，收发器则能够同时执行光发送机和光接收机的功能。

(4)光纤模块，如图 1-2-33 所示。光纤模块主要应用于光纤交换机上，通过光纤模块可以直接将光纤尾纤与交换机相连，省去光纤收发器，但是光纤交换机价位相对较高。

图 1-2-33　光纤模块

## 2.3 布线器材

### 2.3.1 线　管

在综合布线工程中，水平干线子系统、垂直干线子系统和建筑群子系统的施工材料除线缆材料外，最重要的就是管槽系统了。管槽系统是干线布线的基础，对线缆起到支撑和保护作用，主要包括线管、线槽、桥架和相应的附件，有明敷和暗敷两种敷设方式。

线管的管材品种较多，在综合布线系统中主要使用钢管和塑料管两种。此外，综合布线系统的户外部分也会采用混凝土管(又称水泥管)和高密度聚乙烯材料(HDPE)制成的双壁波纹管等管材。

#### 1.钢管

(1)钢管的种类

钢管按照制造方法不同可分为无缝钢管和焊接钢管(或称接缝钢管、有缝钢管)两大类，无缝钢管只有在综合布线系统的特殊段落（如管路引入室内需承受极大的压力时）才采用，因此使用量极少。在综合布线系统中常用的钢管为焊接钢管，如图 1-2-34 所示，焊接钢管一般是由钢板卷焊制成。按卷焊制作方法不同，又可分为对边焊接（又称对缝焊接）、叠边焊接和螺旋焊接 3 种，后两种焊接钢管的内径都在 150 mm 以上，在室内不会采用。

图 1-2-34 焊接钢管

综合布线系统采用的对边焊接钢管有以下几种分类方法：

①按钢管的壁厚不同分为普通钢管（水压试验压力为 2.5 MPa）、加厚钢管（水压试验压力为 3 MPa）和薄壁钢管（水压试验压力为 2 MPa）3 种。普通钢管和加厚钢管统称为水管，有时简称为厚管（G）；薄壁钢管又称普通碳素钢电线套管，简称薄管或电管（DG）。

②按有无螺纹区分为带螺纹（有圆锥形螺纹和圆柱形螺纹）和不带螺纹（又称光管）两种。

③按表面是否处理可分为镀锌（又称白铁管）和不镀锌（又称黑铁管）两种。

（2）钢管的规格

钢管的规格有多种，以外径（mm）为单位，综合布线工程施工中常用的钢管有 D16、D20、D25、D32、D40、D50、D63、D110 等规格。由于在钢管内穿线难度比较大，所以在选择钢管时要注意选择管径大一点的钢管，一般管内填充物应占 30%左右，以便于穿线。

（3）钢管的特点

钢管具有机械强度高、密封性能好、抗弯、抗压和抗拉能力强等特点，尤其是有屏蔽电磁干扰的作用。钢管管材可任意截锯拗弯，以适合不同的管线路由结构，安装施工方便。但是钢管存在管材重、价格高，且易生锈等缺点，所以随着塑料管机械强度、密封性、阻燃防火等性能的提高，目前在综合布线工程中电磁干扰较小的场合，钢管已经被塑料管代替。

## 2.塑料管

塑料管是由树脂、稳定剂、润滑剂及添加剂配制挤塑成形。目前按塑料管使用的主要材料，塑料管主要有聚氯乙烯管（PVC-U 管）、聚乙烯管（PE 管）和聚丙烯管（PP 管）3 种。如果加以细分，又有以高低密度聚乙烯为主要材料的高低密度聚乙烯管（HDPE 管和 LDPE 管），以软质或硬质聚氯乙烯为主要材料的软硬聚氯乙烯管（PCV-U）管。此外，按管材结构划分，塑料管可分为以下几种：

①内壁光滑、外壁波纹的双壁波纹塑料管（简称双壁波纹管）。

②内、外壁光滑，中间含有发泡层的复合发泡塑料管（简称复合发泡管）。

③内、外壁光滑的实壁塑料管(简称实壁管)。

④壁内、外均成凹凸状的单壁波纹管。

按塑料管成型外观划分,又可分为硬直管、硬弯管和可绕管等。

此外,还有在高密度聚乙烯管内壁附有固体永久润滑剂硅胶层的硅芯管(简称硅管),它具有与高密度聚乙烯管相同的物理和机械特性,但其摩擦系数极小。

由于软硬聚氯乙烯管具有难燃性能,对综合布线系统中的防火极为有利,所以在综合布线系统中通常采用的都是软硬聚氯乙烯管,且是内外壁光滑的实壁塑料管。在室外的建筑群子系统采用地下通信电缆管道时,其管材除主要使用混凝土管(又称水泥管)外,目前较多采用的是内、外壁光滑的软硬聚氯乙烯实壁塑料管(PVC-U 管)和内壁光滑、外壁波纹的高密度聚乙烯(HDPE)双壁波纹管,有时也采用高密度聚乙烯(HDPE)的硅芯管。

(1)PVC-U 管

PVC-U 管是综合布线工程中使用最多的一种塑料管,管长通常为 4 m、5.5 m 或 6 m。PVC-U 管具有较好的耐碱性和耐腐蚀性,抗压强度较高,具有优异的电气绝缘性能,适用于各种条件下的电缆保护套管配管工程。PVC-U 管以外径(mm)为单位,有 D16、D20、D25、D32、D40、D45、D63、D110 等多种规格,与其安装配套的有接头、螺圈、弯头、弯管弹簧、开口管卡等多种附件,图 1-2-35 所示为 PVC-U 管及其附件,图 1-2-36 所示为方便检修的 PVC-U 管附件。

图 1-2-35 PVC-U 管及其附件

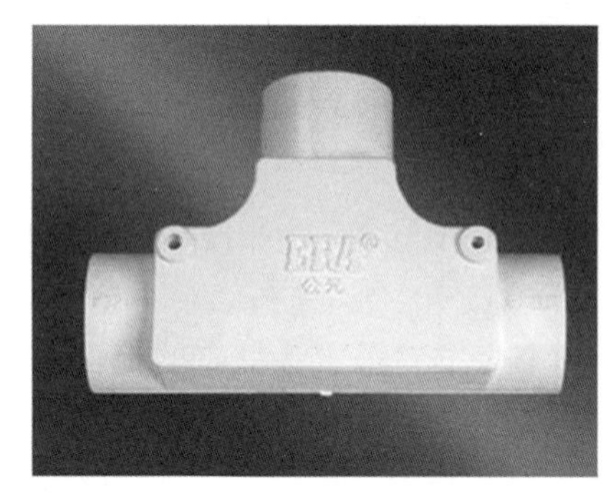

图 1-2-36 方便检修的 PVC-U 管附件

(2)HDPE 双壁波纹管

HDPE 双壁波纹管结构先进,如图 1-2-37 所示。除了具有普通塑料管的耐腐蚀性好、绝缘性好、内壁光滑和使用寿命长等优点外,还具有以下独特的技术特性:

①刚性大,耐压强度高于同等规格的普通塑料管。

②重量是同规格普通塑料管的 1/2,方便施工。

③密封好,在地下水位高的地方使用具有较好的隔水作用。

④波纹结构加强了管道对土壤负荷的抵抗力,便于连续敷设在凹凸不平的作业面上。

⑤使用双壁波纹管,工程造价要比普通塑料管低 1/3。

(3)硅芯管

硅芯管采用高密度聚乙烯和硅胶混合物经复合挤出而成,是一种内壁带有润滑剂的复合光缆套管,如图 1-2-38 所示。硅芯管可作为直埋光缆套管,主要优点是摩擦系数小、施工方便，可采用气吹法布放光缆，敷管快速，一次性穿缆长度为 500～2 000 m，沿线接头、人孔、手孔可相应减少。

图 1-2-37 双壁波纹管

图 1-2-38 硅芯管

## 2.3.2 线 槽

线槽分为金属线槽和 PVC 塑料线槽。金属线槽又称为槽式桥架。PVC 塑料线槽是综合布线工程明敷管路时广泛使用的一种材料，它是一种带盖板封闭式的线槽，盖板和槽体通过卡槽合紧，如图 1-2-39 所示。塑料槽的品种规格很多，从型号上讲有 PVC-20 系列、PVC-25 系列、PVC-25F 系列、PVC-30 系列、PVC-40 系列、PVC-60 系列等。从规格上讲有 20 mm×12 mm、25 mm×12.5 mm、25 mm×25 mm、30 mm×15 mm、40 mm×20 mm 等。与 PVC 槽配套的附件有阳角、阴角、平三通、直转角、连接头、终端头等，如图 1-2-40 所示。

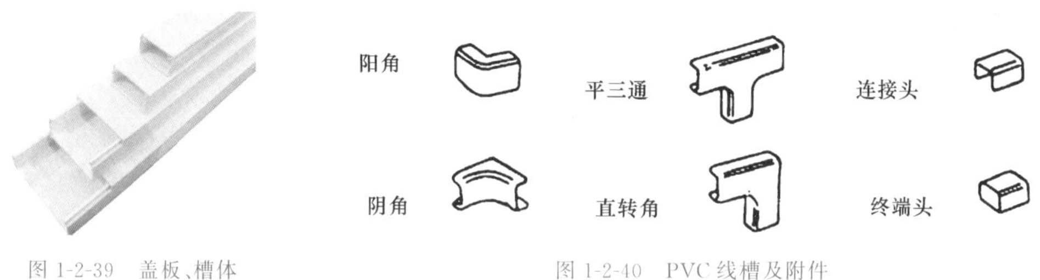


图 1-2-39 盖板、槽体

图 1-2-40 PVC 线槽及附件

## 2.3.3 桥 架

在综合布线工程中，由于线缆桥架具有结构简单，造价低，施工方便，配线灵活，安全可靠，安装标准，整齐美观，防尘防火，能延长线缆使用寿命，方便扩充、维护、检修等特点，所以广泛应用于建筑物内主干管线的安装施工。

**1.桥架的类型和组成**

桥架由多种外形和结构的零部件、连接件、附件和支、吊架等组成。因此，其类型、品种和规格极多，而且目前国内尚无统一的产品标准，所以各个生产厂家的产品型号和系列有些区别，但基本上是大同小异。在选用时，应根据实际使用需要，结合生产厂家的具体产品来考虑。

按照桥架的制造材料分类，桥架可以分为金属材料和非金属材料两类。它们主要用于支撑和安放建筑物内的各种线缆，是具有连续性的刚性组装结构。

(1)金属材料桥架

根据桥架本身的形状和组成结构分类，目前国内产品有以下几种类型。

①槽式桥架

槽式桥架的底板无孔洞眼，它是由底板和侧边构成或由整块钢板弯制成的槽形部件，因此有时称它为实底型电缆槽道。槽式桥架如配有盖时，就成为一种全封闭的金属壳体，具有抑制外部电磁干扰、防止外界有害液体、气体和粉尘侵蚀的作用。因此，它适用于需要屏蔽电磁干扰，或者防止外界各种气体或液体等侵入的场合。图 1-2-41 所示为槽式直通桥架的空间布置。

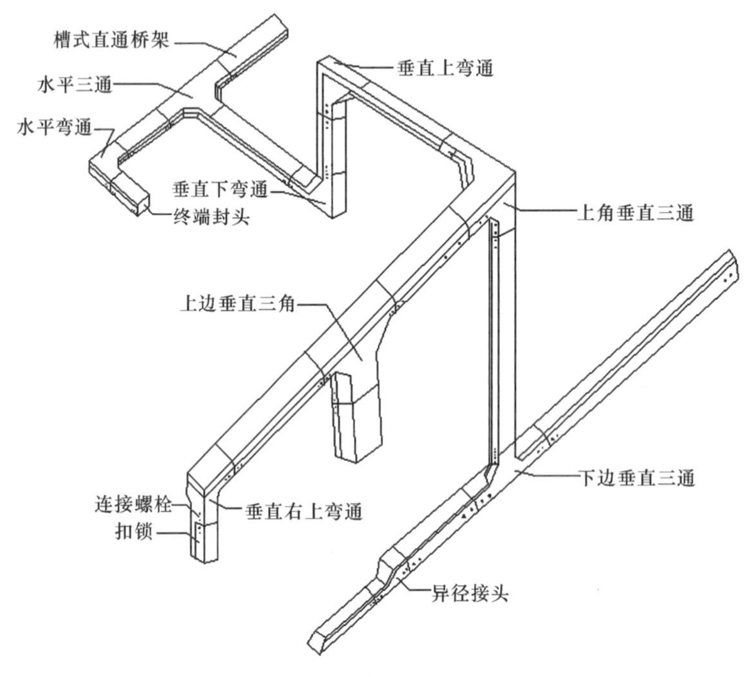


图 1-2-41 槽式直通桥架

②托盘式桥架

托盘式桥架是由带孔洞眼的底板和无孔洞眼的侧边所构成的槽形部件，或采用由整块钢板冲出底板的孔眼后，按规格弯制成槽形的部件。它适用于敷设环境无电磁干扰、不需要屏蔽的地段，或环境干燥、清洁、无灰、无烟等不被污染的要求不高的一般场合。图 1-2-42 所示为托盘式直通桥架、托盘式桥架的空间布置。

③梯式桥架

梯式桥架是一种敞开式结构，它是由两个侧边与若干个横挡组装构成的梯形部件，与通信机架中常用的电缆走线架的形状结构类似。因为它的外面没有遮挡，是敞开式部件，在使用上有所限制，适用于环境干燥、清洁、无外界影响的一般场合，不得用于有防火要求的区段，或易遭受外界机械损害的场所，更不得在有腐蚀性液体、气体或有燃烧粉尘的场合使用。图 1-2-43 为梯式桥架的空间布置。

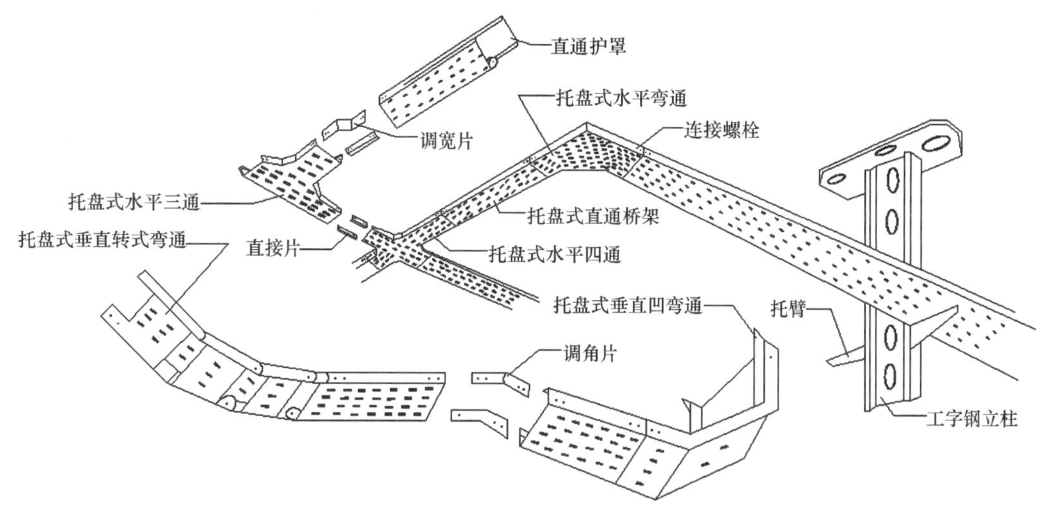


图 1-2-42 托盘式直通桥架和托盘式桥架

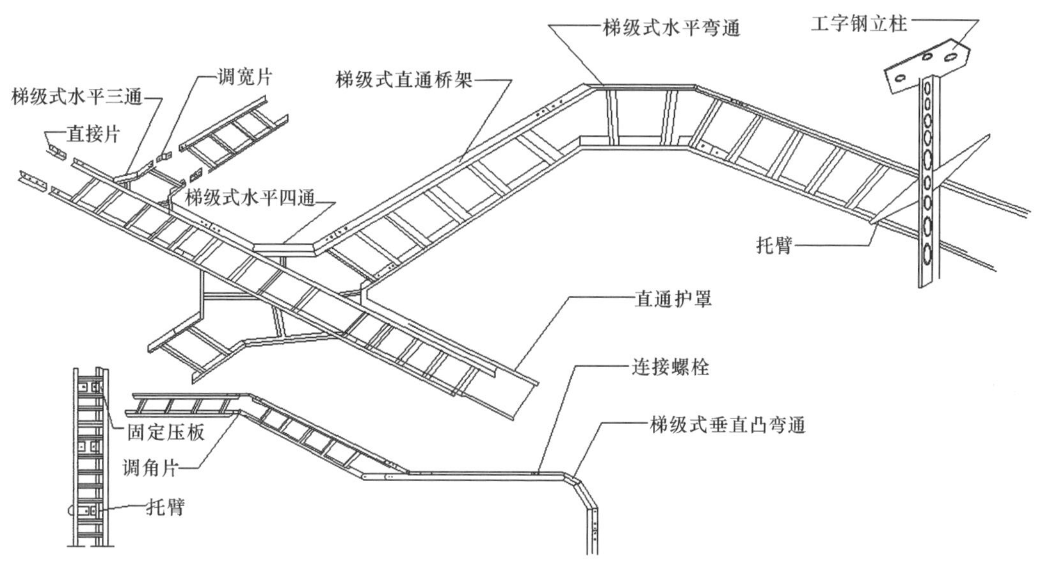


图 1-2-43 梯式桥架

(2)桥架的安装范围

桥架的安装可因地制宜:可以水平或垂直敷设;可以采用转角、"T"字形或"十"字形分支;可以调宽、调高或变径;可以安装成悬吊式、直立式、侧壁式、单边、双边和多层等形式。大型多层桥架吊装式立装时,应尽量采用工字钢立柱两侧对称敷设,避免偏载过大,造成安全隐患。其安装的范围如下:

①在管道上架空敷设。

②楼板和梁下吊装。

③在室内外墙壁、柱壁、露天立柱和支墩、隧道、电缆沟壁上侧装。

## 2.4 常见综合布线设备

### 1.机柜

机柜(Rack)广泛应用于综合布线产品、计算机网络设备、通信器材和电子设备的叠放。机柜具有增强电磁屏蔽、削弱设备工作噪声和减少设备占地面积等优点。19 英寸标准机柜是常见的一种机柜。标准机柜的结构比较简单,主要包括基本框架、内部支撑系统、布线系统和通风系统。如图 1-2-44 所示。

19 英寸标准的机柜外形有宽度、高度和深度 3 个常规指标。虽然 19 英寸面板设备安装宽度为 465.1 mm,但机柜的物理宽度常见的产品为 600 mm 和 800 mm 两种。根据柜内设备的多少,高度一般为 0.7～2.4 m,常见的成品 19 英寸机柜高度为 1.6 m 和 2 m。根据柜内设备的尺寸,机柜的深度一般为 400～800 mm。

与机柜相比,机架具有价格相对便宜、搬动方便的优点。不过机架一般为敞开式结构,不像机柜采用全封闭或半封闭结构,所以自然不具备增强电磁屏蔽、削弱设备工作噪声等特性。

图 1-2-44 标准机柜

除 19 英寸标准机柜和机架外,常用的还有挂墙式机柜(见图 1-2-45)、600 mm 宽桌面型机柜、自动调整组合机柜及用户自行定制机柜。19 英寸标准机柜从组装方式来看,大致有一体化焊接型和组装型两种。一体化焊接型价格相对便宜,焊接工艺和产品材料是这类机柜的关键。组装型是目前比较流行的形式,包装中都是散件,需要时可以迅速组装起来。

图 1-2-45 挂墙式机柜

2.电气保护设备

使用电气保护设备是为了减少电气事故对布线用户的危害,减小对布线网本身、连接设备和网络体系等的电气损害。电气保护设备在布线系统中并不是可有可无的设备,它必须根据环境特点按规定设计和施工。下面介绍不同场合和环境的电气保护设备。

(1)过压保护器

当建筑物内部电缆易于受到雷击、电力系统干扰、电源感应时电压或地电压升高,影响设备的正常使用时,必须用过压保护器保护线对。常见的过压保护器有碳块保护器、气体保护器和固态保护器。

碳块保护器是最老的一种形式。目前布线系统中过压保护器可采用气体保护器或固态保护器。

气体保护器使用放电空隙来限制导线和大地之间的电压。当交流电位超过 350 V 或雷电超过 700 V 时,这一设备进行电弧放电,从而为导线和地之间提供了电流通路。保护单元有 3B-1D、3B-EW、3C-S、4B-EW、4C-S 和 4C-3S-75 系列。

固态保护器(见图 1-2-46)要求的击穿电压较低(60～90 V),而且在使用它的电路中不能有振铃电压。在所有保护器中,固态保护器的价格最高,但它为数据或特殊线路提供了最佳保护。

(2)过流保护器

电缆的导线上可能出现这样或那样的电压,如果连接设备为其提供了对地的低阻通路,它就不足以使过压保护器工作,而产生的电流可能会损害设备或着火。所以对地有低阻通路的设备必须给以过流保护。在综合布线系统中只有极少数地方需要过流保护,保护器使用比较容易管理的熔断器,完成过流保护。图 1-2-47 所示为一种过流保护器。

图 1-2-46 固态保护器

图 1-2-47 过流保护器

(3)保安配线架

为了管理和维护方便,防雷保护器、过压保护器等电气保护设备,可直接安装在建筑配线架上,这样的配线架就叫保安配线架。保安配线架安装位置应限制建筑物内的导线长度,最大限度地减少通往电源地线的各条焊接线的长度。保安配线架使用中要对所有的线对提供保护,也要注意对线缆的两端而不是一端进行保护。

## 2.5 布线安装施工工具

在安装综合布线系统环境中，需要使用很多施工工具，下面介绍一些常用的电动工具和设备，对简单的电工和五金工具只列出名称。

### 1.五金工具

(1)线槽剪

线槽剪是PVC线槽专用剪，剪出的端口整齐美观，如图1-2-48所示。

(2)梯子

安装管槽和进行布线拉线工序时，常常需要登高作业。常用梯子有直梯和人字梯两种。直梯多用于户外登高作业，如搭在电线杆上和墙上安装室外光缆；人字梯通常用于户内登高作业，如安装管槽、布线拉线等。直梯和人字梯在使用之前，宜在梯脚绑上橡皮之类的防滑材料，人字梯还应在两页梯之间绑扎一道防自动滑开的安全绳。

(3)台虎钳

台虎钳是中小工件锯割、凿削或锉削时常用的夹持工具之一，如图1-2-49所示。顺时针摇动手柄，钳口就会将工件(如钢管)夹紧；逆时针摇动手柄，就会松开工件。

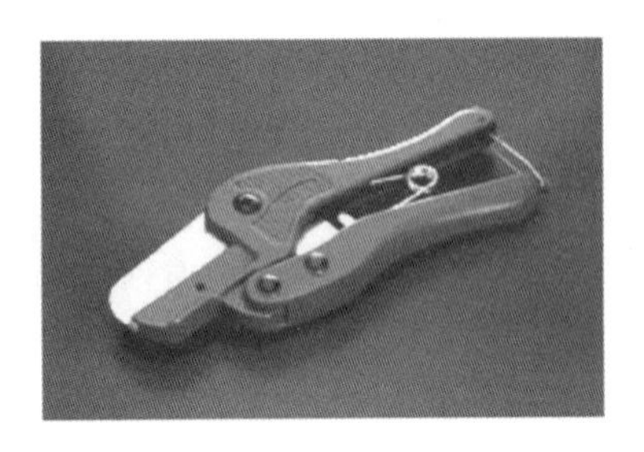

图1-2-48 线槽剪

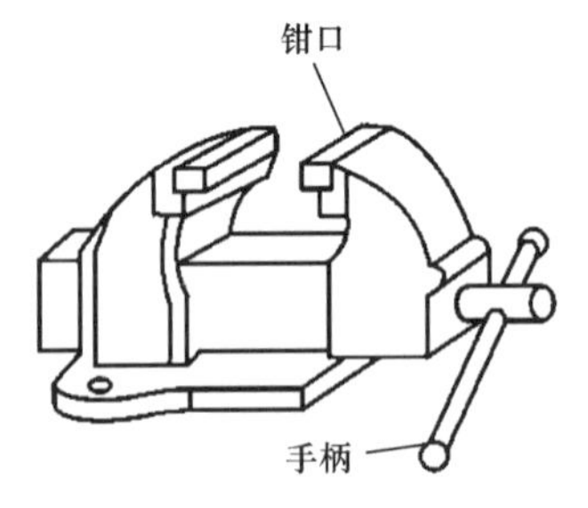


图1-2-49 台虎钳

其他还有用于钢管施工的管子台虎钳、管子切割器、管子钳、螺纹铰板、简易弯管器、扳曲器等工具。

直径稍大的(大于25 mm)电线管或小于25 mm的厚壁钢管，可采用扳曲器来弯管。

### 2.电工和电动工具箱

(1)电工工具箱

电工工具箱是布线施工中必备的工具，一般包括以下工具：钢线钳、尖嘴钳、斜口钳、剥线钳、一字旋具、测电笔、电工刀、电工胶带、活络扳手、呆扳手、卷尺、铁锤、凿子、斜口凿、钢锯、直角曲尺、电工皮带和工作手套等。工具箱中还应常备诸如水泥钉、木螺钉、自攻螺钉、塑料膨胀管、金属膨胀栓等小材料，如图1-2-50所示。

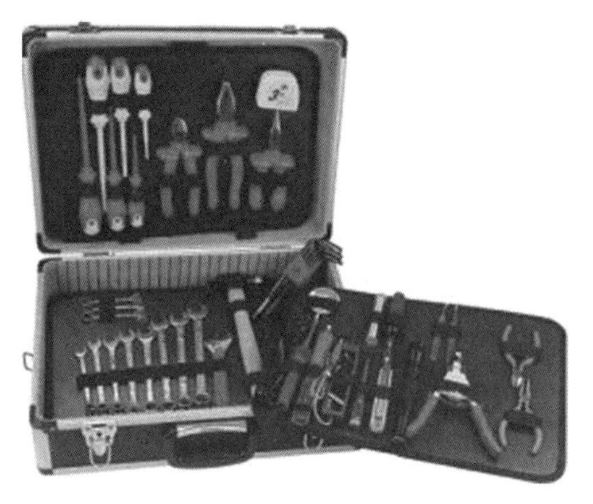

图 1-2-50　电工工具箱及工具

(2)电源线盘

在施工现场特别是室外施工现场,由于施工范围广,不可能随处都有电源,因此要用长距离的电源线盘接电,线盘长度有 20 m、30 m 和 50 m 等型号。

(3)充电旋具

充电旋具是工程安装中经常使用的一种电动工具,如图 1-2-51 所示。它既可以充当旋具又可以用作电钻,特别是可以使用充电电池,不用电线,在任何场合都能工作。充电旋具可单手操作,有正反转快速变换按钮,使用灵活方便;强大的扭力再配合各式通用的六角工具头可以拆卸锁入螺钉和钻洞等;它可以取代传统的旋具,拆卸锁入螺钉完全不费力,大大提高了工作效率。

(4)手电钻

手电钻既能在金属型材上钻孔,也适合在木材和塑料上钻孔,在布线系统安装中是经常用到的工具,如图 1-2-52 所示。手电钻由电动机、电源开关、电缆和钻孔头等组成。用钻头钥匙开启钻头锁,可使钻夹头扩开或拧紧,使钻头松出或固牢。

(5)冲击电钻

冲击电钻简称冲击钻,是一种旋转带冲击的特殊用途的手提式电动工具。它由电动机、减速箱、冲击头、辅助手柄、开关、电源线、插头和钻头夹组成,适合在混凝土、预制板、瓷面砖和砖墙等建筑材料上钻孔、打洞,如图 1-2-53 所示。

图 1-2-51　充电旋具

图 1-2-52　手电钻

图 1-2-53　冲击电钻

(6)电锤

电锤以单相串激电动机为动力,适用于在混凝土、岩石、砖石砌体等脆性材料上钻孔、开槽、凿毛等作业。电锤钻孔速度快而且成孔精度高，它与冲击电钻从功能看有相似的地方，但从外形与结构上看是有很多区别的。

(7)角磨机

角磨机如图 1-2-54 所示。金属槽、管切割后会留下锯齿形的毛边，容易刺穿线缆的外套，用角磨机可以将切割口磨平以保护线缆。同时，角磨机也能当切割机使用。

(8)拉钉枪

拉钉枪用于用铆钉连接金属线槽，如图 1-2-55 所示。

(9)型材切割机

在布线管槽的安装中，常常需要加工角铁横担、割断管材等，使用型材切割机速度快，而且省力，这是钢锯无法比拟的。型材切割机的外形如图 1-2-56 所示，它由砂轮锯片、护罩、操纵手把、电动机、工件夹、工件夹调节手轮、底座和胶轮等组装而成。电动机一般是三相交流电动机。

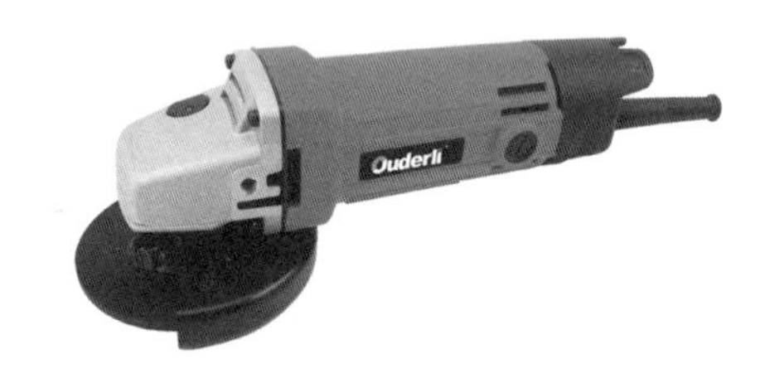


图 1-2-54 角磨机

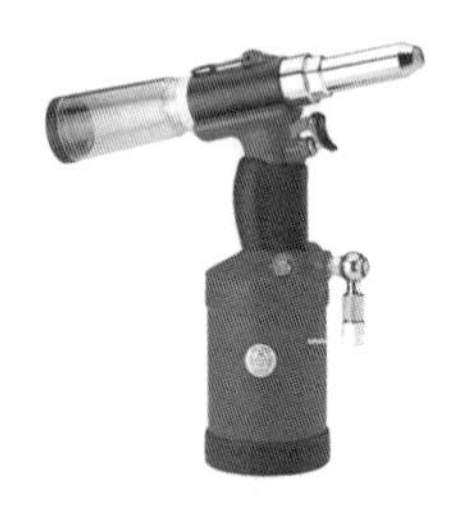

图 1-2-55 拉钉枪

图 1-2-56 型材切割机

(10)台钻

在桥架等材料切割后，会使用台钻钻上新的孔，再与其他桥架连接安装。

**3.其他工具**

(1)数字万用表

数字万用表主要用于综合布线系统中设备间、楼层配线间和工作区电源系统的测量，有时也用于测量双绞线的连通性。

(2)接地电阻测量仪

接地系统用于保障通信设备的正常运行，它的作用包括提供电源回路、保护人体免受电击和屏蔽设备内部电路免受外界电磁干扰或防止干扰其他设备。设备接地的方式通常是埋设金属接地桩、金属网等导体，导体再通过电缆与设备内的地线排或机壳相连。当多个设备连接于同一接地导体时，通常需安装接地排，接地排的位置应尽可能靠近接地桩，不同设备的地线分开接在地线排上，以减小相互影响。

新安装的接地装置在使用前必须先进行接地电阻的测量，测量合格后才可以使用，单独设置接地体时，不应大于 4 Ω，采用接地体时，不应大于 1 Ω。接地系统的接地电阻每年应定期测量，始终保持接地电阻符合指标要求，如果不合格应及时进行检修。

常用的接地电阻测量仪主要有手摇式接地电阻测量仪和钳形接地电阻测量仪。手摇式接地电阻测量仪是一种较为传统的测量仪，它的基本原理是采用三点式电压落差法。

钳形接地电阻测量仪是一种新颖的测量工具，它方便、快捷、外形酷似钳形电流表，测试时不需要辅助测试桩，只需往被测地线上一夹，几秒钟即可获得测量结果，极大地方便了接地电阻的测量工作。钳形接地电阻测量仪还有一个很大的优点是可以对正在使用的设备的接地电阻进行在线测量，而不需切断电源或断开地线。如图1-2-57所示为一款钳形接地电阻测量仪。

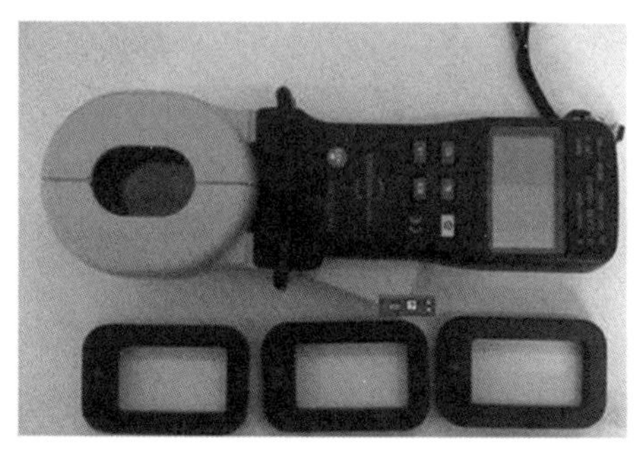

图1-2-57　钳形接地电阻测量仪

## 2.6 综合布线工程材料选型步骤

由于综合布线系统产品选型是一项技术要求较高、内容复杂细致、涉及方面广泛的工作，必须精细组织并周密安排，选择符合工程要求的优质产品。另外，由于综合布线系统的性质、功能和使用对象不同，建设规模和工程范围不一，建筑也有新建或改造等各种情况，因此，选用综合布线系统的设备和主要器材，无论品种、规格和数量都会有些差异，产品选型工作必然有繁有简。在实际工作中，可根据建设项目的规模、工程内容的繁简程度和具体实施计划等情况，予以增加或简化产品选型的某些环节和工作，以适应工程实际需要。

### 1.掌握前提条件和收集基础资料，作为产品选型的主要依据或参考因素

综合布线系统产品选型的前提条件是建设项目的建筑性质、使用功能、客观环境、建筑规模、工程范围、信息业务种类和今后发展需要等。同时要收集建筑的结构布局、平面布置、楼层面积、内部装修、其他系统和各种公用设施配备(如上下水、电气、暖气、通风、空调和燃气等管线的敷设方法)及布置等有关资料，以便考虑综合布线系统各种线缆敷设方法(例如明敷或暗敷，暗敷采用的保护方式等)和设备安装位置，这些情况和资料与产品的外形结构、安装方式、规格容量和线缆长度密切相关，有时成为产品选型的主要依据和决定因素。

### 2.全面了解产品信息和广泛收集产品资料，便于初步筛选

在综合布线系统产品选型工作中，全面了解产品信息和收集产品资料是产品选型的基础工作之一。在产品选型前，必须采用各种方法，如专人外出调查或发函索取有关生产厂商的产品资料，除全面掌握各种产品的性能、规格和价格外，还应了解已经使用该产品的单位，以便访问、深入调查其使用效果和各种反映。在充分掌握各种产品信息和有关资

料后，应集中分析、研究产品质量的优势，评议使用效果的利弊，认真筛选出 2～3 个初步入选的产品，以便于进一步评估和考察。

3.客观公正地通过技术经济比较和对产品全面评估，选用理想的产品

产品选型工作一般宜与综合布线系统规划或设计同时进行，不应掺杂任何外来的干扰因素，对初选的几个产品认真评估，结合综合布线系统的技术方案进行技术、经济分析、比较。在分析比较时，必须遵循近期与远期相结合、局部服从整体、经济效益和社会效益并重等原则，将初步入选产品的所有优缺点和存在的问题一一罗列，反复分析产品的优劣，认真对比使用的利弊，对每个初选产品都要有一个比较公正、客观的综合评价，作为选型的依据。在必要时，还可邀请专家对初选产品进行综合评估，或向外技术咨询，以求集思广益，为选用技术先进、经济实用的理想产品做好基础工作。

4.重点考察生产厂家和了解产品使用效果及用户反映

对初步入选的产品进行技术、经济比较和综合评估后，从中选择较为理想的产品，到该产品的生产厂家重点考察，例如其技术力量和生产装备、生产流程和工艺水平、质量保证体系和售后服务以及产品使用后的用户反映和改进意见等，此外，应了解近期生产厂家能否提供符合更新技术标准的先进产品等。同时对已使用该产品的单位登门访问，深入了解产品使用后的情况，甚至可以在得到对方单位同意的情况下，选择某些基本技术性能进行实地检测，收集第一手的基础数据和资料。这些工作都有助于产品选型。

5.决定选用产品型号和办理具体订货细节

经过对生产厂家重点考察和向使用该产品的单位访问、了解后，对所选产品将有比较全面的综合性认识，然后结合工程实际情况，本着经济实用、切实可靠的原则，提出最后使用综合布线系统产品的意见，征得建设单位或有关领导部门确定。确定选购产品的生产厂家后，应将本工程中综合布线系统所需的主要设备、各种线缆和所有布线部件的规格、数量进行计算和汇总，再与生产厂家商谈订购产品的各项细节，尤其是产品质量、特殊要求、供货日期和交货地点及付款方式等，这些都需在订货合同中予以明确，以保证综合布线系统工程能按计划顺利进行。

从以上综合布线系统产品选型工作内容和具体步骤可以看出，这项工作是极为严密、细致的，不但在网络建设规划时应予以重视，而且其与工程设计、安装施工和维护管理都有密切的关系，因此在产品选型时，要综合考虑，谨慎处理。

## 2.7 小　结

通过本项目的介绍，我们认识了综合布线系统中所使用的主要产品，包括电缆器材、光缆器材、布线器材及其他常见的综合布线设备。通过对项目的实施，掌握综合布线项目实施的原则和一般步骤。当然，综合布线产品市场很复杂，产品选型工作很烦琐，要更好地完成它，应熟悉各种产品的特点和性能差别，需要我们主动地深入市场，也需要工作经验的不断积累。

## 2.8 实　训

根据实际情况，准备综合布线工程中常用的各种传输介质、连接器件和布线器材，并与综合布线厂家或综合布线工程工地联系，以便现场考察。

(1)在综合布线实训室演示以下材料(根据实际条件)：

①室外双绞线、5E 和 6 类 UTP 大对数双绞线(25 对、50 对、100 对)、STP 和 FTP 双绞线。

②单模和多模光纤、室内与室外光缆、单芯与多芯光缆。

③打线式信息模块和免打线式信息模块、各种插座和配线架。

④ST 光纤连接器、SC 光纤连接器、光纤耦合器、光纤终端盒、光纤收发器、交换机光纤模块等。

⑤PVC 线槽及附件(阴角、阳角等)、薄壁钢管及其附件、PVC-U 管、梯式桥架等。

⑥立式机柜、挂壁式机柜及其配件。

⑦机柜、过压保护器、过流保护器。

(2)到网络综合布线工地参观，认识以上材料在工程中的使用。

## 2.9 习　题

### 1.填空题

1.EIA/TIA 的布线标准中规定了双绞线标准 568B 的排色线序为________、________、________、________、________、________、________、________。

2.大对数电缆每一个线对都有不同颜色编码，主颜色编码为________、________、________、________、________；辅颜色编码为________、________、________、________、________。

### 2.选择题

1.传输速率达到 1 Gbit/s 的最低类别双绞线电缆产品是(　　)

A.3 类　　B.5 类　　C.5E 类　　D.6 类

2.传输速率达到 10 Gbit/s 的最低类别的双绞线电缆产品是(　　)

A.5E 类　　B.6 类　　C.6A 类　　D.7 类

3.多模光纤的工作波长为(　　)

A.850 nm 和 1 300 nm　　B.850 nm 和 1 310 nm

C.1 300 nm 和 1 500 nm　　D.1 310 nm 和 1 550 nm

4.6A 类综合布线系统频率带宽是(　　)

A.250 MHz　　B.300 MHz　　C.500 MHz　　D.600 MHz

5.传统光纤连接器有(　　)

A.ST、SC、FC　　B.ST、SC、LC

C.ST、LC、MU　　D.LC、MU、MT-RJ

# 第二部分
## 实践模块

- 项目 1　办公大楼综合布线
- 项目 2　多媒体教室布线
- 项目 3　酒店标准层综合布线
- 项目 4　医院教学楼综合布线
- 项目 5　工业园区网综合布线
- 项目 6　小区综合布线
- 项目 7　数据中心综合布线
- 项目 8　家居布线

# 项目 1 办公大楼综合布线

## 1.1 项目描述

某人民检察院为适应办公现代化管理及满足安全防范的需要，决定对其办公大楼实施综合布线系统工程，以使该人民检察院办公楼成为一座集先进的办公自动化管理系统、计算机网络系统、通信系统和视频监控系统于一体的智能化办公大楼。

该办公大楼共七层，一楼为大厅和会审室，七楼为领导办公室，其余楼层为各科室的办公室及会议室。要求每个办公室都安装一个计算机网络信息点和一个电话语音信息点。在领导办公室和会议室内需要各安装一个有线电视信息点。

要承接一个布线工程项目，首先需要对项目进行总体设计，以明确布线的规模、设计的等级、系统的配置，本项目的学习任务是掌握布线设计的原则，了解常用的布线标准和总体设计的基本流程。通过本项目的学习，要掌握如何与用户沟通、获取用户的布线需求、网络拓扑结构等，从而确定布线的等级、系统的基本配置，最后绘制出布线的系统结构图。

## 1.2 项目知识准备

### 1.2.1 设计原则

一个设计合理、实用、先进而又有发展余地的综合布线系统，其布线产品的选用也是一个不可缺少的重要环节，应遵守以下原则：

1.兼容性

综合布线系统是一套全开放式的布线系统，它应具有全系列的适配器，可以将不同厂商的网络设备及不同传输介质的主机系统经转换后在同一种传输介质(如通过非屏蔽双绞线)上进行传送,能传输语音、数据、图像、视频、楼宇自控及门禁系统等信号,并能支持目前所有数据及语音设备厂商的产品。

### 2.灵活性

由于所有信息系统采用相同的传输介质,物理结构采用星形拓扑布线方式,因此作为公用信息通道,每条信息通道可支持电话、传真、多用户终端、工作站、快速以太网、千兆以太网及万兆以太网。所有设备的开通及更改不需改变布线系统,只需增减相应的网络设备及做必要的跳线管理即可,系统组网也可灵活多样,甚至在同一房间内可以多用户终端、工作站、令牌环网并存,各部门既可独立组网又可方便地互联,为合理组织信息流提供了必要的条件。

### 3.可靠性

综合布线系统应采用高品质的标准材料,通过压接方式构成一套高标准的信息通道,所有器件均通过 ISO、UL、CSR 及 ATM 标准组织认证,信息通道都要采用专用测试仪器检测线路阻抗和衰减等指标以保证其电气性能。因为布线系统采用的是物理星型拓扑结构,所以任何一条线路出现故障均不影响其他线路的运行,同时,线路的运行维护及故障检修极为方便,保障应用的系统可靠运行。各子系统采用相同的传输介质,并为同一厂商端到端的产品,因而可互为备用,提高了备用冗余。

在进行综合布线系统设计时,应按照用户近期和远期的通信业务、计算机网络等需求,选用满足用户需求的布线线缆及相关的连接件,例如:若选用 6 类标准的布线系统,那么线缆、信息模块、配线设备、跳接线及连接线等全部器件必须是 6 类产品,这样才能保证整个通道是 6 类标准及整个通道的可靠性。如果采用屏蔽系统,则全部通道所有部件都应选用带屏蔽功能的器件,而且应按设计要求做好接地,才能保证屏蔽效果。

### 4.先进性

综合布线系统采用极富弹性的布线概念,采用光纤与双绞线混合的方式,合理地构成一套完整的布线系统。所有布线设计均采用国际最新通信标准,信息通道均按国际布线标准采用八芯配置,对于重要部门可采用光纤到桌面的应用,为将来的发展提供足够的容量,应尽最大努力达到一次布线,二十年不落后的要求。

### 5.标准化和售后服务

综合布线是一种产业,有着自己的行业规范与标准,无论是哪一家布线厂商的产品,都应该是符合标准的产品。当然所有的布线产品厂商都宣称自己的产品符合国内外几乎所有的标准,这主要是因为这些标准之间是比较兼容的,例如欧洲标准的某些部分就是在国际标准的基础上制定而成的。随着设计水平、测试方法、测试手段和加工工艺的不断发展,各布线厂商的产品都在推陈出新。可以说符合标准已不是高要求了,而超标准已是目前的流行语。从这点来说,我们应该选择那些不但符合标准,而且性能更为优越,性价比更高的产品。

还要必须考虑的是,目前国内的绝大多数综合布线系统工程是由国外的综合布线系统厂商在中国的代理商、分销商或系统集成商来设计、施工、安装完成的。因此,在建设综合布线工程时，所要考虑的不仅仅是所需产品的品牌，还应评估产品代理商或分销商、系统集成商在设计、安装及测试等方面是否具有足够的资质、实力和良好的业绩，是否具有良好的售后服务机制。

## 1.2.2 设计流程

### 1.系统总体方案设计

系统总体方案设计在综合布线工程设计中是非常关键的部分，它直接决定了工程项目的质量。系统总体方案设计主要包括系统设计目标、系统设计原则、系统设计依据、系统各类设备的选型及配置、系统总体结构等内容，应根据工程具体情况灵活设计。例如，单个建筑物楼宇的综合布线设计就不应考虑建筑群子系统的设计；又例如，有些低层建筑物信息点数量很少，考虑到系统性价比的因素，可以取消楼层配线间（管理间子系统），只保留设备间，配线间与设备间功能整合在一起设计。

此外，在进行系统总体方案设计时，还应考虑其他系统（如有线电视系统、闭路电视监控系统、消防监控管理系统等）的特点和要求，提出密切配合、统一协调的技术方案。例如，各个主机之间的线路连接、同一路由的敷设方式等都应有明确要求，并有切实可行的具体方案，同时应注意与建筑结构和内部装修以及其他设施之间的配合，这些问题在系统总体方案设计中都应考虑。

### 2.各个子系统详细设计

综合布线工程的各个子系统设计是系统设计的核心内容，它直接影响用户的使用效果。按照国内外综合布线的标准及规范，综合布线系统可以分为 7 个子系统，即工作区子系统、配线子系统、干线子系统、设备间子系统、建筑群子系统、进线间子系统及管理子系统。对各个子系统进行设计时，应注意以下要点：

- 工作区子系统设计时着重注意信息点的数量及安装位置，以及信息模块、信息插座的选型和安装标准。
- 配线子系统设计时要注意线缆布设路由、线缆和管槽类型的选择，确定具体的布线方案。
- 干线子系统设计时要注意主干线缆的选择、干线布线路由走向的确定、管槽铺设的方式，确定具体的布线方案。
- 设备间子系统设计时要注意确定建筑物设备间的位置、设备间装修标准、设备间环境要求、主干线缆的安装和管理方式。
- 建筑群子系统设计时要注意确定各建筑物之间线缆的路由走向、线缆规格选择、线缆布设方式、建筑物线缆入口位置，还要考虑线缆引入建筑物后采取的防雷、接地和防火的保护设备及相应的技术措施。
- 进线间子系统设计时要注意确定建筑物线缆入口位置，还要考虑线缆引入建筑物后，采取的防雷、接地、通风和防火的保护设备及相应的技术措施。进线间的大小应按进线间的进出管道及入口设施的最终容量设计。同时应考虑满足多家电信业务经营者安装入口等设施的面积要求。

●管理子系统设计时要注意管理器件的选择、水平线缆和主干线缆的端接方式及安装位置。

3.其他方面设计

综合布线系统其他方面的设计内容较多，主要有以下几个方面：

●交、直流电源的设备选用和安装方法（包括计算机、传真机、网络交换机、用户电话交换机等系统的电源）。

●综合布线系统可能遭受外界各种干扰源（如各种电气装置、无线电干扰、高压电线以及强噪声环境等）的影响，应采取防护和接地等技术措施。

●综合布线系统要求采用全屏蔽技术时，应选用屏蔽电缆以及相应的屏蔽配线设备，在设计中应详细说明系统屏蔽的要求和具体实施的标准。

●在综合布线系统中，对建筑物设备间和楼层配线间进行设计时，应对其面积、门窗、内部装修、防尘、防火、电气照明、空调等方面进行明确的规定。

### 1.2.3 综合布线系统设计标准

综合布线系统的标准化和开放性要求综合布线系统的设计和实践必须符合有关的标准。作为一个合格的综合布线工程设计或施工人员，应该能够根据用户的需求和实际情况，查阅和对照合适的布线标准。

标准分为强制性和建议性两种。强制性指要求是必需的，而建议性指要求是应该或希望是怎么样的。强制性标准通常针对保护、生产、管理、兼容，它强调了绝对的最小限度可接受的要求；建议性的标准通常针对最终产品，用来在产品的制造过程中提高效率。无论是强制性标准还是建议性的要求，都是为同一标准的技术规范服务。

随着电信技术的发展，许多新的布线产品、系统和解决方案不断出现。各标准化组织积极制定了一系列综合布线系统的标准。纵观国内外综合布线系统的标准，大致分为下列三大体系，即国际标准、北美标准和欧洲标准。我国依据本国综合布线的实际情况，依照国际标准，制定了适合我国国情的综合布线国家标准和行业标准。

综合布线参考的主要标准如下：

中华人民共和国国家标准：

GB 50311—2016 综合布线系统工程设计规范

GB/T 50312—2016 综合布线系统工程验收规范

中国工程建设标准化协会标准：

CECS 72:1997 建筑与建筑群综合布线系统工程设计规范

中华人民共和国通信行业标准：

YD/T 926.1—2009 大楼通信综合布线系统 第1部分：总规范

YD/T 926.2—2009 大楼通信综合布线系统 第2部分：电缆、光缆技术要求

YD/T 926.3—2009 大楼通信综合布线系统 第3部分：连接硬件和接插软件技术要求

国际标准：

ISO/IEC 11801 信息技术—用户建筑群和通用布缆

TIA/EIA-568A 商业大楼电信布线标准(加拿大采用 CSA T529)

EIA/TIA-569 电信通道和空间的商业大楼标准(CSA T530)

EIA/TIA-570 住宅和 N 型商业电信布线标准(CSA T525)

TIA/EIA-606 商业大楼电信基础设施的管理标准(CSA T528)

TIA/EIA-607 商业大楼接地/连接要求(CSA T527)

ANSI/IEEE 802.5—1989 令牌环网访问方法和物理层规范

IEEE 802.3 国际电子电气工程师协会:CSMA/CD 接口方法

通常来说,作为厂家,应遵循布线部件标准和设计标准,布线方案设计应遵循布线系统性能、系统设计标准,布线施工工程应遵循布线测试、安装、管理标准及防火、机房及防雷、接地标准。

**1.IEEE 802**

IEEE 是英文 Institute of Electrical and Electronics Engineers 的简称,其中文译名是电子电气工程师协会。该协会的总部设在美国,主要开发数据通信标准及其他标准。IEEE802 委员会负责起草局域网草案,并送交美国国家标准协会(ANSI)批准和在美国国内标准化。IEEE 还把草案送交国际标准化组织(ISO)。ISO 把这个 802 规范称为 ISO 802 标准,因此,许多 IEEE 标准也是 ISO 标准。例如,IEEE 802.3 标准就是 ISO 802.3 标准。

IEEE 802 规范定义了网卡如何访问传输介质(如光缆、双绞线、无线等),以及在传输介质上传输数据的方法,还定义了传输信息的网络设备之间连接建立、维护和拆除的途径。遵循 IEEE 802 标准的产品包括网卡、桥接器、路由器以及其他一些用来建立局域网络的组件。

IEEE 802 是一个局域网标准系列

IEEE 802.1a——局域网体系结构

IEEE 802.1b——寻址、网际互联与网络管理

IEEE 802.2——逻辑链路控制(LLC)

IEEE 802.3——CSMA/CD 访问控制方法与物理层规范

IEEE 802.3i——10Base-T 访问控制方法与物理层规范

IEEE 802.3u——100Base-T 访问控制方法与物理层规范

IEEE 802.3ab——1000Base-T 访问控制方法与物理层规范,是 5 类双绞线连接方案的标准

IEEE 802.3z——1000Base-SX 和 1000Base-LX 访问控制方法与物理层规范

IEEE 802.3bz——基于铜线,兼容于 Cat5E 和 Cat6 网线,速率提升至 2.5 Gbit/s,最大可达 5 Gbit/s

IEEE 802.3bt——基于双绞线 poe 供电标准

IEEE 802.3bs——200~400 Gbit/s 以太网传输标准

IEEE 802.11——无线局域网访问控制方法与物理层规范

IEEE 802.11n——WLAN 的传输速率由 802.11a 及 802.11g 提供的 54 Mbit/s、108 Mbit/s,提高到 350 Mbit/s 甚至到 475 Mbit/s

IEEE 802.11ac——工作在 5 Gbit/s 频段，理论上可以提供高达每秒 1 Gbit 的数据传输能力

**2.ISO/IEC**

ISO/IEC 11801 是全球认可的针对结构化布线的通用标准，由 ISO/IEC JTC1 SC25 WG3 委员会负责编写和修订，除了针对传统的商用楼宇，如租用型办公楼、自用型办公楼以外，还包含了对工业建筑、居民住宅建筑、数据中心的结构化布线的设计及传输介质应用等级的描述。

ISO/IEC 11801 目前正在修订第三版（Edition 3），致力于将原先分散的多部结构化布线标准，包含 ISO/IEC 24702 工业部分、ISO/IEC 15018 家用布线、ISO/IEC 24764 数据中心整合成一部完整的、通用的结构化布线标准，同时新加入了针对无线网、楼宇自控、物联网等楼宇内公共设施的结构化布线设计。ISO/IEC 11801 的第三版目前已形成了第二个报审版。

目前有以下几个版本：

ISO/IEC 11801:1995 第一版

ISO/IEC 11801:2002 第二版

ISO/IEC 11801:2008 第二版增补一

ISO/IEC 11801:2010 第二版增补二

ISO/IEC 11801:2011 第三版（草案）

标准定义了 100 Ω 平衡 4 对双绞线的链路及信道传输等级，包含以下等级：

Class A：支持带宽到 100 kHz 的链路及信道

Class B：支持带宽到 1 MHz 的链路及信道

Class C：支持带宽到 16 MHz 的链路及信道

Class D：支持带宽到 100 MHz 的链路及信道

Class E：支持带宽到 250 MHz 的链路及信道

Class EA：支持带宽到 500 MHz 的链路及信道

Class F：支持带宽到 600 MHz 的链路及信道

Class FA：支持带宽到 1 000 MHz 的链路及信道

Class I：支持带宽到 2 000 MHz 的链路及信道（仅在 30 m 信道范围内有效）

Class II：支持带宽到 2 000 MHz 的链路及信道（仅在 30 m 信道范围内有效）

在现行的第二版中，对建筑物建议的链路等级为 Class D（超 5 类）或更高；在第三版中，建议的链路等级为 Class EA（超 6 类）或更高。

标准同时定义了多个光纤光缆等级：

OM1 多模光缆：多模光纤类型 62.5 μm，在 850 nm 支持模态带宽 200 MHz * km

OM2 多模光缆：多模光纤类型 50 μm，在 850 nm 支持模态带宽 500 MHz * km

OM3 多模光缆：多模光纤类型 50 μm，在 850 nm 支持模态带宽 2 000 MHz * km

OM4 多模光缆：多模光纤类型 50 μm，在 850 nm 支持模态带宽 4 700 MHz * km

OS1 单模光缆：单模光纤类型 9 μm，支持衰减 1 dB/km

OS2 单模光缆：单模光纤类型 9 μm，支持衰减 0.4 dB/km

ISO/IEC 11801 第三版(草案)为 2010 年以后的最大一次改动，将原先分散的多部结构化布线标准都整合到了一起，新的版本将包含 6 个部分(表 2-1-1)：

表 2-1-1　　ISO/IEC 标准结构

| ISO/IEC 新版本标准号 | 替代标准号 | 描述 |
| --- | --- | --- |
| ISO/IEC 11801-1 | ISO/IEC 11801:2002 | 结构化布线对双绞线和光缆的要求 |
| ISO/IEC 11801-2 | ISO/IEC 11801:2002 | 商用(企业)建筑布线 |
| ISO/IEC 11801-3 | ISO/IEC 24702 | 工业布线 |
| ISO/IEC 11801-4 | ISO/IEC 15018 | 家用布线 |
| ISO/IEC 11801-5 | ISO/IEC 24764 | 数据中心布线 |
| ISO/IEC 11801-6 | ISO/IEC TR24704 | 分布式楼宇服务设施布线 |

**3.TIA/EIA**

TIA(Telecommunications Industry Association)是美国电信工业协会，而 EIA(Electronic Industry Association)是美国电子工业协会，这两个组织受 ANSI 的委托对布线系统的标准进行制定。TIA/EIA 每隔 5 年审查大部分标准，并根据提交的修改意见进行重新确认、修改或删除。

TIA/EIA 的主要标准如下：

(1)TIA/EIA-568A～A5 商业建筑电信布线标准

(2)TIA/EIA TSB-95 100Ω 4 对 5 类布线附加传输性能指南

(3)TIA/EIA IS-729 100Ω 外屏蔽双绞线布线的技术规范

(4)TIA/EIA-569-A 商业建筑电信通道及空间标准

(5)TIA/EIA-570-A 住宅电信布线标准

(6)TIA/EIA-606 商业建筑物电信基础设施管理标准

(7)TIA/EIA-607 商业建筑物接地和接线规范

(8)TIA/EIA-568B 商业建筑通信布线系统标准

1991 年 7 月，由 TIA/EIA 发布了 ANSI/TIA/EIA-568，即“商务大厦电信布线标准”，正式定义发布了综合布线系统的线缆与相关组成部件的物理和电气指标。自 TIA/EIA-568-A 发布以来，随着更高性能产品的出现和市场应用需要的改变，对这个标准也提出了更高的要求。协会也相继公布了很多的标准增编、临时标准以及技术公告。

**4.国家标准**

综合布线国家标准《综合布线系统工程设计规范》(GB 50311－2016)、《综合布线系统工程验收规范》(GB/T 50312－2016)由中华人民共和国住房和城乡建设部批准，于 2017 年 4 月 1 日施行。

本规范由中国移动通信集团设计院有限公司会同有关单位共同修订完成。在《综合布线系统工程设计规范》(GB 50311－2007)内容基础上，对建筑群与建筑物综合布线系统及通信基础设施工程的设计要求进行了补充与完善。

5.行业标准

综合布线系统行业标准是由我国原信息产业部发布的，是在全国范围内使用的中华人民共和国通信业务标准。1997 年 9 月，我国通信行业综合布线标准正式发布，并于 1998 年 1 月 1 日起正式实施。该标准包括以下三部分。

①YD/T 926.1—1997 大楼通信综合布线系统 第 1 部分：总规范

②YD/T 926.2—1997 大楼通信综合布线系统 第 2 部分：综合布线用电缆、光缆技术要求

③YD/T 926.3—1998 大楼通信综合布线系统 第 3 部分：综合布线用连接硬件技术要求

2001 年 10 月 19 日，由我国原信息产业部发布了中华人民共和国通信行业标准 YD/T 926—2001 大楼通信综合布线系统(第二版)，并于 2001 年 11 月 1 日起正式实施。该标准同样包括三部分。

①YDT 926.1—2001 总规范

②YDT 926.2—2001 综合布线用电缆、光缆技术要求

③YDT 926.3—2001 综合布线用连接硬件技术要求

第二版的标准是目前我国较早的关于超 5 类布线系统的标准。该标准的制定参考了美国 EIA/TIA-568A：1995 商业建筑的电信光缆标准、EIA/TIA568A-5：2000 4 对 100 Ω 5E 类布线传输特性规范及 ISO/IEC 11081：1995 信息技术—用户方通用的电缆敷设系统。我国通信行业标准 YD/T 926 大楼通信综合布线系统是通信综合布线系统的基本技术标准。

除了 YD/T 926 标准外，与综合布线系统有关的还有下列几个行业标准。

①YD/T 1013—1999 综合布线系统电气特性通用测试方法

②YD 5082—1999 建筑与建筑群综合布线系统工程设计施工图集

6.协会标准

综合布线系统的协会标准(CECS 72：1997/CECS 89：1997)是由中国工程建设标准化协会信息通信专业委员会，会同原邮电部北京设计院、冶金部北京钢铁设计研究总院、中国通信建设总公司、北京市电信管理局共同编制而成，最后经中国工程建设标准化协会信息通信专业委员会审查定稿。这两本规范供全国范围使用，属于中国工程建设标准化协会推荐性标准，简称协会标准。协会标准主要有下列三个标准。

①CECS 72：1997 建筑与建筑群综合布线系统工程设计规范

②CECS 89：1997 建筑与建筑群综合布线系统工程施工及验收规范

③CECS 119：2000 城市住宅建筑综合布线系统工程设计规范

2000 年中国工程建设标准化协会颁布的 CECS 119：2000《城市住宅建筑综合布线系统工程设计规范》是我国目前唯一涉及住宅小区布线的综合布线标准。该规范是为了适应城镇住宅商品化、社会化以及住宅产业现代化的需求，配合城市建设和信息通信网向数字化、综合化、智能化方向发展，搞好城市住宅小区与住宅楼中电话、数据、图像等多媒体

综合网络建设而制定的。规范适用于新建、扩建和改建城市住宅小区和住宅楼的综合布线系统工程设计。而对于分散的参考了 TIA/EIA-570-A 住宅电讯布线标准。

### 1.2.4 综合布线系统构成

综合布线系统应为开放式网络拓扑结构，应能支持语音、数据、图像、多媒体等业务信息的传递。

综合布线系统的构成应符合下列规定：

1.综合布线系统的基本构成应包括建筑群子系统、干线子系统和配线子系统(图 2-1-1)。配线子系统中可以设置集合点(CP)，也可不设置集合点。

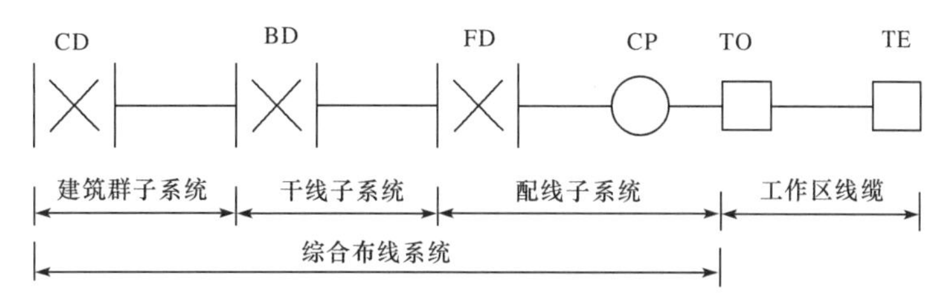


图 2-1-1 综合布线系统基本构成

2.综合布线各子系统中，建筑物内楼层配线设备(FD)之间、不同建筑物的建筑物配线设备(BD)之间可建立直达路由，如图 2-1-2 所示。工作区信息插座(TO)可不经过楼层配线设备(FD)直接连接至建筑物配线设备(BD)，楼层配线设备(FD)也可不经过建筑物配线设备(BD)直接与建筑群配线设备(CD)互连，如图 2-1-3 所示。

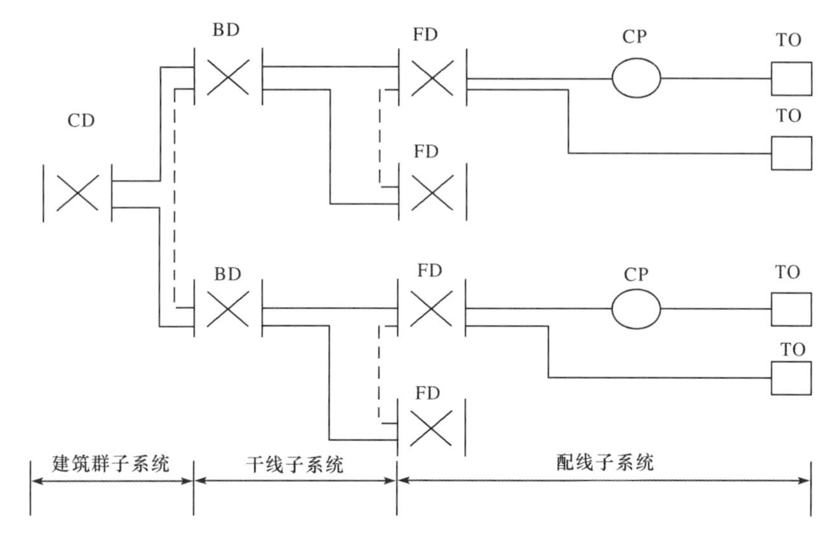


图 2-1-2 综合布线子系统构成 1

3.综合布线系统入口设施连接外部网络和其他建筑物线缆，应通过线缆和 BD 或 CD 进行互连，如图 2-1-4 所示。对设置了设备间的建筑物，设备间所在楼层配线设备(FD)可以和设备间中的建筑物配线设备或建筑群配线设备(BD/CD)及入口设施安装在同一场地。

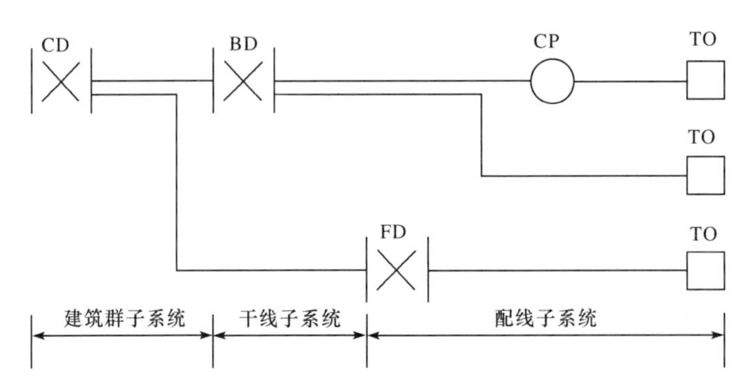


图 2-1-3 综合布线子系统构成 2

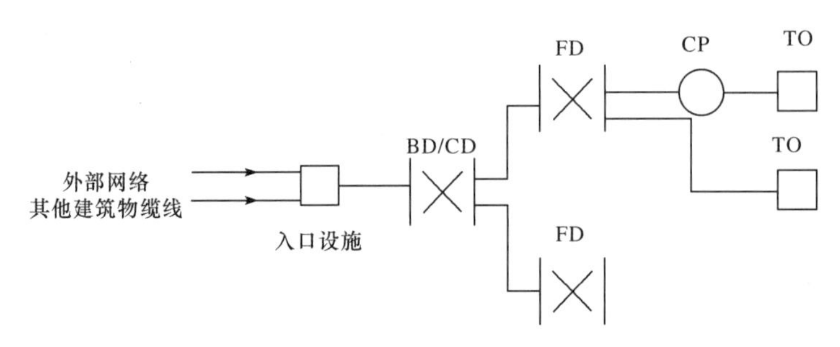


图 2-1-4 综合布线系统引入部分构成

4.综合布线系统典型应用中，配线子系统信道应由 4 对双绞线电缆和电缆连接器件构成，干线子系统信道和建筑群子系统信道应由光缆和光缆连接器件组成。其中建筑物配线设备(BD)和建筑群配线设备(CD)处的配线模块和网络设备之间可采用互连或交叉的连接方式，建筑物配线设备(BD)处的光纤配线模块可以对光纤进行互连(图 2-1-5)。

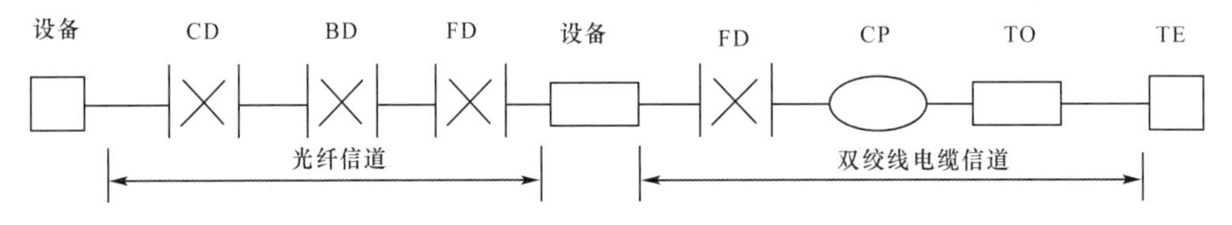


图 2-1-5 综合布线系统应用典型连接与组成

## 1.2.5 综合布线系统分级与组成

1.综合布线电缆布线系统的分级与类别划分应符合表 2-1-2 的规定。

表 2-1-2 电缆布线系统的分级与类别

| 系统分级 | 系统产品类别 | 支持最高带宽/MHz | 支持应用器件 | |
|---|---|---|---|---|
| | | | 电缆 | 连接硬件 |
| A | — | 0.1 | | |
| B | — | 1 | | |
| C | 3 类(大对数) | 16 | 3 类 | 3 类 |
| D | 5 类(屏蔽和非屏蔽) | 100 | 5 类 | 5 类 |

（续表）

| 系统分级 | 系统产品类别 | 支持最高带宽/MHz | 支持应用器件 | |
|---|---|---|---|---|
| | | | 电缆 | 连接硬件 |
| E | 6类(屏蔽和非屏蔽) | 250 | 6类 | 6类 |
| EA | 6A类(屏蔽和非屏蔽) | 500 | 6A类 | 6A类 |
| F | 7类(屏蔽) | 600 | 7类 | 7类 |
| FA | 7A类(屏蔽) | 1 000 | 7A类 | 7A类 |

注:5、6、6A、7、7A类布线系统应能支持向下兼容的应用。

2.布线系统信道应由长度不大于90 m的水平线缆、10 m的跳线和设备线缆及最多4个连接器件组成,永久链路则应由长度不大于90 m的水平线缆及最多3个连接器件组成,如图2-1-6所示。

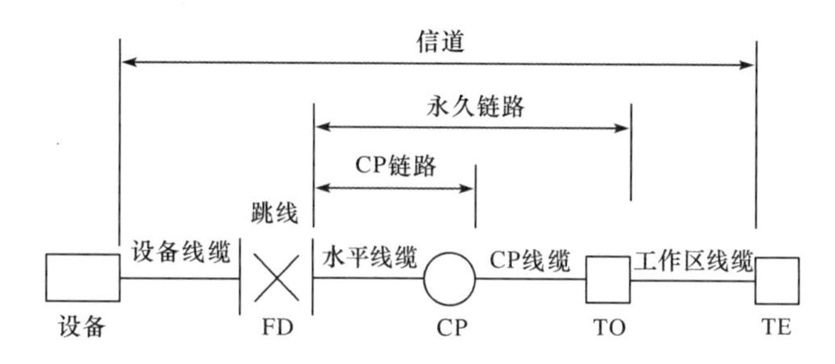


图2-1-6 布线系统信道、永久链路、CP链路构成

光纤信道分为OF－300、OF－500和OF－2000三个等级,各等级光纤信道支持的应用长度不应小于300 m、500 m及2 000 m。

3.光纤信道构成方式应符合下列规定:

(1)水平光缆和主干光缆可在楼层电信间的光配线设备(FD)处经光纤跳线连接构成信道,如图2-1-7所示。

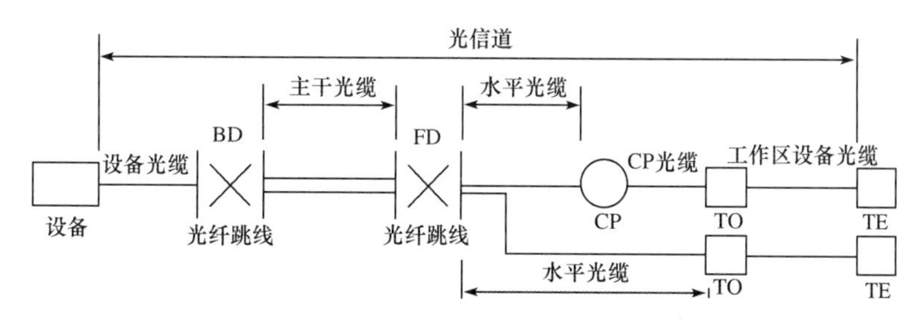


图2-1-7 光纤信道构成1

(2)水平光缆和主干光缆可在楼层电信间处经接续(熔接或机械连接)互通构成光纤信道,如图2-1-8所示。

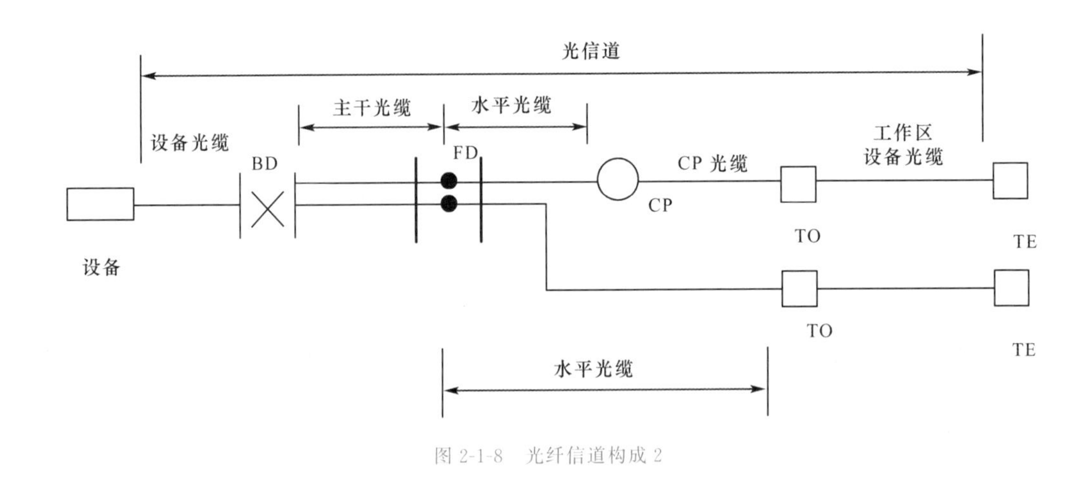


图 2-1-8 光纤信道构成 2

(3)电信间可只作为主干光缆或水平光缆的路径场所，如图 2-1-9 所示。

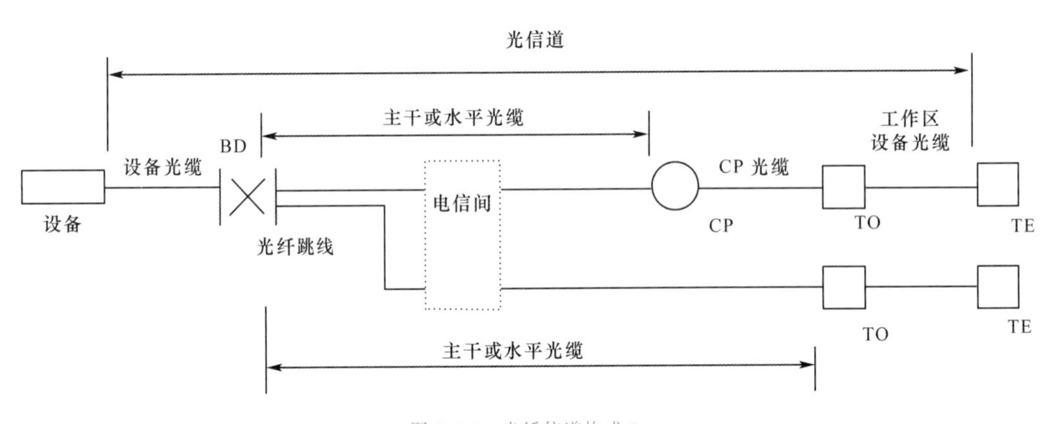


图 2-1-9 光纤信道构成 3

(4)当工作区用户终端设备或某区域网络设备需直接与公用通信网进行互通时，宜将光缆从工作区直接布放至电信业务经营者提供的入口设施处的光纤配线设备。

## 1.2.6 综合布线系统应用

(1)综合布线系统工程的产品类别及链路、信道等级的确定应综合考虑建筑物的性质、功能、应用网络和业务对传输带宽及线缆长度的要求、业务终端的类型、业务的需求及发展、性能价格、现场安装条件等因素，并应符合表 2-1-3 的规定。

表 2-1-3　　布线系统等级与类别的选用

| 业务种类 | | 配线子系统 | | 干线子系统 | | 建筑群子系统 | |
|---|---|---|---|---|---|---|---|
| | | 等级 | 类别 | 等级 | 类别 | 等级 | 类别 |
| 语音 | | D/E | 5E/6(4 对) | C/D | 3/5(大对数) | C | 3(室外大对数) |
| 数据 | 电缆 | D、E、EA、F、FA | 5、6、6A、7、7A(4 对) | E、EA、F、FA | 6、6A、7、7A(4 对) | — | — |
| | 光纤 | OF－300 OF－500 OF－2000 | OM1/OM2/OM3/OM4 多模光纤；OS1/OS2 单模光纤及相应等级连接器件 | OF－300 OF－500 OF－2000 | OM1/OM2/OM3/OM4 多模光纤；OS1/OS2 单模光纤及相应等级连接器件 | OF－300 OF－500 OF－2000 | OS1/OS2 单模光纤及相应等级连接器件 |
| 其他应用 | | 可采用 5/6/6A 类 4 对双绞线电缆和 OM1/OM2/OM3/OM4 多模光纤、OS1/OS2 单模光纤及相应等级连接器件 | | | | | |

(2)同一布线信道及链路的线缆、跳线和连接器件应保持系统等级与阻抗的一致性。

(3)综合布线系统光纤信道应采用标称波长为 850 nm 和 1 300 nm 的多模光纤(OM1、OM2、OM3、OM4),标称波长为 1 310 nm 和 1 550 nm(OS1),1 310 nm、1 383 nm 和 1 550 nm(OS2)的单模光纤。

(4)单模和多模光纤的选用应符合网络的构成方式、业务的互联方式、以太网交换机端口类型及网络规定的光纤应用传输距离。在楼内宜采用多模光纤,超过多模光纤支持的应用长度或需直接与电信业务经营者通信设施相连时应采用单模光纤。

(5)配线设备之间互连的跳线宜选用产业化制造的产品,跳线的类别应符合综合布线系统的等级要求。在应用电话业务时宜选用双芯双绞线电缆。

(6)工作区信息点为电端口时应采用 8 位模块通用插座,光端口应采用 SC 或 LC 光纤连接器件及适配器。

(7)FD、BD、CD 配线设备应根据支持的应用业务、布线的等级、产品的性能指标选用,并应符合下列规定:

- 应用于数据业务时,电缆配线模块应采用 8 位模块通用插座。
- 应用于语音业务时,FD 干线侧及 BD、CD 处配线模块应选用卡接式配线模块(多对、25 对卡接式模块及回线型卡接模块),FD 水平侧配线模块应选用 8 位模块通用插座。
- 光纤配线模块应采用单工或双工的 SC 或 LC 光纤连接器件及适配器。
- 主干光缆的光纤容量较大时,可采用预端接光纤连接器件(MPO)互通。

(8)CP 集合点安装的连接器件应选用卡接式配线模块或 8 位模块通用插座或各类光纤连接器件和适配器。

(9)综合布线系统产品的选用应考虑线缆与器件的类型、规格、尺寸对安装设计与施工造成的影响。

## 1.2.7 布线初步设计

### 1.确定基本构成

综合布线的结构是开放式的，能支持语音、数据、图像、多媒体业务等信息的传递。它由各个相对独立的部件组成，改变、增加或重组其中的一个布线部件并不会影响其他子系统，这就是布线系统在结构上的开放性。将计算机和交换机设备通过布线系统相连，可组成计算机网络；将电话机和程控交换机设备通过布线系统相连，可组成电话通信网络；将摄像头和控制主机设备通过布线系统相连，可组成视频监控系统；将楼宇控制单元和控制主机设备与信息插座和配线架通过布线系统相连，可组成楼宇自动控制系统等，换句话说，综合布线系统能支持多种应用，如传输语音、数据、视频和控制信号等。但完成这些连接所用的设备（装置）不属于综合布线部分。

（1）布线系统部件分类

综合布线采用的主要布线部件有下列几种：

- 建筑群配线架（CD）
- 建筑群干线（电缆、光缆）
- 建筑物配线架（BD）
- 建筑物干线（电缆、光缆）
- 楼层配线架（FD）
- 配线（电缆、光缆）
- 集合点（CP，选用）
- 信息点（TO）

综合布线系统采用的主要部件应符合相关产品标准。

（2）布线系统基本构成

按照国家标准《综合布线系统工程设计规范》（GB 50311－2016）的定义，综合布线系统主要是由建筑群子系统、干线子系统和配线子系统这三个子系统组成，各个子系统和部件构成参考图 2-1-1。

### 2.分析拓扑结构

拓扑是引用拓扑学（Topology）中研究与大小、形状无关的点、线关系的方法。拓扑是将各种物体的位置表示成抽象位置，不关心物体的大小、形状细节，也不在乎相互间的比例关系，只将讨论范围内的物体之间的相互连接关系通过图表示出来。综合布线系统以一定的结构方式进行连接，如把连接硬件抽象为一个点，把传输介质抽象为一条线，这种连接方式就叫作“拓扑结构”，把由点和线组成的集合图形称为拓扑结构图。综合布线系统采用开放式星型拓扑结构，该结构的每个分支子系统都是相对独立的单元，对每个分支单元系统改动都不影响其他子系统。只要改变结点连接就可使网络在星型、总线、环型等各种类型间进行转换。综合布线系统最常用的是分层星型网络拓扑结构，电缆、光缆安装在两个相邻层次的配线架间，这样就可以组成如图 2-1-10 所示的分层星型网络拓扑结构。电缆、光缆根据安装条件敷设在管道、电缆沟、电缆竖井、电缆托架、线槽、暗管等通道中，其设计和安装应符合国家现行有关标准的规定。

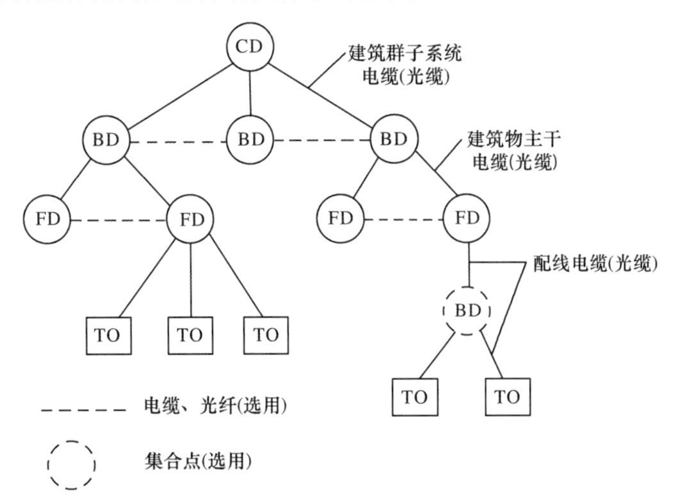


图 2-1-10 分层星型网络拓扑结构

一个综合布线系统区域只含一栋建筑物，其主配线点就在建筑物配线架中，这时就不需要建筑群干线子系统。反之，一栋大型建筑物可能被看成一个建筑群，从而具有一个建筑群干线子系统和多个建筑物干线子系统。

单栋智能化建筑内部的综合布线系统网络结构如图 2-1-11 所示。这种形式是以一个建筑物配线架(BD)为中心，配置若干个楼层配线架(FD)，每个楼层配线架(FD)连接若干个通信出口(TO)，表现为传统的星形拓扑结构。从图中可以看出网络采用的是星型拓扑结构。

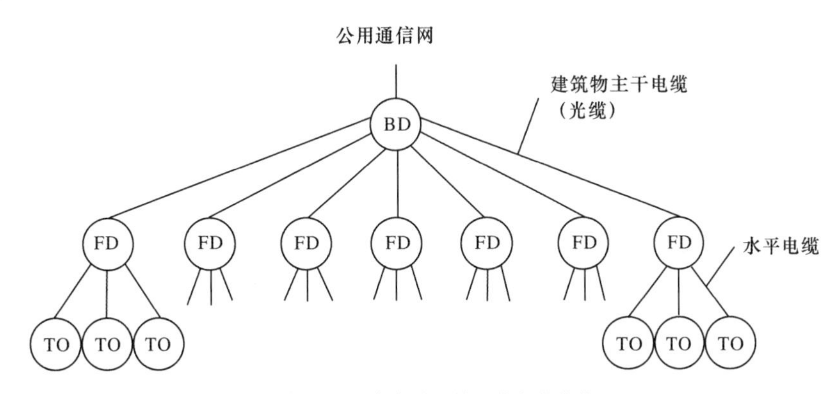


图 2-1-11 综合布线系统网络拓扑结构

由多栋智能化建筑组成的智能化小区，其综合布线系统的建设规模较大，网络结构复杂，除在智能化小区内某栋智能化建筑中设有 CD 外，其他每栋智能化建筑中还分别设有 BD。为了使综合布线系统网络结构具有更高的灵活性和可靠性，且能适应今后多种应用系统的使用要求，可以在两个层次的配线架(如 BD 或 FD)之间使用电缆或光缆连接，构成分层(又称树型)有迂回路由的星形网络拓扑结构，如图 2-1-12 所示。

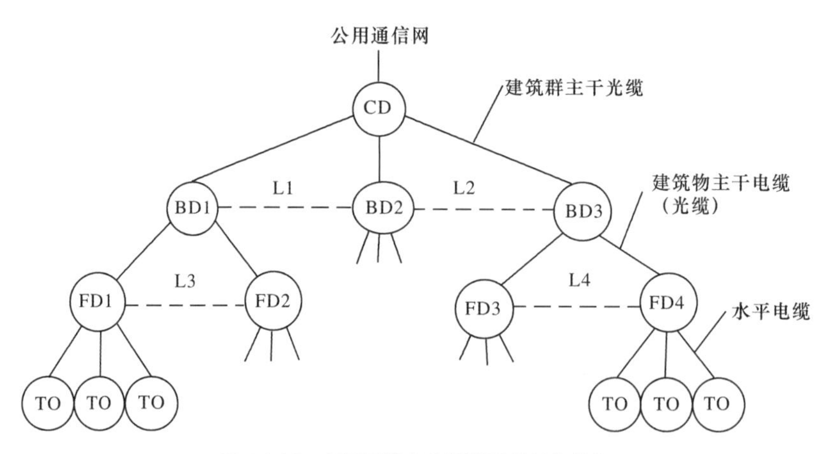


图 2-1-12　有迂回路由的星形网络拓扑结构

图中 BD 之间（BD1 与 BD2 之间的 L1，BD2 与 BD3 之间的 L2）或 FD 之间（FD1 与 FD2 之间的 L3，FD3 与 FD4 之间的 L4）为互相连接的电缆或光缆。这种网络结构较为复杂，增加了线缆长度和工程造价，对维护检修也有些不利。因此，在考虑综合布线系统网络结构时，需经过技术、经济比较后再确定。

3.确定系统配置

综合布线系统工程的设备配置是工程设计中的重要内容，它与所在地区的智能化建筑或智能化小区的建筑规模和系统组成有关。综合布线系统工程的设备配置主要是指各种配线架、布线子系统、传输介质和通信引出端（即信息插座）等的配置。下面针对单栋智能化建筑及智能化小区（F 级的永久链路标准）为例分别来叙述。

（1）单栋智能化建筑

目前，单栋智能化建筑综合布线系统工程的典型设备配置和子系统连接方式有以下几种：

①单栋的中小型智能化建筑，其附近没有其他房屋建筑，不会发展成为智能化建筑群体。这种情况可以不设建筑群配线架，也不需要建筑群布线子系统。在单栋中型智能化建筑中，需设置两次配线点，即建筑物配线架和楼层配线架，只采用建筑物主干布线子系统和水平布线子系统。这是一种标准的综合布线系统的网络结构，且使用比较普遍，如图 2-1-13 所示。

当单栋智能化建筑的楼层面积不大且用户信息点数量不多时，没有必要为每个楼层设置一个 FD，为了简化网络结构和减少持续设备，可以采取每 2～5 个楼层设置一个 FD，由中间楼层的 FD 分别与相邻楼层的通信引出端（TO）相连的连接方法，如图 2-1-14 所示。但是要求 TO 至 FD 之间的水平线缆的最大长度不应超过 90 m，以满足标准规定的传输通道要求。单栋建筑的楼层面积小、用户信息点数量多，且 TO 至 FD 之间的水平线缆的最大长度不超过 90 m 时，这种综合布线系统的网络结构最简单，没有楼层电信间，FD 与 BD 设置在大楼设备间，如图 2-1-15 所示。

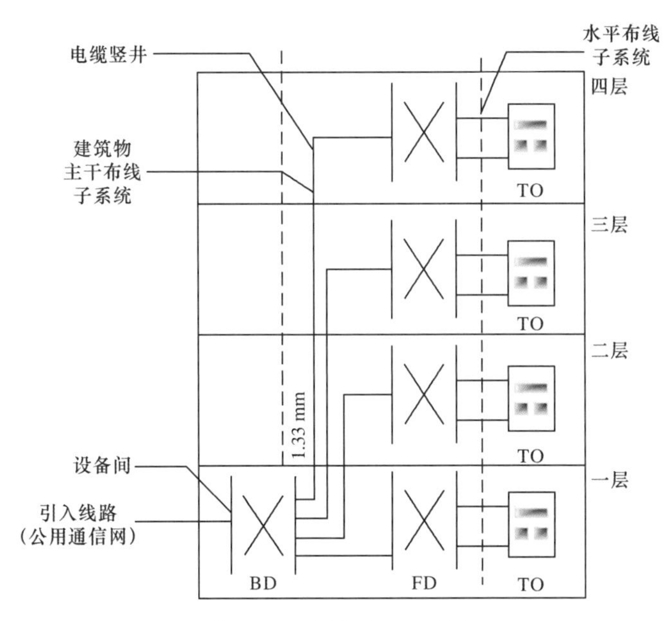


图 2-1-13　标准 FD—BD 结构

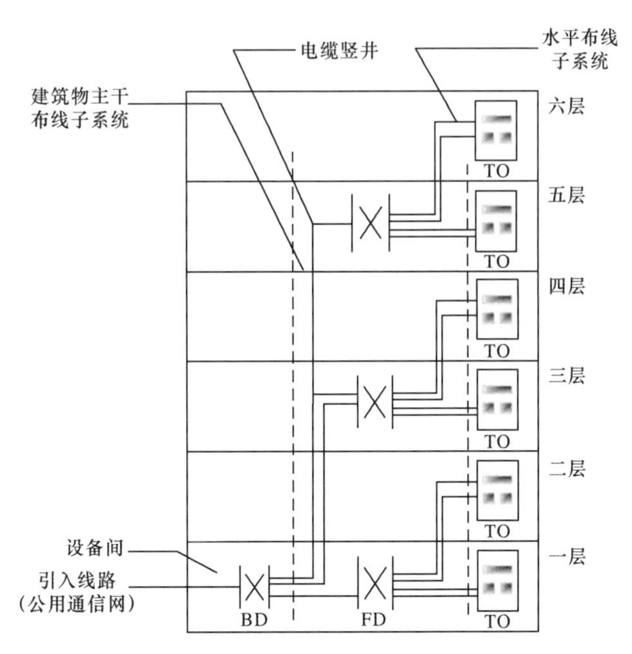


图 2-1-14　共用楼层配线间 FD—BD 结构

②单栋大型智能化建筑由于建设规模和建筑面积大，建筑性质和功能不同，其建筑外形或层数也不同。因此，在综合布线系统工程设计时，应根据该建筑的分区性质、功能特点、楼层面积大小、目前用户信息点的分布密度和今后发展等因素综合考虑。一般有以下两种设备配置方式，可分别在不同情况下采用。

● 可将整栋智能化建筑看作智能化建筑群体，将各个分区（如图 2-1-16 中的主楼、附

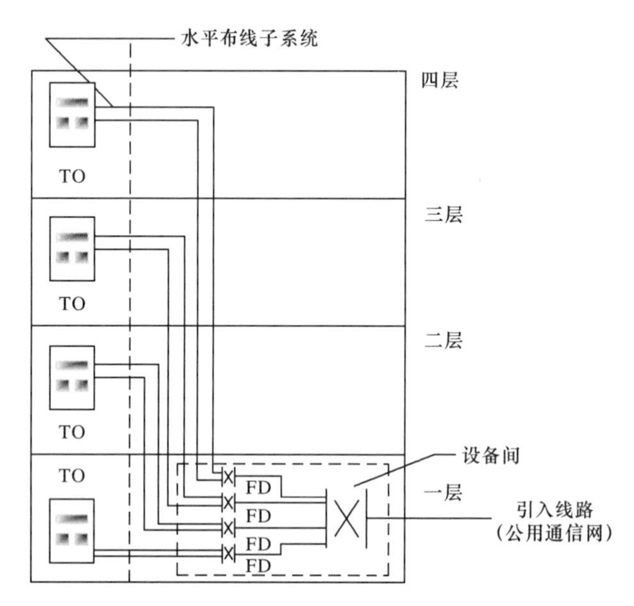


图 2-1-15　FD—BD结构(设置在大楼设备间)

楼 A 和附楼 B 分区)视作多栋智能化建筑。在智能化建筑的中心位置(如主楼分区)设置建筑群配线架(CD),在各个分区的适当位置设置建筑物配线架(BD),主楼分区的建筑物配线架(BD)可与 CD 合二为一。这时,该栋智能化建筑中,包含有在同一建筑物内设置的建筑群布线子系统,还有建筑物布线子系统和配线子系统,如图 2-1-16 所示。这种综合大楼综合布线系统的设备配置较为典型,采用的网络结构也较为复杂。

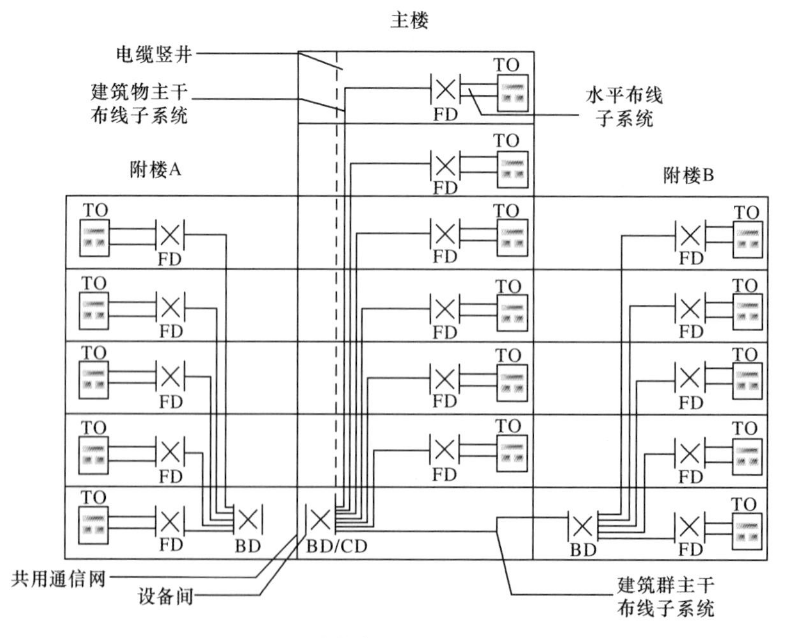


图 2-1-16　综合建筑物 FD—BD—CD 结构

● 智能化建筑的建设规模和楼层面积较大，但目前用户信息点的分布密度小。如果对今后的发展或变化尚难确定时，为了节省本期工程建设投资，可不按建筑群体考虑，采取与单栋中小型智能化建筑相同的综合布线系统方案。为了保证安全，可以将智能化建筑划成两个分区，采用两条线路路由，并分别引入智能化建筑中的两个分区，分别设置建筑物配线架和各自管辖的建筑物主干布线子系统。虽然网络结构显得复杂，线路长度有所增加，但对今后发展扩建有利。

(2)多栋智能化建筑组成的智能化小区

在由多栋智能化建筑组成的智能化小区中，综合布线系统的总体设计方案和设备配置一般有以下几种：

①在智能化小区中，最好选择位于建筑群体中心位置的智能化建筑作为各栋建筑物通信线路和对公用通信网连接的最佳汇接点，并在此安装建筑群配线架。建筑群配线架可与该栋建筑的建筑物配线架合设，达到既能减少配线接续设备和通信线路长度，又能降低工程建设费用的目的。各栋智能化建筑中分别装设建筑物配线架和敷设建筑群子系统的主干线路，并与建筑群配线架相连，如图2-1-17所示。

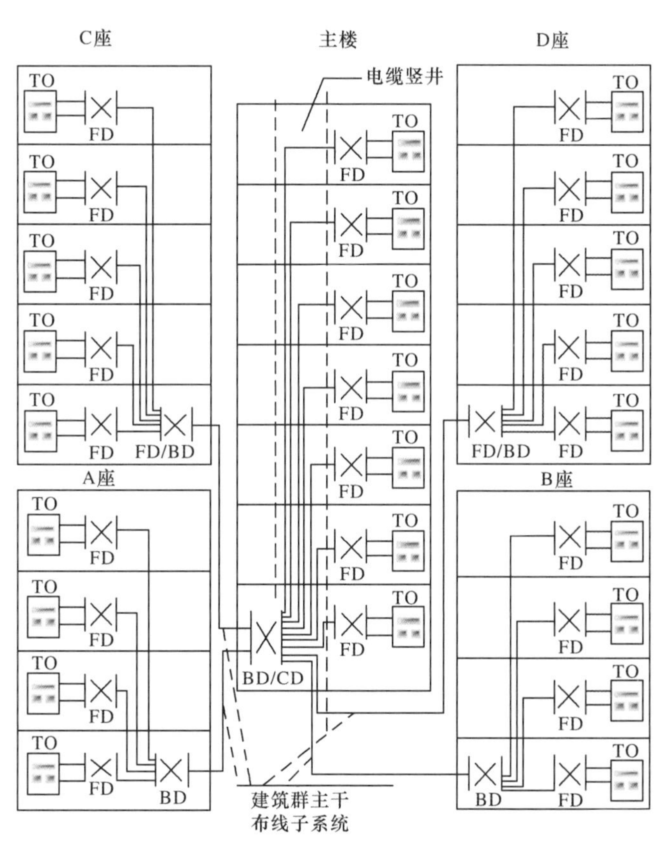


图2-1-17 单个建筑群FD—BD—CD结构

②多个建筑群配线架方案

当智能化小区的工程建设范围较大，且智能化建筑栋数较多且分散时，设置一个建筑群配线架有如下缺点：设备容量过大且过于集中，建筑群主干布线子系统的主干线路长度增加，不利于维护管理等。为此，可将该小区的房屋建筑根据平面布置适当分成两个或两个以上的区域，形成两个或多个综合布线系统的管辖范围，在各个区域内中心位置的某栋智能化建筑中分别设置建筑群配线架，并分别设置与公用通信网相连的通信线路。此外，各个区域中每栋建筑物的建筑群主干布线子系统的主干电缆或光缆均与所在区域的建筑群配线架相连。为了使智能化小区内的通信灵活、安全和可靠，在两个建筑群配线架之间，根据网络需要和小区内管线敷设条件，设置电缆或光缆互相连接，形成互相支援的备用线路，如图 2-1-18 所示。

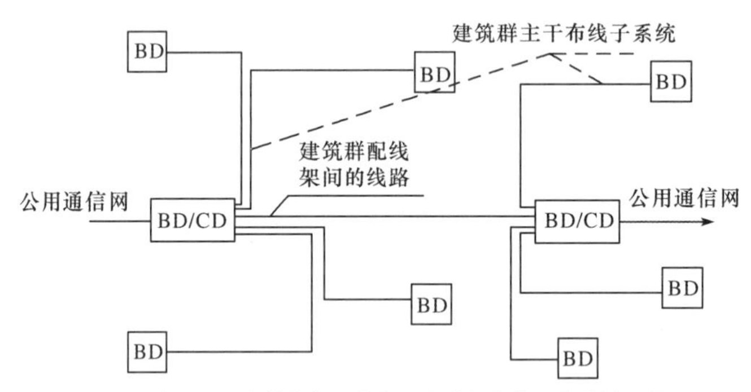


图 2-1-18 多个建筑群 FD—BD—CD 结构

(3)系统配置的几个要点

从以上几种典型的综合布线系统的总体方案、网络结构及设备配置来看，系统配置应注意以下要点：

①应根据落成面积大小、用户信息点数量多少等因素来考虑电信间 FD(楼层配线架)的配备。电信间是放置电信设备、电缆和光缆终端设备并进行线缆交接的专用空间，因此也称为配线间、交接间等。如果综合布线系统与其他弱电系统设备合设于同一场地，从建筑的角度出发，称为弱电间。一般情况下，每个楼层通常在电信间设置一个楼层配线架。如楼层面积较大(超过 1 000 $m^2$)或用户信息点数量较多(超过 400 个)时，可适当分区增设楼层配线架，以便缩短水平布线子系统的线缆长度。如某个楼层面积虽然较大，但用户信息点数量不多时，在门厅、地下室或地下车库等场所，可不必单独设置楼层配线架，由临近的楼层配线架越层布线供给使用，以节省设备数量。但应注意其最大长度不应超过 90 m。

配线子系统在布设电缆时采用星型拓扑结构，以楼层配线架 FD 为主结点，各工作区信息插座为分结点，二者之间采用独立的线路相互连接，形成以 FD 为中心向工作区信息点辐射的星形网络，如图 2-1-19 所示。在图中可以看到配线子系统的线缆一端与信息插座相连，另一端与楼层电信间的 FD 相连。星型拓扑结构可以使工作区与管理区之间使用专用线缆连接，相互独立，便于线路故障的隔离以及故障的诊断。

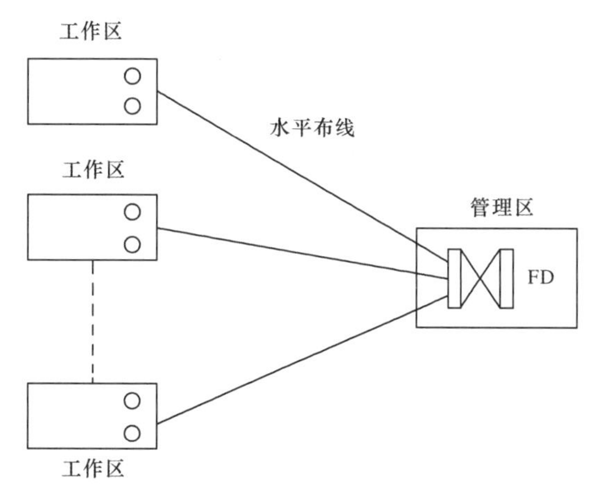


图 2-1-19 配线子系统布线拓扑结构

配线子系统采用星型拓扑结构可以对楼层的线路进行集中管理，也可以通过管理区的配线设备进行线路的灵活调整。

②为了简化网络结构和减少配线架设备数量，允许将不同功能的配线架组合在一个配线架上。CD 宜安装在进线间或设备间，并可与入口设施或 BD 合用场地。对设置了设备间的建筑物，设备间所在楼层的 FD 可以和设备间中的 BD/CD 及入口设施安装在同一场地。综合布线配线设备的典型设置与功能组合如图 2-1-20 所示。

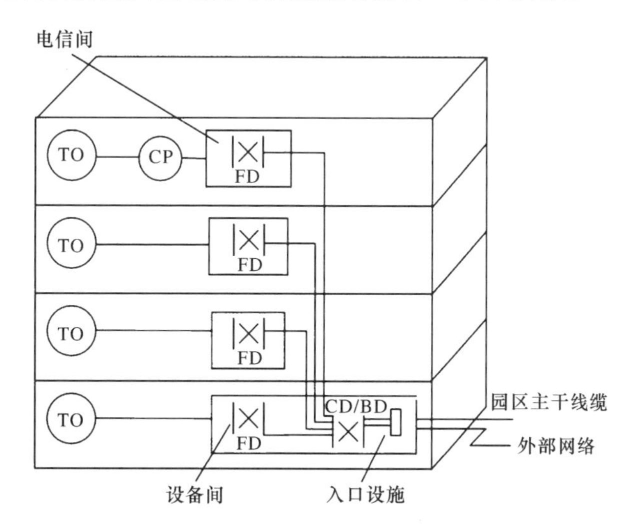


图 2-1-20 综合布线配线设备的典型设置

允许将不同配线架的功能组合在一个配线架中，如图 2-1-21 所示，前面建筑物中的配线架是分开设置的，而后面建筑物中的建筑物配线架和楼层配线架的功能就组合在一个配线架中。

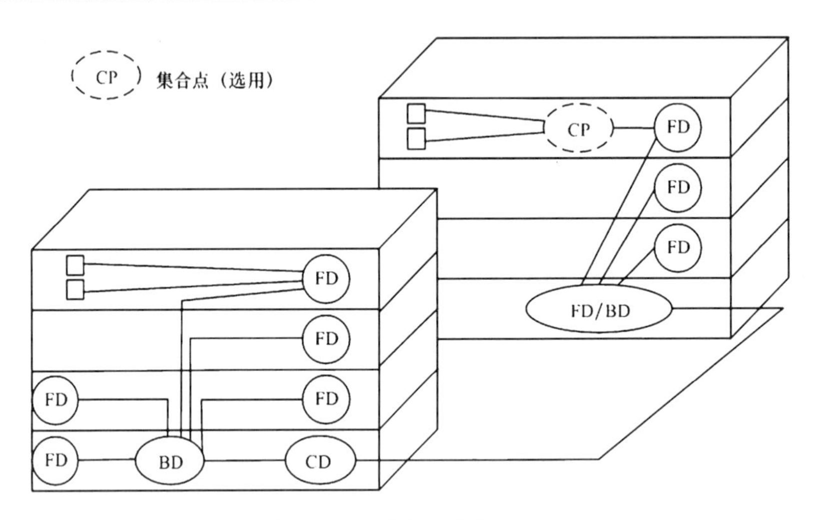


图 2-1-21 配线架功能的组合

在图 2-1-16 中，附楼 A 分区建筑群配线架和建筑物配线架不是分开设置的，但也可以分开设置。在图 2-1-17 中，建筑群配线架和建筑物配线架的功能就组合在一个配线架上。同样，图 2-1-17 中的建筑物配线架和底层的楼层配线架的功能也合二为一，在一个配线架上实现。

③建筑物配线架至每个楼层配线架的建筑物主干布线子系统的主干电缆或光缆，一般采取分别独立供线给各个楼层的方式，在每个楼层之间无连接关系。这样当线路发生故障时，影响范围较小，容易判断和检修。同时，这样做还可以取消或减少电缆或光缆的接头数量，有利于安装施工。缺点是因为分别单独供线，使线路长度和条数增加，工程造价提高，安装敷设和维护的工作量增加。

④综合布线系统总体方案中的主干线路连接方式均采用星型网络拓扑结构，其目的是简化布线系统结构和便于维护管理。因此，要求整个布线系统的主干电缆或光缆的交接次数在正常情况下不应超过两次（前面采用集合点分集连接方式或分层星型网络拓扑结构的应急迂回路由等特殊连接方式除外）。即从楼层配线架到建筑群配线架之间，只允许经过一次配线架，即建筑物配线架，成为 FD－BD－CD 的结构形式。这是采用两层布线系统（建筑物主干布线子系统和建筑群布线子系统）进行布线的情况。如果没有建筑群配线架，只有一次交接，成为 FD－BD 的结构形式和单栋建筑物主干布线子系统进行布线。在有些智能化建筑中的底层（如地下一、二层或地面一、二层），因房屋平面布置限制或为减少占用建筑面积，可以不单独设置交接间安装楼层配线架。如与设备间在同一楼层时，可以考虑将该楼层配线架与建筑物配线架共同装在设备间内，甚至将 FD 与 BD 合二为一，既可减少设备，又便于维护管理。但是采用这一方法时，必须在 BD 上划分明显的分区连接范围和增加醒目的标志，以示区别和有利于维护。

## 1.3 项目实施

### 任务 1-1 建筑物结构及信息点分布

某人民检察院办公大楼共七层，一楼为大厅和会审室，七楼为领导办公室，其余楼层为各科室的办公室及会议室。按有效面积每 10 $m^2$ 设置语音点和数据点，过道及出入口设置监控点的要求进行信息点的设置。

### 任务 1-2 项目功能要求

为了保证系统安全，本布线系统设计要实现内外网隔离，因此计算机网络系统必须布设两套系统，一套用于内部办公网络，另一套用于连接外部互联网络。

根据用户需求分析，本系统的局域网的骨干采用万兆以太网技术，千兆以太网连接到用户终端设备。语音干线采用 25 对大对数电缆，由各楼层配线到各个语音终端。

### 任务 1-3 系统结构及设计

综合布线系统应是开放式星形拓扑结构，按照《综合布线系统工程设计规范》(GB 50311—2016)，由以下几个部分构成：工作区、配线子系统、干线子系统、建筑群子系统、设备间、进线间、管理间。

根据业主的要求及检查系统办公的需要，综合布线系统主要对语音通信和数据通信进行设计，大楼综合布线结构图如 2-1-22 所示。

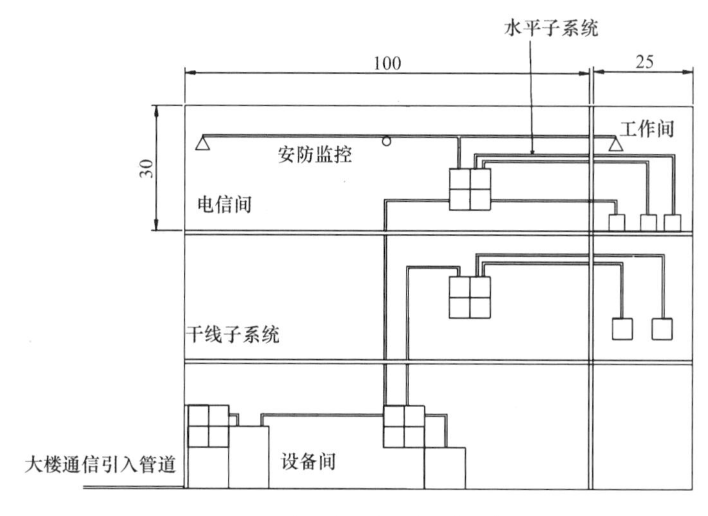


图 2-1-22 检察院综合布线系统结构图

## 任务 1-4 设计标准与依据

- ISO/IEC 11801 信息技术——用户建筑群的通用布缆
- TIA/EIA-568C 商业建筑通信布线标准
- TIA/EIA-569B 商业建筑信道和空间管理标准
- TIA/EIA-607 商业建筑接地和接线规范
- TIA/EIA-TSB72 开放办公室布线系统
- EMC Standard EN55022（电磁兼容）标准
- GB 50311－2016 建筑与建筑群综合布线系统工程设计规范
- GB/T 50312－2016 建筑与建筑群综合布线系统工程施工与验收规范
- GB/T 18233－2008 信息技术－用户建筑群的通用布缆
- GB 7424－1987 通信光缆的一般要求
- YD/T 926.2－2009 大楼通信综合布线系统 第 2 部分：综合布线用电缆、光缆技术要求
- YD/T 926.1－2009 大楼通信综合布线系统 第 1 部分：总规范

以上相关标准和规范中如有内容不一致之处，建议按如下优先级顺序使用：国际会议标准、规范→国家标准、规范→部颁标准、规范→行业标准、规范→地方标准、规范→制造商使用的标准、规范。

## 任务 1-5 系统设计原则

### 1.可靠性与稳定性

计算机网络要求具有高度可靠性与稳定性，能有效防止局部故障引起整个网络系统的瘫痪。为实现上述目的，应在网络设计中提供拓扑以及设备的冗余和备份，使故障能在最短的时间内被恢复，让网络故障的发生率和损失降到最小。

### 2.技术先进性

由于网络中有大量的数据信息需要处理，因此要求网络有较高的数据通信能力和较大的数据带宽，所以网络设备必须具备高速处理数据的能力。在网络结构上使用技术先进的高速网络，才能满足大量数据传输与处理的需要。只有保持技术的先进性，才能使网络系统适应不断更新换代的网络技术，延长网络的使用期限，提高网络用户的投资效益。

### 3.兼容性

综合布线经过统一的规划和设计，采用相同的传输媒体、信息插座、交连设备、适配器

等，把语音、数据与监控设备的不同信号综合到一套标准的布线系统中。这种布线与传统布线相比大为简化，可节约大量的物资、时间和空间（可适用于多种应用系统）。

4.灵活性

综合布线系统使用起来非常灵活。一个标准的插座既可接入电话，又可以用来连接计算机终端，也适应各种不同拓扑结构的局域网。

5.实用性与经济性

实用性使得网络便于管理、维护，可减少网络使用人员运用网络的难度，从而降低人为操作引起的网络故障，并能使更多的人掌握网络的使用方法。实用性要求网络具有较高的性价比，以节约建设资金。

6.扩展性

随着网络用户的不断增多，网络规模不断扩大，所以在网络设计时要求网络能方便地进行容量扩充，才能满足用户的需求。网络系统应能随不断发展的网络技术升级，从而延长网络系统的使用期限。

## 任务 1-6 综合布线产品选型

本设计方案中的综合布线系统选择普天天纪的超 5 类综合布线产品，其产品性能接近非屏蔽铜缆布线的极限。

## 任务 1-7 总体方案设计

1.工作区子系统

实现本方案的工作区子系统时，为了满足现在或将来数据传输的应用要求，结合楼内办公环境的实际情况，采用普天天纪超 5 类模块来连接终端计算机设备。考虑到办公网络的安全性，楼内需要安装两套物理隔离的网络，因此在楼内的每个办公室、会议室内各安装两个信息插座，每个插座内各安装一个普天天纪超 5 类模块。为了让办公人员较容易区分两个不同网络接入插座，需要在插座上贴上明显的标志。办公室内所有安装的信息插座应距离地面 30 cm，应为符合国际 86 系列标准的双孔带防尘盖面板的插座。

为了确保大楼的安全，各楼层通道及会审室内应安装一个彩色摄像机，并配电动可变焦镜头和云台，使摄像机在监控人员控制下进行全方位的视频监控工作。

2.配线子系统

为了实现内外两套网络的布设，每个办公室将从信息插座处布设两根普天天纪系列超 5 类屏蔽双绞线电缆至楼层配线间内。在每个办公室或会议室的语音电话插座处布设一根普天天纪系列超5类屏蔽双绞线电缆在楼层配线间内。选用超5类UTP电缆是为了以后的语音和数据互换做准备。领导办公室和会议室内的电视设计为数字电视，布设超五类双绞线到楼层配线间。各楼层及大厅内安装的视频监控摄像机也用双绞线传输信号，布设超五类双绞线到楼层配线间。

本楼内各房间均安装了天花板吊顶，因此水平子系统中各系统所使用线缆可以统一穿在一个PVC管道内，并布设在天花板吊顶内。PVC管道内敷设电缆的截面积应该只占PVC管截面积的70%，为以后的线路扩展预留一定的空间。房间内的PVC管预埋于墙内，与墙上暗装的底盒相连接。

### 3.干线子系统

干线子系统由连接设备间和各楼层配线间的线缆构成，其功能是把设备间的主配线架与各楼层的分配线架连接起来。根据某人民检察院办公楼的建筑特点和系统要求，干线子系统采用垂直干线路由的布线方式。利用各楼道已安装好的垂直弱电井，布设各系统所选用的各种干线电缆。

由于该楼内的局域网主要采用千兆以太网技术，因此计算机网络系统的主干线缆应选用普天天纪6芯62.5 μm/125 μm规格的多模室内光缆，为各楼层交换机与设备间的中心交换机之间的连接提供千兆链路。

电话语音系统则选用普天天纪三类25对大对数电缆，将各楼层的电话语音线路汇聚到二楼的设备间内。有线电视和监控的主干线缆也选用普天天纪6芯62.5μm/125μm规格的多模室内光缆，为各楼层交换机与设备间的中心交换机之间的连接提供千兆链路。

二楼的设备间离垂直干线的弱电井有一定的水平距离，因此在二楼走廊上安装一段金属槽架，将二楼垂直弱电井与设备间连接起来。楼内的所有主干线缆经垂直干线弱电井布设后，再经过二楼的金属槽架布设到设备间内。

### 4.设备间子系统

设备间子系统由设备间中的线缆、线缆管理器件和相关支撑硬件组成，它也是楼内各系统的控制中心。

(1)设备间位置

根据建筑物的结构特点，设备间设在办公楼计算机管理中心。

(2)管理子系统设计

设备间内安装1个40U的立式19英寸标准机柜，机柜内安装两台24口千兆全光口以太网交换机、1台电话程控交换机、两个普天天纪12口光纤配线架、1个普天天纪250线对BIX配线架和1个普天天纪理线架等设备。

各楼层的两套计算机网络系统分别通过不同主干光缆接入设备间机柜内的两个光纤

配线架上，再通过光纤跳线连接到千兆全光口以太网交换机。

电话语音系统的主干大对数电缆端接到设备间机柜内的BIX配线系统，然后通过跳线连接到电话程控交换机端口上。

设备间还是本楼视频监控的控制中心，因此需要安装一个视频监控控制台。在控制台上配备1台视频矩阵切换主机、1个控制键盘、1台16画面的分割器、1台监视器和1台时滞录像机。监控人员可以通过1台监视器监控所有监控点的图像，并通过控制键盘控制摄像机的变焦和移动。

(3)环境要求

为了确保设备间内设备的正常运行，设备间内安装了防静电地板。地板、设备外壳和机柜均应进行良好接地，设备间内还安装了两台5匹[P，1P制冷量大致为2 000大卡，换算成国际单位乘以1.162，故1P(制冷量)＝2 000×1.162＝2 324 W(电功率)]的柜式空调，以控制设备间的温度和湿度。设备间内应安装必备的消防设施，以达到设备防火要求。设备间内配备了1台10 KVA UPS设备并配备足够数量的电池，以确保设备间内设备的持续供电。

#### 5.设备间配线管理

根据某人民检察院办公楼信息点的分布情况，在一楼、三楼、四楼、五楼、六楼和七楼各设一个楼层配线间。配线间内安装一个20U的落地机柜，机柜内应安装两台24口的百兆以太网交换机，以分别连接两个不同的网络系统。机柜内还安装两个普天天纪24口的模块化数据配线架，以分别端接两个不同网络系统信息点。为了方便线缆的管理，机柜内还要安装两个普天天纪理线架，以整理和固定跳线。机柜下方还应安装一个光纤配线盒，以端接两根主干6芯光缆。

在配线间墙面上应安装一个50线对的普天天纪BIX配线架，以端接各楼层房间布设到配线间的UTP电缆。BIX配线架最终将各房间电话线路转接到三类大对数主干电缆，该主干电缆将与设备间的BIX配线系统端接。

#### 6.办公楼综合布线系统结构图

某检察院办公楼综合布线系统结构图如图2-1-23所示。通过系统结构图，可以清楚地了解整个综合布线系统由四个系统构成，每个系统均由工作区、水平子系统、管理子系统、主干子系统和设备间子系统构成。

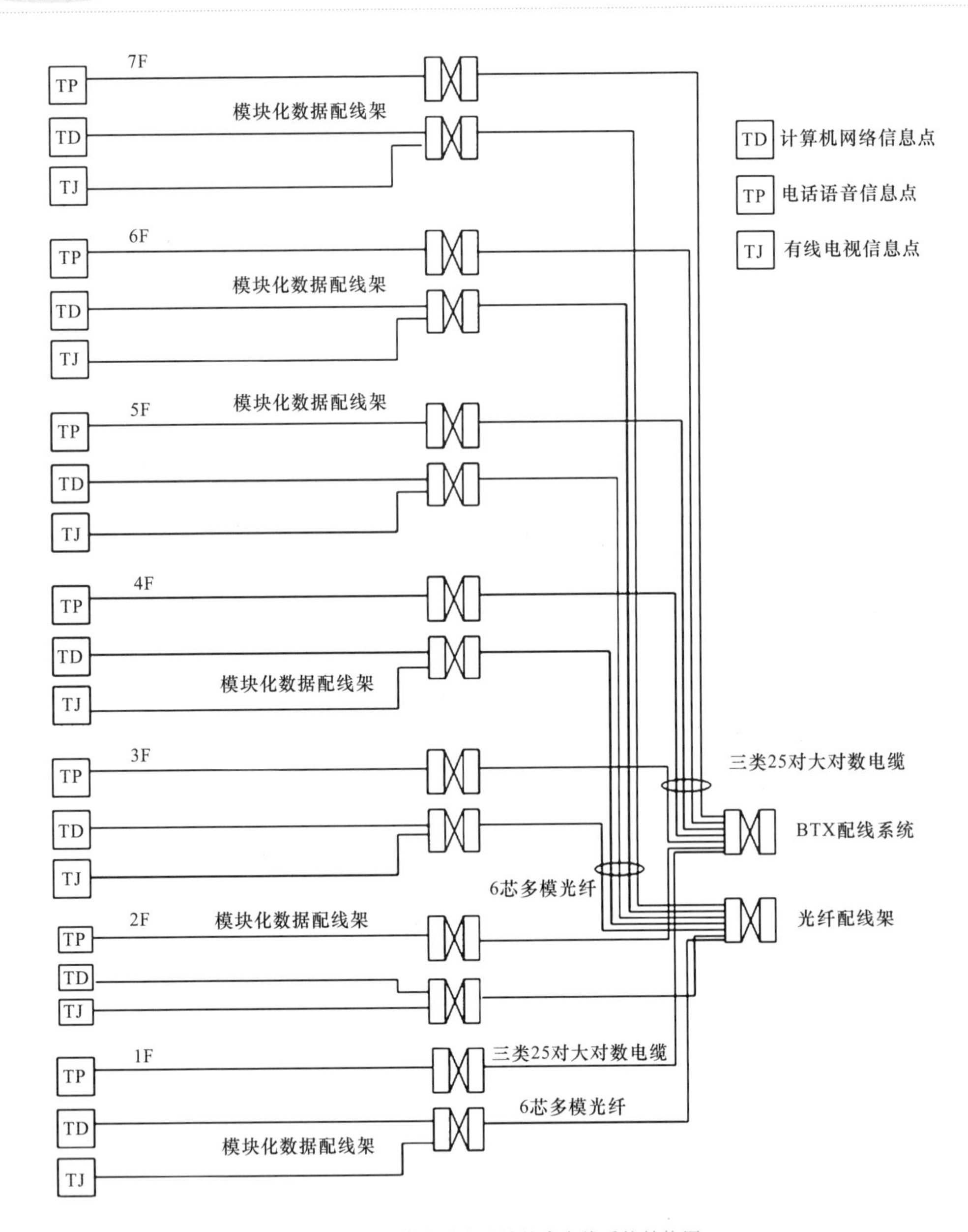


图 2-1-23 某检察院办公楼综合布线系统结构图

## 1.4 项目小结

本项目的主要内容是综合布线工程的初步设计，主要包括设计原则、设计等级、设计流程、设计标准，重点介绍了《综合布线系统工程设计规范》(GB 50311－2016)、《综合布线系统工程验收规范》(GB/T 50312－2016)及综合布线初步设计的具体步骤。通过某人民检察院办公大楼的初步设计，掌握综合布线系统的初步设计。

## 1.5 项目实训

Visio绘制系统图

某学生宿舍楼有七层，层高2.8 m，每层有12个房间，要求每个房间安装2个计算机网络信息点（要求实现100 Mbit/s接入），1个语音点，每层楼的过道两头安装1个网络监控点（设计时由电信间连一网线到监控点），每个楼层最远信息点为70 m，为了方便计算机网络管理，每层楼的楼梯间可设置电信间，各房间信息插座连接的水平线缆均连接至楼层的电信间。设备间和监控室设在宿舍楼三楼某房间。

要求设计并用Visio或Auto CAD绘制下列设计图：

(1)数据语音系统的网络拓扑结构图。

(2)监控系统的拓扑结构图。

(3)整个宿舍楼的综合布线系统结构图。

## 1.6 项目习题

1.填空题

(1)综合布线国家标准是________、________。

(2)综合布线系统的基本构成应包括________、________和________。

(3)布线系统信道应由长度不大于________ m的水平线缆、________ m的跳线和设备线缆及最多________个连接器件组成。

(4)光纤信道分别为OF－300、OF－500、OF－2000三个等级，各个等级光信道支持的应用长度分别不应小于________、________、________。

(5)综合布线系统光纤信道应采用标称波长为850 nm和1 300 nm的多模光纤(________/________/________/________)，标称波长为1 310 nm和1 550 nm(________)，1 310 nm、1 383 nm和1 550 nm(________)的单模光纤。

2.选择题

(1)ISO/IEC 11801－4标准用于描述________。

A. 商用(企业)建筑布线　　B. 数据中心布线

C. 工业布线　　D. 家用布线

(2)CP集合点安装的连接器件应选用卡接式配线模块或________位模块通用插座或各类光纤连接器件和适配器。

A.8　　B. 16　　C.32　　D.64

(3)永久链路应由长度不大于________ m水平线缆及最多3个连接器件组成。

A.90　　B. 100　　C.102　　D.105

# 项目2 多媒体教室布线

## 2.1 项目描述

由于教学的需要，某学校决定将一间普通教室改造为多媒体教室，教师在讲台能够实现多媒体展示，学生可以在学生机进行实验，并将作业等提交给教师。教室讲台靠右的位置有一个校园网出口，教师和学生通过这个出口连接校园网并通过校园网访问外网，多媒体教室要求能够容纳48名学生同时实验。

相对于整个校园网来说，可以把多媒体教室布线当作整个校园综合布线系统的一部分，多媒体教室里主要是由相应数量的工作区构成。但仅对多媒体教室而言，也可以把多媒体教室的布线看成一个小型的布线系统，有很多工作区，有水平线路，有电信设备。因此，本项目的学习任务主要是工作区的设计、施工，同时包含水平管路的选型设计与施工及电信设备的安装。

## 2.2 项目知识准备

### 2.2.1 工作区设计与实施

**1.概述**

一个独立的需要设置终端设备(TE)的区域宜划分为一个工作区。工作区应包括信息插座模块(TO)、终端设备处的连接线缆及适配器。工作区的终端设备可以是电话机、计算机、网络打印机和数字摄像机等，也可以是控制仪表、测量传感器、电视机及监控主机等设备终端。工作区的连接电缆是非永久性的，随终端设备的移动而移动。图 2-2-1 所示为工作区子系统。

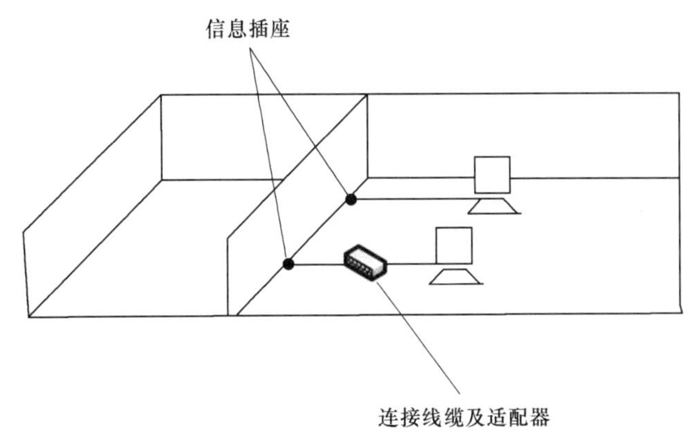


图 2-2-1 工作区子系统

### 2.工作区的设计步骤

(1)工作区适配器的选用

- 设备的连接插座应与连接电缆的插头匹配，不同的插座与插头之间互通时应加装适配器。
- 在连接使用信号的数模转换、光电转换、数据传输速率转换等相应的装置时，应采用适配器。
- 对于网络规程的兼容，应采用协议转换适配器。
- 各种不同的终端设备或适配器均应安装在工作区的适当位置，并应考虑现场的电源与接地。

(2)工作区估算

目前建筑物的功能类型较多，因此对工作区面积的划分应根据应用的场合做具体的分析后确定，工作区面积划分一般可参照表 2-2-1 所示内容。

表 2-2-1 工作区面积划分

| 建筑物类型及功能 | 工作区面积/$m^2$ |
|---|---|
| 网管中心、呼叫中心、信息中心等座席较为密集的场地 | 3～5 |
| 办公区 | 5～10 |
| 会议、会展 | 10～60 |
| 商场、生产机房、娱乐场所 | 20～60 |
| 体育场馆、候机室、公共设施区 | 20～100 |
| 工业生产区 | 60～200 |

建筑物工作区数量的估算公式如下：

$$Z=S/P$$

式中：$Z$ 为工作区总数量；$S$ 为建筑物实际工作区的面积；$P$ 为单个工作区的面积。

(3)信息点的估算

在确定设计等级和工作区的数量后，建筑物信息点的数量就不难计算。以下为信息点数量的估算公式：

$$M=ZN+(ZN)R$$

式中：$M$ 为建筑物信息点总数；$Z$ 为工作区总数量；$N$ 为单个工作区配置的信息插座个数，其取值可为 1、2、3 或 4；$R$ 为余量百分数，其取值可为 2%～3%或根据实际情况决定。

3.工作区的施工安装要求

(1)工作区信息插座的安装应符合下列规定

- 暗装在地面上的信息插座盒应满足防水和抗压要求。
- 工业环境中的信息插座可带有保护壳体。
- 暗装或明装在墙体或柱子上的信息插座盒底距地高度宜为 300 mm。
- 安装在工作台侧隔板面及临近墙面上的信息插座盒底距地高度宜为 1 000 mm。
- 信息插座模块宜采用标准 86 系列面板安装，安装光纤模块的底盒深度不应小于 60 mm。

(2)工作区的电源应符合下列规定：

- 每个工作区宜配置不少于 2 个单相交流 220 V/10 A 电源插座盒。
- 电源插座应选用带保护接地的单相电源插座。
- 工作区电源插座宜嵌墙暗装，高度应与信息插座一致。

(3) CP 集合点箱体、多用户信息插座箱体宜安装在导管的引入侧及便于维护的柱子及承重墙上等处，箱体底边距地高度宜为 500 mm，当在墙体、柱子的上部或吊顶内安装时，距地高度不宜小于 1 800 mm。

(4) 每个用户单元信息配线箱附近水平 70～150 mm 处，宜预留设置 2 个单相交流 220 V/10 A 电源插座，并应符合下列规定：

- 每个电源插座的配电线路均应装设保护电器，电源插座宜嵌墙暗装，底部距地高度应与信息配线箱一致。
- 用户单元信息配线箱内应引入单相交流 220 V 电源。

## 2.2.2 多媒体教室架空地板的选择

架空地板，也叫作导静电地板，是机房重要的防护设施，在一些设备配置少的辅助机房或上走线的电信机房，可采用抗静电塑胶地面导静电，而对于功能齐全的电子机房来说，选择铺设抗静电活动地板无疑是重要的一种防护手段，抗静电活动地板主要由两部分组成：

(1)抗静电活动地板板面。

(2)地板支承系统，主要为横梁、支脚、螺杆(支脚分成上下托，螺杆可以调节，以调整地板面水平)。

1.铺设抗静电活动地板有如下作用

(1)机房内设备可在抗静电活动地板下进行自由的电器连接，便于铺设和修理，使机房整齐漂亮，并且能够保护各种电缆、电线、数据线及插座，使其不受损坏。

(2)抗静电活动地板能够使静电荷通泄至地，为计算机和网络设备提供了安全保障。

(3)抗静电活动地板能反射电磁辐射。

(4)抗静电活动地板与原地面间的空间便于电子计算机机房各系统线缆的敷设、连接和维护,消除了电缆外露对工作人员的人体危害。

(5)抗静电活动地板下的空间可以作为空调系统的静压风库,从而获得令人满意的机房气流组织。

(6)借助抗静电活动地板的可调节支撑进行找平,可保证机房地面的水平。

(7)抗静电活动地板为整体装配式的结构,机器的重量分布于整个地板结构上,且具有防震效果。

(8)未来扩充设备时,机器易于重新摆放,易于搬迁,节省费用。

(9)保护电源、信号线及接头;配置管线快速且容易;避免工作人员绊倒;使电子计算机机房布置整齐,具有一定的装饰效果。

(10)抗静电活动地板是易于更换的。用吸板器可以取下任何一块地板,维护保养及修理地板下的管线及设备时极其方便。

(11)抗静电活动地板是灵活的。当其中的某一部分需要改变,如增加新的机柜、增加地板送风口等,调整很方便,如图 2-2-2 所示。

图 2-2-2 抗静电活动地板

2.抗静电活动地板的种类

抗静电活动地板的种类较多,根据其基层材料可分为复合(中高密度刨花板)、全钢、硫酸钙、铝合金等,规格一般为 600 mm×600 mm;活动地板的厚度一般在 20～40 mm,贴面可以是抗静电瓷砖、三聚氰胺(HPL)和 PVC。PVC 抗静电贴面表面耐磨、开裂现象少、防水、防腐蚀,并可减少人们在行走及搬运设备过程中产生噪声。背面附带磁性式 PVC 贴面,可以直接放在全钢裸地板表面,无须任何黏剂,拆装方便。

(1)全钢地板

全钢地板又叫活动地板、机房地板、全钢高架地板、防静电地板。以优质钢板经冲压焊接后,注入高强度轻质材料制成。强度高,防水、防火、防潮性能优良,适用于承载要求很高的设备机房、程控机房、监控机房等。

(2)陶瓷防静电活动地板

陶瓷防静电活动地板是利用防静电瓷砖作为面层,粘贴在全钢地板板基或者复合板基上(刨花板、水泥刨花板、硫酸钙板等)加工而成的一种架空地板,通过搭配相应的支架横梁,广泛应用于各种高档机房。

(3)线槽地板

线槽地板是由走线槽与地板本体相间组拼而成的,如图 2-2-3 所示,集架空地板与线槽于一体,使布线更具灵活性,同时可根据规范要求将强、弱电隔离,并用颜色或标记区分强、弱电线槽,方便以后一次布线及检修、维修的直观性。另外,布线时只需打开线槽盖。线槽地板表面可以铺抗静电地毯,也可以将相同或不同颜色的磁性 PVC 贴面分别吸附在走线槽与地板本体表面,使强、弱电线槽位置一目了然。

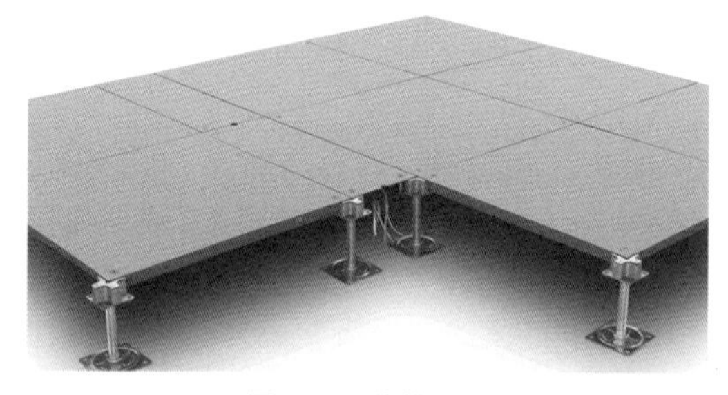

图 2-2-3 线槽地板

## 2.2.3 多媒体教室布线方案

机房地面铺设活动地板,线路可走在地板下面,但网线和电线都要走线槽或穿线管,也就是采用网络地板内槽盒方式敷设。

地面线槽方式就是从楼层管理间引出的线缆走地面线槽到地面出线盒或由分线盒引出的支管到墙上的信息出口,本案例是从教室前面的墙柜走线到各电脑桌,如图 2-2-4 所示。由于地面出线盒或分线盒不依赖于墙或柱体直接走地面垫层,因此这种布线方式适用于大开间或需要隔断的场合。

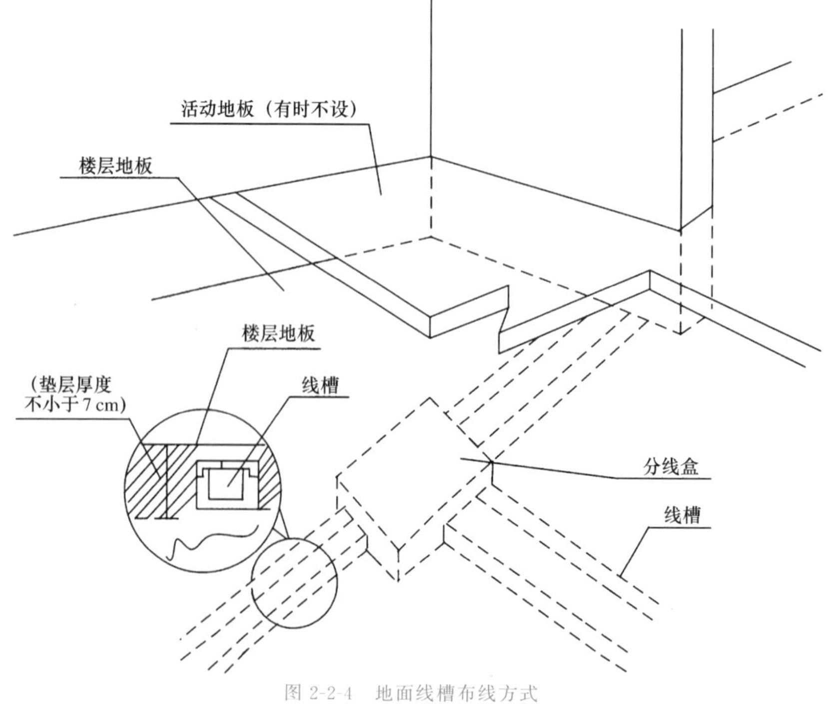


图 2-2-4 地面线槽布线方式

在地面线槽布线方式中，把长方形的线槽打在地面垫层中，每隔 4～8 cm 设置一个过线盒或出线盒，直到信息出口的接线盒。分线盒与过线盒有两槽和三槽两类，均为正方形，每面可接两根或三根地面线槽，这样分线盒与过线盒能起到将 2～3 路分支线缆汇成一个主路的作用，或起到 90°转弯的作用。

要注意的是，地面线槽布线方式不适用于楼板较薄、楼板为石质地面或楼层中信息点特别多的场合。一般来说，地面线槽布线方式的造价要比吊顶内线槽布线方式贵 3～5 倍，目前主要应用在资金充裕的金融业或高档会议室等建筑物中。

## 2.3 项目实施

### 任务 2-1 安装多媒体教室活动地板

**1.活动地板安装要求**

(1)活动地板面层用于有防尘静电要求的专业用房的建筑地面工程。采用特制的平压刨花板为基材，表面饰以装饰板，底层用镀锌材料经黏结胶合组成的板块，配以横梁、橡胶垫条和可供调节高度的金属支架组合装成架空板铺设在水泥类面层(或基层)上。

(2)活动地板所在的支座柱和横梁应构成框架一体，并与基层连接牢固；支架抄平后高度应符合构成框架一体，并与基层连接牢固；支架抄平后高度应符合设计要求。

(3)活动地板面层包括标准地板、异型地板和地板附件(即支架和横梁组件)。采用的活动地板块应平整、坚实，面层承载力不得小于 7.5 MPa，其系统电阻：A 级板为 $1.0\times10^{5}\sim1.0\times10^{8}$ Ω；B 级板为 $1.0\times10^{5}\sim1.0\times10^{10}$ Ω。

(4)活动地板面层的金属支架应支承在现浇水泥混凝土面层(或基层)上，基层表面应平整、光洁、不起灰。

(5)活动地板与横梁接触搁置处应达到四角平等、严密。

(6)当活动地板不符合模数时，其不足部分在现场根据实际尺寸将板块切割后镶补，并配装相应的可调支撑和横梁。切割边不经处理不得镶补安装，并不得有局部膨胀变形情况。

(7)活动地板在门口处或预留洞口处应符合设置构造要求，四周侧边应用耐磨硬质板材封闭或用镀锌钢板包裹，胶条封边应符合耐磨要求。

(8)活动地板面层的允许偏差应符合国家标准《建筑地面工程施工质量验收规范》(GB 50209－2010)中的规定。

**2.施工准备**

(1) 技术准备

①活动地板面层的各层做法应已按设计要求施工并验收合格。

②样板间或样板已经得到认可。

(2)材料要求

①活动地板:面层材质必须符合设计要求,且应具有耐磨、防潮、防燃、耐污染、耐老化和导静电等特点。

②配套附件:应符合设计要求,尺寸准确,连接牢固,配套齐全。

(3)作业条件

①材料检验已经完毕并符合要求。

②已对所覆盖的隐蔽工程进行验收且合格,并进行隐检会签。

③施工前,应做好水平标志,以控制铺设的高度和厚度,可采用监尺、拉线、弹线等方法。

④对所有作业人员已进行了技术交底,特殊工种必须持证上岗。

⑤作业时的施工条件应满足施工质量可达到标准的要求。

⑥基层地面或楼面平整,无明显的凸凹,如平整度误差太大,就需要用水泥砂浆找平。

3.施工工艺

(1)工艺流程

准备机具设备—基层处理—找中套方,分格弹线—安装支座横梁组件—铺设活动地板—擦光—检查验收

(2)操作工艺

①基层处理。把沾在基层上的浮浆、落地灰等用钢丝刷清理掉,再用扫帚将浮土清扫干净。基层表面平整,光洁,不起灰,平整度误差太大就应当用水泥砂浆找平。

②找中套方,分格弹线。首先测量房间的长宽尺寸,在地面弹出中心十字控制线,依照活动地板的尺寸,排出活动地板的放置位置,在墙面上弹出活动地板面层的横梁组件标高控制线和完成面标高控制线,如图 2-2-5 所示。

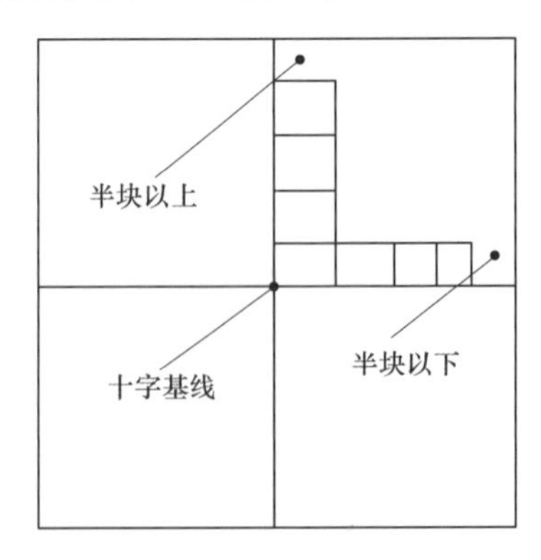


图 2-2-5　找中套方,分格弹线施工工艺

③安装支座和横梁组件。按照分格线的位置,安放支座和横梁,并调整支座的螺杆,使横梁与标高控制线同高且水平,待所有支座和横梁均安装完毕构成一体后,用水平仪再

整体抄平一次，支座与基层面之间的空隙应灌注环氧树脂，应连接牢固，亦可按设计要求方法固定，如图 2-2-6 所示。

图 2-2-6 安装支座和横梁组件

④铺设活动地板。先在横梁上铺设缓冲胶条，并用乳胶液与横梁黏合，铺设地板应用吸盘，垂直放入横梁间方格，保证四角接触处平整、严密，不得采用加垫的方法。应根据房间内的具体情况选择铺设方向，当无设备或留洞且模数相符时，宜由里向外铺；当无设备或留洞但模数不相符时，宜由外向里铺；当有设备或留洞时应综合考虑选定铺设方向和顺序，如图 2-2-7 所示。

图 2-2-7 铺设活动地板

⑤不符合模数的板块，其不足部分在现场根据实际尺寸将板块切割后镶补，并配装相应的可调支撑和横梁，切割应按设计要进行处理安装，并不得有局部膨胀变形情况。

## 任务 2-2 设计多媒体教室布线

与某学校多媒体教室的使用教师沟通，该教室主要用于上平面设计和 3D MAX 设计课程，要便于学生分组讨论和教师指导学生，每个终端要连接网络。根据需求，确定电脑桌在教室的摆放位置，如图 2-2-8 所示。

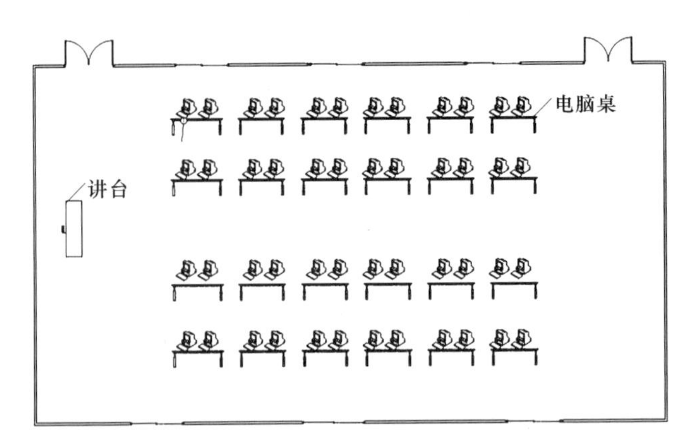


图 2-2-8 多媒体教室电脑桌摆放位置

电脑桌摆放说明：

多媒体教室摆放 24 张双人电脑桌，每排摆 6 张，共 4 排。相邻两桌间可不留间距，第一排与第二排并排排列，第三排与第四排并排排列。第二排和第三排中间空间较宽，方便老师和同学走动。

1.布线点位总量

多媒体教室一共需要 49 个网络点，分别是学生机 48 个，教师机 1 个，共有 4 排电脑桌，每排 6 个电脑桌，一个电脑桌设 2 个网络点。

2.信息点设置位置

此次多媒体教室综合布线，只需要对网络进行布线，所以设计的时候只考虑网络点位布线问题。信息点的位置定在每张电脑桌的中间，距离地面 30 cm，采用双孔的网络面板，配以相应的面板底盒和模块。

3.电缆传输通道设计

多媒体教室采用活动地板下走线槽的布线方式，地板下的线缆通过软管引出地面再延伸到电脑桌，因此需要在地板上开孔，开孔的位置如图 2-2-9 所示。

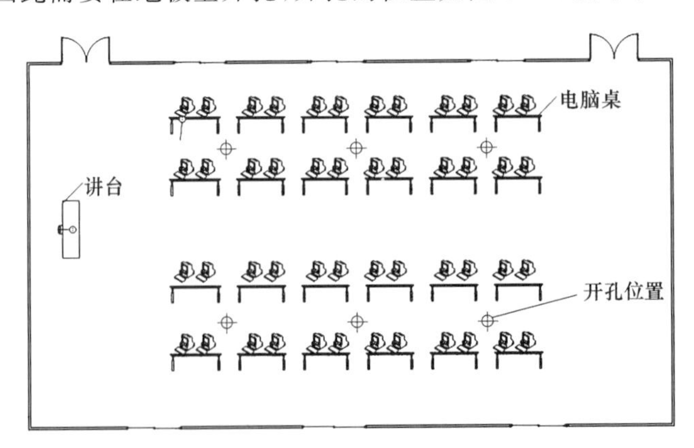


图 2-2-9 多媒体教室地板开孔位置

电缆传输通道设计采用 PVC-40 系列线槽铺设，规格为 40 mm×20 mm。多媒体教室的拓扑类型为星形拓扑，中心结点位于教室前墙角的壁挂机柜中，需要将每个电脑桌上的信息点通过地面线槽布线连接到机柜的接入层交换机中。多媒体教室布线线槽走线如图 2-2-10 所示。

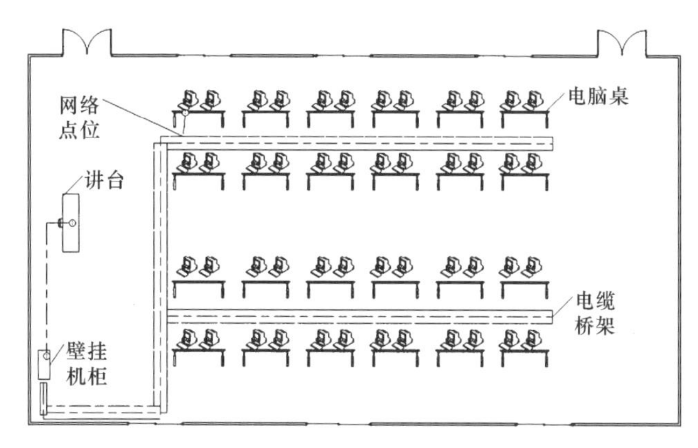


图 2-2-10 多媒体教室布线线槽走线

4.接入层设计

采用一个壁挂机柜将教室里的所有网络点全部连接到一个接入层交换机上，然后通过交换机和学校内部网络相连，机柜位置摆放在内墙角，方便维护且不妨碍人的通行，最后的多媒体教室的综合布线设计如图 2-2-11 所示。

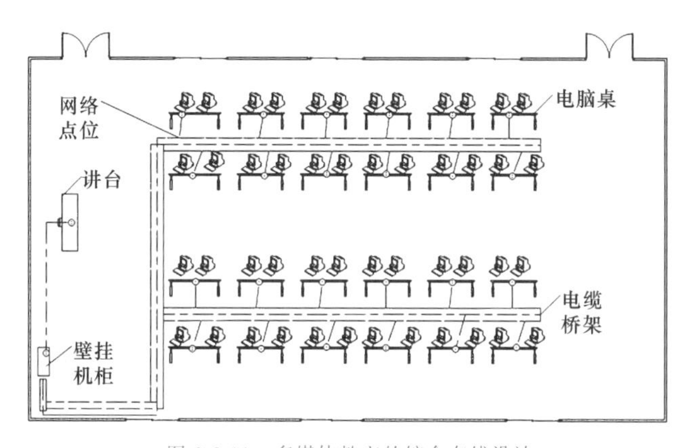


图 2-2-11 多媒体教室的综合布线设计

## 任务 2-3 做材料预算

1.网线预算

在一个网络综合布线的预算中，网线的需求比较大，通常是根据点位的区域分布进行估算，下面介绍如何估算多媒体教室需要的网线量。

(1)一个点位网线的平均需求量：

$$S=(A+B)/2+X$$

式中：$S$ 为一个点位网线的平均长度；$A$ 为一个点位离汇聚点(可以是一个汇聚机柜或者

是楼层弱电井)最近的距离;$B$ 为一个点位离汇聚点最远的距离;$X$ 是适当多加几米的余额,这个可以视具体情况随意更改,通常取值为 3~6 m。

多媒体教室预算:

$$S=(3+10)/2+6\approx 13\ \text{m}$$

(2)一箱网线可以放多少个点:

$$P=Y/S$$

式中:$P$ 为一箱网线可以放多少个点;$Y$ 是一箱网线的长度,现在市场上网线一箱为 305 m;$S$ 是一个点位网线的平均需求量。

多媒体教室预算:

$$P=305/13\approx 23\ 个$$

(3)整个网络综合布线共需要多少箱网线:

$$F=T/P$$

式中:$F$ 为整个网络综合布线总共需要多少箱网线;$T$ 为整个网络布线工程的点位总数;$P$ 为一箱网线可以放多少个点,计算出的结果要向上取整。

多媒体教室网线需求预算:

$$F=49/23\approx 3\ 箱$$

**2.其他预算**

在网线预算完后,对其他的布线材料也要做好预算工作。比如模块、面板、桥架等,见表 2-2-2。

表 2-2-2　　多媒体教室综合布线材料预算

| 名称 | 单位 | 数量 | 名称 | 单位 | 数量 |
| --- | --- | --- | --- | --- | --- |
| 网线 | 箱 | 3 | 面板(双孔) | 个 | 25 |
| 桥架 | 米 | 100 | 面板底盒 | 个 | 25 |
| 模块 | 个 | 49 | 水晶头 | 盒 | 1 |
| 壁挂机柜 | 个 | 1 | 接入层交换机 | 台 | 1 |
| 理线架 | 个 | 1 | — | — | — |

## 任务 2-4　进行电缆传输通道施工

**1.定位标记**

根据图 2-2-8 设计线槽的敷设线路,确定线槽敷设起点、转角、分支、终端等位置及线槽底板的固定点,并在多媒体教室地板上做好标记,线槽底板固定点之间的直线距离不大于 500 mm,起始、转角、分支、终端等处固定点间的距离不大于 50 mm。

**2.线槽固定和双绞线敷设**

将线槽固定点钻孔,打入木榫,将线槽底板用自攻螺丝固定在相应固定点。槽板拼接时,根据线路走向的不同可以分为对接、转角拼接、T 形拼接和十字拼接等方式。

(1)对接。将对接的两块槽板的底板或盖板端头锯成 45°断口,交错紧密对接,底板的线槽必须对正，但注意盖板和底板的接口不能重合，应相互错开20 mm以上。

(2)转角拼接。同样，把两块槽板的底板和盖板端头锯成45°断口，并把转角处线槽之间的棱削成弧形，以免割伤导线绝缘层。

(3)T形拼接。在支路槽板的端头，两侧各锯掉腰长等于槽板宽度1/2的等腰直角三角形，留下夹角为90°的接头。干线槽板则在宽度的1/2处，锯一个与支路槽板接头配合的90°凹角，拼接时在拼接点上把干线底板正对支路线槽的棱锯掉、铲平，以便分支导线在槽内能够顺利通过。

(4)十字拼接。用于水平、竖直干线上有上下或左右分支线的情况，它相当于上下或左右两个T形拼接。工艺要求与T形拼接相同。

线槽安装好后，将双绞线放进线槽内，在敷设线缆时，需要注意：

(1)线缆布放过程中，不应产生扭绞或打圈等有可能影响线缆本身质量的现象。

(2)线缆布放后，应平直处于安全稳定的状态，不应受到外界的挤压或遭受损伤而产生故障。

(3)线缆布放过程中，布放线缆的牵引力不宜过大，应小于线缆允许拉力的80%，在牵引过程中要防止线缆被拖、蹭、磨等损伤。

(4)布放线缆时不要用力拽拉线缆。

(5)盖板固定：完成以上工序的同时，应用盖板把导线盖上，边敷线边将盖板固定在底板上。固定时多用钉子将盖板钉在底板的中棱上。为了不伤及导线，钉子要垂直进入。盖板的拼接方式与底板拼接相同。盖板做到了终端，若没有电器和木台，应先将底板端头锯成一斜面，然后将盖板封端处锯成斜口，再将盖板按底板斜面坡度覆盖并固定，此过程叫作封端处理。

**3.线管固定和电线敷设**

在固定点打孔，并打入木榫作为固定点，装线管穿电线后，用管卡将线管固定在地面。穿线时注意：

(1)线管内的导线不应有接头。特殊情况需要有接头和分支，应在接头或分支处装设接线盒，其目的是便于检修接头。

(2)导线伸出线管与插座等电器连接时，要留出100 mm左右的余量。

(3)导线连接

①剖削导线绝缘层时，不能损伤芯线。

②导线缠绕方法要正确。

③导线缠绕后要平直、整齐和紧密。

④截面面积为10 $mm^2$及以下的单股导线可以直接与设备、器具的端子连接。

⑤截面面积为2.5 $mm^2$及以下的多股铜芯导线应先拧紧，搪锡或压接端子后再与设备及器具的端子连接。

⑥多股铝芯线和截面面积大于2.5 $mm^2$的多股铜芯导线应焊接或压接接线端子后再与设备及器具的端子连接。

## 任务 2-5 安装底盒、端接模块、安装面板

### 1.底盒安装

底盒的作用是将已经端接好的模块和面板固定在桌子或墙面上，现在底盒的材质有塑料和金属两种，规格也有单座和双座之分，它的原理就是通过自己两边的螺丝挂件把面板和模块牢牢地固定在底盒上。

如果是做底盒暗装，则需要事先开好孔槽，将底盒做相应固定施工；如果是明装，则先打好装螺丝的孔洞，再用螺丝固定。本工程为明装底盒，将底盒安装在电脑桌的挡板上，距地面高度 30 cm，固定，将网线引入底盒，如图 2-2-12 所示。

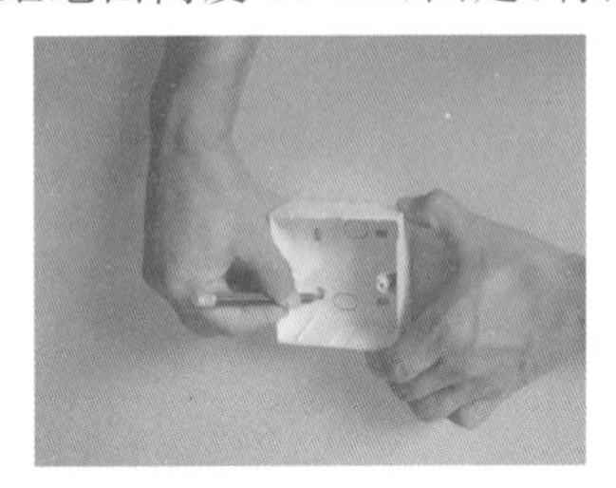

图 2-2-12 底盒的安装

### 2.模块端接

(1)信息模块简介

连接计算机的信息模块根据传输性能的要求，可以分为 5 类、超 5 类、6 类信息模块等。各厂家生产的信息模块的结构有一定的差异，但功能及端接方法是类似的。

信息模块的端接有两种标准：EIA/TIA 568A 和 EIA/TIA 568B。两类标准规定的线序压接顺序有所不同，如图 2-2-13 所示，为两种标准规定的导线排列顺序。由图 2-2-13 可知，在 T568A 和 T568B 线序中，1、3 线对，2、6 线对分别对调，因此只要熟记一种标准线序就可以知道另一种标准线序。

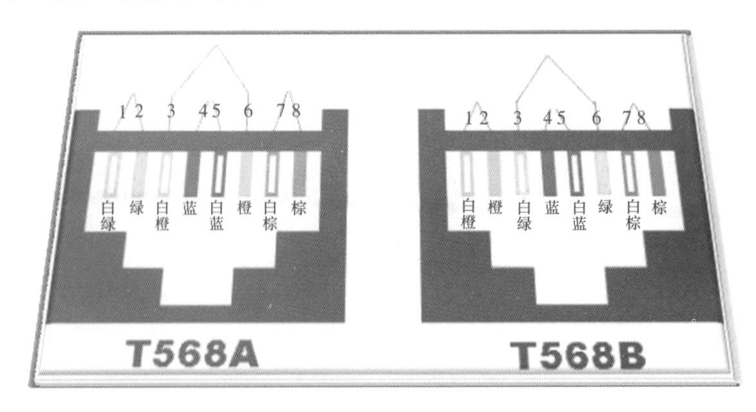


图 2-2-13 EIA 的两种线序

无论在压接信息模块时采用何种标准，都有效地减少了线对产生的串扰，但是一个系统中只能选择一种标准，绝对不能两种标准混用。例如模块端接采用 EIA/TIA 568B 标

准，则管理器件、跳线等也应采用 EIA/TIA 568B 标准。

(2)信息模块端接

各厂家的信息模块结构有所差异，因此具体的模块压接方法各不相同，下面介绍 TCL 模块压接的具体操作步骤。

①剥除双绞线外层护套 20～30 mm，把双绞线分开理直，按 T568B 排列线序，线序参见模块防尘盖颜色标识，如图 2-2-14 所示。

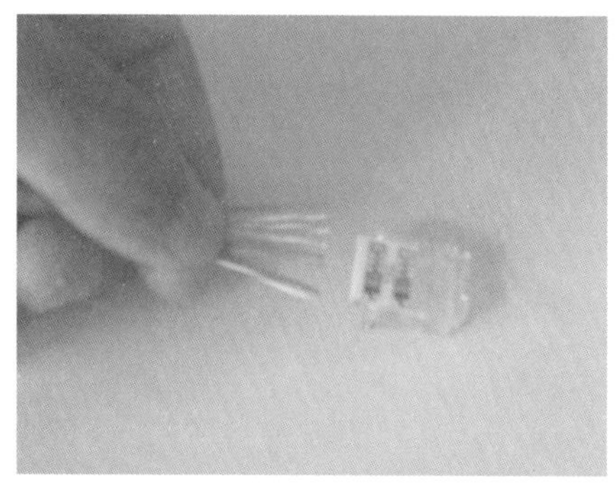

图 2-2-14 剥线操作

②先将最中间的两根线压入，然后将其余的线依次压入，如图 2-2-15 所示。

③用剪刀剪去防尘帽上多余的线头，如图 2-2-16 所示。

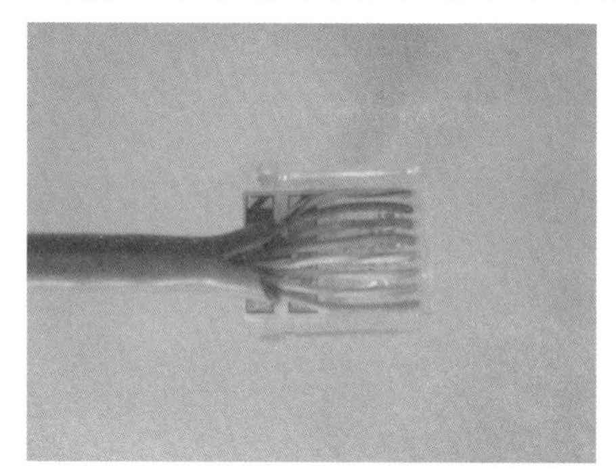

图 2-2-15 拉线操作

图 2-2-16 剪掉多余的线头

④用压线工具将端接好的防尘帽压入模块中，如图 2-2-17 所示，端接好的模块如图 2-2-18 所示。

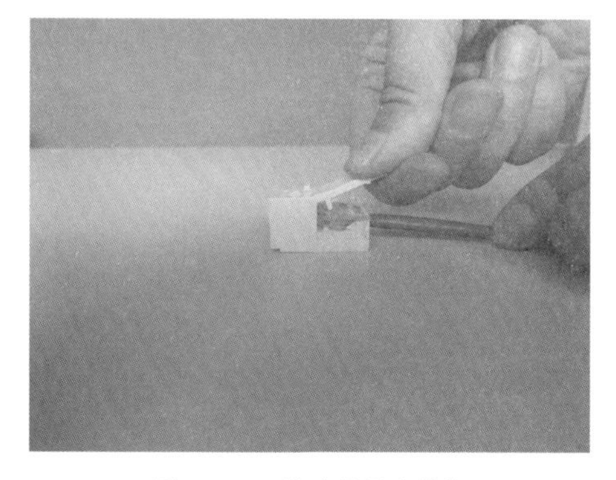

图 2-2-17 防尘帽压入模块

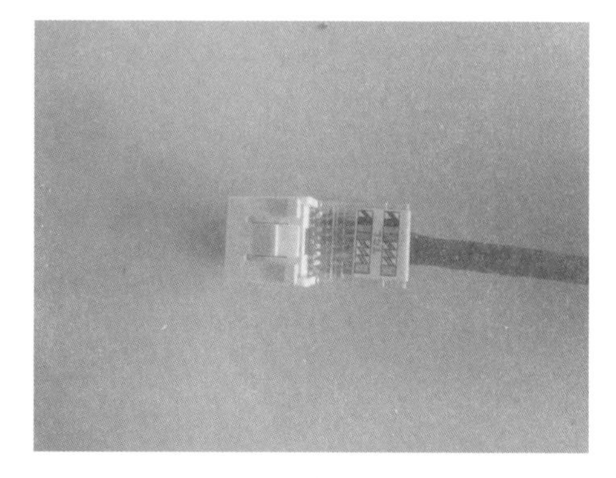

图 2-2-18 端接好的模块

**3.面板安装**

模块端接工作完成后，接下来就要安装到信息插座内，以便工作区内终端设备的使用。各厂家信息插座安装方法有相似性，具体可以参考厂家说明资料。下面以 TCL 插座安装为例，介绍信息插座的安装步骤。

①将已经端接好的 TCL 模块卡接在插座面板槽位内，如图 2-2-19 所示。

②将已卡接了模块的面板与暗埋在墙内的底盒接合在一起，如图 2-2-20 所示。

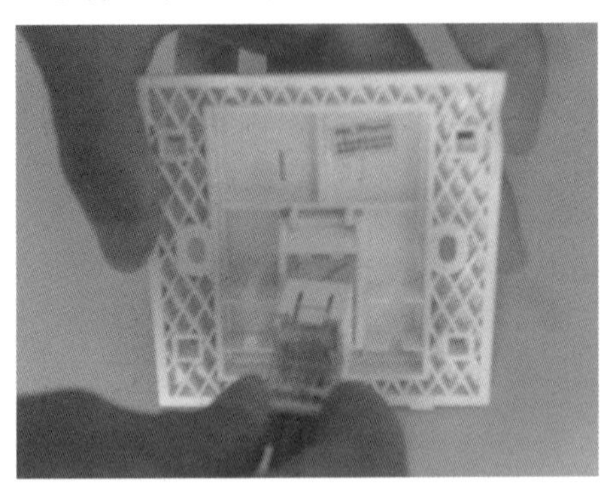

图 2-2-19 将模块放入面板

图 2-2-20 将面板放入底盒

③用螺丝将插座面板固定在底盒上，如图 2-2-21 所示。

④在插座面板上安装标签条，盖上面板罩，如图 2-2-22 所示。

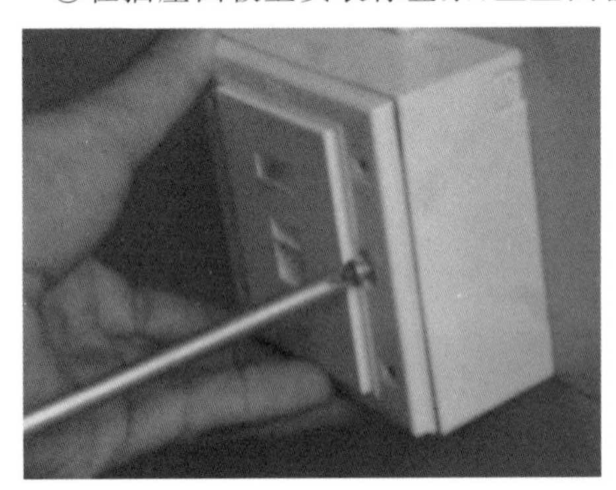

图 2-2-21 固定面板

图 2-2-22 安装好的底盒、面板

## 任务 2-6 安装墙壁机柜

墙壁机柜是为了保护机柜里的网络汇聚点和网络设备，安装步骤一般如下：

第一步：将机柜虚托在需要安装机柜的墙面上，用铅笔在机柜背面的固定孔洞上做好标记，如图 2-2-23 所示。

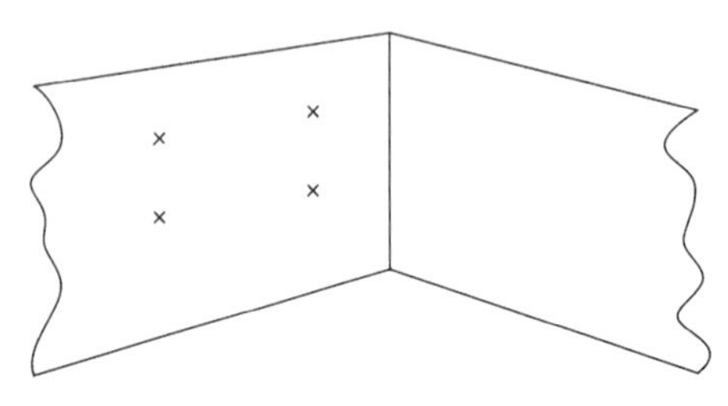

图 2-2-23 墙面做打孔标记

第二步：按照画好的打孔点，用专业工具打孔，一般用电锤，注意电锤打孔要端正平直，否则安装难度大，甚至安装不上去。

第三步：用固定螺丝将机柜固定在墙壁上，一般采用膨胀螺丝固定，固定好的机柜如图 2-2-24 所示，这些固定螺丝一般买机柜的时候会附带上，最后把机柜的进线孔打开，方便主干线缆进来。

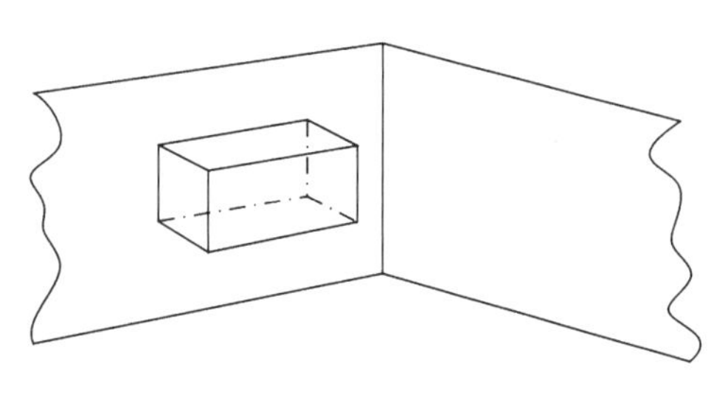

图 2-2-24　固定好的机柜

## 任务 2-7　安装数据配线架

1.将配线架固定到机柜合适位置，在配线架背面安装理线环。

2.从机柜进线处开始整理电缆，沿机柜两侧整理至理线环处，使用绑扎带固定好，一般 6 根电缆作为一组进行绑扎，将电缆穿过理线环摆放至配线架处。

3.根据每根电缆连接接口的位置，测量端接电缆应预留的长度，然后使用压线钳、剪刀、斜口钳等工具剪断电缆。

4.根据选定的接线标准，将 T568A 或 T568B 标签压入模块组插槽内。

5.根据标签色标排列顺序，将对应颜色的线对逐一压入槽内，然后使用打线工具固定线对连接，如图 2-2-25 所示，同时将伸出槽位外多余的导线截断。

6.将每组线缆压入槽位内，然后整理并绑扎固定线缆，固定式配线架安装完毕，如图 2-2-26 所示。

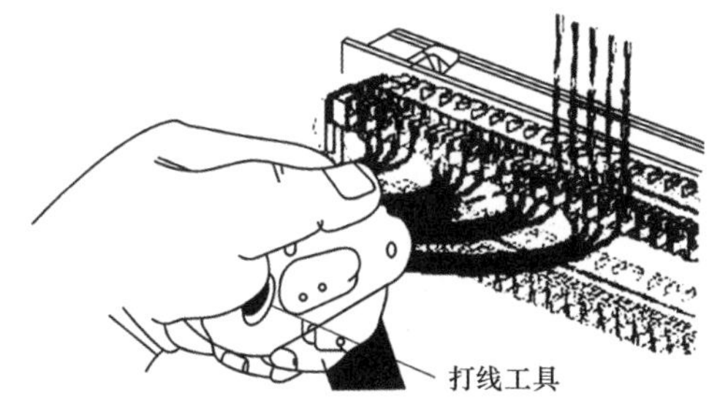


图 2-2-25　配线架打线

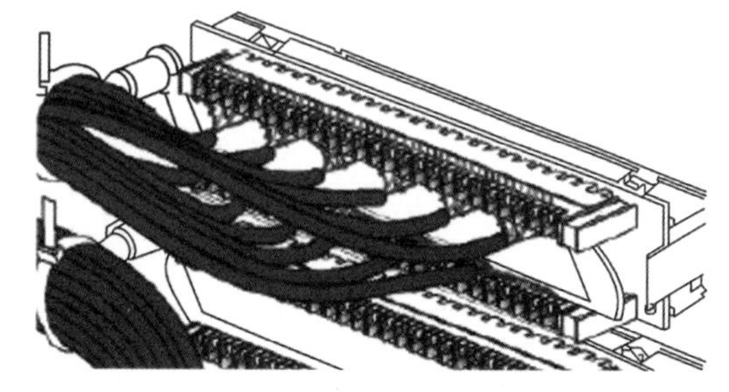

图 2-2-26　安装好的配线架

## 任务 2-8　制作跳线

**1.RJ45-RJ45 跳线简介**

RJ45-RJ45 跳线是由一根双绞线电缆与两个 RJ45 连接头端接而成的，RJ45-RJ45 跳线根据连接系统性能的要求分为5类、超5类、6类跳线，具体长度要根据连接设备的位置而定。该跳线主要用于工作区信息插座与终端设备的连接、管理子系统中管理器件之间的交叉连接、管理器件与设备的连接、设备与设备之间的级联。

综合布线系统中主要使用直通跳线，即两端连接线序一致。只有设备之间级联时才会使用反序跳线连接，即两端线序的1、2线对分别与3、6线对连接。下面主要介绍常用的直通RJ45-RJ45跳线端接技术。

**2.RJ45-RJ45跳线端接技术要点**

在综合布线施工中，RJ45接头端接也要遵循一定的标准规范。与信息模块端接类似，RJ45接头端接也要遵循EIA/TIA 568A标准或EIA/TIA 568B标准。不论采用哪种标准，都必须与信息模块端接采用的标准相同。RJ45接头端接具体步骤如下：

(1)首先使用剥线工具环切双绞线的外皮，然后使用抗拉线从电缆开口处切开电缆外皮，直至距端头20～30 mm，露出4对线，如图2-2-27所示。

(2)将4对绝缘导线解开，使其按正确的顺序(按EIA/TIA 568A或EIA/TIA 568B标准)平行排列，如图2-2-28所示。

图2-2-27　剥线

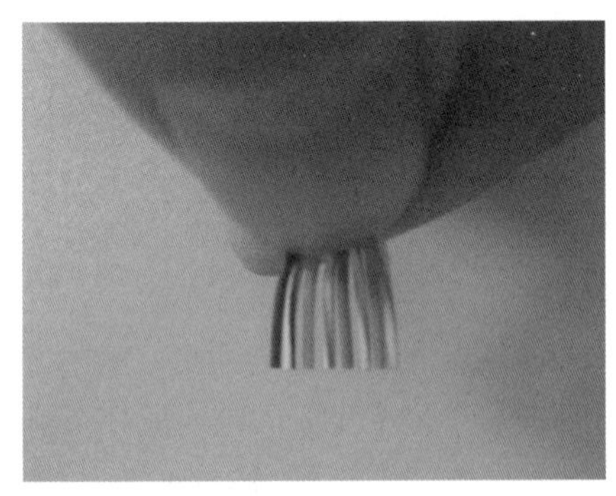

图2-2-28　分线

(3)将导线插入RJ45接头，导线在RJ45头部能够见到铜芯，套管内的平坦部分应从插塞后端延伸直至张力消除，套管伸出插塞后端至少6 mm，如图2-2-29所示。

(4)用压线钳压实RJ45接头，使接头与每根导线牢固连接，如图2-2-30所示。

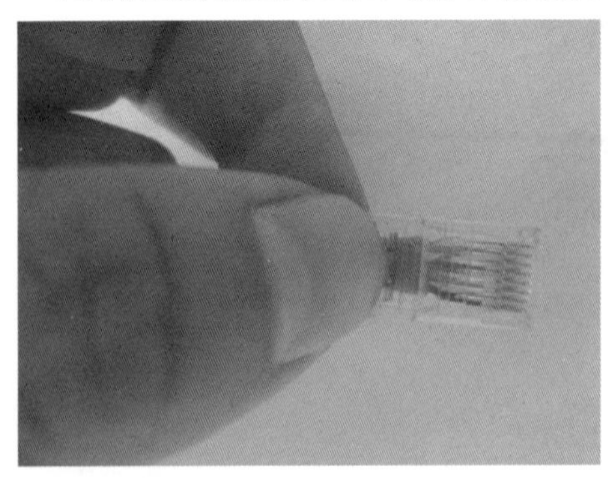

图2-2-29　放入水晶头

图2-2-30　压制水晶头

（5）重复以上步骤，在双绞线的另一端压接另一个 RJ45 接头，最终得到一根完整的 RJ45-RJ45 跳线。

### 任务 2-9 测试线路的通断

线路的通断测试主要是测试一根网线两端是否线路畅通，也就是 RJ45 水晶头的压制线序是否一致，否则会造成数据无法正常传输。

在双绞线电缆测试工程中，经常会碰到某些测试项目不合格的情况，这说明双绞线电缆及其相关链接的硬件安装工艺不合格或者产品质量不达标。要有效地解决测试中出现的各种问题，就必须认真理解各项测试参数的含义，并通过测试仪准确地定位故障。下面将介绍测试过程中经常出现的问题及相应的解决办法。

通断测试未通过可能是由以下因素造成的：

（1）双绞线电缆两端的接线线序不对，造成测试接线图出现交叉现象。

（2）双绞线电缆两端的接头有短路、断路、交叉、破裂等现象。

（3）跨接错误，某些网络需要发送端和接收端跨接，当为这些网络构筑测试链路时，由于设备线路的跨接，测试接线图会出现交叉。

相应的解决问题的方法为：

（1）对于双绞线电缆端接线序不对的情况，可以采取重新端接的方式来解决。

（2）对于双绞线两端的接头出现的短路、断路等现象，首先根据测试仪显示的信号来判定双绞线电缆哪一端出现了问题，然后重新端接双绞线电缆。

（3）对于跨接错误的问题，只要重新调整线路的跨接即可解决。

现在主要借用仪器来做线路的通断测试，简单网线通断测试仪，如图 2-2-31 所示。

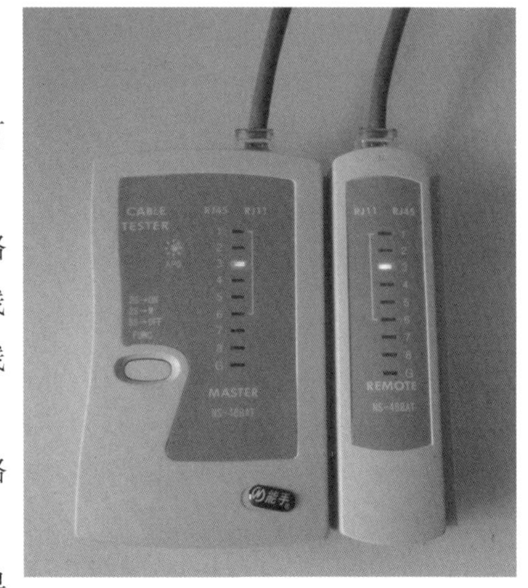

图 2-2-31 简单网线通断测试仪

## 2.4 项目小结

本项目介绍了多媒体教室设计、施工的相关知识和技术要领，主要包括工作区子设计与实施、多媒体教室架空地板的选择、多媒体教室布线方案。项目的实施工作主要有多媒体教室活动地板安装，多媒体教室布线设计，材料预算，电缆传输通道施工，底盒安装，模块端接，面板安装，墙壁机柜安装，数据配线架安装，跳线制作，线路的通断测试等。

## 2.5 项目实训

### 实训 1 制作双绞线跳线

双绞线跳线制作

T568A 标准和 T568B 标准是超 5 类双绞线为达到性能指标和统一接线规范而制定的两种国际标准线序。

T568A 的线序为：白绿，绿，白橙，蓝，白蓝，橙，白棕，棕

T568B 的线序为：白橙，橙，白绿，蓝，白蓝，绿，白棕，棕

步骤：

（1）剪线。利用压线钳的剪线刀口剪取适当长度的网线。

（2）剥皮。用压线钳的剪线刀口将线头剪齐，再将线头放入剥线刀口，稍微握紧压线钳慢慢旋转，让刀口划开双绞线的保护胶皮，剥下胶皮。（注意，剥与大拇指一样长就行了。）

（3）排序。每对线都是相互缠绕在一起的，制作网线时必须将 4 个线对的 8 条细导线一一拆开，理顺，捋直，然后按照规定的线序排列整齐。

（4）排列水晶头 8 根针脚。将水晶头有塑料弹簧片的一面向下，有针脚的一方向上，使有针脚的一端指向远离自己的方向，有方形孔的一端对着自己。此时，最左边的是第 1 脚，最右边的是第 8 脚，其余依照顺序排列。

（5）剪齐。把线尽量抻直（不要缠绕）、压平（不要重叠）、挤紧理顺（朝一个方向紧靠），然后用压线钳把线头剪平齐。这样，在双绞线插入水晶头后，每条线都能良好地接触水晶头中的插针，避免接触不良。如果以前剥的皮过长，可以在这里将过长的细线剪短，保留的去掉外层绝缘皮的部分约为 13 mm，这个长度正好能将各细导线插入各自的线槽。如果该段留得过长，一来会由于线对不再互绞而增加串扰，二来会由于水晶头不能压住护套而导致电缆从水晶头中脱出，造成线路的接触不良，甚至中断。

（6）插入。用拇指和中指捏住水晶头，使有塑料弹片的一侧向下，针脚一方朝向远离自己的方向，并用食指抵住；另一只手捏住双绞线外面的胶皮，缓缓用力将 8 条导线同时沿 RJ45 头内的 8 个线槽插入，一直插到线槽的顶端。

（7）压制。确认所有导线都到位，并通过水晶头检查一遍线序，无误后，就可以用压线钳制 RJ45 头了。将 RJ45 头从无牙的一侧推入压线钳槽后，用力握紧线钳（如果力气不够大，可以使用双手一起压），将突出在外面的针脚全部压入水晶头内。

### 实训 2 超 5 类和 6 类非屏蔽模块打线操作

（1）剥去线缆外皮，长度约为 50 mm。

（2）剥好的线缆与端接帽连接。

（3）在保证线对内线缆绞合在一起的前提下，将每个绞合线对分开，并按照端接帽上

的数字编码顺序将各条线缆插入匹配的端接帽线槽内。

(4)对端接帽两侧多余的线缆进行修剪。

(5)核对端接帽卡槽中的线对。

(6)将端接帽用压线工具压进模块主体,直到听见清脆的卡接声。

(7)线缆拆卸:如果想把线缆与模块分开,先把端接帽撬开一边,然后顶住再撬另外一边,便可将端接帽卸下。

## 实训 3　6 类水晶头连接

6 类水晶头(图 2-3-32)不管是两件套的还是单个的线序截面,都是双层排列的(有的是上面 4 个,下面 4 个,也有的是上面 2 个,下面 6 个),之所以这样设计主要是 6 类网线线径较超 5 类网线线径粗很多,而水晶头外部的接口大小是一样的,内部只有双层设计才不至于将水晶头挤破。

(1)把线去皮,剥掉外皮的双绞线,如图 2-2-33 所示。

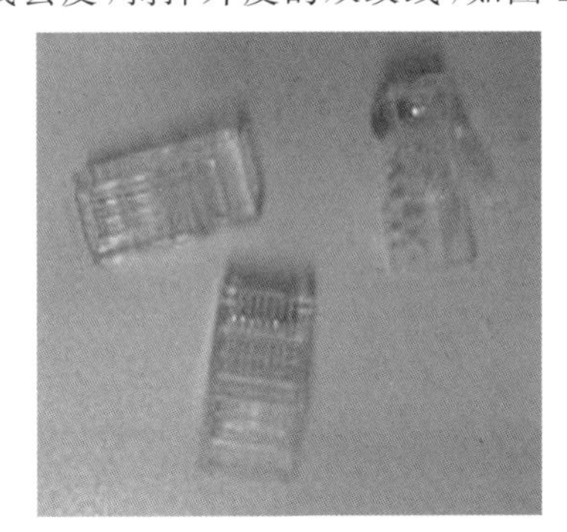

图 2-2-32　6 类水晶头

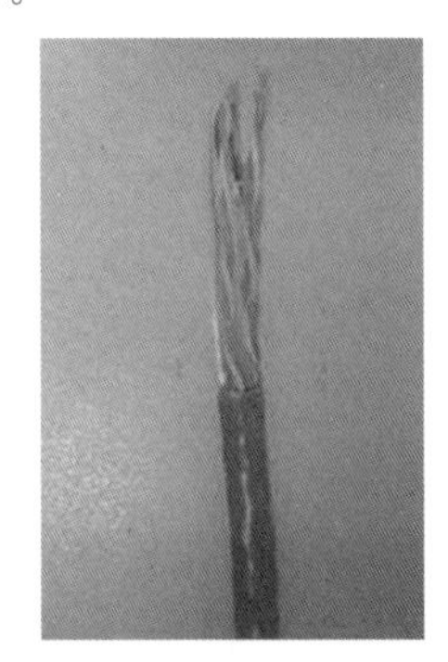

图 2-2-33　剥掉外皮的双绞线

(2)把 4 股线分开,如图 2-2-34 所示。

(3)剪掉中间的十字骨架,不要把骨架直接剪到根部,这样可以使卡槽更容易插到水晶头的根部,如图 2-2-35 所示。

图 2-2-34　分开几股线后的双绞线

图 2-2-35　剪掉十字骨架

(4)以下步骤同制作超 5 类线一致,把线理直、剪齐、压入水晶头,做好的 6 类水晶头接头如图 2-2-36 所示。

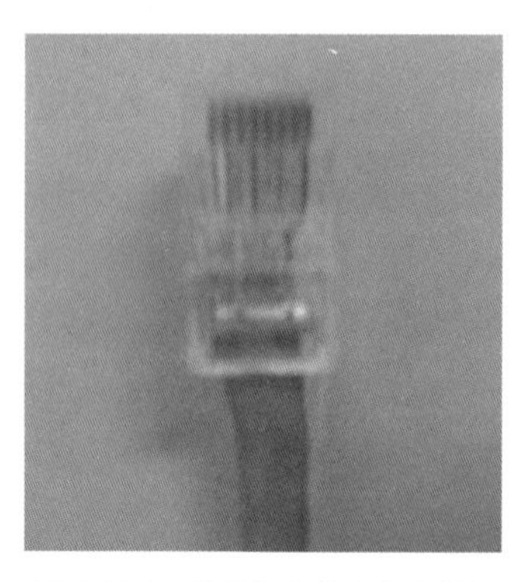

图 2-2-36 做好的 6 类水晶头接头

## 2.6 项目习题

**1.填空**

(1)暗装或明装在墙体或柱子上的信息插座盒底距地高度宜为________ mm。

(2)安装在工作台侧隔板面及临近墙面上的信息插座盒底距地高度宜为________ m。

(3)每个工作区宜配置不少于________个单相交流 220 V/10 A 电源插座盒。

(4)每个用户单元信息配线箱附近水平________~________ mm 处,宜预留设置 2 个单相交流 220 V/10 A 电源插座。

(5)用户单元信息配线箱内应引入________ 220 V 电源。

**2.选择题**

(1)信息插座模块宜采用标准 86 系列面板安装,安装光纤模块的底盒深度不应小于________。

A.30 mm　　B.60 mm　　C.90 mm　　D.100 mm

(2)制作跳线时,剥线时保留的去掉外层绝缘皮的部分约为________。

A.10 mm　　B.11 mm　　C.12 mm　　D.13 mm

# 项目 3 酒店标准层综合布线

## 3.1 项目描述

某酒店是按四星级标准兴建的中高档酒店，不仅需要给客户提供舒适的环境，还要最大限度地降低酒店的运营成本，提高效率和效益。通过酒店智能化系统的建设，能够节省成本和提高效益。综合布线是智能化建设的基础，需要满足如下的要求：

- 酒店管理人员内部网络应用及接入 Internet。
- 入住客人通过有线方式及无线方式接入外网。
- 酒店管理人员内部电话及外线接通。
- 入住客人的客房电话及视频点播。

在整栋楼的综合布线工程实施开始时，通常选定一层作为标准层，又称样板层，按照某一设计方案对标准层进行设计和实施。实施过程中，用户会根据实施的效果进行一些变更，最后以这一层的模式进行其他楼层的施工。标准层的布线项目主要包括点位的设计、水平路由的确定、电信间的确定、管路预埋、水平线缆的布放、模块的端接、面板的安装、配线架的端接和安装、线缆的测试。由于水平线缆很多，要特别注意电缆的管理，方便以后的线缆维护。本项目只针对酒店的标准层做设计和实施的介绍，其他层的实施方法同标准层。

## 3.2 项目知识准备

### 3.2.1 配线子系统设计

配线子系统应由工作区的信息插座模块、信息插座模块至电信间配线设备（FD）的配线电缆和光缆、电信间的配线设备及设备线缆和跳线等组成。因此配线子系统的设计分为三部分，即工作区信息插座及模块设计、信息插座模块与电信间配线设备之间的水平线缆系统设计、电信间的配线系统设计。

1.配线子系统线缆长度划分

(1)主干线缆组成的信道出现4个连接器件时，线缆的长度不应小于15 m。

(2)配线子系统信道的最大长度不应大于100 m(图2-3-1)，长度应符合表2-3-1的规定。

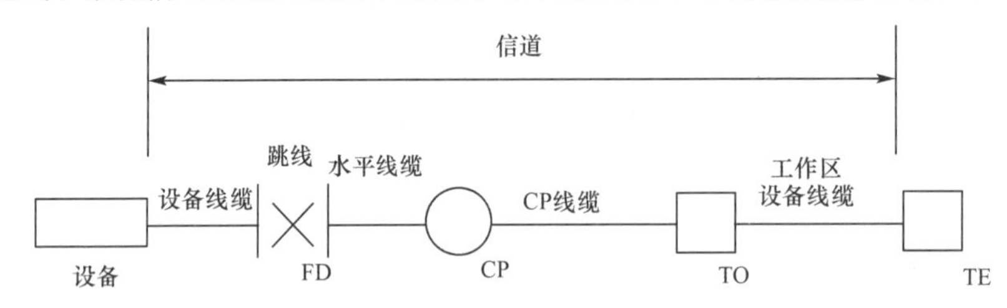


图2-3-1　配线子系统线缆划分

表2-3-1　配线子系统线缆长度

| 连接模型 | 最小长度/m | 最大长度/m |
| --- | --- | --- |
| FD—CP | 15 | 85 |
| CP—TO | 5 | — |
| FD—TO(无CP) | 15 | 90 |
| 工作区设备线缆① | 2 | 5 |
| 跳线 | 2 | — |
| FD设备线缆② | 2 | 5 |
| 设备线缆与跳线总长度 | — | 10 |

注：①此处没有设置跳线时，设备线缆的长度不应小于1 m。

②此处不采用交叉连接时，设备线缆的长度不应小于1 m。

(3)线缆长度计算应符合下列规定：

①配线子系统信道应由永久链路的水平线缆和设备线缆组成，可包括跳线和CP线缆(图2-3-2)。

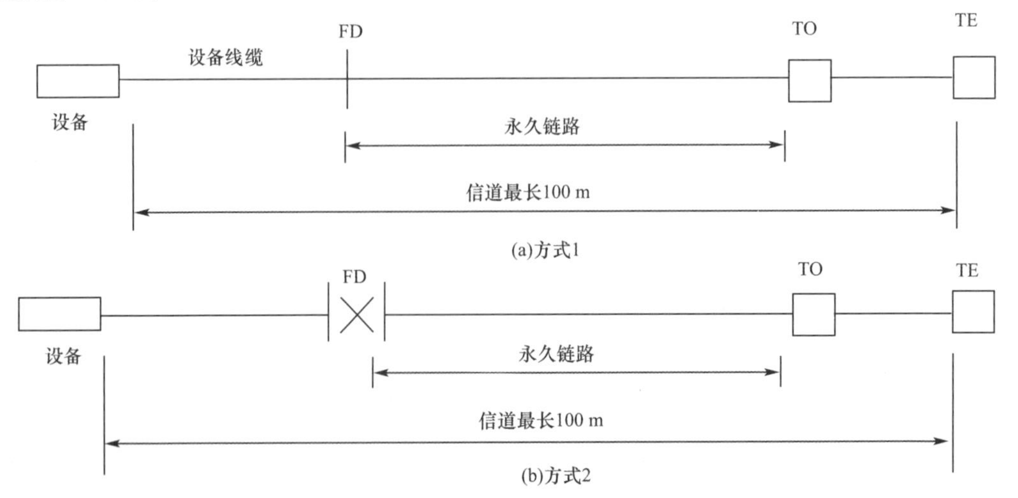


图2-3-2　配线子系统信道连接方式

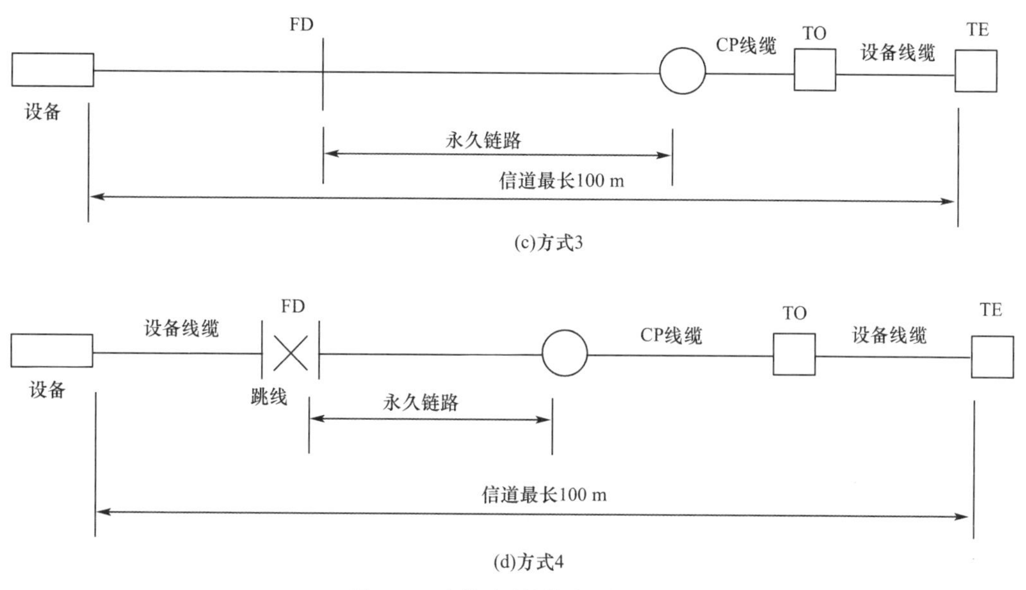


图 2-3-2 配线子系统信道连接方式

②配线子系统信道长度计算方法应符合表 2-3-2 规定。

表 2-3-2 配线子系统信道长度计算

| 连接模型 | 对应图号 | 等级 | | |
|---|---|---|---|---|
| | | D | E 或 EA | F 或 FA |
| FD 互连—TO | 图 2-3-2(a) | $H=109-FX$ | $H=107-3-FX$ | $H=107-2-FX$ |
| FD 交叉—TO | 图 2-3-2(b) | $H=107-FX$ | $H=106-3-FX$ | $H=106-3-FX$ |
| FD 互连—CP—TO | 图 2-3-2(c) | $H=107-FX-CY$ | $H=106-3-FX-CY$ | $H=106-3-FX-CY$ |
| FD 交叉—CP—TO | 图 2-3-2(d) | $H=105-3-FX-CY$ | $H=105-3-FX-CY$ | $H=105-3-FX-CY$ |

注:① 计算公式中:$H$ 为水平线缆的最大长度(m),$F$ 为楼层配线设备(FD)线缆和跳线及工作区设备线缆总长度(m),$C$ 为集合点(CP)线缆的长度(m),$X$ 为设备线缆和跳线的插入损耗(dB/m)与水平线缆的插入损耗(dB/m)之比,$Y$ 为集合点(CP)线缆的插入损耗(dB/m)与水平线缆的插入损耗(dB/m)之比,2 和 3 为余量,以适应插入损耗值的偏离。

②水平电缆的应用长度会受到工作环境温度的影响。当工作环境温度超过 20℃时,屏蔽电缆长度按每摄氏度减少 0.2%计算,对非屏蔽电缆长度则按每摄氏度减少 0.4%(20～40 ℃)和每摄氏度减少 0.6%(40～60 ℃)计算。

2.系统配置设计

(1)配线子系统应根据工程提出的近期和远期终端设备的设置要求、用户性质、网络构成及实际需要确定建筑物各层需要安装信息插座模块的数量及其位置,配线应留有发展余地。

(2)配线子系统水平线缆采用的非屏蔽或屏蔽 4 对双绞线电缆、室内光缆应与各工作区光、电信息插座类型相适应。

(3)电信间 FD(设备间 BD、进线间 CD)处,通信线缆和计算机网络设备与配线设备之间的连接方式应符合下列规定:

①在 FD、BD、CD 处,电话交换系统中配线设备模块之间宜采用跳线互连(图 2-3-3)。

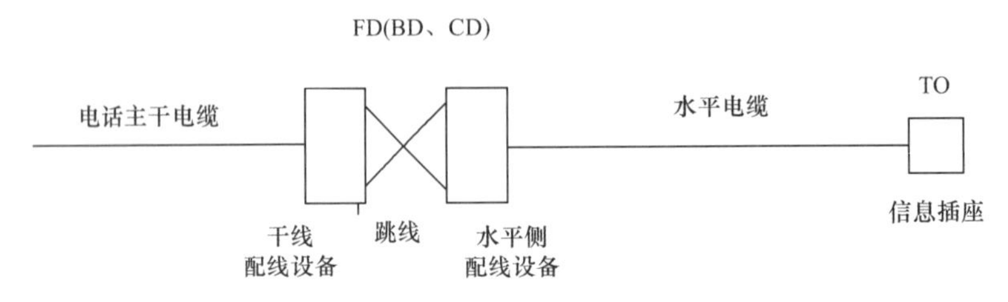


图 2-3-3 电话交换系统中配线设备模块间连接方式

- 计算机网络设备与配线设备的连接方式应符合下列规定：
- 在 FD、BD、CD 处，计算机网络设备与配线设备模块之间宜经跳线交叉连接(图 2-3-4)。

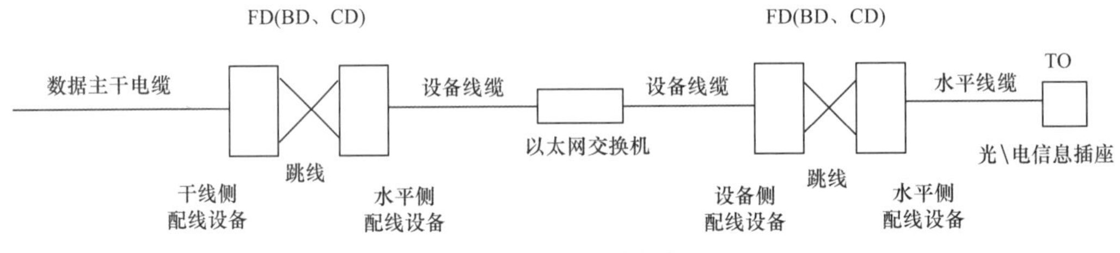


图 2-3-4 交叉连接方式

②在 FD、BD、CD 处，计算机网络设备与配线设备模块之间可经设备线缆互连(图 2-3-5)。

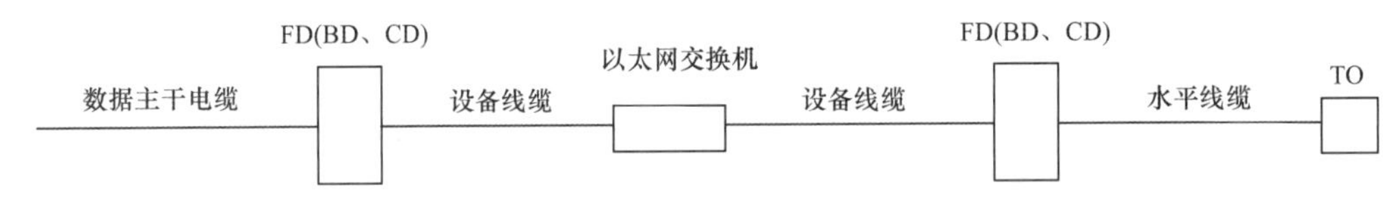


图 2-3-5 互连方式

(4)每一个工作区信息插座模块数量不宜少于 2 个，并应满足各种业务的需求。

(5)底盒数量应由插座盒面板设置的开口数确定，并应符合下列规定：

①每一个底盒支持安装的信息点(RJ45 模块或光纤适配器)数量不宜多于 2 个。

②光纤信息插座模块安装的底盒大小与深度，应充分考虑到水平光缆(2 芯或 4 芯)终接处的光缆预留长度的盘留空间和满足光缆对弯曲半径的要求。

③信息插座底盒不应作为过线盒使用。

(6)工作区的信息插座模块应支持不同的终端设备接入，每一个 8 位模块通用插座应连接 1 根 4 对双绞线电缆；每一个双工或 2 个单工光纤连接器件及适配器应连接 1 根 2 芯光缆。

(7)从电信间至每一个工作区的水平光缆宜按 2 芯光缆配置。至用户群或大客户使用的工作区域时，备份光纤芯数不应少于 2 芯，水平光缆宜按 4 芯或 2 根 2 芯光缆配置。

(8)连接至电信间的每一根水平线缆均应终接于 FD 处相应的配线模块，配线模块与线缆容量相适应。

(9)电信间 FD 主干侧各类配线模块应根据主干线缆所需容量要求、管理方式及模块类型和规格进行配置。

(10)电信间 FD 采用的设备线缆和各类跳线宜根据计算机网络设备的使用端口容量和电话交换系统的实装容量、业务的实际需求或信息点总数的比例进行配置，比例范围宜为25%～50%。

**3.电信间设置要求**

(1)电信间的设计应符合下列规定：

①电信间数量应按所服务楼层面积及工作区信息点密度与数量确定。

②同楼层信息点数量不大于400时，宜设置1个电信间；当楼层信息点数量大于400时，宜设置2个或2个以上电信间。

③楼层信息点数量较少，且水平线缆长度在90 m范围内时，可多个楼层合设一个电信间。

(2)当有信息安全等特殊要求时，应将所有涉密的信息通信网络设备和布线系统设备等进行空间物理隔离或独立安放在专用的电信间内，并应设置独立的涉密机柜及布线管槽。

(3)电信间内，信息通信网络系统设备及布线系统设备宜与弱电系统布线设备分设在不同的机柜内。当各设备容量配置较少时，亦可在同一机柜内做空间物理隔离后安装。

(4)各楼层电信间、竖向线缆管槽及对应的竖井宜上下对齐。

(5)电信间内不应设置与安装的设备无关的水、风管及低压配电线缆管槽与竖井。

(6)根据工程中配线设备与以太网交换机设备的数量、机柜的尺寸及布置，电信间的使用面积不应小于5 $m^2$。当电信间内需设置其他通信设施和弱电系统设备箱柜或弱电竖井时，应增加使用面积。

(7)电信间室内温度应保持在10～35 ℃，相对湿度应保持在20%～80%。当房间内安装有源设备时，应采取满足信息通信设备可靠运行要求的对应措施。

(8)电信间应采用外开防火门，房门的防火等级应按建筑物等级类别设定。房门的高度不应小于2 m，净宽不应小于0.9 m。

(9)电信间内梁下净高不应小于2.5 m。

(10)电信间的水泥地面应高出本层地面不小于100 mm或设置防水门槛。室内地面应采取防潮、防尘、防静电等措施。

(11)电信间应设置不少于2个单相交流220 V/10 A电源插座盒，每个电源插座的配电线路均应装设保护器。设备供电电源应另行配置。

**4.配线通道(导管和桥架)安装要求**

(1)布线导管或桥架的材质、性能、规格以及安装方式的选择应考虑敷设场所的温度、湿度、腐蚀性、污染以及自身耐水性、耐火性、承重、抗挠、抗冲击等因素对布线的影响，并应符合安装要求。

(2)线缆敷设在建筑物的吊顶内时，应采用金属导管或槽盒。

(3)布线导管或槽盒在穿越防火分区楼板、墙壁、天花板、隔墙等建筑构件时，其空隙或空闲的部位应按等同于建筑构件耐火等级的规定封堵。塑料导管或槽盒及附件的材质应符合相应阻燃等级的要求。

(4)布线导管或桥架在穿越建筑结构伸缩缝、沉降缝、抗震缝时，应采取补偿措施。

(5)布线导管或槽盒暗敷设于楼板时，不应穿越机电设备基础。

(6) 暗敷设在钢筋混凝土现浇楼板内的布线导管或槽盒，最大外径宜为楼板厚的1/4～1/3。

(7) 建筑物室外引入管道设计应符合建筑结构地下室外墙的防水要求。引入管道应采用热浸镀锌厚壁钢管，外径 50～63.5 mm 钢管的壁厚度不应小于 3 mm，外径 76～114 mm 钢管的壁厚度不应小于 4 mm。

(8) 建筑物内采用导管敷设线缆时，导管选用应符合下列规定：

①线路明敷设时，应采用金属管、可弯曲金属电气导管保护。

②建筑物内暗敷设时，应采用金属管、可弯曲金属电气导管等保护。

③导管在地下室各层楼板或潮湿场所敷设时，不应采用壁厚小于 2 mm 的热镀锌钢导管或重型包塑可弯曲金属电气导管。

④导管在二层底板及以上各层钢筋混凝土楼板和墙体内敷设时，可采用壁厚不小于 1.5 mm 的热镀锌钢导管或可弯曲金属电气导管。

⑤在多层建筑砖墙或混凝土墙内竖向暗敷导管时，导管外径不应大于 50 mm。

⑥由楼层水平金属槽盒引入每个用户单元信息配线箱或过路箱的导管，宜采用外径 20～25 mm 钢导管。

⑦楼层弱电间(电信间)或弱电竖井内钢筋混凝土楼板上，应按竖向导管的根数及规格预留楼板孔洞或预埋外径不小于 89 mm 的竖向金属套管群。

⑧导管的连接宜采用专用附件。

(9)槽盒的直线连接、转角、分支及终端处宜采用专用附件连接。

(10)在明装槽盒的路由中设置吊架或支架，宜设置在下列位置：

①直线段不大于 3 m 及接头处；

②首尾端及进出接线盒 0.5 m 处；

③转角处。

(11)布线路由中每根暗管的转弯角不应多于 2 个，且弯曲角度应大于 90°。

(12)过线盒宜设置于导管或槽盒的直线部分，并宜设置在下列位置：

①槽盒或导管的直线路由每 30 m 处；

②有 1 个转弯，导管长度大于 20 m 时；

③有 2 个转弯，导管长度不超过 15 m 时；

④路由中有反向(U 形)弯曲的位置。

(13)导管管口伸出地面部分应为 25～50 mm。

**5.配线线缆布线要求**

建筑物内线缆的敷设方式应根据建筑物构造、环境特征、使用要求、需求分布以及所选用导体与线缆的类型、外形尺寸及结构等因素综合确定。

(1)水平线缆敷设时，应采用导管、桥架的方式，并应符合下列规定：

①从槽盒、托盘引出至信息插座，可采用金属导管敷设；

②吊顶内宜采用金属托盘、槽盒的方式敷设；

③吊顶或地板下线缆引入至办公桌面宜采用垂直槽盒方式及利用家具内管槽敷设；

④墙体内应采用穿导管方式敷设；

⑤大开间地面布放线缆时，根据环境条件宜选用架空地板下或网络地板内的托盘、槽盒方式敷设。

(2)明敷线缆应符合室内或室外敷设场所环境特征要求，并应符合下列规定：

①采用线卡沿墙体、顶棚、建筑物构件表面或家具直接敷设，固定间距不宜大于 1 m。

②线缆不应直接敷设于建筑物的顶棚内、顶棚抹灰层、墙体保温层及装饰板内。

③明敷线缆与其他管线交叉贴邻时，应按防护要求采取保护隔离措施。

④敷设在易受机械损伤的场所时，应采用钢管保护。

(3)综合布线系统管线的弯曲半径应符合表 2-3-3 的规定。

表 2-3-3 管线敷设弯曲半径

| 线缆类型 | 弯曲半径 |
|---|---|
| 2 芯或 4 芯水平线缆 | >25 mm |
| 其他芯数线缆和主干线缆 | 不小于光缆外径的 10 倍 |
| 4 对屏蔽、非屏蔽电缆 | 不小于电缆外径的 4 倍 |
| 大对数主干电缆 | 不小于电缆外径的 10 倍 |
| 室外光缆、电缆 | 不小于线缆外径的 10 倍 |

注：当线缆采用电缆桥架布放时，桥架内侧的弯曲半径不应小于 300 mm。

(4)线缆布放在导管与槽盒内的管径与截面利用率应符合下列规定：

①管径利用率和截面利用率应按下列公式计算：

$$管径利用率=d/D$$

式中 $d$——线缆外径；

$D$——管道内径。

$$截面利用率=A1/A$$

式中 $A1$——穿在管内的线缆总截面积；

$A$——管径的内截面积。

②弯导管的管径利用率应为 40%～50%。

③导管内穿放大对数电缆或 4 芯以上光缆时，直线管路的管径利用率应为 50%～60%。

④导管内穿放 4 对双绞线电缆或 4 芯及以下光缆时，截面利用率应为 25%～30%。

⑤槽盒内的截面利用率应为 30%～50%。

(5)用户光缆敷设与接续应符合下列规定：

①用户光缆光纤接续宜采用熔接方式。

②在用户接入点配线设备及信息配线箱内宜采用熔接尾纤方式终接，不具备熔接条件时可采用现场组装光纤连接器件终接。

③每一光纤链路中宜采用相同类型的光纤连接器件。

④采用金属加强芯的光缆，金属构件应接地。

⑤室内光缆预留长度应符合下列规定：

光缆在配线柜处预留长度应为 3～5 m；

光缆在楼层配线箱处光纤预留长度应为 1～1.5 m；

光缆在信息配线箱终接时预留长度不应小于 0.5 m；

光缆纤芯不做终接时，应保留光缆施工预留长度。

⑥光缆敷设安装的最小静态弯曲半径应符合表 2-3-4 的规定。

表 2-3-4　　光缆敷设安装的最小静态弯曲半径

| 光缆类型 | | 静态弯曲半径 |
|---|---|---|
| 室内外类型 | | 15D/15H |
| 微型自承式通信用室外光缆 | | 10D/10H 且不小于 30 mm |
| 管道入户光缆 | G.652D 光纤 | 10D/10H 且不小于 30 mm |
| 蝶形引入光缆 | G.652A 光纤 | 5D/5H 且不小于 15 mm |
| 室内布线光缆 | G.657B 光纤 | 5D/5H 且不小于 10 mm |

注：D 为缆芯处圆形护套外径，H 为缆芯处扁形护套短轴的高度。

(6)线缆布放的路由中不应有连接点。

**6.配线子系统设计步骤**

配线子系统的设计大致可分为以下几个步骤：

(1)确定信息插座数量、位置及电信间位置

在确定了工作区应安装的信息点数量后，信息插座的数量就很容易确定了。如果工作区配置单孔信息插座，则信息插座数量应与信息点的数量相同。如果工作区配置双孔信息插座，则信息插座数量应为信息点数量的一半。假设信息点数量为 $n$，信息插座数量为 $N$，信息插座插孔数为 A，则应配置信息插座数量的计算公式为：

$N=\mathrm{INT}(N/A)$，INT()为向上取整数函数

考虑系统应为以后扩充留有余量以及安装损耗，因此最终应配置信息插座的总量 $P$ 为：

$P=N+N\times3\%$，$N$ 为信息插座数量，$N\times3\%$为富余量

根据插座的数量及其所在建筑物中的位置，考虑确定电信间所对应的服务区域，按综合布线系统建筑物的实地情况确定配线系统的连接方式和应用的布线介质(使用屏蔽、非屏蔽系统，光纤系统等)。

(2)确定信息模块类型和数量

计算机网络信息点配置 RJ45 或者 2 芯光纤信息模块；一般来说电话语音要配置 RJ11 信息模块，也可以配置 RJ45 信息模块，但要与电话连接还需另配 RJ45 转 RJ11 适配器，有线电视配置 CATV 信息模块。

工作区内信息模块的数量应与信息点的数量相同。

(3)确定路由和走线通道

根据建筑物结构、用途确定配线子系统路由设计方案。新建筑物可依据建筑施工图纸来确定配线子系统的布线路由方案。旧建筑物应到现场了解建筑结构、装修状况和管槽路由，然后再确定合适的布线路由。档次比较高的建筑物一般都有吊顶，水平走线可在吊顶内进行。对于一般建筑物来说，配线子系统采用地板管道布线方法。根据综合布线工程实施的经验来看，一般可采用三种布线方案，即直接埋管方式、先走吊顶内线槽再走支管的方式和地面线槽方式。其余都是这三种方式的改良型和综合型。地面线槽方案在项目 2 中已有介绍，下面详细介绍直接埋管方式、先走吊顶内线槽再走支管方式。

● 直接埋管方式

直接埋管布线由一系列密封在混凝土中的金属布线管道组成，如图 2-3-6 所示。这些金属管道从楼层管理间向信息插座的位置敷设。根据通信和电源布线要求、地板厚度和占用的地板空间等条件，直接埋管布线方式可以采用厚壁镀锌管或薄型电线管。老式建筑物由于布设的线缆较少，因此一般埋设的管道直径较小，最好只布放一条电缆。如果要考虑经济性，一条管道也可以布放多条电缆。现代建筑物增加了计算机网络、有线电视等多种应用系统，需要布设的电缆会比较多，因此推荐使用 SC 镀锌钢管和阻燃高强度 PVC 管。考虑到便于以后的线路调整和维护，管道内布设的电缆应占管道截面积的 30%～50%。

这种布线方式管道数量比较多，钢管的费用相应增加，相对于其他布线方式优势不明显，而且局限性较大，在现代建筑中逐步被其他布线方式取代。不过在地下层信息点比较多，且没有吊顶的情况下，一般还继续使用直接埋管布线方式。

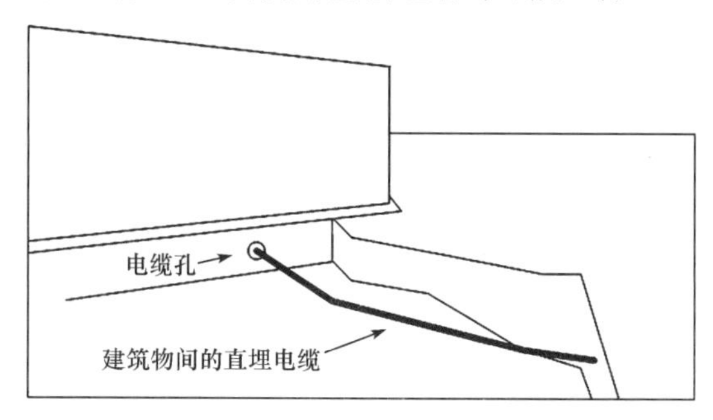


图 2-3-6 直接埋管布线方式

● 先走吊顶内线槽再走支管的方式

先走吊顶内线槽再走支管的方式是指由楼层管理间引出来的线缆先走吊顶内的线槽，到各房间后，经分支线槽从槽梁式电缆管道分叉后将电缆穿过一段支管引向墙壁，沿墙而下到房间内信息插座的布线方式，如图 2-3-7 所示。

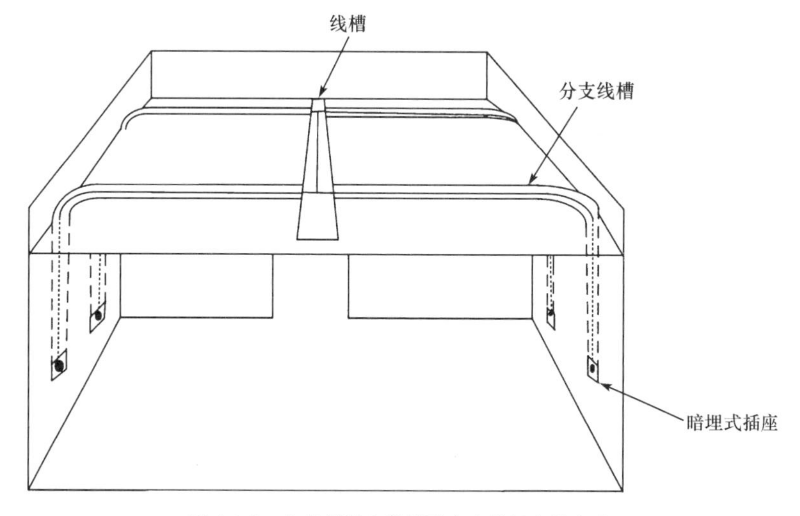


图 2-3-7 先走吊顶内线槽再走支管的布线方式

这种布线方式中，线槽通常安装在吊顶内或悬挂在天花板上，用横梁式线槽将线缆引向所要布线的区域，通常用在大型建筑物或布线系统比较复杂且需要额外支撑物的场合。在设计和安装线槽时，应尽量将线槽安放在走廊的吊顶内，并且布放到各房间的支管应适当集中布放至检修孔附近，以便以后的维护。这样安装线槽可以减少布线工时，还利于保护已敷设的线缆，不影响房内装修。

先走吊顶内线槽再走支管的布线方式可以降低布线工程的造价，而且在吊顶与别的通道管线交叉施工时，减少了工程协调量，可以有效地提高布线的效率。因此在有吊顶的新型建筑物内应推荐使用这种布线方式。

(4)确定线缆类型和长度

①确定线缆的类型

要根据综合布线系统所包含的应用系统来确定线缆的类型。对于计算机网络和电话语音系统可以优先选择 4 对双绞线电缆；对于屏蔽要求较高的场合，可选择 4 对屏蔽双绞线电缆；对于屏蔽要求不高的场合应尽量选择 4 对非屏蔽双绞线电缆；对于有线电视系统，应选择 75 Ω 的同轴电缆；对于要求传输速率高或保密性高的场合，应选择光缆作为水平布线线缆。

②确定线缆的长度

要计算整座楼宇的水平布线用线量，首先要计算出每个楼层的用线量，然后对各楼层用线量进行汇总。每个楼层用线量的计算公式如下：

总线缆长度=[平均线缆长度+备用部分(平均线缆长度的 10%)+端接容差]×信息点

$$C=[0.5\times(F+N)+0.5\times(F+N)\times10\%+6]\times n$$
$$=[0.55\times(F+N)+6]\times n$$

式中，C 为每个楼层用线量，$F$ 为最远的信息插座离楼层电信间的距离，$N$ 为最近的信息插座离楼层电信间的距离，$n$ 为每层楼的信息点的数量，6 为端接容差(主要考虑到施工时线缆的损耗、线缆布设长度误差等因素，一般取 6～10 m)。

整座楼的用线量：$S=\sum C_i$，$C_i$ 为第 $i$ 个楼层用线量

$=MC$，$M$ 为楼层数，各楼层用线量均为 $C$

例如，已知某一楼宇共有 10 层，每层信息点数为 30 个，每个楼层的最远信息插座离楼层电信间的距离均为 50 m，每个楼层的最近信息点离楼层电信间的距离均为 10 m，请估算出整座楼宇的用线量。

根据题目要求可知：

楼层数 $M=10$

每层信息点数 $n=30$

最远点信息插座距电信间的距离 $F=50$ m

最近点信息插座距电信间的距离 $N=10$ m

每层楼用线量 $C=[0.55\times(50+10)+6]\times30=1\ 170$ m

每座楼的用线量 $S=MC=10\times1\ 170=11\ 700$ m

(5)订购电缆

目前市场上的双绞线电缆一般都以箱为单位进行订购,形式有 90 m(300 ft)~5 000 m(16 800 ft)包装或者箱装,最常用的是 305 m(1 000 ft)箱装形式。因此在配线子系统设计中,计算出所有水平电缆用线总量后,应换算为箱数,然后进行电缆的订购工作。订购电缆最少箱数的简单公式如下:

订购电缆最少箱数 $B$=INT(总用线量/305),INT()为向上取整函数

例如,已知计算出整座楼的用线量为 11 700 m,则要求订购的电缆最少箱数为:

$B$=INT(11 700/305)=INT(38.4)=39(箱)

上述算法只是估算,并不十分准确,由于一箱线 305 m,假如用了 296 m 后,剩下的 9 m 连最近的信息插座都无法连接了,这 9 m 叫作零头或者废电缆。因此,比较准确的算法应该为:

采用 305 m(1 000 ft)箱装线缆布线,一箱线能布线信息点数为:

305÷[0.55×(50+10)+6]≈7.8(7 个信息点)

300 个信息点需要订购电缆箱数:

300÷7≈42.9(向上取整为 43 箱)

以上两种算法都是估算,产生废电缆的数量是由施工方法以及选用的线缆包装方式决定的,由上述例子的算法结果分析,该系统需要线缆 37~43 箱,作为系统设计者可以根据实际情况判断需要订购线缆数量。

(6)确定配线设备的种类与数量

①1 条 4 对双绞线电缆应全部固定终接在 1 个 8 位模块通用插座上。不允许将 1 条 4 对双绞线电缆的线对终接在 2 个或 2 个以上 8 位模块通用插座上。

②根据现有产品情况,配线模块可按以下原则选择:

多线对端子配线模块可以选用 4 对或 5 对卡接模块,每个卡接模块应卡接 1 根 4 对双绞线电缆。一般 100 对卡接端子容量的模块可卡接 24 根(采用 4 对卡接模块)或卡接 20 根(采用 5 对卡接模块)4 对双绞线电缆。

25 对端子配线模块可卡接 1 根 25 对大对数电缆或 6 根 4 对双绞线电缆。

回线式配线模块(8 回线或 10 回线)可卡接 2 根 4 对双绞线电缆。回线式配线模块的每一回线可以卡接 1 对入线和 1 对出线。回线式配线模块的卡接端子可以为连通型、断开型和可插入型三种不同的类型。一般在 CP 处可选用连通型,在需要加装过压过流保护器时采用断开型,可插入型主要使用于断开电路做检修的情况下,布线工程中无此种应用。

RJ45 配线架(由 24 个或 48 个 8 位模块通用插座组成)的每 1 个 RJ45 插座应可卡接 1 根 4 对双绞线电缆。

光纤连接器件每个单工端口应支持 1 芯光纤的终接,双工端口则支持 2 芯光纤的终接。

③各配线设备跳线可按以下原则选择与配置:

电话跳线按每根 1 对或 2 对双绞线电缆容量配置,跳线两端连接插头采用 IDC(110)型或 RJ45 型。

数据跳线按每根 4 对双绞线电缆配置，跳线两端连接插头采用 IDC(110)型或 RJ45 型。

光纤跳线按每根 1 芯或 2 芯光纤配置，光纤跳线连接器件采用 SC 型或 LC 型。

下面通过举例说明配线设备的设计过程。

【例 1】 已知某栋建筑物的计算机网络信息点数为 200，且全部汇接到设备间，那么在设备间中应安装何种规格的模块化数据配线架？数量为多少？

**提示：**采用的模块化数据配线架规格为 24 口。

根据题目得知汇接到设备间的总信息点数为 200，因此设备间的模块化数据配线架应提供不少于 200 个 RJ45 接口。如果选用 24 口的模块化数据配线架，则设备间需要的配线架个数应为 9(200/24≈8.3，向上取整应为 9)。

【例 2】 已知某一建筑物的某一个楼层有计算机网络信息点 100 个，语音点 50 个，试计算出楼层电信间所需要使用的 110 配线架的型号和数量以及连接块的个数。

**提示：**计算机网络信息点采用的模块化数据配线架规格为 24 口。

根据题目得知汇接到设备间的总信息点数为 100，因此设备间的模块化数据配线架应提供不少于 100 个 RJ45 接口。如果选用 24 口的模块化数据配线架，则设备间需要的配线架个数应为 5(100/24≈4.17，向上取整应为 5)。

**提示：**语音点采用 110 配线架，规格有 25 对、50 对、100 对等。使用的连接块有 4 对、5 对连接块。

根据题目得知总语音信息点数为 50。

①总的水平线缆总线对数 $L=50\times4=200$(对)。

②电信间需要的配线架应为 2 个 100 对的 110 配线架。

③所需的连接块数量为 200/4＝50(条)4 对连接块。

【例 3】 已知某建筑物其中一楼层采用光纤到桌面的布线方案，该楼层共有 40 个光纤信息点，每个光纤信息点均布设一根室内 2 芯多模光纤至建筑物的设备间，请问设备间的机柜内应选用何种规格的光纤配线架？数量为多少？需要订购多少个光纤耦合器？

**提示：**光纤配线架的常用规格为 12 口、24 口。

根据题目得知共有 40 个光纤信息点，由于每个光纤信息点需要连接一根双芯光纤，因此设备间的光纤配线架应提供不少于 80 个接口，考虑网络以后的扩展，可以选用 3 个 24 口的光纤配线架和 1 个 12 口的光纤配线架。光纤配线架配备的耦合器数量与需要连接的光纤芯数相等，为 80 个。

### 3.2.2 管理子系统设计

管理子系统用于对设备间、电信间、进线间和工作区的配线设备、线缆、信息点等设施按一定的模式进行标识和记录。管理线缆和线缆连接硬件组成的区域称为管理区，管理区不是单指某个特定的地方，而是由综合布线系统中多个部分共同组成的。管理区由楼层电信间、二级交接间、建筑物设备间的线缆、配线架及相关接插跳线等组成，如图 2-3-8 所示。通过综合布线系统的管理子系统，可以直接管理整个应用系统终端设备，从而实现综合布线的灵活性、开放性和扩展性。

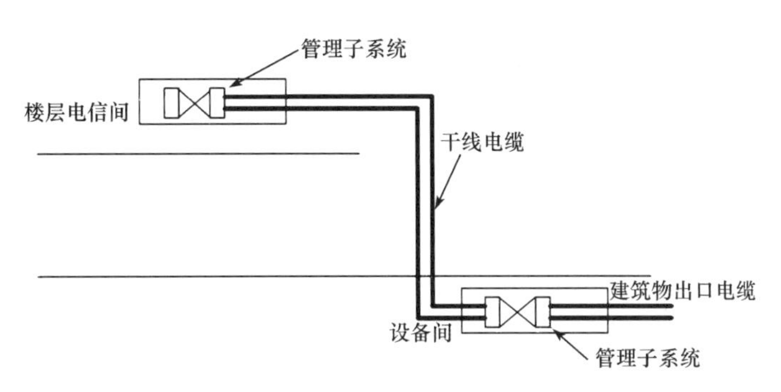


图 2-3-8 电信间及设备间的管理子系统

**1.管理子系统设计要求**

(1)对设备间、电信间、进线间和工作区的配线设备、线缆、信息点等设施,应按一定的模式进行标识和记录,并应符合下列规定:

综合布线系统工程宜采用计算机进行文档记录与保存,简单且规模较小的综合布线系统工程可按图纸资料等纸质文档进行管理。文档应做到记录准确、及时更新、便于查阅,文档资料应实现汉化。

综合布线的每一电缆、光缆、配线设备、终接点、接地装置、管线等组成部分均应给定唯一的标识符,并应设置标签。标识符应采用统一数量的字母和数字等标明。

电缆和光缆的两端均应标明相同的标识符。

设备间、电信间、进线间的配线设备宜采用统一的色标区别各类业务与用途的配线区。

综合布线系统工程应保存系统测试的记录文档内容。

(2)所有标签应保持清晰,并应满足使用环境要求。

(3)综合布线系统工程规模较大以及用户有提高布线系统维护水平和网络安全的需要时,宜采用智能配线系统对配线设备的端口进行实时管理,显示和记录配线设备的连接、使用及变更状况,并应具备下列基本功能:

①实时智能管理与监测布线跳线连接通断及端口变更状态;

②以图形化显示为界面,浏览所有被管理的布线部位;

③管理软件提供数据库检索功能;

④用户远程登录对系统进行远程管理;

⑤管理软件对非授权操作或链路意外中断提供实时报警。

(4)综合布线系统相关设施的工作状态信息应包括设备和线缆的用途、使用部门、组成局域网的拓扑结构、传输信息速率、终端设备配置状况、占用器件编号、色标、链路与信道的功能和各项主要指标参数及完好状况、故障记录等信息,还应包括设备位置和线缆走向等内容。

**2.管理子系统交连方案**

管理子系统的交连方案有单点管理和双点管理两种。用于构造交接场的硬件所在的地点、结构方式和类型决定了综合布线系统的管理交连方式。交连方案的选择与综合布线系统规模有关。一般来说,单点管理交连方案应用于综合布线系统规模较小的场合,而双点管理交连方案应用于综合布线系统规模较大的场合。

(1)单点管理交连方案

单点管理只有一个管理点,交连设备位于设备间内的交换机附近,电缆直接从设备敷设到各个楼层的信息点。所谓单点管理,是指在整个综合布线系统中,只有一个点可以进行线路交连操作。交连指的是在两场间做偏移型跨接,改变原来的对应线对。一般交连设置在设备间内,采用星型拓扑结构,由它来直接调度控制线路,实现对模拟/非模拟的变动控制。

单点管理交连方案中管理器件放置于设备间内,由它来直接调度控制线路,实现对终端用户设备的变更调控。单点管理又可分为单点管理单交连和单点管理双交连两种方式,如图 2-3-9 和图 2-3-10 所示。所谓双交连,就是指水平电缆和干线电缆,或干线电缆与网络设备的电缆都打在端子板不同位置的连接块的里侧,再通过跳线把两组端子连接起来,跳线打在连接块的外侧,这是标准的连接方式。单点管理双连接的第二交连在交接间用硬接线实现。如果没有交接间,第二个交连区可放在用户指定的墙壁上。

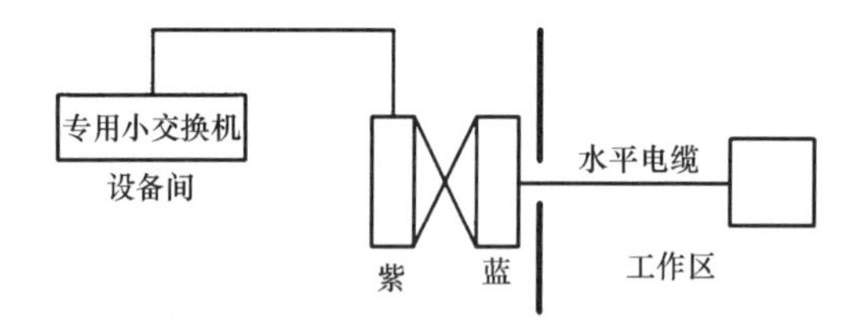


图 2-3-9 单点管理单交连

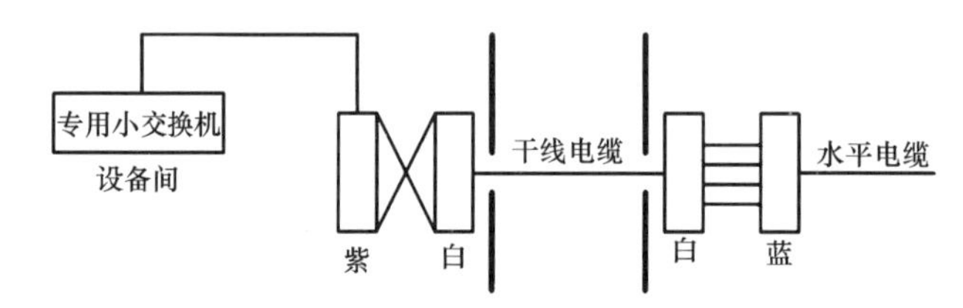


图 2-3-10 单点管理双交连

(2)双点管理交连方案

双点管理属于集中、分散管理型,除在设备间设置一个线路管理点外,在楼层电信间或二级交接间内还设置第二个线路管理点,如图 2-3-11 所示。这种交连方案比单点管理交连方案提供了更灵活的线路管理功能,可以方便地对终端用户设备的变动进行线路调整。

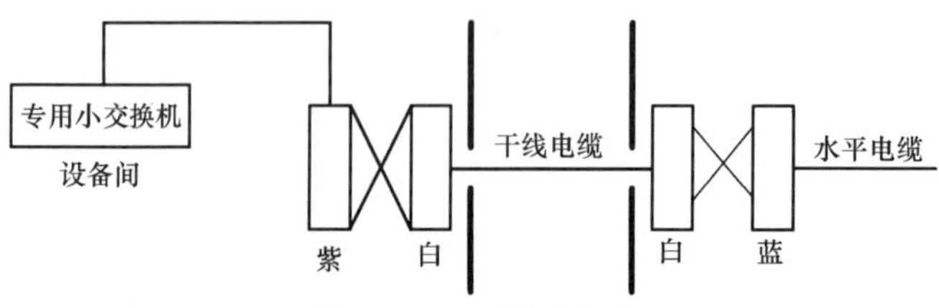


图 2-3-11 双点管理交连

一般在管理规模比较大，而且负载又有二级交接间的场合，采用双点管理双交连方案。如果建筑物的综合布线规模比较大，而且结构也较复杂，还可以采用双点管理三交连，甚至采用双点管理四交连方式。综合布线中使用的电缆，一般不能超过 4 次连接。

3.管理子系统标签编制

管理子系统是综合布线系统的线路管理区域，该区域往往安装了大量的线缆、管理器件及跳线，为了方便以后线路的管理工作，管理子系统的线缆、管理器件及跳线都必须做好标记，以标明位置、用途等信息。完整的标记应包含建筑物名称、位置、区号、起始和功能等信息。

综合布线系统一般常用电缆标记、场标记和插入标记 3 种标记，其中插入标记用途最广。

(1)电缆标记

电缆标记主要用来标明电缆的来源和去处，在电缆连接设备前电缆的起始端和终端都应做好电缆标记。电缆标记由背面为不干胶的白色材料制成，可以直接贴到各种电缆表面上，其规格尺寸和形状根据需要而定。例如，一根电缆从 3 楼的 311 房的第 1 个计算机网络信息点拉至楼层电信间，则该电缆的两端应标记上“311－D1”，其中 D 表示数据信息点。

(2)场标记

场标记又称为区域标记，一般用于设备间、电信间和二级交接间的管理器件上，以区别管理器件连接线缆的区域范围。它也是由背面为不干胶的材料制成，可贴在设备醒目的平整表面上。

(3)插入标记

插入标记一般用于管理器件上，如 110 配线架、BIX 安装架等。插入标记是硬纸片，可以插在 1.27 cm×20.32 cm 的透明塑料夹里，这些塑料夹可安装在两个 110 接线块或两根 BIX 条之间。每个插入标记都用色标来指明所连接电缆的源发地，这些电缆端接于设备间和电信间的管理场。

4.色标的应用

不同颜色的配线设备之间应采用相应的跳线进行连接，色标的应用场合应按照下列原则，如图 2-3-12 所示。

①橙色应使用于分界点，连接入口设施与外部网络的配线设备；

②绿色应使用于建筑物分界点，连接入口设施与建筑群的配线设备；

③紫色应使用于与信息通信设施(PBX、计算机网络、传输等设备)连接的配线设备；

④白色应使用于连接建筑物内主干线缆的配线设备(一级主干)；

⑤灰色应使用于连接建筑物内主干线缆的配线设备(二级主干)；

⑥棕色应使用于连接建筑群主干线缆的配线设备；

⑦蓝色应使用于连接水平线缆的配线设备；

⑧黄色应使用于报警、安全等其他线路；

⑨红色应预留备用。

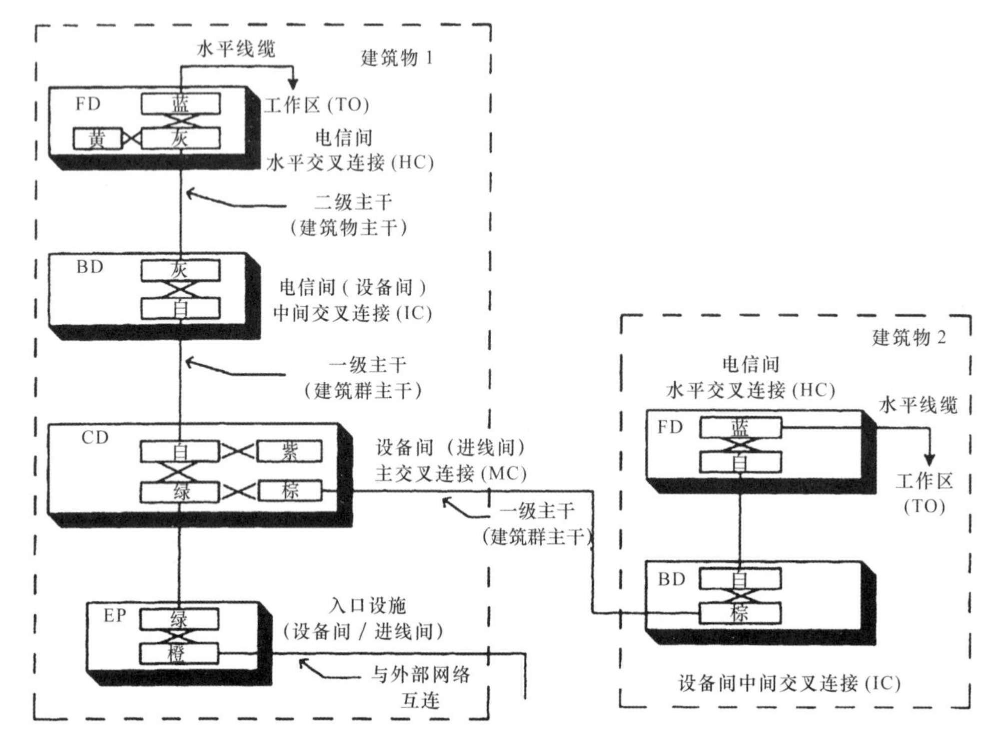


图 2-3-12　色标的应用

系统中所使用的区分不同服务的色标应保持一致，对于不同性能线缆级别所连接的配线设备，可用加强颜色或适当的标记加以区分。

### 3.2.3　铜缆测试

综合布线系统的测试通常有两类标准用于安装电缆的测试中，即网络标准和电缆标准。网络标准定义了在网络中使用的电缆介质的端对端连接规范，当用户需要了解网络故障是否由电缆造成时，网络标准就显得特别有用。市场上现有的电缆测试仪，如 Fluke（福禄克）的 DTX-1800，DSX-5000 就是用来测试这些电缆是否符合网络标准的。这些电缆测试仪所提供的自动测试功能，使其可以自动地测试多种电缆指标，并将它们与所选标准中的指标进行比较。

电缆行业使用的标准则是带宽，以 MHz 来衡量，电缆传输的信号与带宽有关，但不一定是一对一的对应关系，还与编码方式等技术有关。

综合布线系统工程验收规范 GB/T 50312－2016 规定，各等级的布线系统应按照永久链路和信道进行测试。

**1.测试模型**

(1)永久链路

永久链路属于链路级测试模型。永久链路又称为固定链路，它由最长为 90 m 的水平电缆、水平电缆两端的接插件（一端为工作区信息插座，另一端为楼层配线架）和链路可选的转接连接器组成（CP），电缆总长度为 90 m，而基本链路包括两端的 2 m 测试电缆，电缆总长度为 94 m。

永久链路模型如图 2-3-13 所示。F 是测试线缆，G 是转接线缆，H 是水平电缆，I 是测试线缆，G+H 最大长度为 90 m。永久链路模型用永久链路适配器（如 Fluke 的 DSP 和 DTX 系列的永久链路适配器 DSP-LIA101S、DTX-PLA002S）连接测试仪和被测链路，测试仪能自动扣除 F、I 的 2 m 测试线的影响，排除了测试跳线在测量过程中本身带来的误差，从技术上消除了测试跳线对整个链路测试结果的影响，使测试结果更准确、合理。如果使用设备跳线来代替永久链路，则会产生稳定性差、一致性不好（特别是水晶头的参数离散度大）、兼容性不良等问题，在 Cat6 及以上的高速链路中不被业界专家认可。

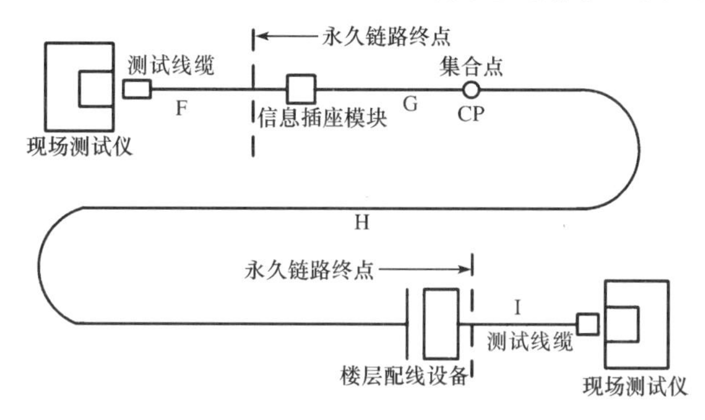


图 2-3-13 永久链路模型

（2）信道

信道（Channel，CH）属于链路级测试模型，基本上就是真实在用的链路。信道是指从网络设备跳线到工作区跳线间端到端的连接，它包括了最长为 90 m 的建筑物中固定的水平电缆、水平电缆两端的接插件（一端为工作区信息插座，另一端为楼层配线架）、一个靠近工作区的可选的附属转接连接器、最长为 10 m 的在楼层配线架上的两端连接跳线和用户终端连接线，信道最长为 100 m。信道测试模型如图 2-3-14 所示。A 是用户端连接跳线，B 是转接线缆，C 是水平线缆，D 是最长 2 m 的配线设备连接跳线，E 是配线架到网络设备的连接跳线，B+C 最大长度为 90 m，A+D+E（跳线）最大长度为 10 m。信道测试的是网络设备到计算机间端到端的整体性能，这正是用户所关心的实际工作链路，故信道又称为用户链路。

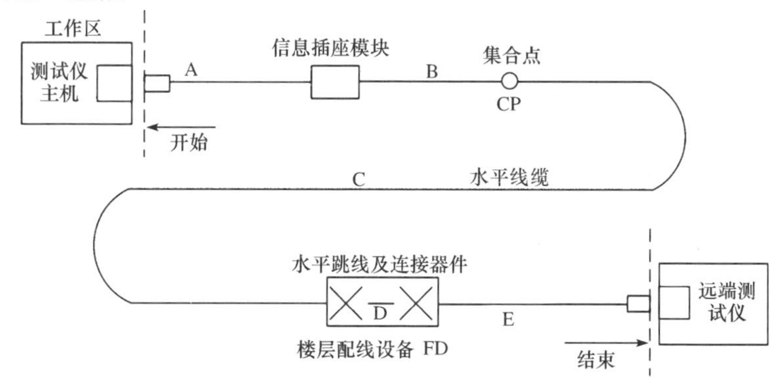


图 2-3-14 信道测试模型

目前市场上的测试仪如 Fluke DTX 和 DSX 系列数字式的电缆测试仪，都可选配或本身就配有永久链路适配器。它的好处是可以认证永久链路、信道的兼容性，适配器本身由于采用了特殊的材料和制作工艺，其线缆部分性能非常稳定，精度很高，线缆两端连接的测试模块和适配器模块结合牢固，不存在摆动损伤和参数漂移；适配器头上的测试模块是高精度、高稳定性和高一致性的居中性模块，经其认证过的链路可以直接宣称具备兼容性并支持跳线交换。

2.测试参数

TSB67 和 ISO/IEC 11801－95 标准只定义到 5 类布线系统，测试指标只有接线图、长度、衰减、近端串音和衰减串音比等参数，针对 5E 类、6 类、7 类布线系统，应考虑的指标项目为回波损耗（RL）、插入损耗（IL）、近端串音、近端串音功率和（PS NEXT）、衰减近端串音比（ACR-N）、衰减近端串音比功率和（PS ACR-N）、衰减远端串音比（ACR-F）、衰减远端串音比功率和（PS ACR-F）、直流环路电阻、传播时延和时延偏差、传播时延偏差、外部近端串音功率和（PS ANEXT）、外部近端串音功率和平均值（PS $\text{ANEXT}_{\text{avg}}$）、外部 ACR-F 功率和（PS AACR-F）、外部 ACR-F 功率和平均值（PS $\text{AACR-F}_{\text{avg}}$）。

电缆屏蔽特性参数有横向转换损耗（TCL）、等效横向转换损耗（ELTCTL）、不平衡电阻值。

永久链路及信道测试参数如下：

（1）接线图/线序图（Wire Map）

接线图是验证线对连接正确与否的一项基本检查。正确的线对连接为 1 对 1、2 对 2、3 对 3、6 对 6、4 对 4、5 对 5、7 对 7、8 对 8，如图 2-3-15 所示。当接线正确时，测试仪显示接线图测试“通过”。四对线是 12、36、45 和 78。

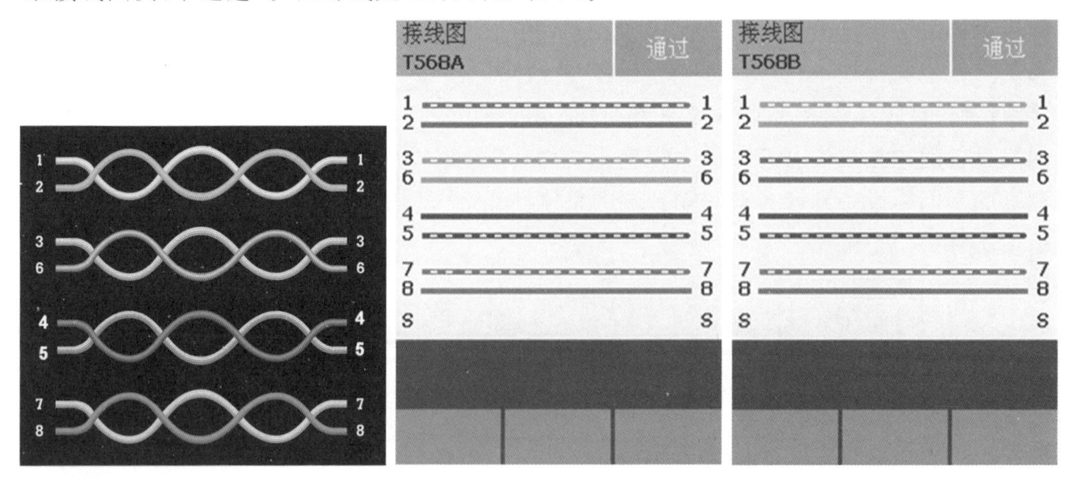


图 2-3-15 接线图

在布线施工过程中，由于端接技巧和放线穿线技术差错等原因，会产生开路、短路、反接/交叉、跨接/错对和串绕线对等接线错误。当出现不正确连接时，测试仪指示接线有误，测试仪显示接线图测试“失败”，并显示错误类型。在实际工程中接线图的错误类型主要有以下几种：

①开路

开路时线芯断开了，图 2-3-16 所示是 Fluke 测试仪测试时显示线芯 8 开路的情况。

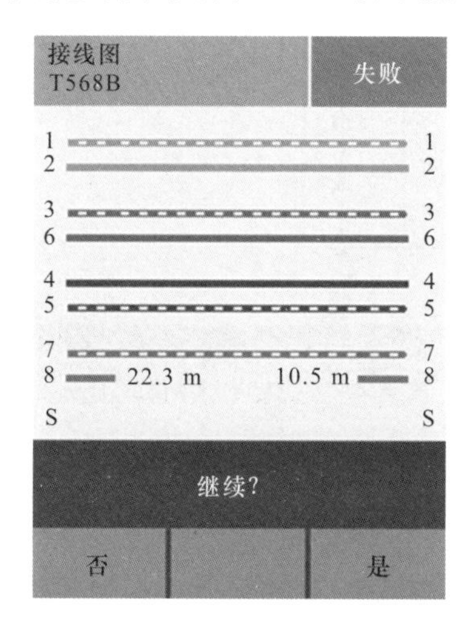


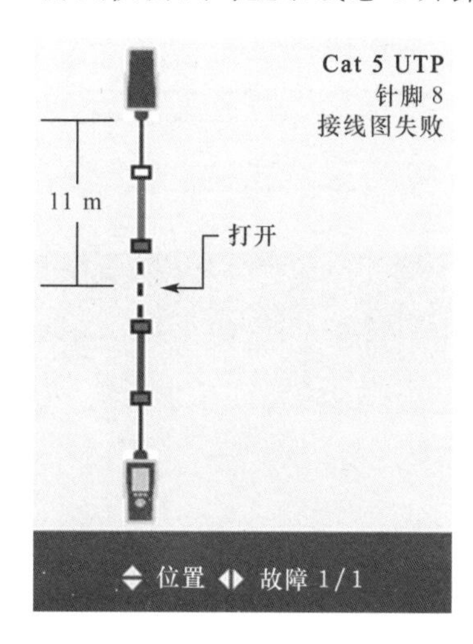


图 2-3-16 开路

②短路

两根线芯连在一起形成短路，图 2-3-17 所示为 Fluke 测试仪测试时显示线芯 3 和 6 短路的情况。

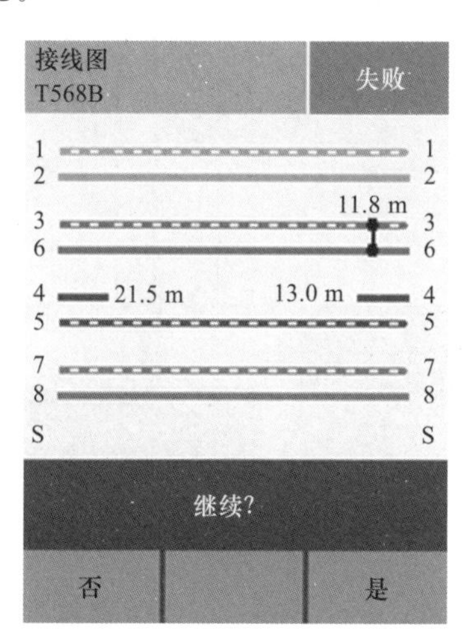


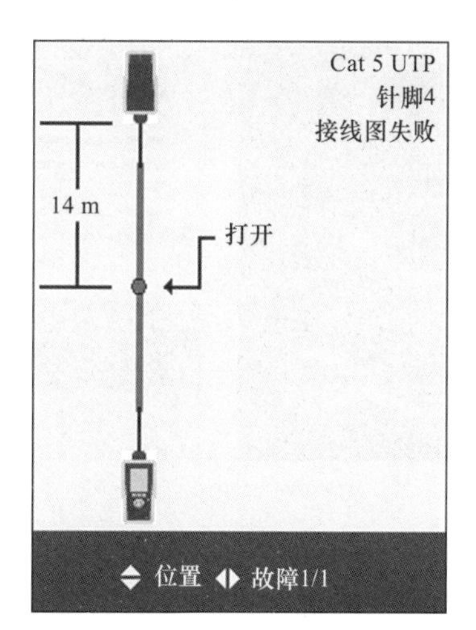


图 2-3-17 短路

③反接/交叉

反接/交叉是指线对在两端针位接反，如图 2-3-18 所示，一端的 1 位接在另一端的 2 位，一端的 2 位接在另一端的 1 位。你会发现反接经常是可以使用的(网络端口内有倒相电路)，但传输性能会受到很大的影响。

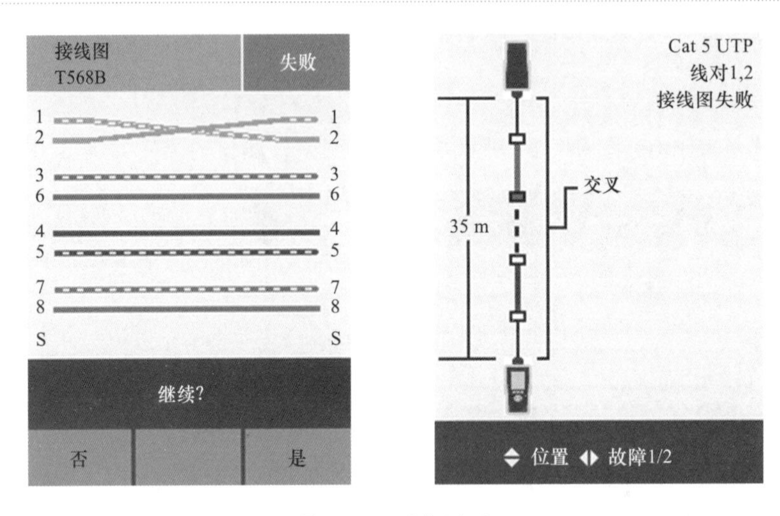


图 2-3-18　反接/交叉

④跨接/错对

跨接/错对是将一对线对接到另一端的另一线对上，常见的跨接错误是 12 线对与 36 线对的跨接，这种错误往往是由于两端的接线标准不统一造成的，一端用 T568A，而另一端用 T568B，如图 2-3-19 所示。

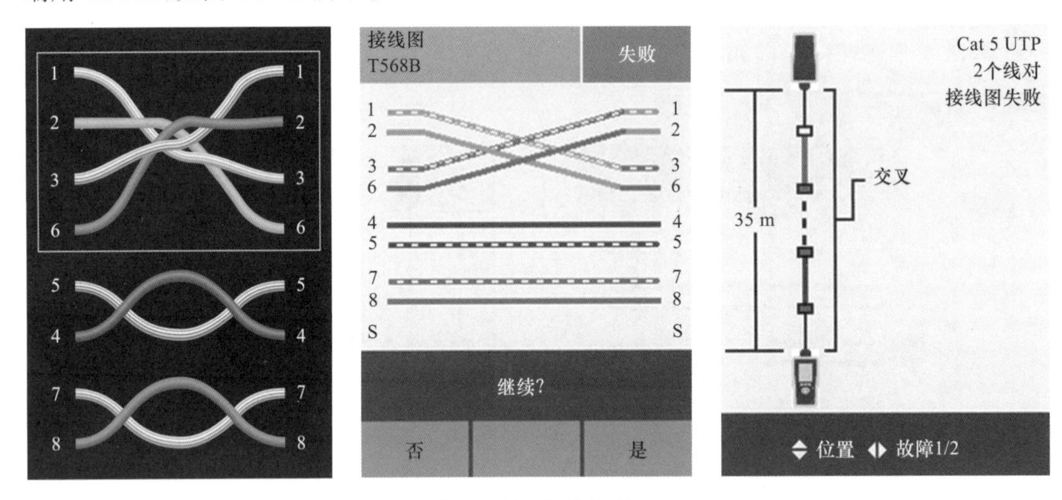


图 2-3-19　跨接/错对

⑤串绕线对

正确的端接按标准要求的 12、36、45、78 线对端接，串绕线对是从不同绕对中组合出新的绕对连接，如按 12、34、56、78 线序的绕对。这种打线方法实际上就是把两端水晶头或者模块的线对连接都打成了 12－12、34－34、56－56、78－78。这是一种会产生极大串扰的错误连接，对传输性能产生严重影响，而且用普通的万用表查不出故障原因，只能用电缆认证测试仪才能检测出来。会造成上网困难或不能上网，自适应网卡会停留在低速的 10Base-T 状态。图 2-3-20 所示为测试时 DTX 测试仪显示的串绕线对情况。

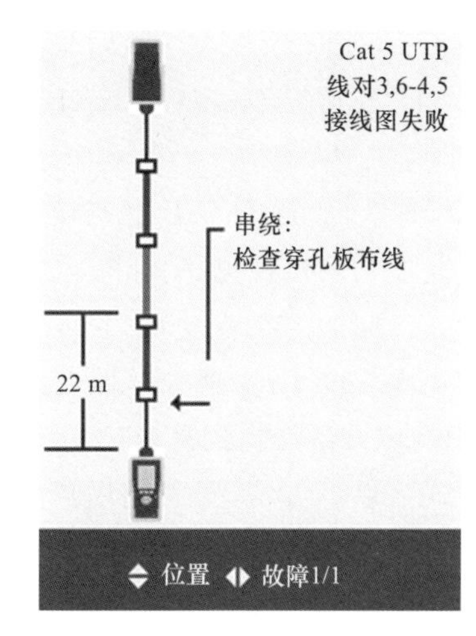

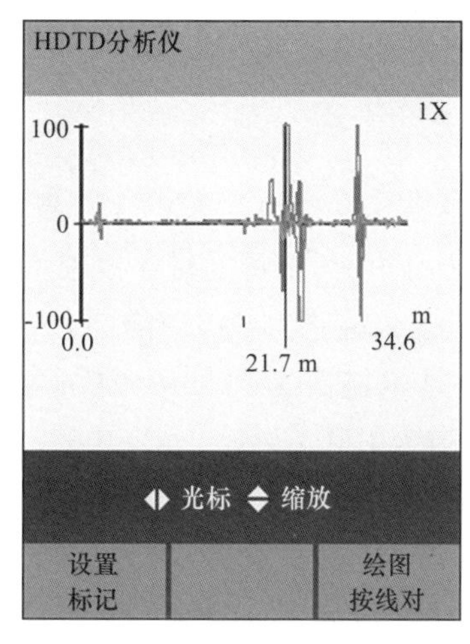

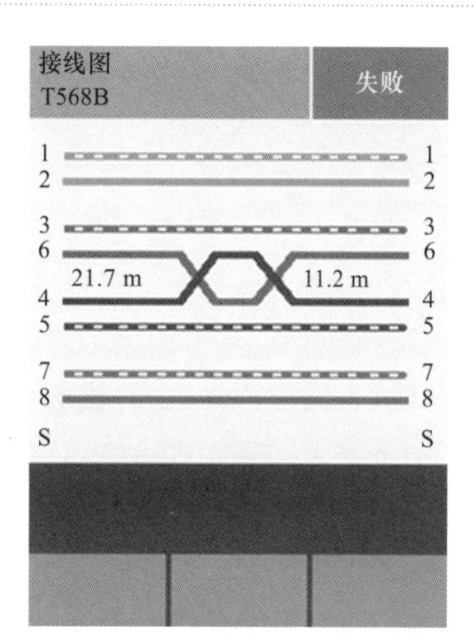


图 2-3-20 串绕线对

(2)长度

测量双绞线长度时通常采用 TDR(Time Domain Reflection,时域反射计)测试技术。TDR 的工作原理是测试仪从电缆一端发出一个电脉冲,在脉冲进行时,如果碰到阻抗的变化点,如接头、开路、短路或不正常接线时,就会将部分或全部的脉冲能量反射回测试仪。依据来回脉冲的延迟时间及已知的信号在电缆传播的 NVP(额定传播速率),测试仪就可以对应计算出脉冲接收端到该脉冲返回点的长度,如图 2-3-21 所示。

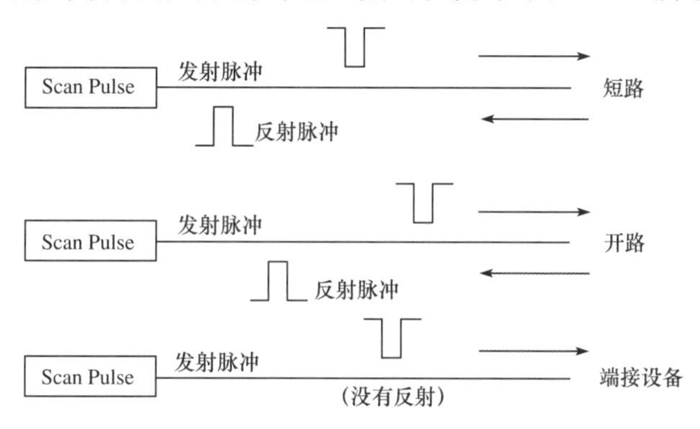


图 2-3-21 链路长度测量原理图

NVP 是指电信号在该电缆中传输的速率与光在真空中的传输速率的比值。

$$NVP=2L/(Tc)$$

式中 $L$——电缆长度;

$T$——信号在传送端与接收端的时间差;

c——光在真空中的传输速度,c 为 $3\times10^8$ m/s。

该值因不同电缆类型而异。通常,NVP 范围为 60%~90%,即 NVP=(0.6~0.9),它表示电磁波在电缆当中的传播速度比真空当中的慢(速度为真空中的 60%~90%,多数为 70%左右,即 NVP=0.7)。测量长度的准确性取决于 NVP 值,因此在正式测量前用一个已知长度(必须在 15 m 以上,一般建议取 30 m)的电缆来校正测试仪的 NVP 值,校正参考电缆越长，测试结果越精确。由于每条电线缆对之间的绞距不同，所以在测试时采用延迟时间最短的线对作为参考标准来校正电缆测试仪。典型的非屏蔽双绞线的 NVP 值为 62%～72%。

但由于 TDR 的精度很难达到 2%以内，NVP 值不易准确测量，故通常多采取忽略 NVP 值影响、对长度测量极值加上 10%余量的做法。根据所选择的测试模型不同，极限长度分别是：基本链路为 94 m，永久链路为 90 m，信道为 100 m。加上 10%余量后，长度测试“通过”/“失败”的参数是：基本链路为 94 m+94 m×10%=103.4 m，永久链路为 90 m+90 m×10%=99 m，信道为 100 m+100 m×10%=110 m。当测试仪以“*”显示长度时，则表示为临界值，表明在测试结果接近极限时长度测试结果不可信，要引起用户和施工者注意。

布线链路长度是指布线链路端到端之间电缆芯线的实际物理长度，由于各芯线存在不同绞距，在布线链路长度测试时，要分别测试 4 对芯线的物理长度，测试结果会大于布线所用的电缆长度。

(3)回波损耗

回波损耗(Return Loss，RL)多指电缆与接插件连接处的阻抗突变(不匹配)导致的一部分信号能量的反射值。当沿着链路的阻抗发生变化时，如接插部件的阻抗与电缆的特性阻抗不一致(不连续)时，就会出现阻抗突变时的特有现象：信号到达此区域时，必须消耗掉一部分能量来克服阻抗的偏移，这样会出现两个后果，一个是信号会被损耗一部分，另一个则是少部分能量会被反射回发送端。以 1000Base-T 为例，每个线对都是双工线对，既担负发射信号的任务，也同时担负接收信号的任务，也就是说，12 线对既向前传输信号，又接收对端端口发送过来的信号，同理，36、45、78 线对功能完全相同。因为信号的发射线对同时也是接收线对(接收对端发送过来的信号)，所以阻抗突变后被反射到发送端的能量就会成为一种干扰噪声，这将导致接收的信号失真，降低通信链路的传输性能。

回波损耗的计算公式如下：

回波损耗=发送信号值/反射信号值

可以看出，回波损耗越大，则反射信号值越小，这意味着链路中的电缆和相关连接硬件的阻抗一致性越好，传输信号失真越小，在信道上的反射噪声也越小。因此，回波损耗越大越好。

ANSI/TIA/EIA/ISO 和 GB/T 50312－2016 标准中对布线材料的特性阻抗做了定义，UTP 的特性阻抗为 100 Ω，但不同厂商或同一厂商不同批次的产品都有在允许范围内的不等的偏离值，因此在综合布线工程中，建议采购同一厂商、同一批生产的双绞线电缆和接插件，以保证整条通信链路特性阻抗的匹配性，减少回波损耗和衰减。在施工过程中端接不规范、布放电缆时出现牵引力过大或过度踩踏、挤压电缆等都有可能引起电缆特性阻抗变化，从而发生阻抗不匹配的现象。因此要文明施工、规范施工，以减少阻抗不匹配现象的发生。表 2-3-5 列出了不同链路模型在关键频率下的回波损耗极限值。

表 2-3-5　　关键频率下的回波损耗极限值

| 频率/MHz | 最小回波损耗/dB | | | |
|---|---|---|---|---|
| | C 级 | D 级 | E 级 | F 级 |
| 1 | 15.0 | 19.0 | 21.0 | 21.0 |
| 16 | 15.0 | 19.0 | 20.0 | 20.0 |
| 100 | — | 12.0 | 14.0 | 14.0 |
| 250 | — | — | 10.0 | 10.0 |
| 600 | — | — | — | 10.0 |

(4)插入损耗

插入损耗(Insertion Lose,IL),以前标准也称作衰减。当信号在电缆中传输时,由于遇到各种阻力而导致传输信号减小(衰减),信号沿电缆传输损失的能量被称作衰减。衰减就像是一种插入损耗,一条通信链路的总插入损耗是电缆和布线部件的衰减的总和。衰减量由下述各部分构成:

①布线电缆对信号的衰减量。

②构成信道链路方式的 10 m 跳线或构成基本链路方式的 4 m 设备接线对信号的衰减量。

③每个连接器对信号的衰减量。

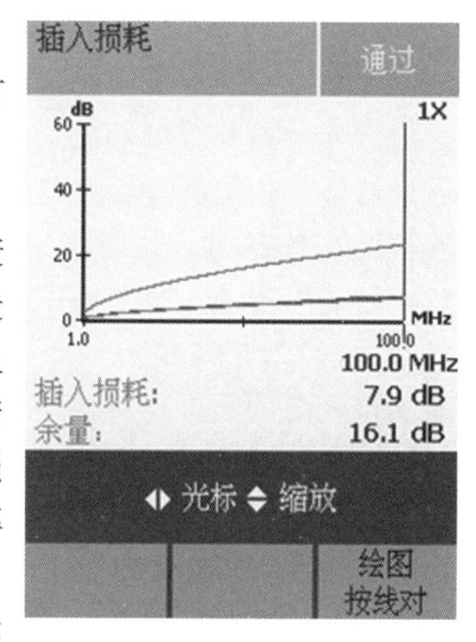

图 2-3-22　插入损耗

电缆是链路衰减的一个主要因素,电缆越长,链路的衰减就会越明显。与电缆链路衰减相比,其他布线部件所造成的衰减要小得多。衰减不仅与信号传输距离有关,而且与信号的频率有关。由于传输信道阻抗的存在,它会随着信号频率的增加,致使信号的高频分量衰减加大。高频损耗主要由集肤效应所决定,它与频率的平方根成正比,频率越高,衰减越大。

衰减以 dB 来度量,衰减的 dB 值越大,衰减越大,表示接收到的信号就越弱,信号衰减到一定程度后,强度会变得很弱,这将会引起链路传输的信息不可靠。引起衰减的主要原因是铜导线及其所使用的绝缘材料和外套材料。在选定电缆和相关接插件后,信道的衰减就与其距离、信号传输频率和施工工艺有关,不恰当的端接也会引起附加的衰减。

表 2-3-6 列出了不同类型电缆在关键频率、永久链路允许的最大衰减值。

表 2-3-6　　永久链路下允许的最大插入损耗一览表/20 ℃

| 频率/MHz | C 级 | | D 级 | | E 级 | | F 级 | |
|---|---|---|---|---|---|---|---|---|
| | 信道链路 | 永久链路 | 信道链路 | 永久链路 | 信道链路 | 永久链路 | 信道链路 | 永久链路 |
| 1 | 4.2 | 4.0 | 4.0 | 4.0 | 4.0 | 4.0 | 4.0 | 4.0 |
| 16 | 14.4 | 12.2 | 9.1 | 7.7 | 8.3 | 7.1 | 8.1 | 6.9 |
| 100 | — | — | 24.0 | 20.4 | 21.7 | 18.5 | 20.8 | 17.7 |
| 250 | — | — | — | — | 35.9 | 30.7 | 33.8 | 28.8 |
| 600 | — | — | — | — | — | — | 54.6 | 46.6 |

(5)近端串音

串音是电缆中一个线对中的信号在传输时耦合(辐射)到其他线对中的能量。从一个发送信号的线对(如 12 线对)泄漏到接收线对(如 36 线对)的这种串音能量被认为是给接收线对附加的一种噪声,因为它会干扰接收线对中的原来的传输信号。串音分为近端串音(Near End Crosstalk,NEXT)和远端串音(Far End Crosstalk,FEXT)两种,近端串音是 UTP 电缆中最重要的一个参数。近端串音是指线缆一端发送线对的信号耦合到与它相邻的(接收)线对后,又沿着此线对回到同一端(近端)的接收线对上,如图 2-3-23 所示。与 NEXT 定义相类似,FEXT 是信号从一端发出,耦合到相邻线对后沿着该线对到达另一侧(远端)。

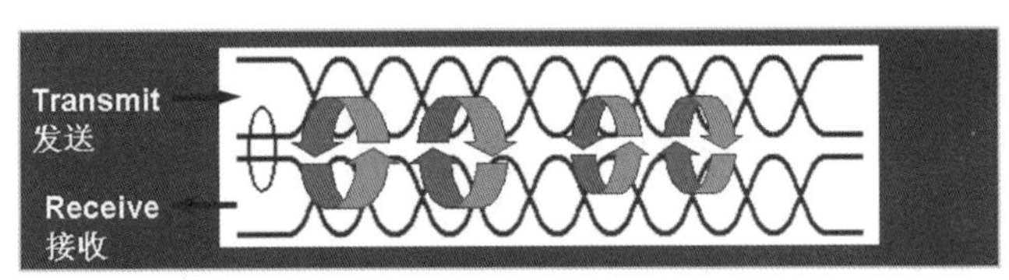


图 2-3-23 近端串音

近端串音用近端串音损耗值(dB)来度量,近端串音的绝对值越高越好。高的近端串音值意味着只有很少的能量从发送信号线对耦合到同一电缆的其他线对中,也就是耦合过来的信号很微弱;低的近端串音值意味着较多的能量从发送信号线对耦合到同一电缆的其他线对中,也就是耦合过来的信号较强。

近端串音的大小与电缆类别、连接方式和信号频率有关。双绞线的两条导线绞合在一起后,因为相位相差 180°而抵消相互间的信号干扰。绞距越密抵消效果越好,也就越能支持较高的数据传输速率。在端接施工时,为减少串扰,要求 5 类电缆绞接的长度不能超过 13 mm。更高级别的电缆则只能更短。

近端串音的测量应包括每一个电缆信道两端的设备接插软线和工作区电缆,近端串音并不表示在近端点所产生的串扰,它只表示在近端(同一侧)所测量到的值,测量值会随电缆的长度不同而变化,电缆越长,近端串音绝对值越小,实践证明,在 40 m 内测得的近端串音值是真实的,并且近端串音应分别从链路的两端各自独立地进行测量,现在的测试仪都有能在两端同时进行近端串音测量的功能。

表 2-3-7 列出了不同类电缆在永久链路方式下关键频率处允许的最小近端串音损耗。在后面的参数中都只列出了在关键频率处的测极限值要求。

表 2-3-7 最小近端串音损耗一览表

| 频率/MHz | 最小 NEXT/dB | | | | | |
|---|---|---|---|---|---|---|
| | A 级 | B 级 | C 级 | D 级 | E 级 | F 级 |
| 0.1 | 27.0 | 40.0 | — | — | — | — |
| 1 | — | 25.0 | 40.1 | 64.2 | 65.0 | 65.0 |
| 16 | — | — | 21.1 | 45.2 | 54.6 | 65.0 |
| 100 | — | — | — | 30.2 | 41.8 | 65.0 |
| 250 | — | — | — | — | 35.3 | 60.4 |
| 600 | — | — | — | — | — | 55.9 |

(6)近端串音功率和

近端串音是一对发送信号的线对向被测线对在近端的串扰,实际上,在4对双绞线电缆中,当其他3个线对都发送信号时也会对被测线对产生串扰。因此在4对电缆中,3个发送信号的线对向另一相邻接收线对产生的总串扰就称为近端串音功率和(PS NEXT),以前标准称为综合近端串扰。

近端串音功率和是双绞线布线系统中的一个新的测试指标,在3类、4类和5类电缆中都没有要求,只有5E类以上电缆才要求测试它,这种测试在用多个线对传送信号的100Base-T4和1 000Base-T的高速以太网中非常重要。因为电缆中多个传送信号的线对把更多的能量耦合到接收线对,在测量中近端串音功率和要低于同种电线缆对间的近端串音损耗值。

布线系统永久链路的PS NEXT值应符合表2-3-8。

表2-3-8 近端串音功率和最小极限值

| 频率/MHz | 最小PS NEXT/dB | | |
|---|---|---|---|
| | D级 | E级 | F级 |
| 1 | 57.0 | 62.0 | 62.0 |
| 16 | 42.2 | 52.2 | 62.0 |
| 100 | 29.3 | 39.3 | 62.0 |
| 250 | — | 32.7 | 57.4 |
| 600 | — | — | 52.9 |

(7)衰减近端串音比

通信链路在信号传输时,信号衰减和串扰都会存在,串扰反映出电缆系统内的噪声水平,衰减反映线对本身的实际传输能量,总的希望当然是接收到的信号能量尽量大(电缆的衰减值要小),耦合过来的串音尽量小。我们用它们的比值来相对衡量收到信号的质量,这种比值就叫信噪比。它可以反映出电缆链路的实际传输质量,通过计算我们发现,信噪比就是衰减近端串音比。衰减近端串音比(ACR-N)定义为被测线对受相邻发送线对串扰的近端串音与本线对上传输的有用信号的比值,用对数来表示这种比值(除法)就是做减法(单位为dB),即

$$\text{ACR-N}=\text{NEXT}-A$$

近端串音损耗越高且衰减越小,则衰减串音比越高。一个高的衰减串音比意味着干扰噪声强度与信号强度相比微不足道,因此衰减串音比越大越好。布线系统永久链路的ACR-N值应符合表2-3-9。

表2-3-9 衰减近端串音比值最小极限值一览表

| 频率/MHz | 最小ACR-N/dB | | |
|---|---|---|---|
| | D级 | E级 | F级 |
| 1 | 60.2 | 61.0 | 61.0 |
| 16 | 37.5 | 47.5 | 58.1 |
| 100 | 11.9 | 23.3 | 47.3 |
| 250 | — | 4.7 | 31.6 |
| 600 | — | — | 8.1 |

衰减、近端串音损耗和衰减串音比都是频率的函数，应在同一频率下计算，5E类信道和永久链路必须在1～100 MHz频率范围内测试；6类信道和永久链路在1～250 MHz频率范围内测试，最小值必须大于0 dB。当ACR接近0 dB时，链路就不能正常工作。衰减串音比反映了在电线缆对上传送信号时，在接收端收到的衰减过的信号中有多少来自串扰的噪声影响，它直接影响误码率，从而决定信号是否需要重发。

NEXT、衰减$A$和ACR三者的关系如图2-3-24所示。该项目为宽带链路应测的技术指标。更新后的标准使用新术语ACR-N。

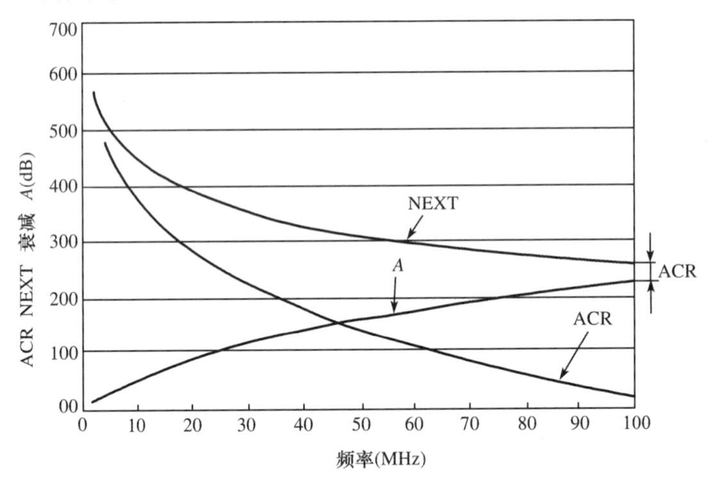


图2-3-24 NEXT、衰减$A$和ACR关系曲线

(8)衰减近端串音比功率和

衰减近端串音比功率和(PS ACR-N)是近端串音功率和损耗与衰减(插入损耗)的差值，同样，它不是一个独立的测量值，而是在同一频率下衰减与近端串音功率和损耗的计算结果。

$$\text{PS ACR-N}=\text{NEXT}-\text{IL}$$

布线系统永久链路的衰减近端串音比功率和(PS ACR-N)值应符合表2-3-10。

表2-3-10 PS ACR最小极限值一览表

| 频率/MHz | 最小PS ACR/dB | | |
|---|---|---|---|
| | D级 | E级 | F级 |
| 1 | 53.0 | 58.0 | 58.0 |
| 16 | 34.5 | 45.1 | 55.1 |
| 100 | 8.9 | 20.8 | 44.3 |
| 250 | — | 2.0 | 28.6 |
| 600 | — | — | 5.1 |

(9)衰减远端串音比

衰减远端串音比，以前标准译为等效远端串扰，是指某线对上远端串音损耗与该线路传输信号衰减的差值，也称为远端ACR(或者ACR-F)。比较真实地反映了在远端的信噪比。

ACR-F 的定义如下：

ACR-F＝FEXT－$A$（$A$ 为被干扰线对的衰减值，现用 IL 表示）

布线系统永久链路的 ACR-F 值应符合表 2-3-11。

表 2-3-11　　衰减远端串音比（ACR-F）值

| 频率/MHz | 最小 ACR-F/dB | | |
|---|---|---|---|
| | D 级 | E 级 | F 级 |
| 1 | 57.4 | 64.2 | 65.0 |
| 16 | 34.5 | 40.1 | 59.3 |
| 100 | 18.6 | 24.2 | 46.0 |
| 250 | — | 16.2 | 39.2 |
| 600 | — | — | 32.6 |

（10）衰减远端串音比功率和

衰减远端串音比功率和（PS ACR-F），也可以译为综合等效远端串扰，是指在电缆的远端测量到的每个传输信号的线对对被测线对串扰能量的和，等电平远端串音功率和是一个计算参数，对 4 对 UTP 而言，它是其他 3 对远端串音对第 4 对线对的联合干扰，共有 8 种干扰组合。布线系统永久链路的衰减远端串音比功率和（PS ACR-F）值应符合表 2-3-12。

表 2-3-12　　衰减远端串音比功率和（PS ACR-F）值

| 频率/MHz | 最小 PS ACR-F/dB | | |
|---|---|---|---|
| | F 级 | D 级 | E 级 |
| 1 | 55.6 | 61.2 | 62.0 |
| 16 | 31.5 | 37.1 | 56.3 |
| 100 | 15.6 | 21.2 | 43.0 |
| 250 | — | 13.2 | 36.2 |
| 600 | — | — | 29.6 |

（11）直流环路电阻

直流环路电阻是指线对一个来回的电阻值，即两根金属线电阻值之和。线对越长阻值越大，线径越粗，则阻值越小，铜包铁电缆的阻值明显偏大。如果有连接点接触不良，也会出现环路电阻值偏大，甚至会被认为开路。

（12）传播时延和时延偏差

传播时延（Propagation Delay）是信号在电线缆对中传输时所需要的时间。传播时延随着电缆长度的增加而增加，测量标准时信号在 100 m 电缆上的传输时间，单位是 μs，它是衡量信号在电缆中传输快慢的物理量。

（13）传播时延偏差

电缆中的每个线对都是不一样长的，所以信号传输的时延也是不一样的。时延偏差（Delay Skew）就是指同一电缆中传输速度最快的线对和传输速度最慢的线对的传播时延差值，它以同一电缆中信号传播延迟最小的线对的时延值为参考，其余线对与参考线对都有时延差值，最大的时延差值即电缆的时延偏差。

时延偏差对 UTP 中 4 对线对同时传输信号的 100Base-T 和 1 000Base-T 等高速以太网非常重要，因为信号传送时先在发送端被分配到不同线对后才并行传送，到接收端后再重新组合成原始信号，如果线对间传输的时差过大，接收端就会因为信号（在时间上）不能对齐而丢失数据，从而影响重组信号的完整性并产生错误。

(14) PS ANEXT、PS $ANEXT_{avg}$、PS AACR-F、PS AACR-$F_{avg}$

同一线缆中的 4 个线对由于电磁耦合会有部分能量泄漏到其他邻近线对中，这个耦合效应被称为串扰，串扰不仅干扰相邻线对的信号传输（线内干扰：近端串扰/远端串扰），同样也会干扰线缆外部其他线缆传送的信号（线外干扰：外部近端串扰（ANEXT）/外部远端串扰（AFEXT））。类似地，同样也存在外部近端串音功率和（PS ANEXT）及外部远端串音功率和（PS AFEXT），以及计算出的相关参数，标准引用下面的参数来考察外部串扰：

PS ANEXT 外部近端串音功率和

PS $ANEXT_{avg}$ 外部近端串音功率和平均值

PS AACR-F 外部 ACR-F 功率和。

PS AACR-$F_{avg}$ 外部 ACR-F 功率和平均值

因为频率越高，线对的对外辐射能力越强，所以这些参数对于运行速率为 10 Gbit/s 的非屏蔽线缆而言（物理带宽 500 MHz），有非常重大的意义。由于通常在布线过程中使用同一厂商的线缆，同种颜色的线芯其几何结构（线对的扭绞率）几乎一致，所以同颜色线芯间的干扰还会更严重一些，如图 2-3-25 所示。

图 2-3-25 ANEXT 或 AFEXT

电缆屏蔽特性的相关指标如下：

(1) 横向转换损耗（TCL）

非屏蔽布线系统中，对平衡线的要求不只是线对要绞起来，因为线对上从接地回路或空间辐射引入的共模干扰信号（CMS，就是送到两根芯线上的同相干扰信号）经电磁感应又串入紧邻的另一线对，该线对有可能因为线对本身结构不平衡在其中产生差信号（DMV）。则这种差信号会经差分放大器而顺利进入接收系统，最终结果就是造成不期望的干扰。如果线对结构非常平衡，则不会或只会产生很小的差信号，可以忽略。工业以太网和现场总线对这种共模干扰更重视。横向转换损耗（TCL）则用来反映线对结构的不平衡性程度。实际测量的时候，却是定义在一对线上加差分电压，在同侧另一对线上去测量感生的共电压，然后相除。TCL越高表明抗干扰性越好，对外辐射越低。

TCL＝DMV/CMS

(2)横向转换损耗(TCTL)

如果双绞线不平衡，例如因为制造原因，一根芯线粗，一根芯线细，则耦合到双绞线中的共模干扰信号就有可能在到达双绞线的对端时出现累积的差信号。这个差信号送到设备接收端口内的差分信号放大器，就会将原来共模信号的影响以差信号的方式经放大器放大后引入系统中来，从而造成对系统信号处理过程的干扰。如果双绞线是很平衡的，则共模干扰信号不会演变为累积差信号，也就不会干扰系统了。TCTL的测试方法是在一端输入差模信号(DSA)，到另一端去测量共模信号(CMV)，然后相除。

TCTL＝CMV/DSA

(3)等效横向转换损耗(ELTCTL)

由于TCTL随链路加长会自动改善，所以实际上用TCTL参数减去与长度相关的插入损耗值，得出ELTCTL值，因为ELTCTL不受长度影响，取代TCTL被用来评估电缆性能。

ELTCTL＝TCTL/IL

(4)耦合衰减

耦合衰减被定义为输入功率与近端或远端辐射功率的最大值之比值。这个参数的测试与电缆的带宽无关，从30 MHz测试到1 GHz。对于屏蔽电缆，耦合衰减测试的是屏蔽与平衡共同作用的电磁干扰(EMC)性能；对于非屏蔽电缆，耦合衰减测试的是电缆的平衡效果，其意义与屏蔽衰减相同。

(5)不平衡电阻

一对双绞线每根线的电阻值可能不同，如果差异过大，则会造成线对支持PoE时每根铜线的直流供电电流不等(PoE分成两路向远端设备供电)，导致用电设备信号输入端口内的信号输入耦合磁芯(起变压器作用)的磁偏置饱和或低效，信号耦合能力低效或失效，信号不能有效地耦合到设备。标准ISO 11801：2010规定一对线的阻值差，即不平衡电阻，永久链路不应超过0.15欧姆，信道不超过0.2欧姆，或3%。TIA 568C：2010规定通道不超过0.2欧姆或3%。

3.铜缆测试

(1)认证分析仪的选择

目前Fluke的DSP、DTX和DSX系列电缆分析仪均达到或超过了ⅱ级以上精度。

DTX系列线缆分析仪最高规格是测试Cat7链路。测试完成后按下F1键就可以察看故障示意图，文字说明可以是中文的。有HDTDX和HDTDR两个专利分析定位故障的工具。测试速度更快，示意图更易懂。DTX不支持平衡参数的测试。

DSX 5000是较新型的线缆分析仪，采用模块式设计。目前的线缆分析模块支持Cat7A链路测试，采用智能手机触摸屏，测试完结后直接显示故障。初学者可以直接点击EventMap事件图(链路)中的红色失败提示符，显示中文文字说明和可能的故障原因，按下问号还给出纠正方法等建议。同样，保留了专利的HDTDR和HDTDX故障专业诊断定位工具，并且对与高频故障的定位精度相较DTX有所提升。

可以用多点触控屏幕方法缩小参数曲线，方便细节察看。DSX-5000 支持新的不平衡参数的测试（TIA568C：2010/ISO11801：2010）。采用模块化设计，可以完成完整的光纤一级测试（T1 测试，默认 EF 光源）和二级测试（T2 测试，最小 0.5 m 事件死区）。

（2）认证测试结果的描述和说明

测试结果通过 PASS 或 FAIL 表示。长度指标用 4 对线对中最短线对的测量长度代表电缆的长度测试结果。传输延迟和延迟偏离用每线对实测结果及其差值显示。NEXT、PS NEXT、衰减、ACR、ACR-F、PS ACR-F 和 RL 等表示的电气性能指标，用余量和最差余量来表示测试结果。

所谓余量（Margin），就是各参数的测量值与测试参数的标准极限值（Limit，即边界值）的差值；正余量（正差值）表示比测试极限值好，结果为 PASS（通过）；负余量（负差值）表示比测试极限值差，结果为 FAIL（失败）。正余量越大，说明距离极限值越远，性能越好。

最差情况的余量有两种情况，一种是在整个测试频率范围（5E 类至 100 MHz，6 类至 250 MHz，6A 类至 500 MHz，7 类至 600 MHz）测试参数的曲线最靠近测试标准极限值曲线的点，如图 2-3-26 所示。最差情况的余量是 4.8 dB，发生在约 2.7 MHz 处。因为测试结果有多条线对的测试曲线，所以另一种情况就是所有线对中余量最差的线对，如图 2-3-27 所示。近端串扰最差情况的余量在 1，2-7，8 线对间，值为 6.5 dB，其他线对的最差余量都比 1，2-7，8 好。最差余量应综合两种情况来考虑。

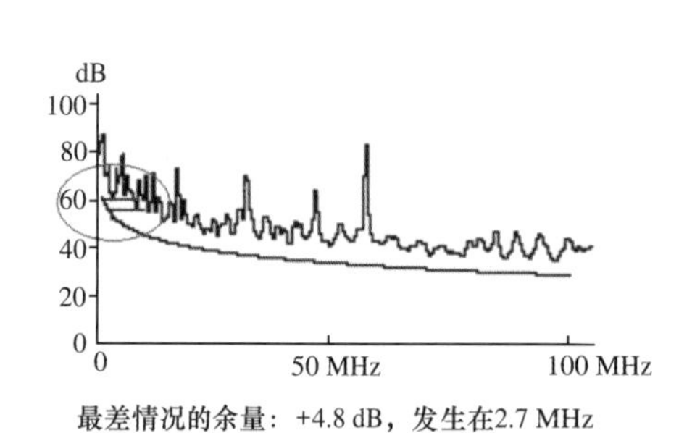


最差情况的余量：+4.8 dB，发生在2.7 MHz

图 2-3-26 频率范围内最差情况的余量

NEXT
Pairs Margin (dB)
1,2-3,6 8.8 PASS
1,2-4,5 10.4 PASS
1,2-7,8 6.5 PASS
3,6-4,5 7.2 PASS
3,6-7,8 13.1 PASS
4,5-7,8 8.8 PASS
▲▼ to select pairs
View Result View Plot

余量为6.5 dB发生在1,2-7,8线对间

图 2-3-27 线对间的最差情况的余量

当测试仪根据测试标准对所有测试项目测试完后，就会根据各项测试结果对线缆给出一个评估结果（PASS/FAIL），测试结果与评估结果关系见表 2-3-13。

表 2-3-13 线缆测试中 PASS/FAIL 的评估

| 测试结果 | 评估结果 |
|---|---|
| 所有测试都 PASS | PASS |
| 一个或多个 PASS * 其他所有测试都通过 | PASS |
| 一个或多个 FAIL * 其他所有测试都通过 | FAIL |
| 一个或多个测试为 FAIL | FAIL |

注：* 表示分析仪可接受的临界值

## 3.3 项目实施

### 任务 3-1 设计布线点位

根据用户的需求得知，酒店双人标准房需要安装两个网络点，一个语音点，单人标准房需要安装一个网络点、一个语音点，套房需要安装两个网络点、一个语音点。根据用户确认，在 CAD 图纸上标出点位的具体位置。

根据图纸，给每个点位进行编号，见表 2-3-14。

表 2-3-14　　标准层网络和语音点位标识表

| 楼层号 | 房间号 | 网络编号 | 语音编号 | 点位标识 |
|---|---|---|---|---|
| 12 | 01 | 1 | — | 1201－D1 |
| 12 | 01 | — | 1 | 1201－T1 |
| 12 | 02 | 1 | — | 1202－D1 |
| 12 | 02 | — | 1 | 1202－T1 |
| 12 | 03 | 1 | — | 1203－D1 |
| 12 | 03 | — | 1 | 1203－T1 |
| … | … | …… | …… | …… |

### 任务 3-2 设计水平路由

水平走线方式采用电缆桥架敷设，通信电缆井内的配线架采用线槽敷设到房间外走廊吊顶内，用暗管沿墙敷设至工作区各信息点，如图 2-3-28 所示。

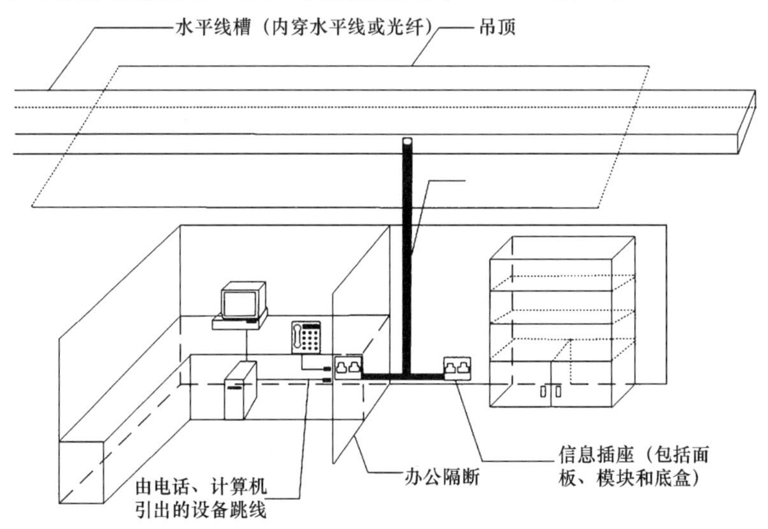


图 2-3-28　水平走线路由

按照标准中的规定，水平线缆的最大距离不超过 90 m。依据楼层平面布置图计算，配线间在设置上必须保证楼层信息点到配线间的水平布线长度不超过 90 m，以满足高速设计对水平长度限制的要求。

此次方案中语音和数据信息点均采用了 4 对超 5 类非屏蔽双绞线，可实现语音和数据之间的互为兼容。对用户而言，电话应用和数据应用可以灵活互换是最大的方便。线路的具体路由见图纸。

## 任务 3-3 安装管路和槽道

### 1.管路的安装要求

（1）预埋暗敷管路（如图 2-3-29 所示）应采用直线管道为好，尽量不采用弯曲管道，直线管道超过 30 m 并且还需延长距离时，应设置暗线箱等装置，以利于牵引敷设电缆时使用。如必须采用弯曲管道时，要求每隔 15 m 处设置暗线箱等装置。

（2）暗敷管路如必须转弯时，其转弯角度应大于 90°。暗敷管路曲率半径不应小于该管路外径的 6 倍。要求每根暗敷管路在整个路由上需要转弯的次数不得多于两个，暗敷管路的弯曲处不应有折皱、凹穴和裂缝。

（3）在管路的两端应设有标志，其中包含序号、长度等，所设标志应与布设的线缆对应，以使布线施工中不容易发生错误。

图 2-3-29 预埋暗敷管路

### 2.桥架和槽道的安装要求

（1）桥架及槽道的安装位置应符合施工图规定，左右偏差应不超过 50 mm。

（2）桥架及槽道安装水平度每米偏差不应超过 2 mm。

（3）垂直桥架及槽道应与地面保持垂直，并无倾斜现象，垂直度偏差不应超过 3 mm。

（4）两槽道拼接处水平偏差不应超过 2 mm。

（5）线槽转弯半径不应小于其槽内的线缆最小允许弯曲半径的最大值。

(6)吊顶安装应保持垂直,整齐固定,无歪斜现象。

(7)金属桥架及槽道节与节间应接触良好,安装牢固。

(8)管道内应无阻挡,道口应无毛刺,并布设牵引线或拉线。

(9)为了实现良好的屏蔽效果,金属桥架和槽道接地体应符合设计要求,并保持良好的电器连接。

图 2-3-30 所示为两种配线桥架吊装,本实例采用吊杆吊装的方式。

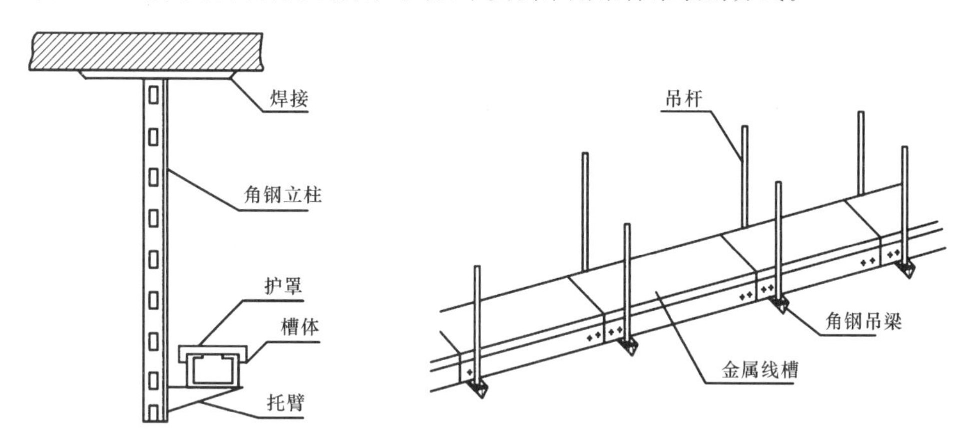


图 2-3-30 两种配线桥架吊装

## 任务 3-4 布设水平线缆

### 1.线缆布放要求

(1)线缆的型号、规格应与设计规定相符。

(2)线缆在各种环境中的敷设方式、布放间距均应符合设计要求。

(3)线缆的布放应自然平直,不得产生扭绞、打圈等现象,不应受外力的挤压和损伤。

(4)线缆的布放路由中不得出现线缆接头。

(5)线缆两端应贴有标签,应标明编号,标签书写应清晰、端正和正确。标签应选用不易损坏的材料。

(6)线缆应有余量以适应成端、终接、检测和变更,有特殊要求的应按设计要求预留长度,并应符合下列规定:

双绞线电缆在终接处,预留长度在工作区信息插座底盒内宜为 30～60 mm,电信间宜为 0.5～2.0 m,设备间宜为 3～5 m;

光缆布放路由宜盘留,预留长度宜为 3～5 m。光缆在配线柜处预留长度应为 3～5 m,楼层配线箱处光纤预留长度应为 1.0～1.5 m,配线箱终接时预留长度不应小于 0.5 m,光缆纤芯在配线模块处不做终接时,应保留光缆施工预留长度。

(7)线缆的弯曲半径应符合下列规定:

非屏蔽和屏蔽 4 对双绞线电缆的弯曲半径不应小于电缆外径的 4 倍;

主干双绞线电缆的弯曲半径不应小于电缆外径的 10 倍;

2 芯或 4 芯水平光缆的弯曲半径应大于 25 mm;其他芯数的水平光缆、主干光缆和室外光缆的弯曲半径不应小于光缆外径的 10 倍。

**2.线缆敷线的施工条件**

(1)施工楼层内所有线槽、管线、预埋盒、过渡盒等均安装到位,经验收符合要求。水平布线后,决不允许再有管线变更和电焊等施工,以防损坏线缆。

(2)配线间的内墙、地坪等装修完毕,走线槽(管)竖井已经安装到位。机柜(架)安装位置已经确定。线缆布线后,决不允许再有墙面抹灰、地坪浇灌等土建施工,以防损坏线缆。

(3)施工图纸已经全套完整,所有终端出口都已在图纸上统一编号完毕。

(4)为了使线缆更便于检查,在穿线时不仅要做好标签,而且要记下线缆两端的长度记录,见表 2-3-15 线缆施工记录表。

以上条件皆具备后,可以布线施工。

要求各施工队做好施工记录,认真填写穿线施工记录表,责任到施工组。每天施工结束把施工记录交本区项目负责人,以便项目组及时了解施工进度,发现问题,及时调整施工计划。

表 2-3-15　线缆施工记录表(示意)

| 序号 | 线缆编号 | 起始米标 | 结束米标 | 序号 | 线缆编号 | 起始米标 | 结束米标 |
|---|---|---|---|---|---|---|---|
| 1 | | | | 6 | | | |
| 2 | | | | 7 | | | |
| 3 | | | | 8 | | | |
| 4 | | | | 9 | | | |
| 5 | | | | 10 | | | |
| 存在的问题及翌日计划 | | | | | | | |
| 建筑物名称 | | | | 图纸名称 | | | |
| 施工组: | | 负责人: | | 时间: | | | |

**3.水平线缆布设技术**

(1)牵引 4 对双绞线电缆

牵引 4 对双绞线电缆的主要方法是使用电工胶布将多根双绞线电缆与拉绳绑紧,使用拉绳均匀用力并缓慢地牵引电缆。具体操作步骤如下:

①将多根双绞线电缆的末端缠绕在电工胶布上,如图 2-3-31 所示。

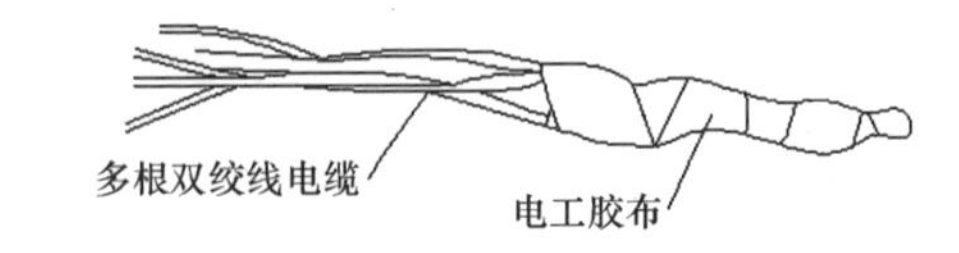


图 2-3-31　用电工胶布缠绕多根双绞线电缆的末端

②在电缆缠绕端绑扎好拉绳,然后牵引拉绳,如图 2-3-32 所示。

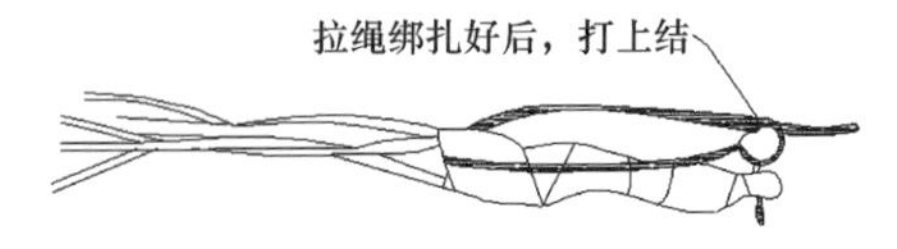


图 2-3-32　将双绞线电缆与拉绳绑扎固定

4 对双绞线电缆的另一种牵引方法也是经常使用的，具体步骤如下：

①剥除双绞线电缆的外表皮，并整理为两扎裸露金属导线，如图 2-3-33 所示。

②将金属导线编织成一个环，拉绳绑扎在金属环上，然后牵引拉绳，如图 2-3-34 所示。

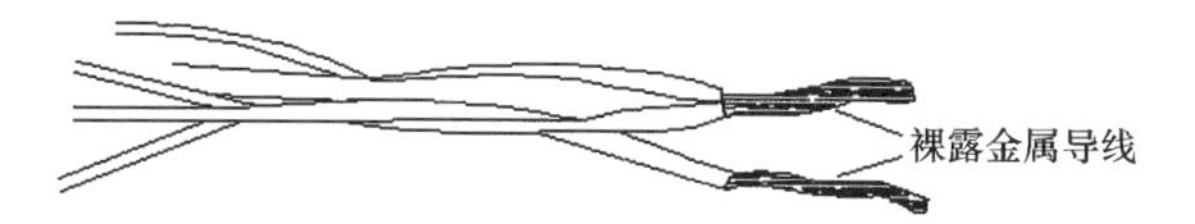


图 2-3-33 剥除电缆外表皮得到裸露金属导线

图 2-3-34 编织成金属环以供拉绳牵引

(2)线缆牵引力度

线缆在牵引过程中，要均匀用力缓慢牵引，线缆牵引力度规定如下：

一根 4 对双绞线电缆的拉力为 100 N；

两根 4 对双绞线电缆的拉力为 150 N；

三根 4 对双绞线电缆的拉力为 200 N；

不管多少根线对电缆，最大拉力不能超过 400 N。

## 任务 3-5 进行配线与端接

### 1.机柜安装

GB50311—2016《综合布线系统工程设计规范》项目 4 安装工艺要求内容中，对机柜的安装有如下要求：

一般情况下，综合布线系统的配线设备和计算机网络设备采用 19 英寸标准机柜安装。机柜尺寸通常为 600 mm(宽)×900 mm(深)×2 000 mm(高)，共有 42U 的安装空间。机柜内可安装光纤连接盘、RJ45(24 口)配线模块、多线对卡接模块(100 对)、理线器、计算机、Hub/SW 设备等。如果按建筑物每层电话和数据信息点各为 200 个考虑配置上述设备，大约需要 2 个 19 英寸(42U)的机柜空间，一次测算电信间面积至少应为 5 $m^2$(2.5 m×2.0 m)。对于涉及布线系统设置内外网或专用网时，19 英寸机柜应分别设置，并在保持一定间距的情况下预测电信间的面积。

对于管理间子系统来说，多数情况下采用 6U～12U 壁挂式机柜，一般安装在每个楼层的竖井内或者楼道中间位置。具体安装方法采用三角支架或者膨胀螺栓固定机柜。

### 2.配线架及信息插座施工组织及要求

网络配线架安装要求如下：

(1)在机柜内部安装配线架前，首先要进行设备位置规划或按照图纸规定确定位置，统一考虑机柜内部的跳线架、配线架、理线环、交换机等设备，同时考虑跳线方便。

(2)线缆采用地面出线方式时，一般线缆从机柜底部穿入机柜内部，配线架宜安装在机柜下部。采取桥架出线方式时，一般线缆从机柜顶部穿入机柜内部，配线架宜安装在机柜上部。线缆采取从侧面穿入机柜内部时，配线架宜安装在机柜中部。

(3)配线架应该安装在左右对应的孔中，水平误差不大于 2 mm，更不允许错位安装。

网络配线架的安装步骤如下：

(1)检查配线架和配件完整。

(2)将配线架安装在机柜设计位置的立柱上。

(3)理线。

(4)端接打线。

(5)做好标记,安装标签条。

配线架安装以配线间为单位,每 2 人一组,至少有 1 名培训过的熟练的安装技工。要求做好施工记录,每天施工结束交本区项目负责人,以便项目组及时了解施工进度,发现问题,及时调整施工计划。格式见表 2-3-16。

表 2-3-16 配线架端接记录表(示意)

| 序号 | 配线架端口编号 | 端接线缆编号 | 序号 | 配线架端口编号 | 端接线缆编号 |
|---|---|---|---|---|---|
| 1 | | | 11 | | |
| 2 | | | 12 | | |
| 3 | | | 13 | | |
| 4 | | | 14 | | |
| 5 | | | 15 | | |
| 6 | | | 16 | | |
| 7 | | | 17 | | |
| 8 | | | 18 | | |
| 9 | | | 19 | | |
| 10 | | | 20 | | |
| 存在的问题及翌日计划 | | | | | |
| 建筑物名称 | | | 图纸名称 | | |
| 施工组: | | 负责人: | | 时间: | |

信息点安装要求 2 人一组,每天做施工记录,并报项目管理组。格式见表 2-3-17。

表 2-3-17 信息点端接记录表(示意)

| 序号 | 信息点端口编号 | 端接线缆编号 | 序号 | 信息点端口编号 | 端接线缆编号 |
|---|---|---|---|---|---|
| 1 | | | 11 | | |
| 2 | | | 12 | | |
| 3 | | | 13 | | |
| 4 | | | 14 | | |
| 5 | | | 15 | | |
| 6 | | | 16 | | |
| 7 | | | 17 | | |
| 8 | | | 18 | | |
| 9 | | | 19 | | |
| 10 | | | 20 | | |
| 存在的问题及翌日计划 | | | | | |
| 建筑物名称 | | | 图纸名称 | | |
| 施工组: | | 负责人: | | 时间: | |

在布线系统安装实施过程中，必须有详细的实施档案，以记录整个工程的安装情况。详细的档案记录对于将来的排错和系统维护具有无可否认的重要性。

在工程实施前应该确定信息插座和配线架的安装位置。设计好配线架在机柜中的位置，以及端接线缆连接的位置。

信息点的安装位置按照建筑设计图的房间号（名称）进行记录。对信息点的位置及其连接的配线架端口、线缆的编号及信息点的应用情况记录在同一表中，以便将来的管理及维护。见表 2-3-18。

表 2-3-18 信息点、线缆、配线架端口对应表

| 序号 | 信息点编号 | 连接线缆编号 | 配线架端口号 | 连接的设备 | 其 他 |
|---|---|---|---|---|---|
| 1 | | | | | |
| 2 | | | | | |
| 3 | | | | | |
| 4 | | | | | |

## 任务 3-6 测试水平线缆

### 1.测试模型选择

根据项目的概述情况，可以知道本项目采用 6 类布线系统，因此项目实施完成之后，主要测试布线链路是否达到超 5 类布线系统的指标要求。水平布线实施完成后，网络设备还没有上架调试，因此本项目测试验收应选择永久链路连接模型进行测试。根据永久链路模型定义，主要测试从各楼层配线架到各房间信息插座模块的链路是否达到 6 类布线系统的要求。

### 2.用 DTX 电缆分析仪测试双绞线线路

已安装好的布线系统链路如图 2-3-35 所示，图中的配线架是需要（二次）跳接的，中小规模网络常用的是不需跳接的配线架。

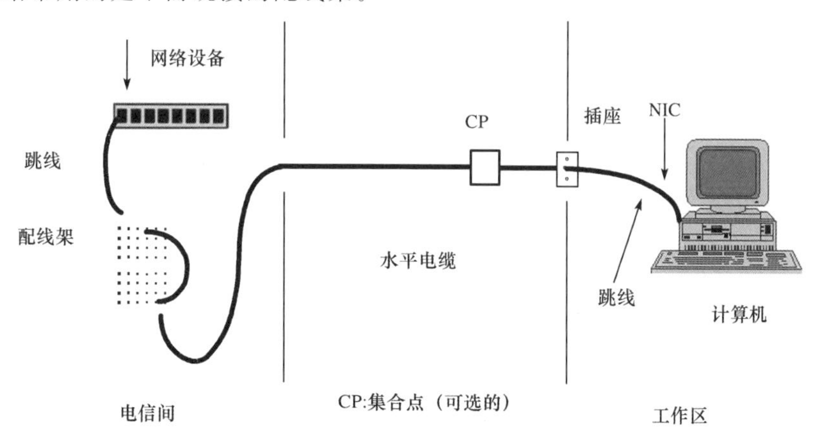


图 2-3-35 已安装好的布线系统链路

（1）测试步骤

下面以选择 TIA/EIA 标准、测试 UTP CAT 永久链路为例介绍测试过程。快速入门视频请参阅网站说明资料（www.flukenetworks.cn/fnet/zh-cn）。

（2）连接被测链路

将分析仪主机和远端机连上被测链路，如果是测试永久链路，就必须用永久链路适配

器连接，如图 2-3-36 所示为永久链路测试连接方式。如果是信道测试，就是用原驻留跳线来连接仪表，如图 2-3-37 所示是信道链路测试连接方式。

**注意**：测试结果中绝对不能包含测试仪跳线的任何影响。

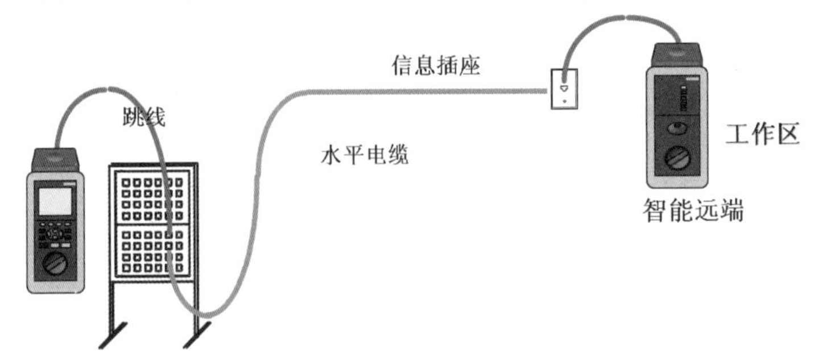


图 2-3-36 永久链路测试连接方式（最多 3 个连接）

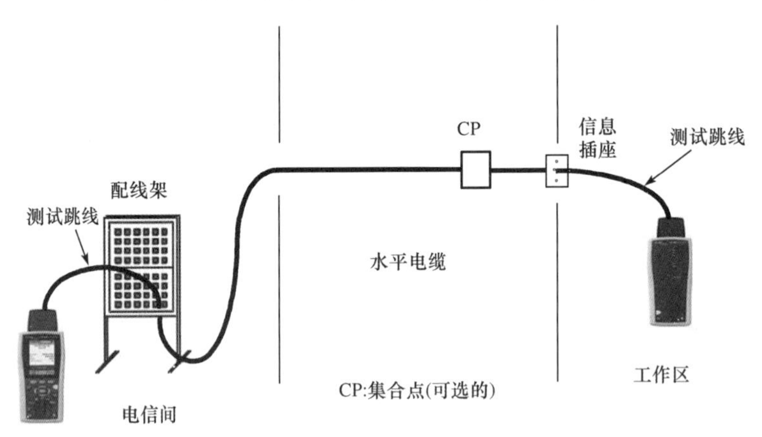


图 2-3-37 信道链路测试连接方式（最多 4 个连接）

①启动 DTX

按绿键启动 DTX，如图 2-3-38 所示，并选择中文或英文界面。

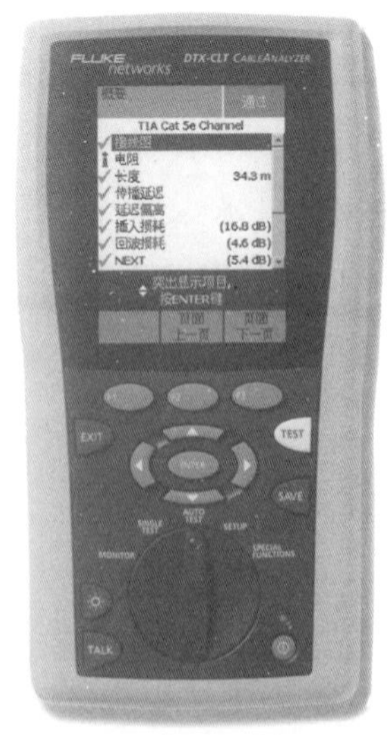


图 2-3-38 DTX 启动界面

②选择双绞线、测试类型和标准

将旋钮旋至 SETUP。

选择“双绞线”或“Twisted Pair”。

选择“缆线类型”或“Cable Type”。

选择“UTP”。

选择“Cat 6 UTP”,Fluke DTX 显示屏,如图 2-3-39 所示。

选择“测试极限值”或“Test Limit”。

选择“TIA Cat 6 Perm.Link”,如图 2-3-40 所示。

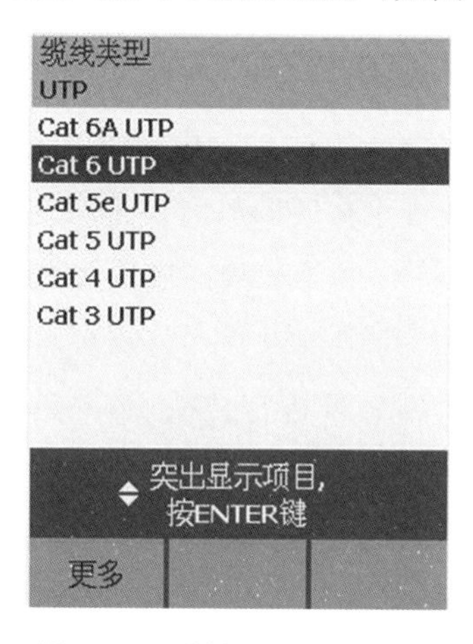


图 2-3-39 选择 Cat 6 UTP 测试

图 2-3-40 选择 TIA Cat 6 Perm.Link

③自动测试

转动旋钮到“Auto Test”挡,按 TEST 键启动测试,9 秒内完成一条 6 类链路的测试。

④在 DTX 系列测试仪中为测试结构命名

测试结果命名有 4 种,供测试前选择。

通过 Link Ware 预先从电脑中下载编辑好的名称列表,测试时直接套用。

测试时现场手动命名。

仪器设置时选择自动递增命名序号(自动按照增序规则命名,不用再次到现场手动命名)。

套用仪器中(按照 TIA 606 A 标准设计好的)自动命名序列表。如图 2-3-41 所示,为 2 个屏幕的图标。

⑤保存测试结果

测试结束并检查命名无误后,即可按下“SAVE”键保存测试结果,结果可保存于内部储存器或 MMC 多模体卡(按需自定)。

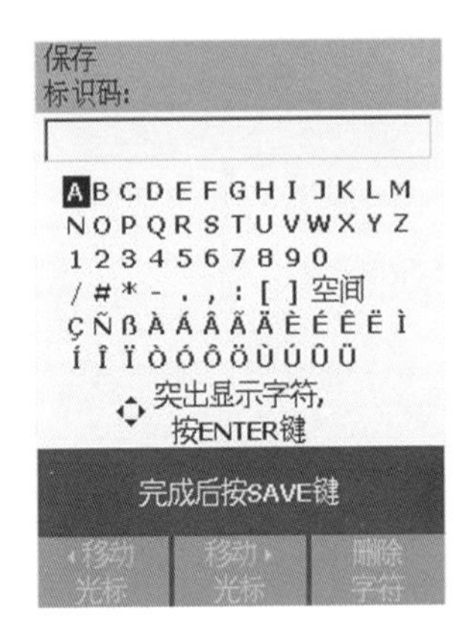

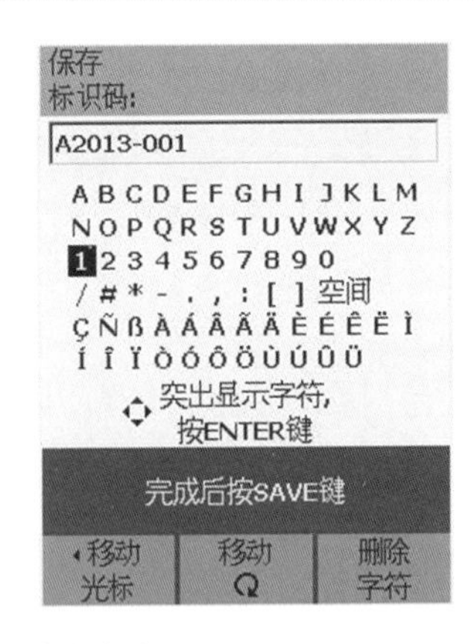


图 2-3-41　测试结果命名方式

⑥故障诊断

测试中出现“失败”或者“FAIL”时，仪器会自动进行相应的故障诊断测试。诊断结束后，使用者可以按“故障信息键”(F1 键)，仪器屏幕将直观显示故障图示信息并提示可能的原因和建议的解决方法。对于有一定经验的使用者，则可以查看仪器屏幕上显示的测试参数结果列表中的“A2013－001”诊断测试结果，精确分析定位故障，并迅速实施故障排除。故障诊断完成后，重新进行自动测试，直至指标全部通过为止。故障自动诊断结果会储存在测试结果中，如果已经将该结果下载或发送到某台计算机中，则还可以用该机上已经安装的 Link Ware 软件来帮助分析定位故障，不受地点限制。

⑦结果送管理软件 Link Ware

当所有要测试的信息点测试完成后，将移动储存卡上的结果上传到计算机上，并用计算机上已经安装的管理软件 Link Ware 进行管理分析。Link Ware 软件有几种文件格式的用户测试结果报告可供选择，如图 2-3-42 所示，为其中的一种文件格式(PDF)。用 Link Ware 取出的测试报告可以直接作为验收测试报告的原始电子文档。

⑧打印输出

从 Link Ware 上可打印输出报告，也可通过串口将测试主机直接连打印机打印输出。当然也可以以电子文件或光盘形式提供测试报告。

测试注意事项如下：

- 认真阅读分析仪使用操作说明书，正确使用仪表。
- 测试前要完成对分析仪主机、远端机的充电工作，并观察充电是否达到 80%以上。不要在电压过低的情况下测试，中途缺电有可能造成已测试的数据丢失。
- 熟悉布线现场和布线施工布局图，测试时也同时对系统现场管理文档、标识进行核查。
- 链路结果为“失败”或“FAIL”时，可能由多种原因造成，应进行复测再确认。

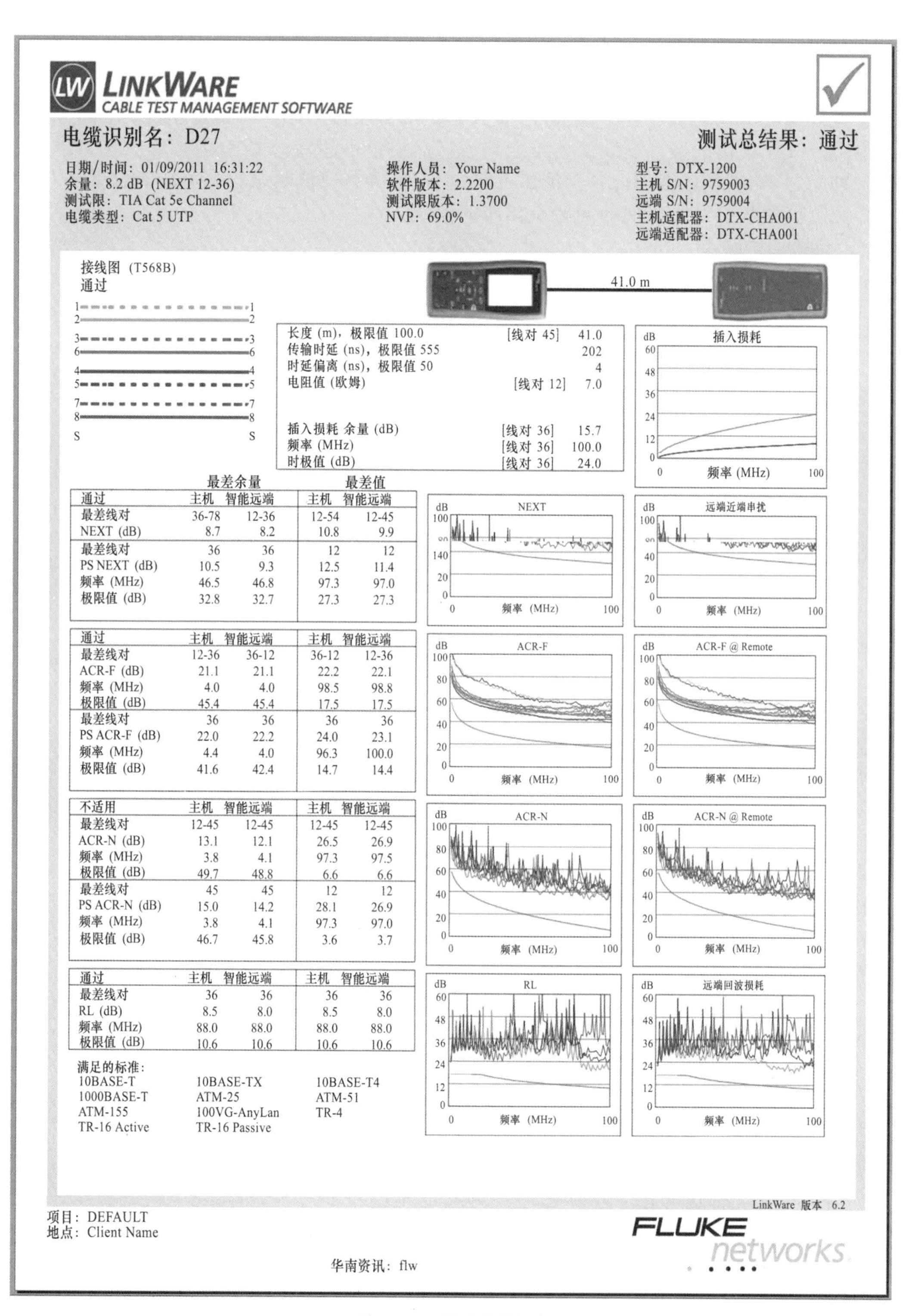

LINKWARE
CABLE TEST MANAGEMENT SOFTWARE

电缆识别名：D27

测试总结果：通过

日期/时间：01/09/2011 16:31:22
余量：8.2 dB（NEXT 12-36）
测试限：TIA Cat 5e Channel
电缆类型：Cat 5 UTP

操作人员：Your Name
软件版本：2.2200
测试限版本：1.3700
NVP：69.0%

型号：DTX-1200
主机 S/N：9759003
远端 S/N：9759004
主机适配器：DTX-CHA001
远端适配器：DTX-CHA001

接线图（T568B）
通过

41.0 m

| | | |
|---|---|---|
| 长度（m），极限值 100.0 | [线对 45] | 41.0 |
| 传输时延（ns），极限值 555 | | 202 |
| 时延偏离（ns），极限值 50 | | 4 |
| 电阻值（欧姆） | [线对 12] | 7.0 |
| 插入损耗 余量（dB） | [线对 36] | 15.7 |
| 频率（MHz） | [线对 36] | 100.0 |
| 时极值（dB） | [线对 36] | 24.0 |

| | 最差余量 | | 最差值 | |
|---|---|---|---|---|
| 通过 | 主机 | 智能远端 | 主机 | 智能远端 |
| 最差线对 | 36-78 | 12-36 | 12-54 | 12-45 |
| NEXT（dB） | 8.7 | 8.2 | 10.8 | 9.9 |
| 最差线对 | 36 | 36 | 12 | 12 |
| PS NEXT（dB） | 10.5 | 9.3 | 12.5 | 11.4 |
| 频率（MHz） | 46.5 | 46.8 | 97.3 | 97.0 |
| 极限值（dB） | 32.8 | 32.7 | 27.3 | 27.3 |

| 通过 | 主机 | 智能远端 | 主机 | 智能远端 |
|---|---|---|---|---|
| 最差线对 | 12-36 | 36-12 | 36-12 | 12-36 |
| ACR-F（dB） | 21.1 | 21.1 | 22.2 | 22.1 |
| 频率（MHz） | 4.0 | 4.0 | 98.5 | 98.8 |
| 极限值（dB） | 45.4 | 45.4 | 17.5 | 17.5 |
| 最差线对 | 36 | 36 | 36 | 36 |
| PS ACR-F（dB） | 22.0 | 22.2 | 24.0 | 23.1 |
| 频率（MHz） | 4.4 | 4.0 | 96.3 | 100.0 |
| 极限值（dB） | 41.6 | 42.4 | 14.7 | 14.4 |

| 不适用 | 主机 | 智能远端 | 主机 | 智能远端 |
|---|---|---|---|---|
| 最差线对 | 12-45 | 12-45 | 12-45 | 12-45 |
| ACR-N（dB） | 13.1 | 12.1 | 26.5 | 26.9 |
| 频率（MHz） | 3.8 | 4.1 | 97.3 | 97.5 |
| 极限值（dB） | 49.7 | 48.8 | 6.6 | 6.6 |
| 最差线对 | 45 | 45 | 12 | 12 |
| PS ACR-N（dB） | 15.0 | 14.2 | 28.1 | 26.9 |
| 频率（MHz） | 3.8 | 4.1 | 97.3 | 97.0 |
| 极限值（dB） | 46.7 | 45.8 | 3.6 | 3.7 |

| 通过 | 主机 | 智能远端 | 主机 | 智能远端 |
|---|---|---|---|---|
| 最差线对 | 36 | 36 | 36 | 36 |
| RL（dB） | 8.5 | 8.0 | 8.5 | 8.0 |
| 频率（MHz） | 88.0 | 88.0 | 88.0 | 88.0 |
| 极限值（dB） | 10.6 | 10.6 | 10.6 | 10.6 |

满足的标准：

| | | |
|---|---|---|
| 10BASE-T | 10BASE-TX | 10BASE-T4 |
| 1000BASE-T | ATM-25 | ATM-51 |
| ATM-155 | 100VG-AnyLan | TR-4 |
| TR-16 Active | TR-16 Passive | |



LinkWare 版本 6.2

项目：DEFAULT
地点：Client Name

华南资讯：flw

FLUKE networks

图 2-3-42 测试结果报告

## 任务 3-7　排除测试故障

在双绞线电缆测试过程中，经常会碰到某些测试项目测试不合格的情况，这说明双绞线电缆及其相连接的硬件安装工艺不合格或产品质量不达标。要有效地解决测试中出现的各种问题，就必须认真理解各项测试参数的含义，并依靠测试仪准确地定位故障。下面将介绍测试过程中经常出现的问题及相应的解决方法。

**1.接线图测试未通过**

该项测试未通过可能是由以下因素造成的：

(1)双绞线电缆两端的接线线序不对，造成测试接线图出现交叉现象。

(2)双绞线电缆两端的接头有短路、断路、交叉、破裂的现象。

(3)跨接错误，某些网络特意需要发送端和接收端跨接，当为这些网络构筑测试链路时，由于设备线路的跨接，测试接线图会出现交叉。

相应的解决问题的方法：

(1)对于双绞线电缆端接线序不对的情况，可以采取重新端接的方式来解决。

(2)对于双绞线电缆两端的接头出现的短路、断路等现象，首先根据测试仪显示的接线图判定双绞线电缆哪一端出现了问题，然后重新端接双绞线电缆。

(3)对于跨接错误的问题，只要重新调整设备线路的跨接即可解决。

**2.链路长度测试未通过**

链路测试未通过的可能原因有：

(1)测试仪表额定传输速率设置不正确。

(2)实际长度超长，如双绞线电缆通道长度不应超过 100 m。

(3)双绞线电缆开路或短路。

相应的解决问题的方法：

(1)可用已知的电缆确定额定传输速率，并重新校准额定传输速率。

(2)对于电缆超长问题，只能采用重新布设电缆的方法来解决。

(3)双绞线电缆开路或短路的问题，首先要根据测试仪显示的信息，准确地定位电缆开路或短路的位置，然后采取重新端接电缆的方法来解决。

**3.近端串扰测试未通过**

近端串扰测试未通过的可能原因有：

(1)双绞线电缆端接点接触不良。

(2)双绞线电缆远端连接点短路。

(3)双绞线电线缆对扭绞不良。

(4)存在外部干扰源影响。

(5)双绞线电缆和连接硬件性能问题或不是同一类产品。

(6)双绞线电缆的端接质量问题。

相应的解决问题的方法：

(1)端接点接触不良的问题经常出现在模块压接和配线架压接方面，因此应对电缆所端接的模块和配线架进行重新压接。

(2)远端连接点短路的问题，则应对远端连接点的模块和配线架进行重新压接。

(3)电缆线对扭绞不良，则应采取更换的方式来彻底解决，所有线缆及连接硬件应更换为相同类型的产品。

(4)双绞线电缆和连接硬件性能问题则应采取更换的方式来彻底解决，所有线缆及连接硬件应更换为相同类型的产品。

(5)外部干扰源的问题则要找出并移除干扰源。

(6)双绞线电缆的端接质量有问题则要重新端接。

#### 4.衰减测试未通过

衰减测试未通过的原因可能有：

(1)双绞线电缆超长。

(2)双绞线电缆端接点接触不良。

(3)电缆和连接硬件性能问题或不是同一类产品。

(4)电缆的端接质量有问题。

(5)现场温度过高。

相应的解决问题的方法：

(1)对于超长的双绞线电缆，只能采取更换电缆的方式来解决。

(2)对于双绞线电缆端接质量问题，可采取重新端接的方式来解决。

(3)对于电缆和连接硬件的性能问题，应采取更换的方式来彻底解决，所有线缆及连接硬件应更换为相同类型的产品。

(4)对于双绞线电缆端接质量问题，可采取重新端接的方式来解决。

(5)现场温度过高则要采取通风等措施降低现场温度。

## 3.4 项目小结

本项目介绍了配线子系统和管理子系统设计和实施的相关知识和工程技术，包括系统标准、系统设计、预埋布管、水平放线、布线标识管理、铜缆测试及线路故障排除，是综合布线工程的核心，决定着整个工程的质量。

## 3.5 项目实训

线槽布线施工

在模拟实训装置上，完成管槽系统，线缆布放、端接、配线架、理线架、安装端接，并进行线缆测试。

模拟楼管槽立面安装展开图，如图 2-3-43 所示。

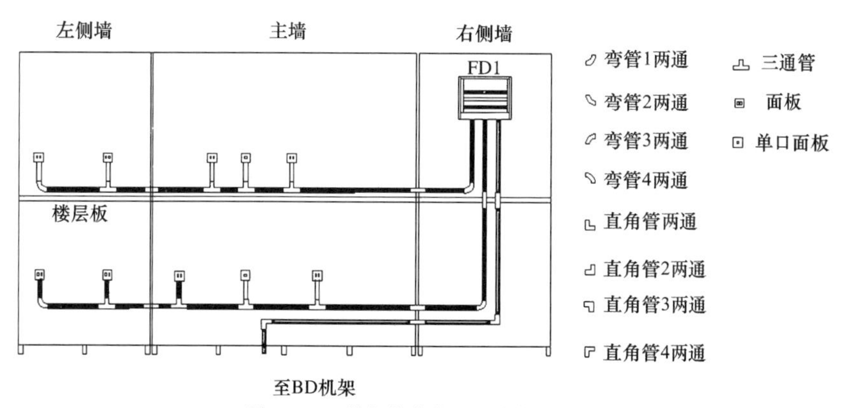


图 2-3-43 模拟楼管槽立面安装展开图

要求：

(1)面板距地面 30 cm 以上。

(2)面板、线缆、配线架有标识，建立面板，有线缆配线架标识对应表。

(3)根据条件，做线路的认证测试。

## 3.6 项目习题

**1.填空题**

(1)配线子系统信道的最大长度不应大于________ m。

(2)每一个工作区信息插座模块数量不宜少于________个，并应满足各种业务的需求。

(3)电信间应采用外开防火门，房门的防火等级应按建筑物等级类别设定。房门的高度不应小于________ m，净宽不应小于________ m。

(4)建筑物室外引入管道设计应符合建筑结构地下室外墙的防水要求。引入管道应采用________________。

(5)假设信息点数量为 $n$，信息插座数量为 $N$，信息插座插孔数为 $A$，则应配置信息插座的计算公式为________________。

(6)链路测试模型有________和________。

(7)近端串音用近端串音损耗值(dB)来度量，近端串音的绝对值越________越好。

(8)在布线施工过程中，由于端接技巧和放线穿线技术差错等原因，会产生________、________、反接/交叉、跨接/错对和________等接线错误。

**2.选择题**

(1)同楼层信息点数量不大于________个时，宜设置 1 个电信间。

A.200　　B.300　　C.400　　D.500

(2)电信间内梁下净高不应小于________ m。

A.1.5　　B.2.0　　C.2.5　　D.3.0

(3)在多层建筑砖墙或混凝土墙内竖向暗敷导管时，导管外径不应大于________ mm。

A.50　　B.60　　C.70　　D.80

(4)管道内布设的电缆应占管道截面积的________。

A.30%～50%　　B.40%～50%　　C.30%～40%　　D.40%～60%

(5)________多指电缆与接插件连接处的阻抗突变(不匹配)导致的一部分信号能量的反射值。

A.回波损耗　　B. 插入损耗　　C. 近端串音　　D. 远端串音

(6)桥架及槽道水平度每平方米偏差不应超过________ mm。

A.2　　B. 4　　C. 5　　D. 6

(7)非屏蔽和屏蔽 4 对双绞线电缆的弯曲半径不应小于电缆外径的________倍。

A.3　　B. 4　　C. 5　　D. 6

(8)主干光缆和室外光缆的弯曲半径不应小于光缆外径的________倍。

A.5　　B. 10　　C. 15　　D. 20

# 项目 4 医院教学楼综合布线

## 4.1 项目描述

某医院新建一栋教学楼，为适应办公现代化管理及安全防范的需要，决定对该教学楼实施综合布线系统工程，以使该医院教学综合大楼成为一座集先进的办公自动化管理系统、计算机网络和通信系统、视频监控系统等于一体的智能化教学大楼。教学综合大楼共 23 层，一楼为大厅和展室，其他楼层为各科室的办公室及会议室。要求每间办公室有网络、语音信息点，并有一定的冗余，另外，为了保证系统安全，要求计算机网络系统必须布设两套系统，实现内外网隔离。

本项目的工作区、配线区、管理系统的设计与实施参照项目 2、项目 3 介绍的方法，当楼层配线间实施完之后，需要将各楼层的配线通过干线子系统连接到设备间，在网络拓扑中通常是汇聚层到核心层的连接，本项目重点学习任务是干线子系统的设计与实施、设备间的设计与实施。

## 4.2 项目知识准备

### 4.2.1 干线子系统设计

干线子系统是综合布线系统中非常关键的组成部分，由设备间和楼层电信间及之间连接的电缆或光缆组成，如图 2-4-1 所示。主干线缆是建筑物内综合布线的主馈线缆，是楼层电信间与设备间之间垂直布放（或空间较大的单层建筑物的水平布线）线缆的统称。

主干线缆直接连接着几十或几百个用户，因此一旦主干线缆发生故障，则影响巨大。因此我们必须十分重视干线子系统的设计工作。

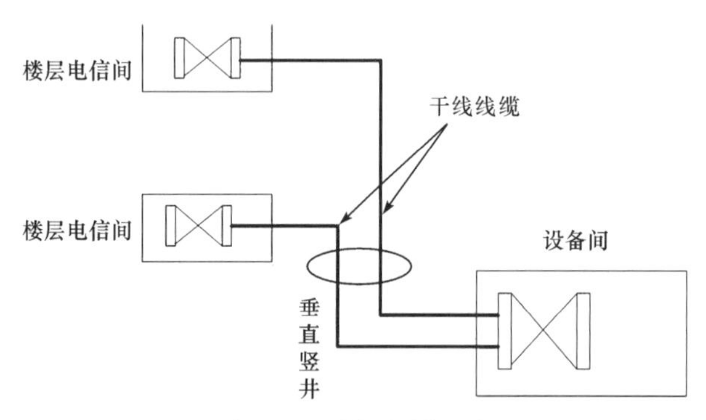


图 2-4-1　干线子系统组成

**1.干线子系统布线线缆选择**

根据建筑物的结构特点以及应用系统的类型，选用主干线缆的类型。在干线子系统设计中常用以下 4 种线缆。

- 4 对双绞线电缆(UTP 或 STP)。
- 100 Ω 大对数双绞线电缆(UTP 或 STP)。
- 50/125 μm 多模光缆。
- 8.3/125 μm 单模光缆。
- 75 Ω 同轴电缆。

目前，针对电话语音传输一般采用大对数双绞线电缆(25 对、50 对、100 对等规格)，针对数据和图像传输采用光缆或 6 类以上 4 对双绞线电缆，针对有线电视信号的传输可采用光缆或 75 Ω 同轴电缆。需要注意的是，在选择主干线缆时，还要考虑主干线缆的长度限制，如 6 类以上 4 对双绞线电缆在应用于 1 000 Mbit/s 的高速网络系统时，电缆长度不宜超过 90 m，否则应选用单模或多模光缆。

**2.干线信道长度划分**

(1)主干线缆组成的信道出现 4 个连接器件时，线缆的长度不应小于 15 m。

(2)干线子系统信道应包括主干线缆、跳线和设备线缆，如图 2-4-2 所示。

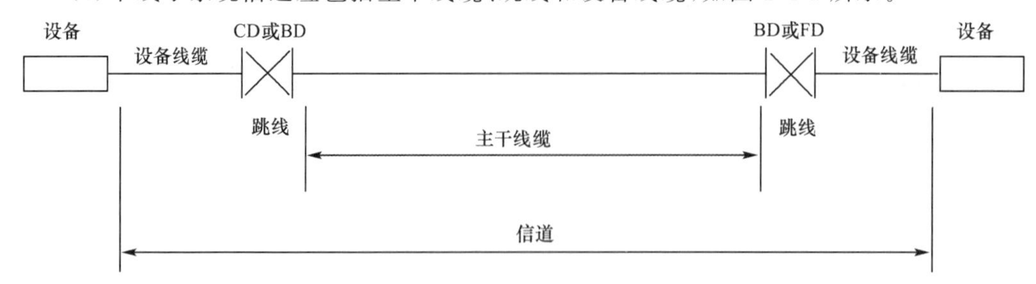


图 2-4-2　干线子系统信道连接方式

(3)干线子系统信道长度计算方法应符合表 2-4-1 的规定。

表 2-4-1　　干线子系统信道长度计算

| 类别 | 等级 | | | | | | | |
|---|---|---|---|---|---|---|---|---|
| | A | B | C | D | E | EA | F | FA |
| 5 | 2000 | B=250−FX | B=170−FX | B=105−FX | — | — | — | — |
| 6 | 2000 | B=260−FX | B=185−FX | B=111−FX | B=105−3−FX | — | — | — |
| 6A | 2000 | B=260−FX | B=189−FX | B=114−FX | B=108−3−FX | B=105−3−FX | — | — |
| 7 | 2000 | B=260−FX | B=190−FX | B=115−FX | B=109−3−FX | B=107−3−FX | B=105−3−FX | — |
| 7A | 2000 | B=260−FX | B=192−FX | B=117−FX | B=111−3−FX | B=105−3−FX | B=105−3−FX | B=105−3−FX |

注：①计算公式中：B 为主干线缆的长度(m)，F 为设备线缆与跳线总长度(m)，X 为设备线缆的插入损耗(dB/m)与主干线缆的插入损耗(dB/m)之比，3 为余量，以适应插入损耗值的偏离。

②若信道包含的连接点数与图 2-4-2 所示不同，当连接点大于或小于 6 个时，线缆敷设长度应减少或增加。减少与增加线缆长度的原则为：5 类电缆，按每个连接点对应 2 m 计；6 类、6A 类和 7 类电缆，按每个连接点对应 1 m 计。而且宜对 NEXT、RL 和 ACR−F 予以验证。

③主干线缆(连接 FD～BD、BD～BD、FD～CD、BD～CD)的应用长度会受到工作环境温度的影响。当工作环境的温度超过 20 ℃时，屏蔽电缆长度按每摄氏度减少 0.2%计算，对非屏蔽电缆长度则按每摄氏度减少 0.4%(20 ℃～40 ℃)和每摄氏度减少 0.6%(40 ℃～60 ℃)计算。

### 3.主干线缆容量的计算

在确定主干线缆类型后，便可以进一步确定每层楼的干线容量。一般而言，在确定每层楼的主干线缆类型和数量时，都要根据楼层配线子系统所用的各个语音、数据、图像等信息插座的数量来进行计算。具体计算的原则如下：

(1)干线子系统所需要的双绞线电缆根数、大对数双绞线电缆总对数及光缆光纤总芯数，应满足工程的实际需求与线缆的规格，并应留有备份容量。

(2)干线子系统主干线缆宜设置电缆或光缆备份及电缆与光缆互为备份的路由。

(3)当电话交换机和计算机设备设置在建筑物内不同的设备间时，宜采用不同的主干线缆来分别满足语音和数据的需要。

(4)在建筑物若干设备间之间，设备间与进线间及同一层或各层电信间之间宜设置干线路由。

(5)主干电缆和光缆所需的容量要求及配置应符合下列规定：

①对语音业务，大对数主干电缆的对数应按每个电话 8 位模块通用插座配置 1 对线，并应在总需求线对的基础上预留不少于 10%的备用线对。

②对数据业务，应按每台以太网交换机设置 1 个主干端口和 1 个备份端口配置。当主干端口为电接口时，应按 4 对线对容量配置，当主干端口为光端口时，应按 1 芯或 2 芯光纤容量配置。

③当工作区至电信间的水平光缆需延伸至设备间的光配线设备(BD/CD)时，主干光

缆的容量应包括所延伸的水平光缆光纤的容量。

(6)设备间配线设备(BD)所需的容量要求及配置应符合下列规定:

①主干线缆侧的配线设备容量应与主干线缆的容量相一致。

②设备侧的配线设备容量应与设备应用的光、电主干端口容量相一致或与干线侧配线设备容量相同。

③外线侧的配线设备容量应满足引入线缆的容量需求。

下面对主干线缆容量计算进行举例说明。

【例】 已知某建筑物需要实施综合布线工程,根据用户需求分析得知,其中第6层有60个计算机网络信息点,各信息点要求接入速率为100 Mbit/s,另有40个电话语音点,而且第6层楼层电信间到楼内设备间的距离为60 m,请确定该建筑物第6层的主干线缆类型及线对数。

解答:

60个计算机网络信息点要求该楼层应配置3台24口交换机,每个交换机一个上行端口和一个备用端口,可通过6条4对超5类非屏蔽双绞线连接到建筑物的设备间。因此计算机网络的主干线缆配备6条4对超5类非屏蔽双绞线电缆。

40个电话语音点,按每个语音点配一个线对的原则,主干电缆应为40对,考虑到余量,根据语音信号传输的要求,主干线缆可以配备一根3类50对非屏蔽大对数电缆。

#### 4.确定干线子系统通道规模

干线子系统是建筑物内的主干电缆。在大型建筑物内,通常使用的干线子系统通道是由一连串穿过电信间地板且垂直对准的通道组成的,穿过弱电间地板的电缆井和电缆孔,如图 2-4-3 所示。

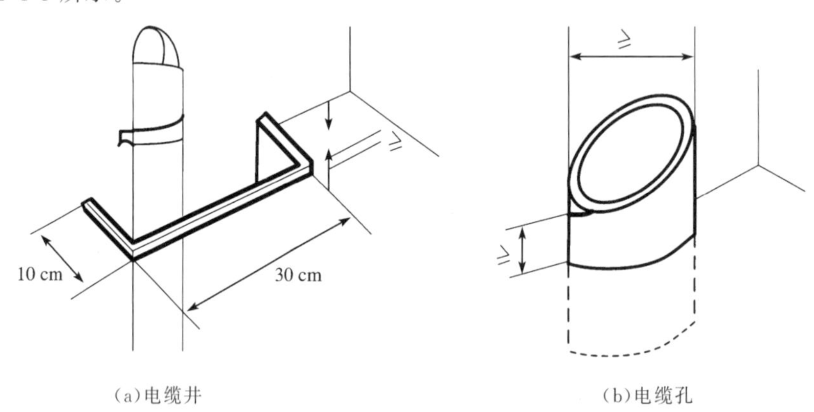


图 2-4-3 穿过弱电间地板的电缆井和电缆孔

确定干线子系统的通道规模,主要是确定干线通道和电信间的数目。确定的依据就是综合布线系统要覆盖的可用楼层面积。如果给定楼层的所有信息插座都在电信间的75 m范围之内,那么采用单干线接线系统。单干线接线系统就是用一条垂直干线通道,每个楼层只设一个电信间。如果有部分信息插座在电信间的75 m范围之外,那就要采用双干线接线系统,或者经分支电缆与设备间相连的二级交接间相连。

如果同一栋大楼的电信间上下不对齐,则用大小合适的电缆管道系统将其连通,如图 2-4-4 所示。

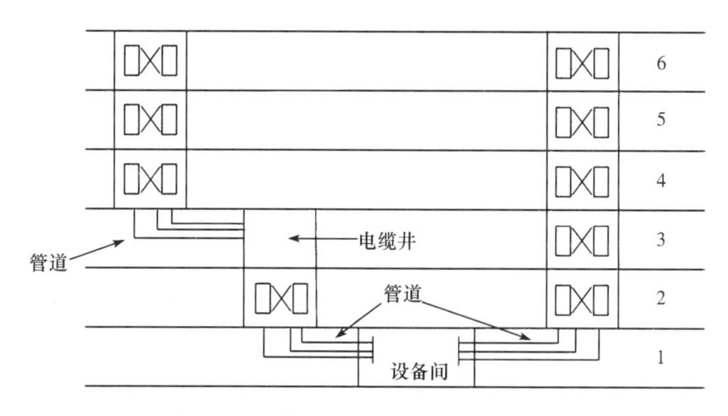


图 2-4-4　电信间上下不对齐时双干线电缆通道

**5.确定主干线缆布线路由**

主干线缆布线路由的选择主要依据建筑物的结构以及建筑物内预埋的管道而定。目前垂直型的干线布线路由主要采用电缆孔和电缆井两种方法。对于单层平面建筑物水平型的干线布线路由主要用金属管道和电缆托架两种方法。

(1)电缆孔方法

干线通道中所用的电缆孔是很短的管道,通常是由一根或数根直径为 10 cm 的金属管组成。它们是浇注混凝土地板时嵌入的,比地板表面高出 3.5～5 cm。也可直接在地板中预留一个大小适当的孔洞。电缆往往绑在钢绳上,而钢绳固定在墙上已留好的金属条上。当楼层电信间上下都对齐时,一般可采用电缆孔方法,如图 2-4-5 所示。

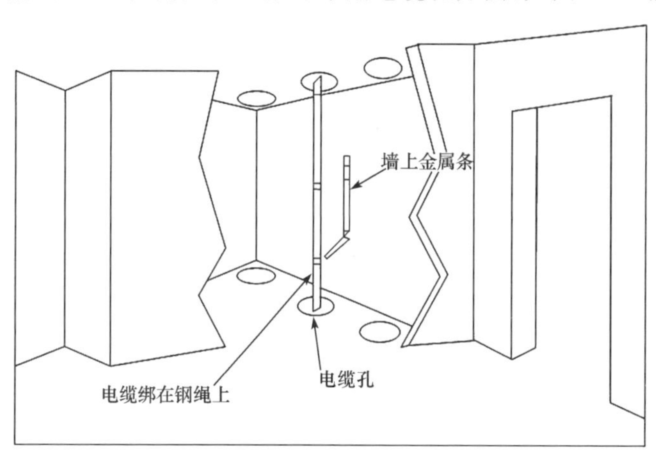


图 2-4-5　电缆孔方法

(2)电缆井方法

电缆井是指在每层楼板上开出一些方孔,一般宽度为 30 cm,并有 3.5 cm 高的井栏,具体大小要根据布线的主干线缆数量而定,如图 2-4-6 所示。与电缆孔方法一样,电缆也是捆扎或箍在支撑用的钢绳上,钢绳靠墙上的金属条或地板三脚架固定。离电缆井很近的墙上的立式金属架可以支撑很多电缆。电缆井造价较高,而且不使用的电缆井很难防火。

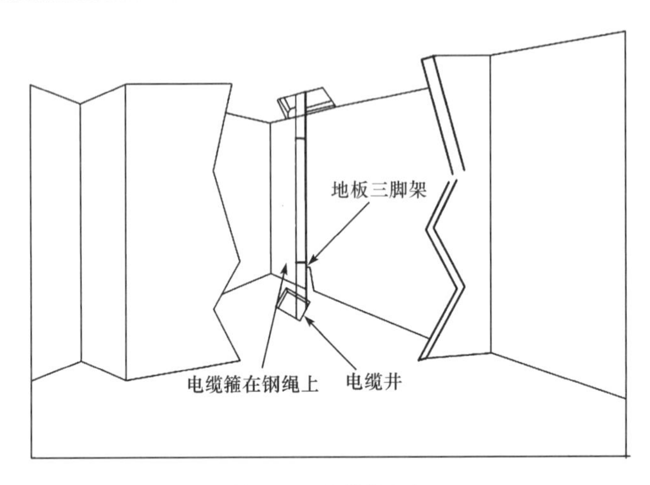


图 2-4-6　电缆井方法

(3)金属管道方法

金属管道方法是指在水平方向架设金属管道,水平线缆穿过这些金属管道,让金属管道对主干线缆起到支撑和保护的作用,如图 2-4-7 所示。

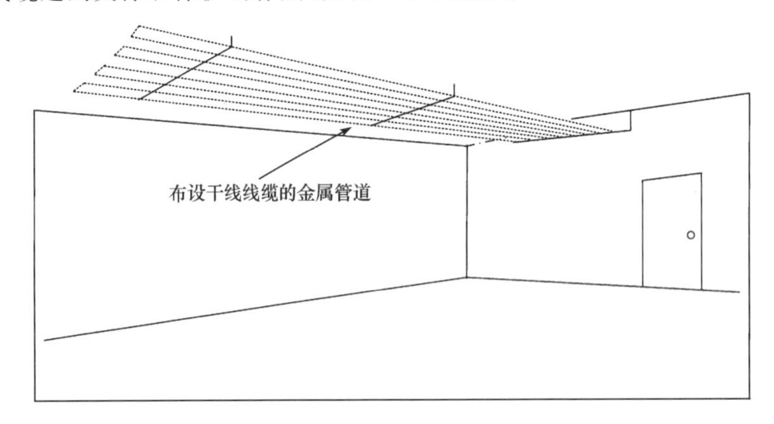


图 2-4-7　金属管道方法

相邻楼层的干线电信间存在水平方向的距离时,就可以在水平方向布设金属管道,将主干线缆引入下一楼层的电信间。金属管道不仅具有防火的优点,而且它提供的密封管道使电缆可以安全地延伸到目的地。但是金属管道很难重新布设且造价较高,因此在建筑物设计阶段,必须进行周密的考虑。土建工程阶段,要将选定的管道预埋在地板中,并延伸到正确的交接点。金属管道方法较适合于低矮而又宽阔的单层平面建筑物,如企业的大型厂房、机场等。

(4)电缆托架方法

电缆托架是铝制或钢制的部件,外形很像梯子,既可安装在建筑物墙面上、吊顶内,也可安装在天花板上,供主干线缆水平走线,如图 2-4-8 所示。电缆布放在托架内,由水平支撑件固定,必要时还要在托架下方安装电缆交接盒,以保证在托架上方已装有其他电缆时可以接入电缆。

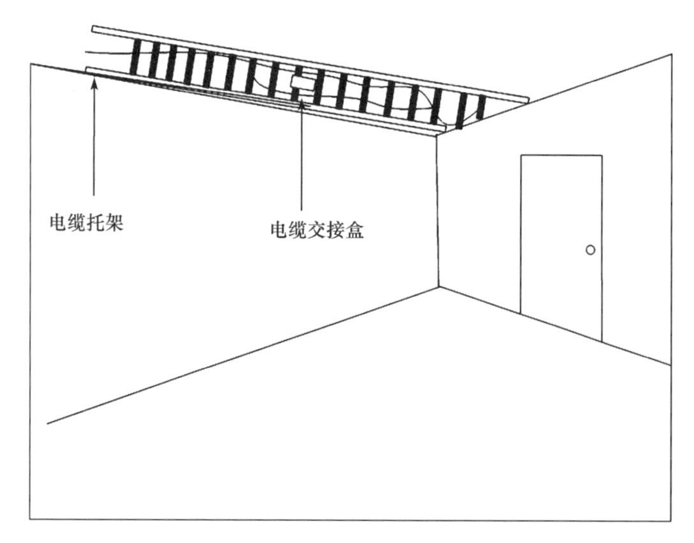


图 2-4-8　电缆托架方法

电缆托架方法最适合电缆数量很多的布线需求场合。要根据安装的电缆粗细和数量决定托架的尺寸。由于托架及附件的价格较高，而且电缆外露，很难防火，不美观，所以在综合布线系统中，一般推荐使用封闭式线槽来替代电缆托架。用吊装式封闭线槽替代电缆托架如图 2-4-9 所示，主要应用于楼间距离较短且要求采用架空的方式布放主干线缆的场合。

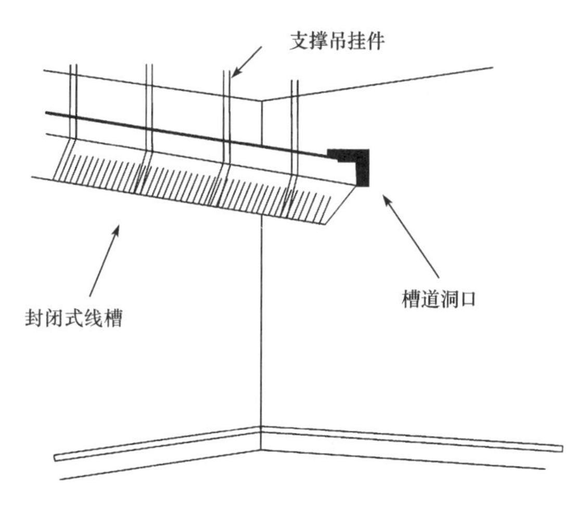


图 2-4-9　用吊装式封闭线槽替代电缆托架

6.主干线缆的交接

为了便于综合布线的路由管理，干线电缆、干线光缆布线的交接不应多于两次。从楼层配线架到建筑群配线架之间只应通过一个配线架，即建筑物配线架（在设备间内）。当综合布线只用一级干线布线进行配线时，放置干线配线架的二级交接间可以并入楼层电信间。

7.主干线缆的端接

干线电缆可采用点对点端接，也可采用分支递减端接以及电缆直接连接。点对点端接是最简单、最直接的接合方法，如图 2-4-10 所示。干线子系统每根干线电缆直接延伸到指定的楼层电信间或二级交接间。分支递减端接是用一根足以支持若干个楼层电信间或若干个二级交接间的通信容量的大容量干线电缆，经过电缆接头保护箱分出若干根小电缆，再分别延伸到每个二级交接间或每个楼层电信间，最后端接到目的地的配线设备，如图 2-4-11 所示。

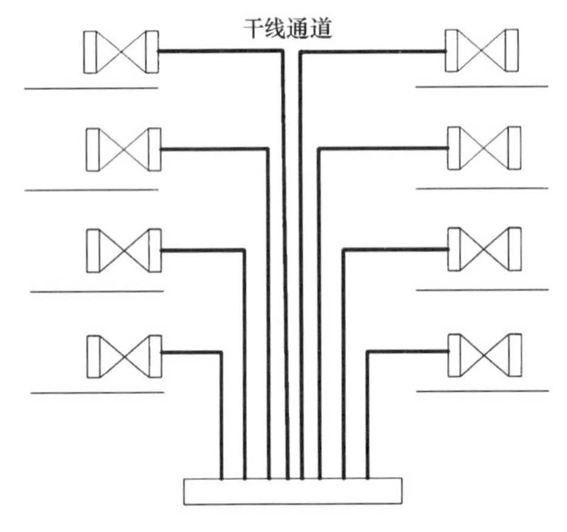


图 2-4-10 干线电缆点至点端接方式

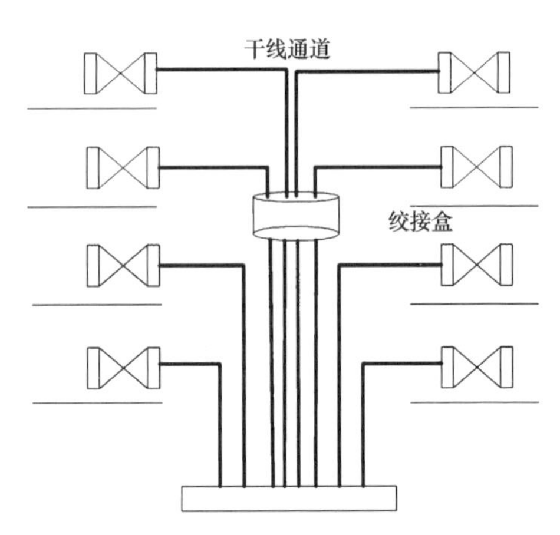


图 2-4-11 干线电缆分支递减端接方式

## 4.2.2 设备间子系统设计

设备间子系统是建筑物综合布线系统的线路汇聚中心，各房间内信息插座经水平线缆连接，再经主干线缆最终汇聚连接至设备间。设备间还安装了与各应用系统相关的管理设备，为建筑物各信息点用户提供各类服务，并管理各类服务的运行状况。如图 2-4-12 所示，为典型设备间的内部结构。

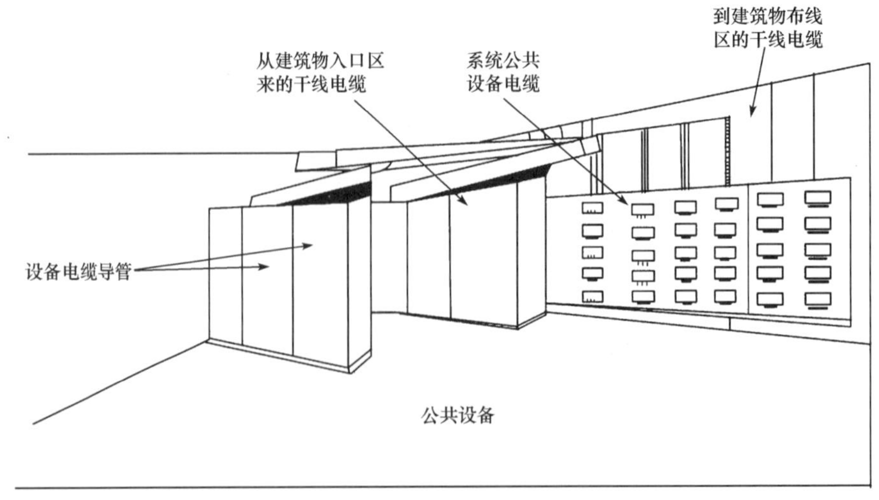


图 2-4-12 典型的设备间

(1)设备间的位置应根据设备的数量、规模、网络构成等因素综合考虑。

(2)每栋建筑物内应设置不少于 1 个设备间,并应符合下列规定:

①当电话交换机与计算机网络设备分别安装在不同的场地、有安全要求或有不同业务应用需要时,可设置 2 个或 2 个以上配线专用的设备间。

②当综合布线系统设备间与建筑物内信息接入机房、信息网络机房、用户电话交换机房、智能化总控室等合设时,房屋使用空间应做分隔。

(3)设备间内的空间应满足布线系统配线设备的安装需要,其使用面积不应小于 10 $m^2$。当设备间内需安装其他信息通信系统设备机柜或光纤到用户单元通信设施机柜时,应增加使用面积。

(4)设备间的设计应符合下列规定:

①设备间宜处于干线子系统的中间位置,并应考虑主干线缆的传输距离、敷设路由与数量。

②设备间宜靠近建筑物布放主干线缆的竖井位置。

③设备间宜设置在建筑物的首层或楼上层。当地下室为多层时,也可设置在地下一层。

④设备间应远离供电变压器、发动机和发电机、X 射线设备、无线射频或雷达发射机等设备以及有电磁干扰源存在的场所。

⑤设备间应远离粉尘、油烟、有害气体以及存有腐蚀性、易燃、易爆物品的场所。

⑥设备间不应设置在厕所、浴室或其他潮湿、易积水区域的正下方或毗邻场所。

⑦设备间室内温度应保持在 10～35 ℃,相对湿度应保持在 20%～80%,并应有良好的通风。当室内安装有源的信息通信网络设备时,应采取满足设备可靠运行要求的对应措施。

⑧设备间内梁下净高不应小于 2.5 m。

⑨设备间应采用外开双扇防火门。房门净高不应小于 2.0 m,净宽不应小于 1.5 m。

⑩设备间的水泥地面应高出本层地面不小于 1.0 m 或设置防水门槛。

⑪室内地面应采取防潮措施。

(5)设备间应防止有害气体侵入,并应有良好的防尘措施,尘埃含量限值宜符合表 2-4-2 的规定。

表 2-4-2　　尘埃限值

| 尘埃颗粒的最大直径/μm | 0.5 | 1 | 3 | 5 |
|---|---|---|---|---|
| 灰尘颗粒的最大浓度/(粒子数・$m^{-3}$) | $1.4\times10^7$ | $7\times10^5$ | $2.4\times10^5$ | $1.3\times10^5$ |

(6)设备间应设置不少于 2 个单相交流 220 V/10 A 电源插座盒,每个电源插座的配电线路均应装设保护器。设备供电电源应另行配置。

### 4.2.3　电气保护与接地设计

由于受到电力线、电动机等电磁干扰源的影响,综合布线系统在设计中必须认真考虑线缆选型及布设的相关屏蔽要求,以达到抗干扰的目的。为了确保设备的安全正常运行,综合布线系统设计中还要考虑线缆电气保护、线缆管理器件和机柜等综合布线设备的接地要求。

1.设计要求

综合布线的相关规范《智能建筑设计标准》(GB/T 50314－2006)和《建筑与建筑群综合布线系统工程设计规范》(GB/T 50311－2016)制定了关于屏蔽、电气保护和接地方面的设计规范。

(1)综合布线系统应远离高温和电磁干扰的场地，根据环境条件选用相应的线缆和配线设备或采取防护措施，并应符合下列规定：

①当综合布线区域内存在的电磁干扰场强低于 3 V/m 时，宜采用非屏蔽电缆和非屏蔽配线设备。

②当综合布线区域内存在的电磁干扰场强高于 3 V/m，或用户对电磁兼容性有较高要求时，可采用屏蔽布线系统和光缆布线系统。

③当综合布线路由上存在干扰源，且不能满足最小净距要求时，宜采用金属导管和金属槽盒敷设，或采用屏蔽布线系统及光缆布线系统。

(2)当局部地段与电力线或其他管线接近，或接近电动机、电力变压器等干扰源，且不能满足最小净距要求时，可采用金属导管或金属槽盒等局部措施加以屏蔽处理。

(3)在建筑物电信间、设备间、进线间及各楼层信息通信竖井内均应设置局部等电位联结端子板。

(4)综合布线系统应采用建筑物共用接地的接地系统。当必须单独设置系统接地体时，其接地电阻不应大于 4 Ω。当布线系统的接地系统中存在两个不同的接地体时，其接地电位差不应大于 1 Vrms。

(5)配线柜接地端子板应采用两根长度不等，且截面不小于 6 $mm^2$ 的绝缘铜导线接至就近的等电位联结端子板。

(6)屏蔽布线系统的屏蔽层应保持可靠连接、全程屏蔽，在屏蔽配线设备安装的位置应就近与等电位联结端子板可靠连接。

(7)综合布线的电缆采用金属管道敷设时，管槽应保持连续的电气连接，并应有不少于两点的良好接地。

(8)当线缆从建筑物外引入建筑物时，电缆、光缆的金属护套或金属构件应在入口处就近与等电位联结端子板连接。

(9)当电缆从建筑物外面进入建筑物时，应选用适配的信号线路浪涌保护器。

2.电气保护

在建筑群子系统设计中，经常有主干线缆从室外引入建筑物的情况。这种情况下如果不采取必要的保护措施，就有可能被雷击、电源接地、感应电势等外界因素所损坏，严重时还会损坏与电缆相连接的设备。

电气保护主要分为过压保护和过流保护两类。

(1)过压保护

综合布线系统中的过压保护一般通过在电路中并联气体放电管保护器来实现。气体放电管保护器的陶瓷外壳内密封有两个金属电极，其中有放电间隙，并充有惰性气体。当两个电极之间的电位差超过 250 V 交流电压或 700 V 雷电浪涌电压时，气体放电管开始导通并放电，从而保护与之相连的设备。

对于低电压的防护，一般采用固态保护器，它的击穿电压为 60～90 V。一旦超过击穿电压，固态保护器可将过压引入大地，然后自动恢复为原状。固态保护器通过电子电路实现保护控制，因此比气体放电管保护器反应更快，使用寿命更长。但由于它的价格昂贵，所以目前使用相对较少。

(2)过流保护

综合布线系统中的过流保护一般通过在电路中串联过流保护器来实现。当线路出现过流时，过流保护器会自动切断电路，保护与之相连的设备。综合布线系统过流保护器应选用能够自动恢复的保护器，即过流断开后能自动接通。

在一般情况下，过流保护器在电流值为 350～500 mA 时起作用。综合布线系统中，电缆上出现的低电压也有可能产生大电流，从而损坏设备。这种情况下，综合布线系统除了采用过压保护器外，还应同时安装过流保护器。

**3.屏蔽保护**

综合布线系统中外界的电磁干扰总是存在的，而且电磁干扰对电缆的传输性能影响很大。为了解决电磁干扰问题，必须采取屏蔽保护措施。采取屏蔽保护的目的就是在有干扰的环境下保证综合布线通道的传输性能要求。它包括两部分内容，即减少电缆本身向外辐射的能量和提高电缆抵抗外界电磁干扰的能力。

综合布线系统中常用的 3 类系统是非屏蔽系统、屏蔽系统和光纤系统，它们为解决外界电磁干扰问题，分别有针对性地提出了解决方案。

(1)非屏蔽系统

非屏蔽系统采用非屏蔽双绞线电缆和非屏蔽的综合布线器件，它们没有屏蔽层，很容易受到外界的电磁干扰。为了提高抗干扰能力，非屏蔽双绞线电缆由多对绞合线对相互绞合而成，减少了电缆内部的分布电容，同时充分利用绞合线对的平衡原理来提高抵抗外界电磁干扰的能力。非屏蔽双绞线内的各线对的绞距都经过精心设计，各线对之间可以抵消部分电磁干扰。

非屏蔽系统中的接口模块和配线架也都充分考虑了抗电磁干扰问题，由模块、非屏蔽线缆和配线架组成的完整非屏蔽系统提供了一套较完整的抗干扰措施，在电磁干扰不太强的场合完全可以满足系统传输的要求。

非屏蔽双绞线由于没有屏蔽层，因此成本较低且施工快捷方便，是智能化建筑内最常用的电缆。但非屏蔽双绞线抗干扰能力有限，在强电磁干扰源的干扰下，很难保证传输通道的传输性能。同时，由于非屏蔽双绞线没有屏蔽层，所以对自身向外辐射的电磁干扰也很难控制。

(2)屏蔽系统

屏蔽系统起源于欧洲，它由屏蔽双绞线电缆和屏蔽的综合布线器件组成。屏蔽双绞线电缆内部也由多对相互绞合的线对组成，但覆盖了一层金属屏蔽层。利用金属屏蔽层的反射、吸收及趋肤效应实现防止电磁干扰及电磁辐射的功能，同时利用绞合线对的平衡原理也可以进一步提高抵抗外界电磁干扰的能力。

要想实现良好的屏蔽效果,综合布线必须实施全程的屏蔽处理,即模块、线缆和配线架等全套设备均采用屏蔽产品。全程屏蔽是很难达到的,因为其中的信息插口、跳线等很难做到全屏蔽,再加上屏蔽层的腐蚀、氧化破损等,因此,没有一个通道能真正做到全程屏蔽。同时,屏蔽电缆的屏蔽层对低频磁场的屏蔽效果较差,不能抵御如电动机等设备产生的低频干扰,所以采用屏蔽电缆也不能完全消除电磁干扰。

要实现优良的屏蔽就必须对屏蔽层进行接地处理,在屏蔽层接地后使干扰电流经屏蔽层短路入地。因此,屏蔽系统的良好接地是十分重要的,否则不但不能减少干扰,反而会使干扰增大。因为当接地点安排不正确,接地电阻过大,接地电位不均衡时,会引起接地噪声,即在传输通道的某两点产生电位差,从而使金属屏蔽层上产生干扰电流,这时屏蔽层本身就形成了一个最大的干扰源,导致其性能远不如非屏蔽传输通道。因此,为保证屏蔽效果,必须对屏蔽层正确可靠接地。

目前,屏蔽布线系统在电磁兼容方面的良好性能也正在被越来越多的用户所认可。市场上的屏蔽布线产品除了从欧洲进口外,越来越多的其他国家的厂商也开始提供屏蔽布线产品。在最新发布的北美布线 TIA/EIA 568B 标准中,屏蔽电缆和非屏蔽电缆同时被作为水平布线的推荐媒介,从而结束了北美没有屏蔽系统的历史。在中国,越来越多的用户,尤其是涉及保密和布线环境的电磁干扰较强的项目开始关注和使用屏蔽系统甚至是 6 类屏蔽系统。

(3)光纤系统

光纤系统由光缆及光纤管理器件组成。光纤系统传输的是光信号,因此光纤系统本身就具有良好的抗电磁干扰能力。为了达到优良的屏蔽效果,近年来随着光纤技术的成熟,很多综合布线的项目也逐步采用光纤来代替屏蔽双绞线电缆。但由于光纤设备比较昂贵,所以一般只应用于对安全性、保密性要求很高的环境。

智能建筑的布线系统是选用非屏蔽系统、屏蔽系统还是光纤系统,要由工程项目的质量要求、工程和投资来决定。

非屏蔽系统施工比较简单,质量标准要求低,施工工期较短,投资低。而屏蔽系统对屏蔽层的处理要求很高,除了要求链路的屏蔽层不能有断点外,还要求屏蔽通路必须是完整的全过程屏蔽。从目前的施工条件来讲,很难达到整个系统的全过程屏蔽,因此选用屏蔽系统要慎重考虑。光纤具有优良的传输性能和抗干扰能力,因此光纤系统将是未来布线系统发展的方向。目前,工程投资大且工程质量要求高的项目,可以推荐使用光纤系统。

**4.线缆与其他管线之间的距离**

根据综合布线系统的设计规范要求,综合布线系统的线缆必须与电磁干扰源保持一定的距离,以减少电磁干扰的强度。综合布线系统使用的非屏蔽双绞线没有屏蔽层,抗干扰能力较弱,因此在布设时必须注意与建筑物内的电力线、电动机、变压器等干扰源保持一定的间距,表 2-4-3 给出了双绞线电缆与干扰源的最小距离。

表 2-4-3 双绞线电缆与干扰源的最小距离

| 干扰源类别 | 线缆与干扰源接近的情况 | 间距/mm |
|---|---|---|
| 小于 2 kVA 的 380 V 电力线缆 | 与电缆平行敷设 | 130 |
| | 其中一方安装在已接地的金属线槽或管道 | 70 |
| | 双方均安装在已接地的金属线槽或管道 | 10 |
| 2～5 kVA 的 380 V 电力线缆 | 与电缆平行敷设 | 300 |
| | 其中一方安装在已接地的金属线槽或管道 | 150 |
| | 双方均安装在已接地的金属线槽或管道 | 80 |
| 大于 5 kVA 的 380 V 电力线缆 | 与电缆平行敷设 | 600 |
| | 其中一方安装在已接地的金属线槽或管道 | 300 |
| | 双方均安装在已接地的金属线槽或管道 | 150 |

综合布线系统的光缆与其他管线之间的距离也有统一的规定，具体见表 2-4-4。

表 2-4-4 综合布线系统的光缆与其他管线之间的距离

| 接近的管线类型 | 与管线水平布设时的最小间距/mm | 与管线交叉布设时的最小间距/mm |
|---|---|---|
| 避雷引下线 | 1000 | 300 |
| 保护地线 | 50 | 20 |
| 给排水管 | 150 | 20 |
| 压缩空气管 | 150 | 20 |
| 热力管(不包封) | 500 | 500 |
| 热力管(包封) | 300 | 300 |
| 燃气管 | 300 | 20 |

根据表 2-4-3 和表 2-4-4 中的数据可以看出，在选择光缆布设路由时，要尽量远离干扰源，确实无法避免时最好采取与管线交叉的布设方式，这样可以减少干扰。

5.系统接地

(1)接地类型

综合布线系统中电信间、设备间内安装的设备以及从室外进入建筑物内的电缆都需要进行接地处理，以保证设备的安全运行。根据接地的不同作用，有多种不同的接地形式，主要有直流工作接地、交流工作接地、防雷保护接地、防静电保护接地、屏蔽接地和保护接地。

①直流工作接地

直流工作接地也称为信号接地，是为了确保电子设备的电路具有稳定的零电位参考点而设置的接地。

②交流工作接地

交流工作接地是为了保证电力系统和电气设备达到正常工作要求而进行的接地，220/380 V 交流电源中性点的接地即交流工作接地。

③防雷保护接地

防雷保护接地是为了防止电气设备受到雷电危害而进行的接地。通过接地装置可以将雷电产生的瞬间高电压泄放到大地中，保护设备的安全。

④防静电保护接地

防静电保护接地是为了防止可能产生或聚集静电电荷而对用电设备等所进行的接地。为了防止静电，设备间一般均敷设防静电地板，地板的金属支撑架均连接了地线。

⑤屏蔽接地

为了取得良好的屏蔽效果，屏蔽系统要求屏蔽电缆及屏蔽连接器件的屏蔽层连接地线。屏蔽电缆或非屏蔽电缆敷设在金属线槽或管道时，金属线槽或管道也要连接地线。

⑥保护接地

为了保障人身安全、防止间接触电而将设备的外壳部分接地处理称为保护接地。通常情况下设备外壳是不带电的，但发生故障时可能造成电源的供电火线与外壳等导电金属部件短路，这些金属部件或外壳就形成了带电体，如果没有良好的接地，则带电体和地之间就会产生很高的电位差。如果人不小心触到这些带电的设备外壳，就会通过人身形成电流通路，产生触电危险。因此必须将金属外壳和大地之间做良好的电气连接，使设备的外壳和大地等电位。

(2)接地要求

根据综合布线相关规范要求，接地要求如下：

①直流工作接地电阻一般要求不大于 4 Ω，交流工作接地电阻也不应大于 4 Ω，防雷保护接地电阻不应大于 10 Ω。

②建筑物内部应设有一套网状接地网络，以保证所有设备有共同的参考等电位。如果综合布线系统单独设置接地系统，且能保证与其他接地系统之间有足够的距离，则接地电阻值规定为小于或等于 4 Ω。

③为了获得良好的接地，推荐采用联合接地方式。所谓联合接地方式，就是将防雷保护接地、交流工作接地和直流工作接地等统一接到共用的接地装置上。当综合布线采用联合接地系统时，通常利用建筑钢筋作为防雷保护接地引下线，而一般利用建筑物基础内的钢筋网作为自然接地体，使整栋建筑的接地系统组成一个笼式的均压整体。联合接地电阻要求小于或等于 1 Ω。

④接地所使用的铜线电缆规格与接地的距离有直接关系，一般接地距离在 30 m 以内，接地导线采用直径为 4 mm 的带绝缘套的多股铜线电缆。接地铜线电缆规格与接地距离的关系见表 2-4-5。

表 2-4-5　接地铜线电缆规格与接地距离的关系

| 接地距离/m | 接地导线直径/mm | 接地导线截面积/$mm^2$ |
|---|---|---|
| 小于 30 | 4.0 | 12 |
| 30～48 | 4.5 | 16 |
| 49～76 | 5.6 | 25 |
| 77～106 | 6.2 | 30 |
| 107～122 | 6.7 | 35 |
| 123～150 | 8.0 | 50 |
| 151～300 | 9.8 | 75 |

### 4.2.4 光纤测试技术

**1.光纤测试要求**

测试前应对综合布线系统工程所有的光连接器件进行清洗，并应将测试接收器校准至零位。应根据工程设计的应用情况，按等级 1 或等级 2 测试模型与方法完成测试。

①等级 1 测试应符合下列规定：

- 测试内容应包括光纤信道或链路的衰减、长度与极性；
- 应使用光损耗测试仪 OLTS 测量每条光纤链路的衰减并计算光纤长度。

②等级 2 测试应包括等级 1 测试要求的内容，还应包括利用 OTDR 曲线获得信道或链路中各点的衰减、回波损耗值。

测试应符合下列规定：

①在施工前进行光器材检验时，应检查光纤的连通性。也可采用光纤测试仪对光纤信道或链路的衰减和光纤长度进行认证测试。

②当对光纤信道或链路的衰减进行测试时，可测试光跳线的衰减值作为设备光缆的衰减参考值，整个光纤信道或链路的衰减值应符合设计要求。

综合布线工程所采用光纤的性能指标及光纤信道指标应符合设计要求，并应符合下列规定：

①不同类型的光缆在标称的波长上每千米的最大衰减值应符合表 2-4-6 的规定。

表 2-4-6　光纤衰减限值(dB/km)

| 光纤类型 | 多模光纤 | | 单模光纤 | | | | |
|---|---|---|---|---|---|---|---|
| | OM1、OM2、OM3、OM4 | | OS1 | | OS2 | | |
| 波长/nm | 850 | 1 300 | 1 310 | 1 550 | 1 310 | 1 383 | 1 550 |
| 衰减/dB | 3.5 | 1.5 | 1.0 | 1.0 | 0.4 | 0.4 | 0.4 |

②光纤布线信道在规定的传输窗口测量出的最大光衰减不应大于表 2-4-7 规定的数值，该指标应已包括光纤接续点与连接器件的衰减在内。

表 2-4-7　光纤信道衰减范围

| 级别 | 最大信道衰减/dB | | | |
|---|---|---|---|---|
| | 单模 | | 多模 | |
| | 1 310 nm | 1 550 nm | 850 nm | 1 300 nm |
| OF－300 | 1.80 | 1.80 | 2.55 | 1.95 |
| OF－500 | 2.00 | 2.00 | 3.25 | 2.25 |
| OF－2000 | 3.50 | 3.50 | 8.50 | 4.50 |

③光纤信道和链路的衰减也可按下列公式计算，光纤接续点及连接器件损耗值的取定应符合表 2-4-8 的规定。

光纤信道和链路损耗＝光纤损耗＋连接器损耗＋光纤接续点损耗

光纤损耗＝光纤损耗系数(dB/km)×光纤长度

连接器件损耗＝连接器件损耗/个×连接器件个数

光纤接续点损耗＝光纤接续点损耗/个×光纤连接点个数

表 2-4-8　　光纤接续点及连接器件损耗值(dB)

| 类别 | 多模 | | 单模 | |
|---|---|---|---|---|
| | 平均值 | 最大值 | 平均值 | 最大值 |
| 光纤熔接 | 0.15 | 0.3 | 0.15 | 0.3 |
| 光线机械连接 | — | 0.3 | — | 0.3 |
| 光纤连接器件 | 0.65/0.5② | | — | |
| | 最大值 0.75① | | | |

注:①为采用预端接时含 MPO-LC 转接器件。

②针对高要求工程可选 0.5 dB。

### 2.光纤链路的衰减值测试

一级测试(T1 测试)是传统测试项目,其基本原理如图 2-4-13 所示。被测光纤的一端是光源,另一端是光功率计。光源射出的光功率是 Po,经过被测光纤链路后光功率减弱为 Pi,则被测光纤链路的衰减值就是(Po－Pi)。注:常用的光功率单位是分贝毫瓦(dBmW, dBm)或分贝微瓦(dBμW, dBμ)。

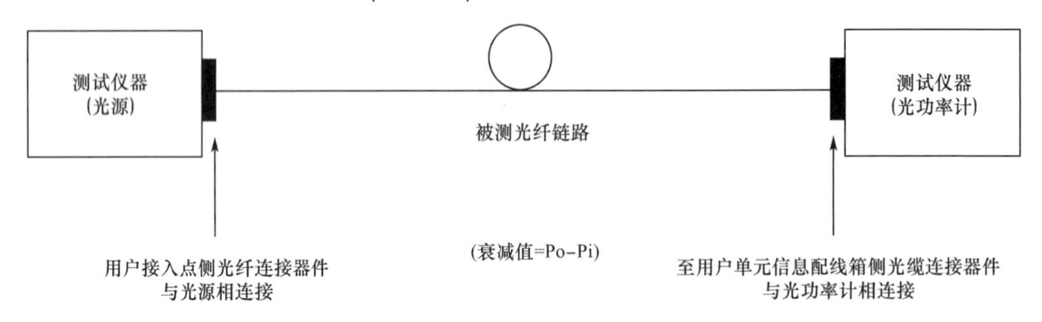


图 2-4-13　光纤损耗测试原理

光纤信道和链路测试方法可采用单跳线法、双跳线法和三跳线法。光纤测试连接模型如下:

(1)单跳线测试方法:校准连接方式如图 2-4-14 所示,信道测试连接方式如图 2-4-15 所示。

图 2-4-14　单跳线测试校准连接方式

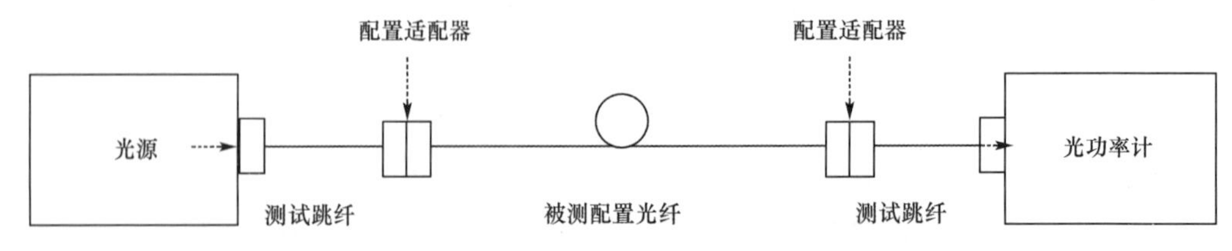


图 2-4-15　单跳线信道测试连接方式

（2）双跳线测试方法：校准连接方式如图 2-4-16 所示，信道测试连接方式如图 2-4-17 所示。

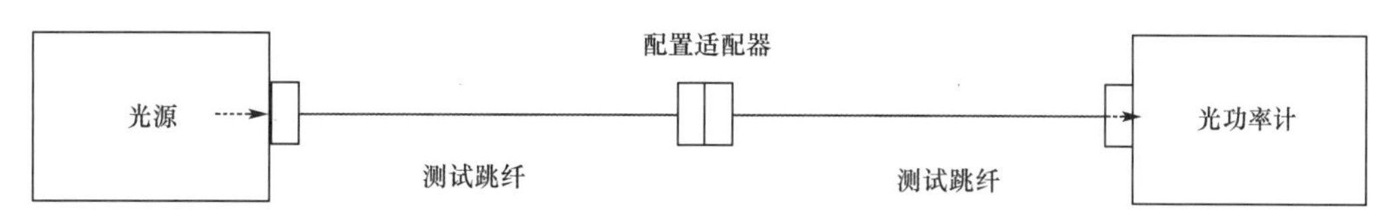


图 2-4-16 双跳线测试校准连接方式

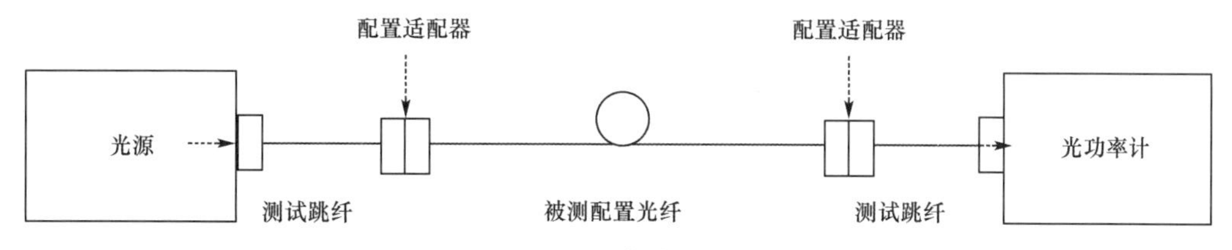


图 2-4-17 双跳线信道测试连接方式

（3）三跳线测试方法：校准连接方式如图 2-4-18 所示，链路测试连接方式见图 2-4-19，信道测试连接方式见图 2-4-20。

图 2-4-18 三跳线测试校准连接方式

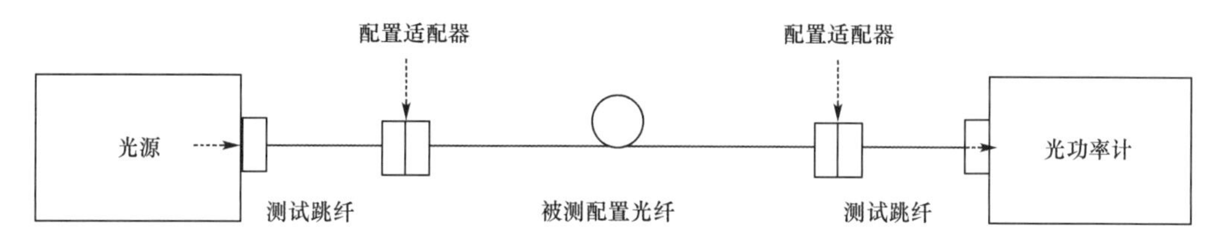


图 2-4-19 三跳线链路测试连接方式

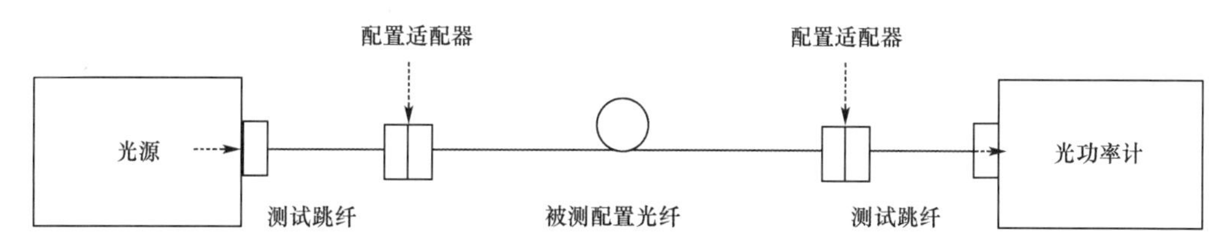


图 2-4-20 三跳线信道测试连接方式

### 3.OTDR 测试及诊断原理

光功率计只能测试光功率损耗，如果要确定损耗的具体位置和损耗的起因，就要采用光时域反射计（OTDR）。OTDR 向被测光纤注入窄光脉冲，然后在 OTDR 发射端口处接收从被测光纤中返回的光信号，这些返回的光信号是由光纤本身存在（逆向）散射现象且光纤连接点存在（菲涅尔）反射现象等原因造成的。将这些光信号数据对应接收的时间轴绘制成图形后即可得到一条 OTDR 曲线。横轴表示时间或距离,纵轴表示接收的返回的光信号强度。如果对这些光信号的强度和属性进行分析和判读,就可实现对链路中各种事件的评估。根据仪器绘制的 OTDR 曲线或者列出的事件表,就可以迅速地查找、确定故障点的准确位置,并判断故障的性质及类别,为分析光纤的主要特性参数提供准确的数据。

OTDR 可测试的主要参数有长度事件点的位置、光纤的衰减和衰减分布/变化情况、光纤的接头损耗、熔接点的损耗、光纤的全程回损,并能给出事件评估表。如图 2-4-21 所示,为 OTDR 曲线和对应位置的事件列表。

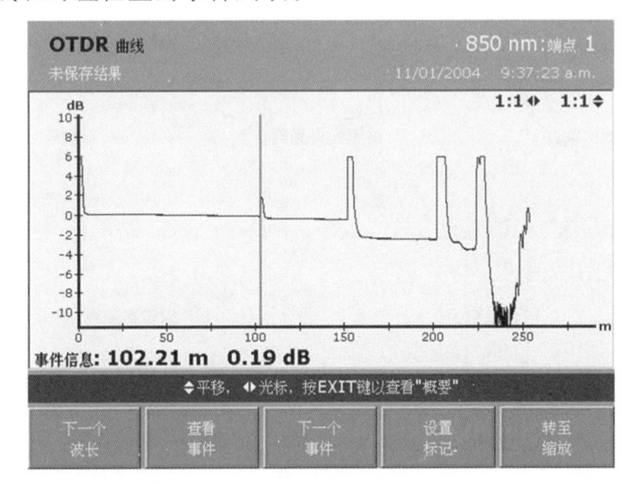


事件表　OFTM-5612
自动OTDR　11/01/2004 9:54:47 a.m.

| 位置(米) | 分贝@850nm | 分贝@1300nm | 事件类型 | 状态 |
|---|---|---|---|---|
| 0.00 | N/A | N/A | 隔板闷头 | |
| 102.21 | 0.19 | 0.13 | 反射 | |
| 151.68 | 1.93 | N/A | 反射 | |
| 201.69 | 0.28 | N/A | 反射 | |
| 204.11 | N/A | N/A | 隐藏 | |
| 214.05 | 0.72 | | 损耗 | |
| 223.63 | N/A | N/A | 端点 | |

卷动列表, 选择字域, 按EXIT键以查看"概要"

查看曲线　分类字域　查看细节

图 2-4-21　OTDR 曲线和对应位置的事件列表

OTDR 进行光纤链路的测试一般有三种方式:自动方式、手动方式、实时方式。当需要快速测试整条线路的状况时,可以采用自动方式,此时它只需要事先设置好折射率、波长等最基本的参数即可,其他参数则由仪表在测试中自动设置。手动方式需要对几个主要的参数全部进行预先准确设置,用于对测试曲线上的事件进行进一步的深度重复测试和详细分析。手动方式一般通过变换和移动游标、放大曲线的某一段落等功能对事件进

行准确分析定位，以此提高测试的分辨率，增加测试的精度。它在光纤链路的实际诊断测试中常被采用。实时方式是对测试曲线不断地重复测试刷新，同时观测追踪 OTDR 曲线的变化情况，一般用于追踪正处于物理位置变动过程中的光纤，或者用于核查、确认位置路由的光纤，此方法较少使用。

## 4.3 项目实施

### 任务 4-1 进行总体设计

本期工程结构化布线系统在办公楼 4 层设置中心机房，7～17 楼每层设置 1 个配线间，用于端接水平线缆和到中心机房的主干线缆，4～6 层直接布线到 4 楼机房。从各配线架到 4 楼中心机房，使用 6 芯铠装室外光纤，可防鼠咬，并支持冗余。

按本书前面介绍的内容，完成工作区、配线区、电信间的设计与施工，下面主要介绍如何实现干线、设备间的工程，本工程的进线由运营商负责，在这不做介绍。

### 任务 4-2 设计干线子系统

数据机房设在办公楼 4 层，即垂直数据主干线缆将直接从 4 层数据机房敷设到各楼层配线间 IDF。

由于医院教学综合楼的设计是面向未来的，并且考虑到数据主干的冗余问题，因此光缆在配置计算时，采用每个 IDF 内所管理的 24 个数据点配置 2 芯光纤的方法进行计算。并且在设计时，充分考虑了冗余备份的情况，为每个楼层配备了 1 根 6 芯多模 OM2 光缆。这些光缆在结构上相互分开，保证了传输带宽和稳定的传输质量，既提供了充分的容错冗余，又保证了主干网上数据传输的质量和速率，而且为将来其他独立于计算机网络的高速传输应用提供了实用的传输连接，这为高速事务处理带来了极大的方便。

光纤的优点有：光耦合率高，纤芯对准要求相对较宽松。当计算机数据传输距离超过 100 m 时，用光纤作为主干将是最佳选择。其传输距离可达到 2 km，并具有铜缆无法比拟的高带宽、高保密性和抗干扰性。随着计算机网络和光纤技术的发展，光纤的应用越来越广泛。光纤的数据传输速率最高可达 10 Gbit/s 以上，适应计算机网络的发展，具有先进性和超前性。

语音主机房位于中心机房，垂直语音主干全部使用 3 类大对数双绞线电缆。每个楼层配线间配有多根 3 类大对数双绞线，设计时按电话应用信息点数目来决定楼层配线间大对数线缆根数。对于模拟电话，使用一对线，在设计时，楼层配线间中大对数线缆的对数满足语音应用的同时，还必须留有适当余量。在本系统中，设计的冗余量按照不少于 20%进行，达到了《智能建筑检验等级评估细则》的标准。

在本次设计中，垂直主干系统采用星型结构，从中心机房以点到点的形式敷设到各个楼层配线间。选择垂直子系统拓扑结构为星型拓扑结构，星型拓扑结构有以下优点：

(1) 便于管理，星型拓扑结构的所有通信都要经过中心结点来支配，所以维护管理比较方便。

(2) 便于重新配置。用户可以在楼层配线架上任意增加、删除或移动、互换某个或某些信息插座，而且仅仅涉及它们所连接的终端设备。

(3) 便于故障隔离与检测。由于各信息点都连接到楼层配线架，相互之间保持相当大的独立性，因此可以方便地检测故障点。

(4) 便于系统的分段、级连与扩充。

## 任务 4-3　安装垂直桥架

垂直桥架安装在弱电竖井内，自下而上，贯通整个大楼。

- 垂直桥架的作用是提供弱电竖井内垂直干线的通道。这部分在每层楼的各配线机柜旁，通过桥架将光缆和电话用电缆引出，进入弱电管道间的配线机柜内。电缆井的位置应设在靠近支持电缆的墙壁附近。垂直线缆通过垂直桥架贯通整个大楼。
- 桥架应固定在墙面上，要求桥架为全密封结构，以防鼠害。可通过锁扣开启盖子，桥架之间通过配套的连接片和螺栓连接。
- 桥架底面要求冲穿线环，提供可以固定线缆的支架，以免线缆因重力损伤。根据布线标准，要求每隔 600 mm 高度冲一排。
- 要求没有毛刺。
- 垂直桥架要与各层的水平桥架连接，并且要与各楼层配线间高架地板下的桥架连接。
- 要求桥架的内截面尺寸应大于所穿线缆截面积之和的 3 倍。
- 桥架转弯处应采用弧线形弯头或折线形弯头，以免发生线缆太多无法盖盖子的现象。
- 桥架连接处要求通过接地线彼此连接。
- 桥架施工时间应在内装潢期间，与强电工程同步进行。
- 桥架施工完毕后，应交弱电系统施工方检查。

## 任务 4-4　布设主干线缆

### 1.主干线缆布线技术规范

主干线缆布线施工过程，要注意遵守以下规范要求。

(1)应采用金属桥架或槽道敷设主干线缆，以提供线缆的支撑和保护功能，金属桥架或槽道要与接地装置可靠连接。

(2)在智能建筑中有多个系统综合布线时，注意各系统使用的线缆的布设间距要符合规范要求。

(3)在线缆布放过程中，线缆不应产生扭绞或打圈等有可能影响线缆本身质量的现象。

(4)线缆布放后，应平直处于安全稳定的状态，不应受到外界的挤压或遭受损伤而产生故障。

(5)在线缆布放过程中，布放线缆的牵引力不宜过大，应小于线缆允许拉力的 80%，在牵引过程中要防止线缆被拖、蹭、磨等，以免产生损伤。

(6)主干线缆一般较长，在布放线缆时可以考虑使用机械装置辅助人工进行牵引，在牵引过程中各楼层的人员要同步牵引，不要用力拽拉线缆。

**2.主干线缆布设技术**

主干线缆提供了从设备间到每个楼层的水平子系统之间信号传输的通道，主干线缆通常安装在竖井通道中。在竖井中敷设主干线缆一般有两种方式：向下垂放线缆和向上牵引线缆。相比而言，向下垂放线缆比向上牵引线缆要容易些。

(1)向下垂放线缆

如果主干线缆经由垂直孔洞向下垂直布放，则具体操作步骤如下：

①首先把线缆卷轴搬放到建筑物的最高层。

②在离楼层垂直孔洞的 3～4 m 处安装好线缆卷轴，并从卷轴顶部馈线。

③在线缆卷轴处安排所需的分线施工人员，每层要安排一个工人以便引导下垂的线缆。

④开始旋转卷轴，将线缆从卷轴上拉出。

把拉出的线缆引导进竖井中的孔洞。在此之前先在孔洞中安放一个塑料的套状保护物以防止孔洞不光滑的边缘擦破线缆的外皮，如图 2-4-22 所示。

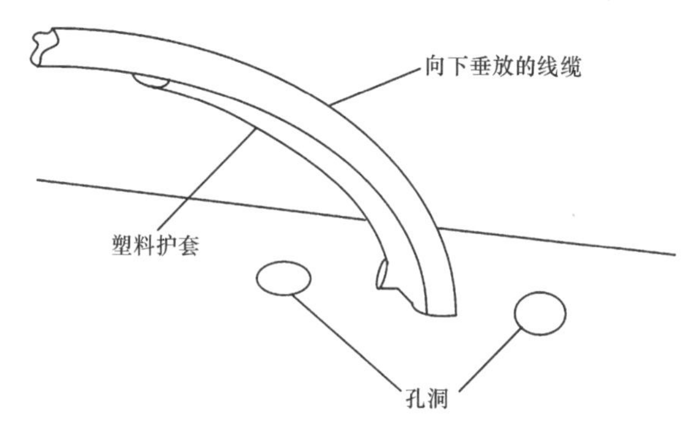


图 2-4-22 在孔洞中安放塑料保护套

⑤慢慢地从卷轴上放线缆并进入孔洞向下垂放，注意不要快速地放线缆。

⑥继续向下垂放线缆，直到下一层布线工人能将线缆引到下一个孔洞。

⑦照前面的步骤，继续慢慢地向下垂放布设，在最高层无法使用塑料保护套时，最好使用一个滑轮车，通过它来下垂布线。具体操作步骤如下：

- 大孔的中心上方安装一个滑轮车，如图 2-4-23 所示。
- 将线缆从卷轴拉出并绕在滑轮车上。
- 按照上面所介绍的方法牵引线缆穿过每层的大孔，当线缆到达目的地时，把每层上的线缆绕成卷放在架子上固定起来，等待以后的端接。

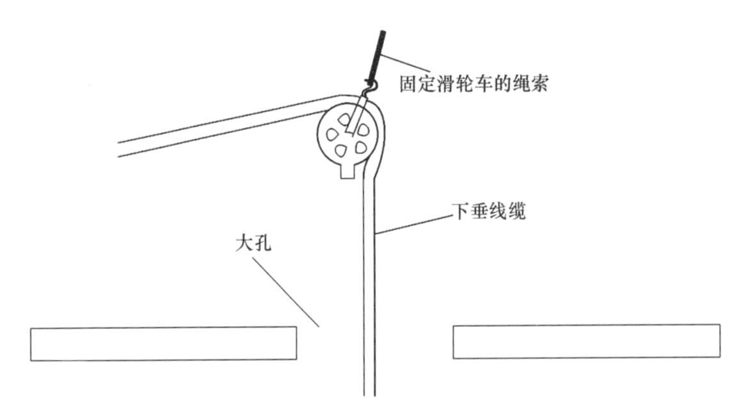


图 2-4-23 在大孔上方安装滑轮车

(2)向上牵引线缆

向上牵引线缆可借用电动牵引绞车将主干线缆从底层向上牵引到顶层,如图 2-4-24 所示。

图 2-4-24 电动牵引绞车向上牵引线缆

具体操作步骤如下:

①绞车上穿一条拉绳。

②启动绞车,并往下垂放一条拉绳,拉绳向下垂放到安放线缆的底层。

③将线缆与拉绳牢固地绑扎在一起。

④启动绞车,慢慢地将线缆通过各层的孔洞向上牵引。

⑤线缆的末端到达顶层时,停止绞车。

⑥在地板孔边缘上用夹具将线缆固定好。

所有连接制作好之后,从绞车上释放线缆的末端。

## 任务 4-5 设计设备间

设备间子系统是整个布线系统的核心,由设备间的电缆、连接器和相关支撑硬件组成,能把公共系统设备的各种不同设备互连起来。它主要提供主机设备的连接,由电话站引来的外线通过此系统完成与外界连接。

数据机房内放置光纤主配线架及网络设备,通过 6 芯多模 OM2 50/125 μm 室外光缆与各楼层配线间的光纤配线架连接,实现主干数据通信。光纤接头是 SC 型。此接头由陶瓷材料制成，最大信号衰减量小于 0.2 dB。光纤接头适配器用作两个 SC 的连接，可以保证每个连接点的损耗最多不超过 0.4 dB。

语音主配线采用 110 型配线架，所有配线架均安装在 19″标准机柜中。所有主干 100 对线缆均端接在语音配线架上，管理整座大楼的语音系统；同时由市话引来的线缆也端接于此。

设备间所选用的布线产品，与楼层配线间一致。

为方便集中管理及保护设备，本方案楼层管理子系统及设备管理子系统所采用的机柜均为 19″标准机柜，高 42 U，其中给网络设备预留 14 U。尺寸为 600 mm（宽）×800 mm（深）×2 000 mm（高，42 U），门与门框的缝隙不超过 1.5 mm，且四周缝隙均应保持一致。门均能灵活开启，没有卡阻现象。机柜顶部安装有 2～4 个风扇，背后安装电源线槽，正面安装玻璃门（带暗装门锁，以防剐伤人或刮破衣服），后背板和侧板均可拆卸。机柜的颜色为浅黄色或灰色（可由甲方指定其他颜色），亚光，采用喷塑工艺。机柜的箱体光洁，无皱纹、裂纹、毛刺和焊接痕迹。在机柜内，所有的信息点均符合一定的编号规则和颜色规则，以方便用户的使用。如果配线架上的面板纸可以更换，则施工时可以将编号作为核对线缆正确与否的手段（此时最终的信息点编号是否与线缆编号一致都没有影响），待施工完毕后再装入新的、正式的面板纸。

## 任务 4-6 熔接光纤及安装光纤配线架

### 1.连接光纤的基本要求

①光缆终端接头或设备的布置应合理有序，安装位置需安全稳定，其附近不应有可能损害它的外界设施，例如热源和易燃物质等。

②从光纤终端接头引出的光纤尾纤或单芯光缆的光纤所带的连接器应按设计要求插入光配线架上的连接部件中。暂时不用的连接器可不插接，但应套上塑料帽，以保证其不受污染，便于今后连接。

③在机架或设备（如光纤接头盒）内，应对光纤和光纤接头加以保护，光纤盘绕方向要一致，要有足够的空间和符合规定的曲率半径。

④光缆中的金属屏蔽层、金属加强芯和金属铠装层均应按设计要求，采取终端连接和接地，并应检查和测试其是否符合标准规定，如有问题必须补救纠正。

⑤光缆传输系统中的光纤连接器在插入适配器或耦合器前，应用丙醇酒精棉签擦拭连接器插头和适配器内部，清洁干净后才能插接，插接必须紧密、牢固可靠。

⑥光纤终端连接处均应设有醒目标志，其标志内容（如光纤序号和用途等）应正确无误、清楚完整。

### 2.光纤连接器互连

光纤连接器互连端接比较简单，下面以 ST 光纤连接器为例，说明其互连步骤。

①清洁 ST 连接器。拿下 ST 连接器头上的黑色保护帽，用蘸有光纤清洁剂的棉签轻轻擦拭连接器头。

②清洁耦合器。摘下光纤耦合器两端的红色保护帽，用蘸有光纤清洁剂的杆状清洁

器穿过耦合器孔，擦拭耦合器内部以除去其中的碎片，如图 2-4-25 所示。

③使用罐装气吹去耦合器内部的灰尘，如图 2-4-26 所示

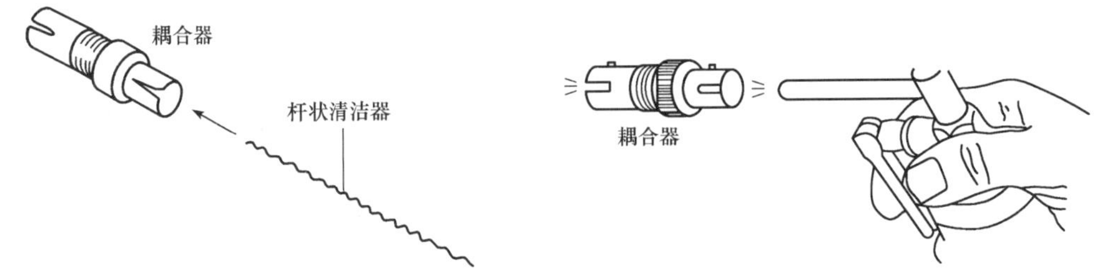


图 2-4-25　用杆状清洁器除去碎片　　　图 2-4-26　用罐装气吹去耦合器中的灰尘

④ST 光纤连接器插到一个耦合器中。将光纤连接器头插入耦合器的一端，耦合器上的突起对准连接器槽口，插入后扭转连接器以使其锁定。如经测试发现光能量耗损较高，则需摘下连接器并用罐装气重新净化耦合器，然后再插入 ST 光纤连接器。在耦合器的两端插入 ST 光纤连接器，并确保两个连接器的端面在耦合器中接触，如图 2-4-27 所示。

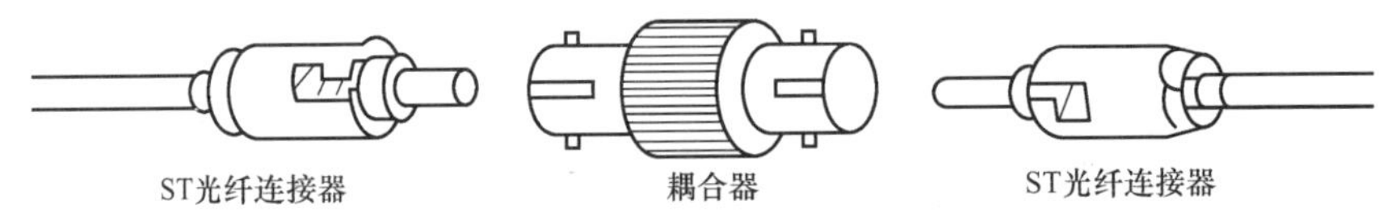


图 2-4-27　将 ST 光纤连接器插入耦合器

**注意：**每次重新安装时，都要用罐装气吹去耦合器的灰尘，并用蘸有试剂级丙醇酒精的棉签擦净 ST 光纤连接器。

⑤重复以上步骤，直到所有的 ST 光纤连接器都插入耦合器为止。

**注意：**若一次来不及装上所有的 ST 光纤连接器，则连接器头上要盖上黑色保护帽，而耦合器空白端或未连接的一端（另一端已插上连接头的情况）要盖上红色保护帽。

### 3.光纤熔接与机架式光纤配线架安装

光纤熔接是目前普遍采用的光纤接续方法，光纤熔接机通过高压放电将接续光纤端面熔融后，将两根光纤连接到一起成为一段完整的光纤。这种方法接续损耗小（一般小于 0.1 dB），而且可靠性高。熔接连接光纤不会产生缝隙，因而不会吸入反射损耗，入射损耗也很小，在 0.01～0.15 dB。在光纤进行熔接前要把涂覆层剥离。机械接头本身是保护连接光纤的护套，但熔接在连接处却没有任何的保护，因此，熔接光纤机采用重新涂覆器来涂覆熔接区域和使用熔接保护套管两种方式来保护光纤。现在普遍采用熔接保护套管的方式，它将保护套管套在接合处，然后对它们进行加热，套管内管是由热材料制成的，因此这些套管就可以牢牢地固定在需要保护的地方，加固件可避免光纤在这一区域弯曲。

光纤熔接需要开缆，开缆就是剥离光纤的外护套、缓冲管。光纤在熔接前必须去除涂覆层，以提高光纤成缆时的抗张力。光纤有两层涂覆。由于不能损坏光纤，所以剥离涂覆层是一个非常精密的程序，去除涂覆层应使用专用剥离钳，不得使用刀片等简易工具，以防损伤纤芯。去除光纤涂覆层时要特别小心，不要损坏其他部位的涂覆层，以防在熔接盒（盘纤盒）内盘绕光纤时折断纤芯。光纤的末端需要进行切割，要用专业的工具切割光纤

以使末端表面平整、清洁，并使之与光纤的中心线垂直。切割对于接续质量十分重要，它可以减少连接损耗。任何未正确处理的表面都会由于末端的分离而产生额外损耗。

光纤熔接在光纤配线架和光纤接续盒中进行，光纤配线架集熔接和配线功能于一体，对光纤起到较好的保护作用，并通过光纤耦合器实现光纤端接管理工作。本任务介绍室外光纤熔接和机架式光纤配线架的安装步骤。室内光纤没有保护钢缆和铠装结构，安装相比室外光纤容易。

以下安装中，12 芯室外单模光纤已经敷设到机柜中，12 芯室外单模光纤与 12 条光纤尾纤熔接于 12 口机架式光纤配线架中。

(1)安装工具

安装工具有开缆工具、钢丝钳、凯弗拉线剪刀、光纤剥离钳、螺丝刀、光纤切割刀、光纤熔接机(古河 S176)、酒精棉、卫生纸。

(2)设备与材料

机柜 1 台、12 口机架式光纤配线架 1 个、12 芯室外单模光缆 1 条、ST 耦合器 12 个、单模尾纤 12 条、热缩套管 12 个。

光纤熔接与机架式光纤配线架安装

(3)光纤熔接和机架式光纤配线架安装步骤

打开光纤配线架的盖板，如图 2-4-28 所示，在光纤配线架的面板上安装选定的耦合器，本例为 ST 耦合器。如图 2-4-29 所示，为安装好耦合器后的光纤配线架。

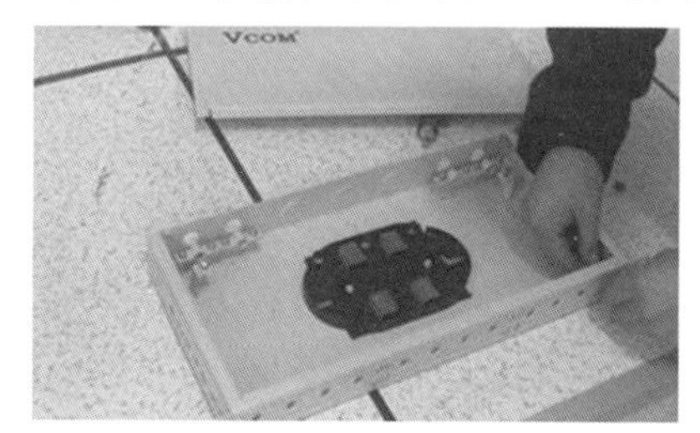


图 2-4-28　在光纤配线架的面板上安装耦合器

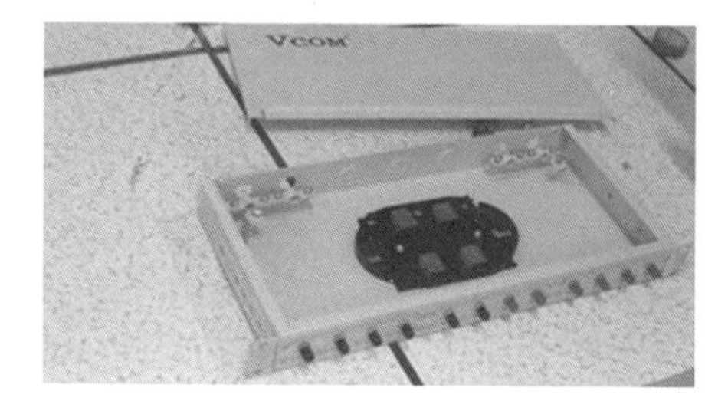


图 2-4-29　安装好耦合器后的光纤配线架

①本次安装的光缆从机柜底部穿入，光纤配线架安装在机柜底部。将预留光缆盘扎于机柜底部，只剩下 1.5～2 m，长度暂不固定，用于穿入光纤配线架和熔接，如图 2-4-30 所示。

②为了熔接方便，光纤配线架暂不安装到机柜中，而是放置于机柜前，将光缆穿过光纤配线架的进缆孔，如图 2-4-31 所示。

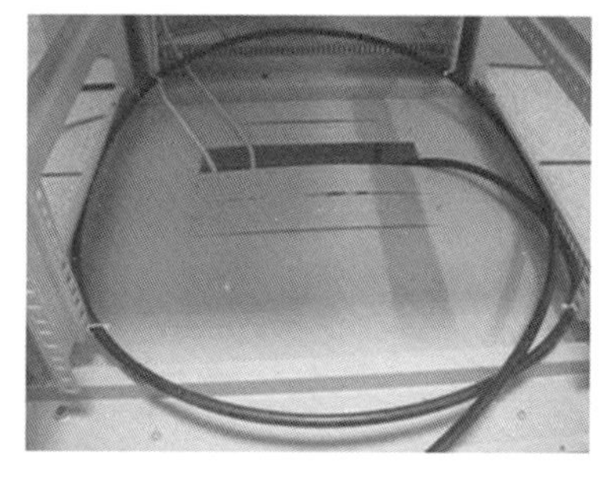

图 2-4-30　将光缆盘扎于机柜底部

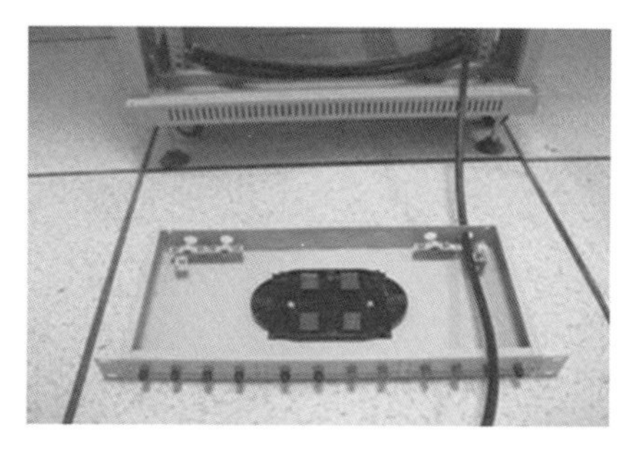

图 2-4-31　将光缆穿过光纤配线架的进缆孔

③开缆。根据机架式光纤配线架的尺码，从距光缆末端 40～50 cm 处用横向开缆刀横向切断光缆外护套，用纵向开缆刀沿光缆走向纵向切开光缆外护套。本例中仅用横向开缆刀开缆。根据光缆护套的大小，用手柄调整刀刃深度，旋转开缆刀，横向切割光缆外护套，如图 2-4-32 所示，然后将外护套抽出，如图 2-4-33 所示。

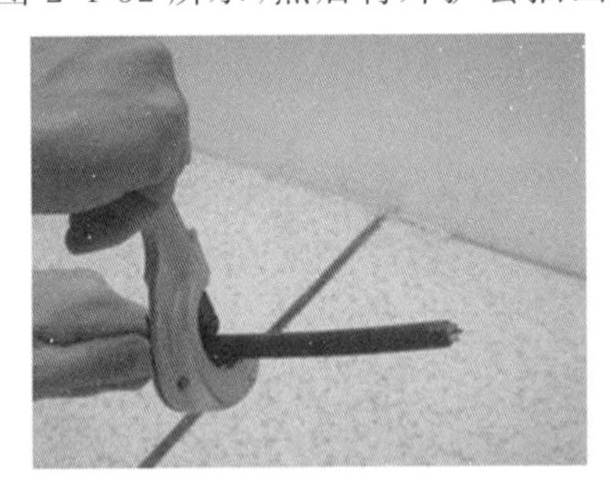

图 2-4-32　用横向开缆刀横向切割光缆外护套

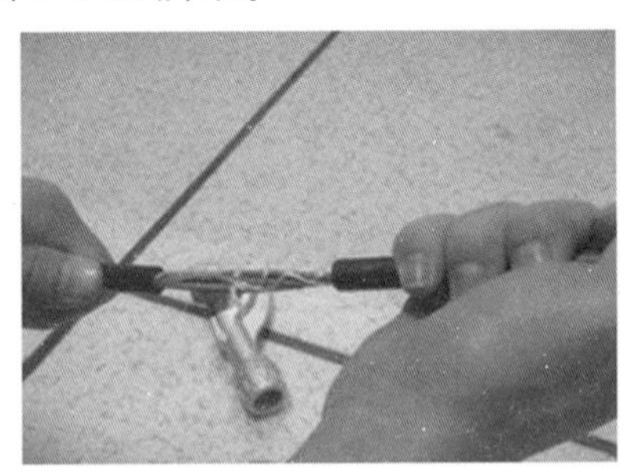

图 2-4-33　将光缆外护套抽出

④如图 2-4-34 所示，用卫生纸除去光纤上的油膏。如图 2-4-35 所示，用凯弗拉线剪刀剪除凯弗拉线。

图 2-4-34　用卫生纸除去光纤上的油膏

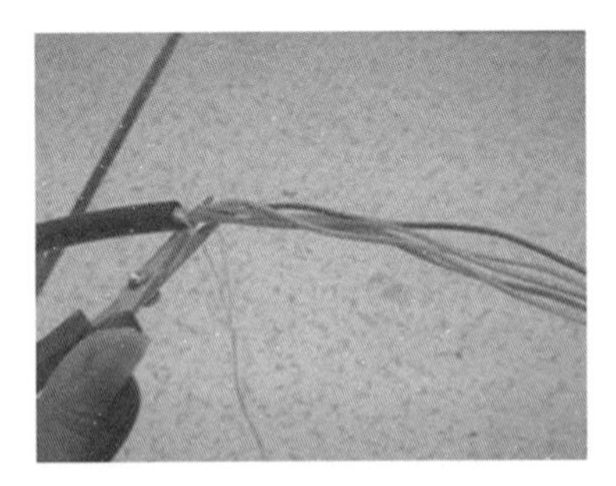

图 2-4-35　用凯弗拉线剪刀剪除凯弗拉线

⑤离开缆处约 8 cm 处用钢丝钳剪去保护用的钢丝，留下的钢丝用于固定光缆于光纤配线架，如图 2-4-36 所示。

⑥从光纤束中分离光纤，如图 2-4-37 所示。

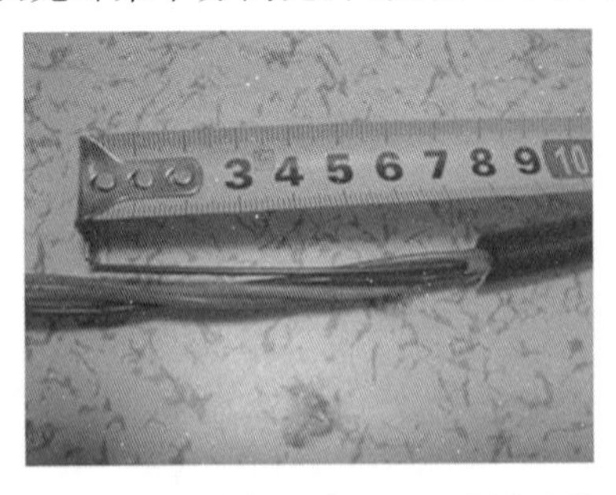


图 2-4-36　剪去钢丝，留下 8 cm 固定光缆

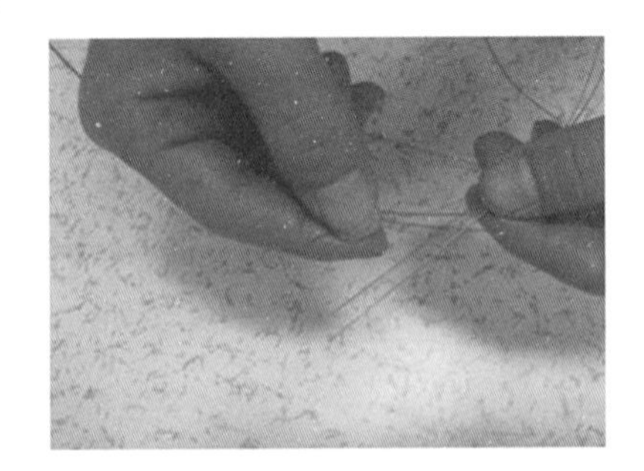

图 2-4-37　从光纤束中分离光纤

⑦用光纤剥离钳剥去光纤涂覆层，其长度一般为 3 cm 左右，如图 2-4-38 所示。用酒精棉擦拭光纤，如图 2-4-39 所示。

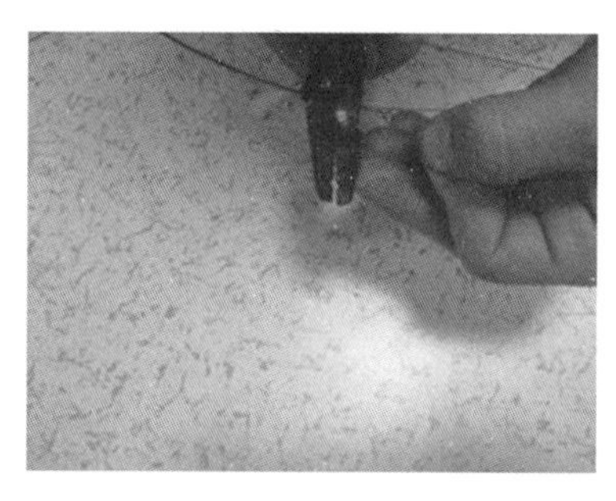

图 2-4-38　用光纤剥离钳剥去光纤涂覆层

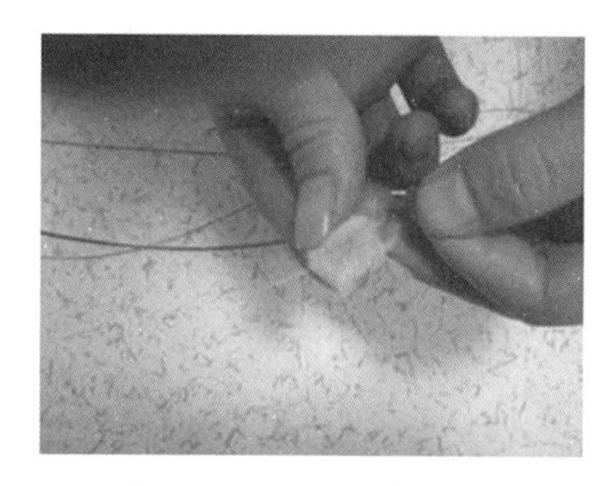

图 2-4-39　用酒精棉擦拭光纤

⑧将光纤放入光纤切割刀的光纤槽中，将光纤切到规范长度（除去涂覆层的光纤长度），本例为 15 mm（光纤切割刀上有刻度），制作光纤端面，如图 2-4-40 所示，然后将光纤断头用夹子夹到指定的容器内。

⑨开启光纤熔接机，确定要熔接的光纤是多模光纤还是单模光纤，打开熔接机电极上的护罩，打开 V 型槽，在 V 型槽内滑动光纤，在光纤端头达到两电极之间时停下来，如图 2-4-41 所示，然后合上 V 型槽。

图 2-4-40　用光纤切割刀切割光纤，制备光纤端面

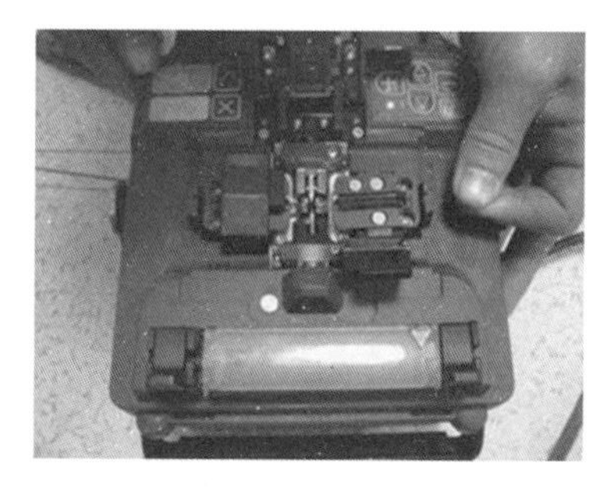

图 2-4-41　将光纤放入熔接机的 V 型槽

⑩准备光纤尾纤。根据尾纤从耦合器到盘纤盒长度和熔接需要的长度，预留光纤尾纤长度，如图 2-4-42 所示。将热缩套管（长度一般为 6 cm）套到尾纤上，如图 2-4-43 所示。

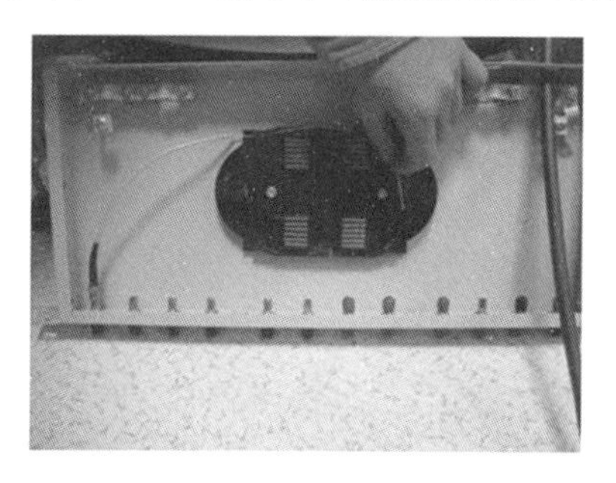

图 2-4-42　准备光纤尾纤

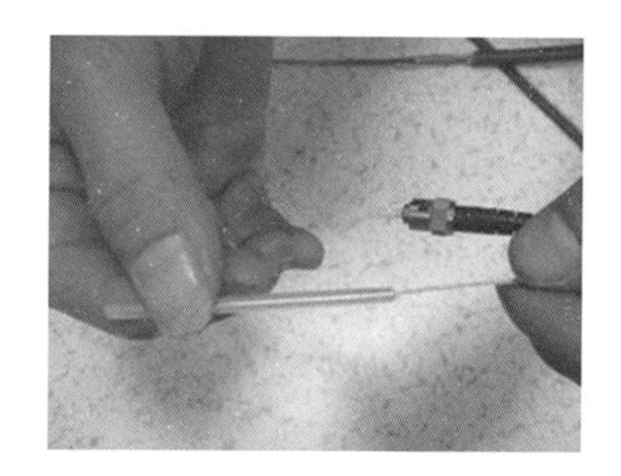

图 2-4-43　将热缩套管套到尾纤上

剥离尾纤的保护层，长度约 3 cm，如图 2-4-44 所示，然后用酒精棉签擦拭光纤。

将光纤尾纤放入光纤切割刀的尾纤槽（与光纤槽不同）中，将光纤切到规范长度（除去保护层的尾纤长度），本例为 15 mm，制备光纤端面，如图 2-4-45 所示，然后将光纤断头用夹子夹到指定的容器内。

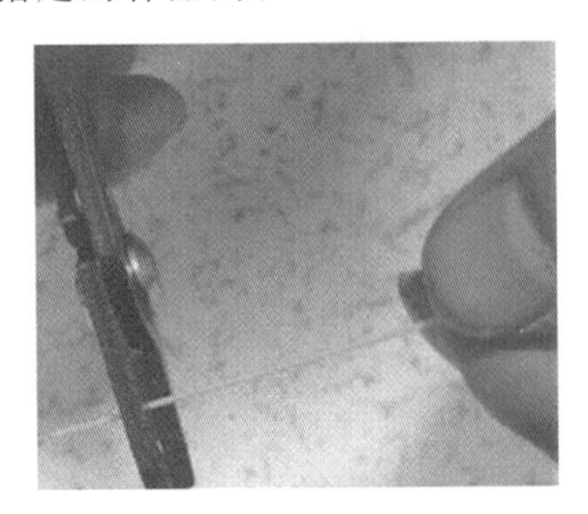
图 2-4-44　剥离尾纤的保护层

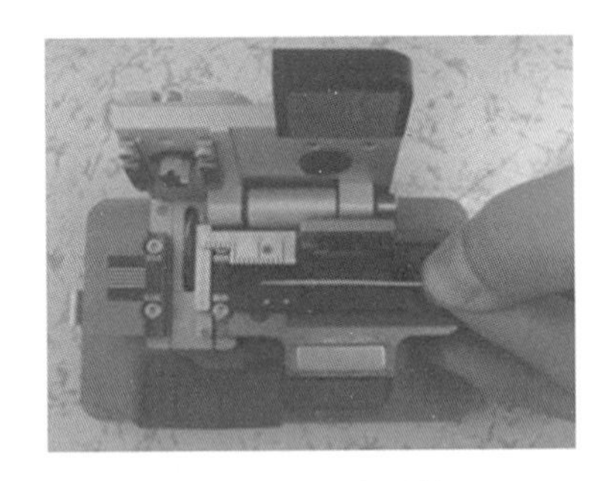
图 2-4-45　切割尾纤

同步骤⑩，将切割好的尾纤放入熔接机的另一 V 型槽中，两根纤芯在电极处对准，中间相距微小距离，如图 2-4-46 所示。

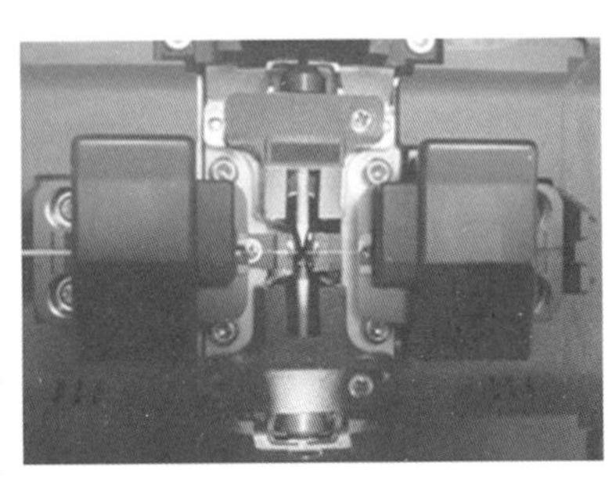
图 2-4-46　两根纤芯在电极处对准

合上 V 型槽和电极保护，自动或手动对准光纤，开始光纤的预熔，通过高压电弧放电把两光纤的断头熔接在一起，熔接光纤后，自动测试接头损耗，做出质量判断。光纤熔接最大接续损耗不得超过 0.03 dB。如图 2-4-47 所示，为熔接机上显示的接续损耗为 0.03 dB 的熔接情况，最好熔接质量的接续损耗为 0。如果光纤切割不良或两个光纤芯没有对准，显示屏上有提示，熔接不通过，需重新切割光纤，如图 2-4-48 所示，右侧光纤切割不良，需重新切割和熔接。

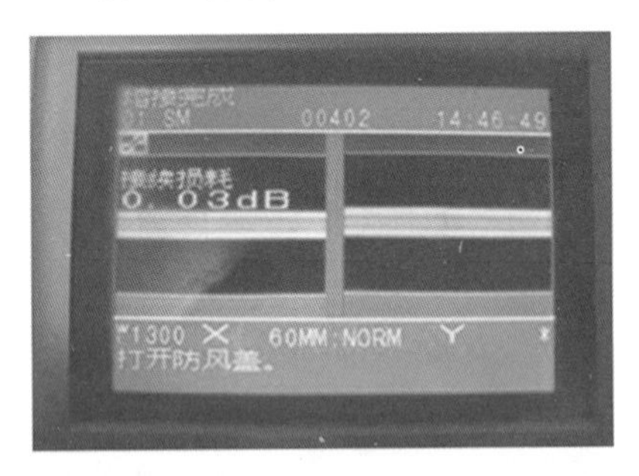

图 2-4-47　接续损耗为 0.03 dB

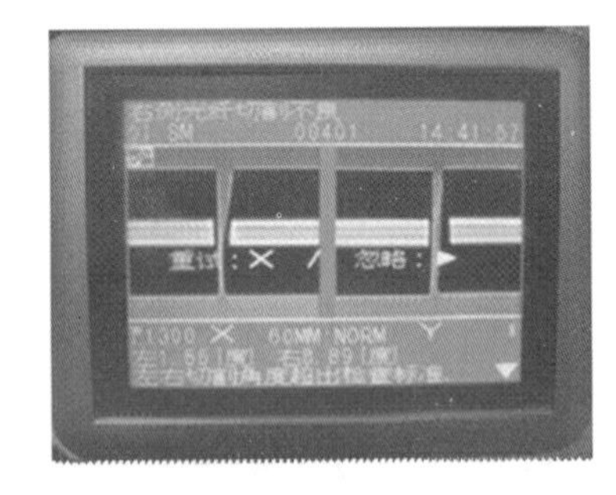

图 2-4-48　右侧光纤切割不良，需重新切割和熔接

符合要求后，从 V 型槽中取出光纤，移动热缩套管，将熔接点放置于热缩套管的中间（热缩套管长 6 cm，本例熔接点两侧裸光纤长 1.5 cm）。如图 2-4-49 所示，将热缩套管放置于熔接机的加热器中加热收缩，保护熔接头。熔接好其他 11 芯光纤，做好纤芯标识。

旋紧配线架上光缆进缆口固定装置的螺帽，将 12 芯光纤理至盘纤盒，如图 2-4-50 所示。

图 2-4-49 加热热缩套管，保护熔接头

图 2-4-50 将光纤理至盘纤盒

将热缩套管放置于盘纤盒的套管槽中，如图 2-4-51 所示。盘纤时，注意分两组从不同方向盘纤。如图 2-4-52 所示，为安装完成后的盘纤盒。

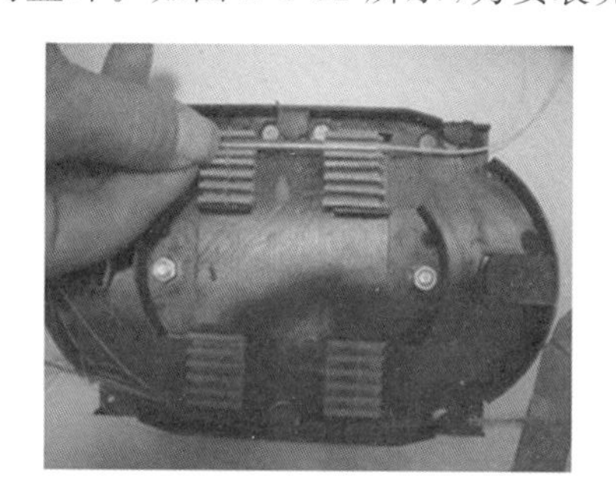

图 2-4-51 将热缩套管放置于盘纤盒的套管槽中

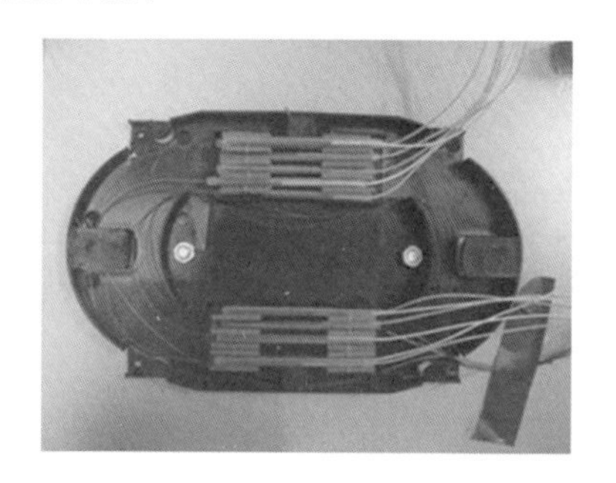

图 2-4-52 不同方向盘纤，安装完成后的盘纤盒

移去耦合器防尘罩，将尾纤 ST 头插入配线架面板上盒内的 ST 耦合器中(注意顺序)，盖上盘纤盒盖板，如图 2-4-53 所示。将光缆保护钢丝固定至进缆孔处的连接螺栓上，以起到固定作用和接地作用，如图 2-4-54 所示。

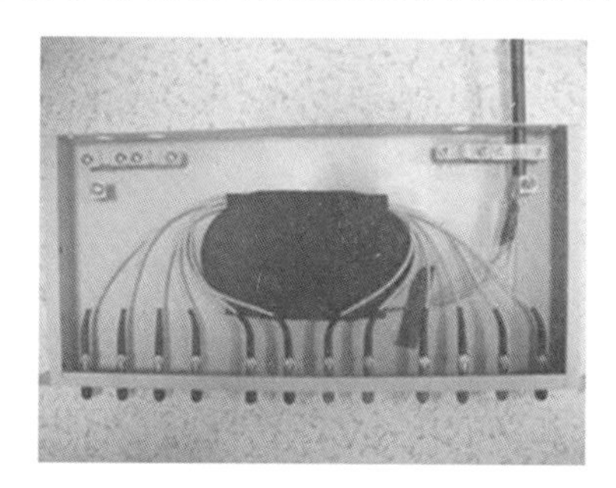

图 2-4-53 盘纤盒

图 2-4-54 光缆保护钢丝固定在连接螺栓上

如图 2-4-55 所示，盖上光纤配线架盖板，如图 2-4-56 所示，将光纤配线架安装在机柜上，整理和绑扎好机柜中的光纤，光纤熔接和机架式光纤配线架安装完毕。

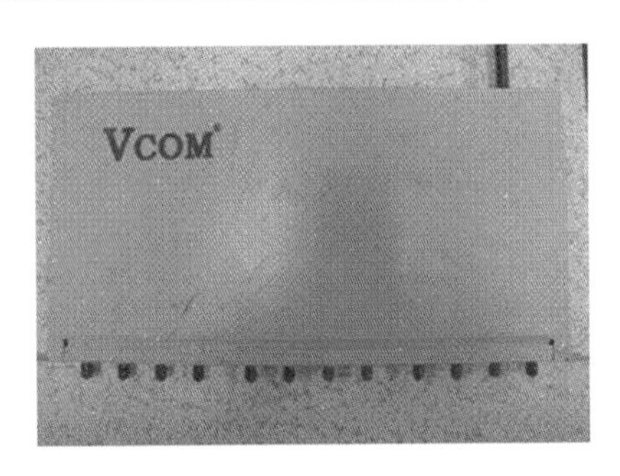


图 2-4-55 盖上光纤配线架盖板

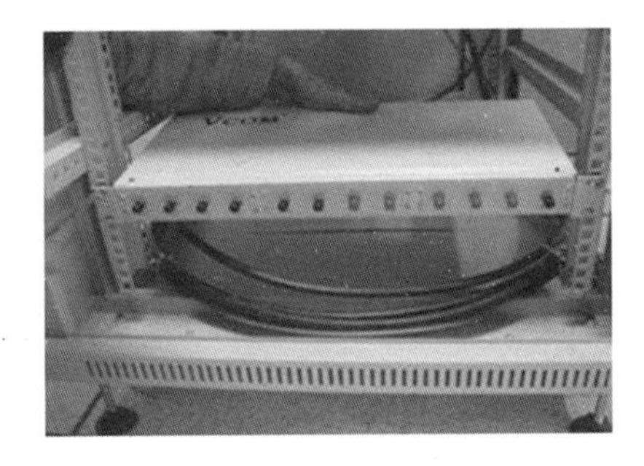

图 2-4-56 将光纤配线架安装在机柜上

**4.光纤熔接故障及提高光纤熔接质量的措施**

(1)光纤熔接时熔接机的异常信息和不良结果

光纤熔接过程中由于熔接机的设置不当,会出现异常情况,对光纤操作时,光纤不洁、切割或放置不当等因素,会引起熔接失败。具体情况见表 2-4-9。

表 2-4-9　光纤熔接时熔接机的异常信息和原因及采取的措施

| 信息 | 原因 | 措施 |
|---|---|---|
| 设定异常 | 光纤在 V 型槽中伸出太长 | 参照防风罩内侧的标记,重新放置光纤到合适的位置 |
| | 切割长度太长 | 重新剥除、清洁、切割和放置光纤 |
| | 镜头或反光镜脏 | 清洁镜头、升降镜和防风罩反光镜 |
| 光纤不清洁或者镜头不清洁 | 光纤表面、镜头或反光镜脏 | 重新剥除、清洁、切割和放置光纤,清洁镜头、升降镜和防风罩反光镜 |
| | 清洁放电功能关闭时间太短 | 必要时增加清洁放电时间 |
| 光纤端面质量差 | 切割角度大于门限值 | 重新剥除、清洁、切割和放置光纤,如仍发生切割不良,确认光纤切割刀的状态 |
| 超出行程 | 切割长度太短 | 重新剥除、清洁、切割和放置光纤 |
| | 切割放置位置错误 | 重新放置光纤到合适的位置 |
| | V 型槽脏 | 清洁 V 型槽 |
| 气泡 | 光纤端面切割不良 | 重新制备光纤或检查光纤切割刀 |
| | 光纤端面脏 | 重新制备光纤端面 |
| | 光纤端面边缘破裂 | 重新制备光纤端面或检查光纤切割刀 |
| | 预熔时间短 | 调整预熔时间 |
| 太细 | 锥形功能打开 | 确保"锥形熔接"功能关闭 |
| | 光纤送入量不足 | 执行"光纤送入量检查"指令 |
| | 放电强度太大 | 不用自动模式时,减小放电强度 |
| 太粗 | 光纤送入量过大 | 执行"光纤送入量检查"指令 |

(2)影响光纤熔接损耗的主要因素

导致光纤熔接损耗的原因很多,主要有以下 4 个方面:

①光纤自身因素。如待连接的两根光纤的几何尺寸不一样,不是同心圆,不规整,相对折射率不同等。

②光纤施工质量。由于光纤在敷设过程中的拉伸变形,接续盒中夹固光纤压力太大等原因造成接续点附近光纤物理变形。

③操作技术不当。由于熔接人员操作水平、操作步骤、盘纤工艺水平,熔接机中电极清洁程度、熔接参数设置,工作环境清洁程度等原因导致光纤端面平整度差和端面分离、出现轴心错位和轴心倾斜等,使连接光纤的位置不准。

④熔接机本身质量问题等。

(3)提高光纤熔接质量的措施

①统一光纤材料。同一线路上尽量采用同一批次的优质名牌裸线的光缆,这样,其模场直径基本相同,光纤在某点断开后,两端的模场直径可视为一致,因而在此断开点熔接可使模场直径对光纤熔接损耗的影响降到最低。所以要求光缆生产厂家用同一批次的裸纤,按要求的光缆长度连续生产,在每盘上顺序编号并分清 AB 端,不得跳号。敷设光缆时需按编号沿确定的路由顺序布放,并保证前盘光缆的 B 端要和后一盘光缆的 A 端相连接,从而保证接续时能在断开点熔接,并使熔接损耗值达到最小。

②保证光缆敷设质量。在光缆敷设施工中,严禁光缆打小圈及弯折、扭曲。光缆施工宜采用“前走后跟,光缆上肩”的放缆方法。放缆时,牵引力不得超过光缆允许张力的 80%,瞬间最大牵引力不超过 100%。牵引力应加在光缆的加强件上,从而最大限度地降低光缆施工中光纤受损伤的概率,避免光纤芯受损导致的熔接损耗增大。

③保持安装现场环境清洁。光纤熔接应在整洁的环境中进行,严禁在多尘、潮湿的环境中露天操作。光纤接续部位及工具、材料应保持清洁,不得让光纤接头受潮。准备切割的光纤必须清洁,不得有污物。切割后的光纤不得在空气中暴露过长时间,尤其是在多尘、潮湿的环境中。

④严格遵守操作规程和质量要求。熔接人员应严格按照光纤熔接工艺流程图进行接续,熔接过程中应一边熔接一边用 OTDR 测试熔接点的接续损耗。光纤接续损耗达不到规定指标,应剪掉接头重新熔接,反复熔接次数不宜超过 3 次。若还不合格,可剪除一段光缆重新开缆熔接,务必经测试合格才能使用。

⑤选用精度高的光纤端面切割器加工光纤端面。光纤端面的好坏直接影响熔接损耗大小,切割的光纤应为平整的镜面,无毛刺,无缺损。光纤端面的轴线倾角应小于 1°。高精度的光纤端面切割器不但可以提高光纤切割的成功率,也可以提高光纤端面的质量。这对 OTDR 测试不着的熔接点(即 OTDR 测试盲点)和光纤维护及抢修尤为重要。

⑥正确使用熔接机。正确使用熔接机也是降低光纤熔接损耗的重要措施。应根据光纤类型正确合理地设置预放电电流、时间及主放电电流、时间等熔接参数。使用中和使用后应及时清洁熔接机,特别是要清洁夹具、各镜面和 V 型槽内的粉尘和光纤碎末。每次使用前应使熔接机在熔接环境中放置至少 15 min,特别是放置在与使用环境差别较大的地方。应根据当时的气压、温度、湿度等环境情况,重新设置熔接机的放电电压及放电位置,并应将 V 型槽驱动器复位。

## 任务 4-7 安装语音配线架

语音配线架安装

数据配线架的安装在前面已经介绍，下面介绍 110 配线架的安装。

### 1.安装 110 配线架步骤

下面以安装 25 对大对数电缆为例，介绍 110 配线架的安装步骤。

①配线架固定到机柜合适位置。

②机柜进线处开始整理电缆，电缆沿机柜两侧整理至配线架处，并留出大约 25 cm 的大对数电缆，用开缆工具或剪刀把大对数电缆的外皮剥去，如图 2-4-57 所示，使用绑扎带固定好电缆，将电缆穿过 110 配线架一侧的进线孔，如图 2-4-58 所示，摆放至配线架打线处。

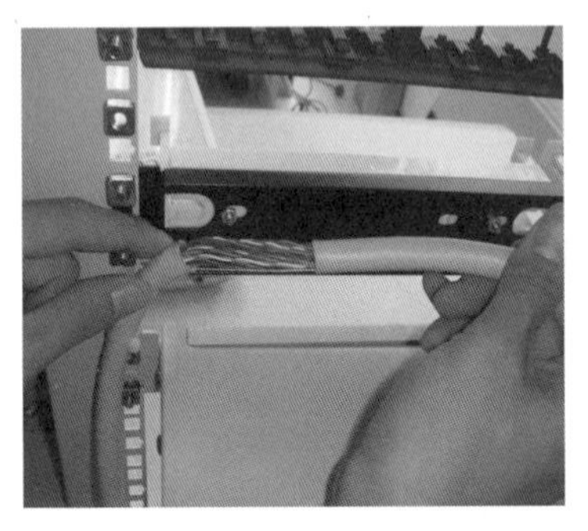
图 2-4-57 将大对数电缆的外皮剥去

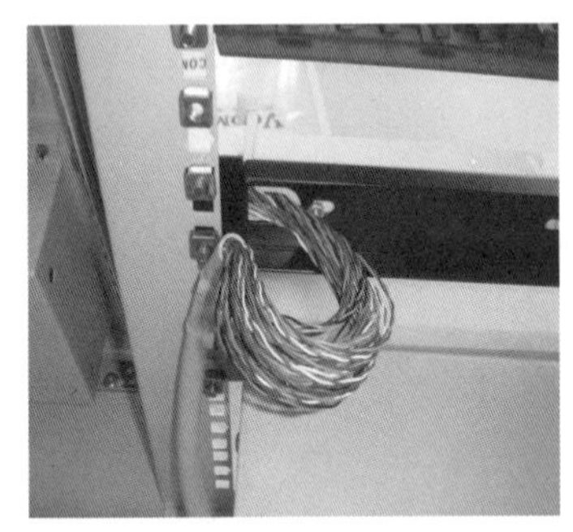
图 2-4-58 将电缆穿过配线架一侧的进线孔

③对 25 对电缆进行线序排线，首先进行主色分配，如图 2-4-59 所示，再按配色分配，如图 2-4-60 所示。标准分配原则如下：

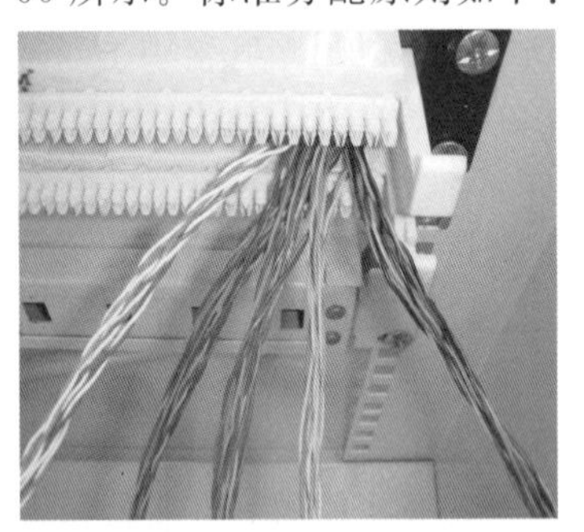
图 2-4-59 按主色分配

图 2-4-60 按配色分配

通信电缆色谱排列规则如下：

电缆主色为：白、红、黑、黄、紫。

电缆配色为：蓝、橙、绿、棕、灰。

以色带来分组，一组电缆为 25 对，分别为：

- （白蓝、白橙、白绿、白棕、白灰）。
- （红蓝、红橙、红绿、红棕、红灰）。
- （黑蓝、黑橙、黑绿、黑棕、黑灰）。
- （黄蓝、黄橙、黄绿、黄棕、黄灰）。

●(紫蓝、紫橙、紫绿、紫棕、紫灰)。

1～25 对电缆为第一组,用白蓝相间的色带缠绕;26～50 对电缆为第二组,用白橙相间的色带缠绕;51～75 对电缆为第三组,用白绿相间的色带缠绕;76～100 对电缆为第四组,用白棕相间的色带缠绕。

此 100 对电缆为 1 大组,用白蓝相间的色带把四组缠绕在一起。

200 对、300 对、400 对到 2 400 对依此类推。

④根据电缆色谱排列顺序,将对应颜色的线对逐一压入槽内,如图 2-4-61 所示,然后使用 110 打线工具固定线对连接,同时将伸出槽位外多余的导线截断。刀要与配线架垂直,刀口向外,如图 2-4-62 所示。

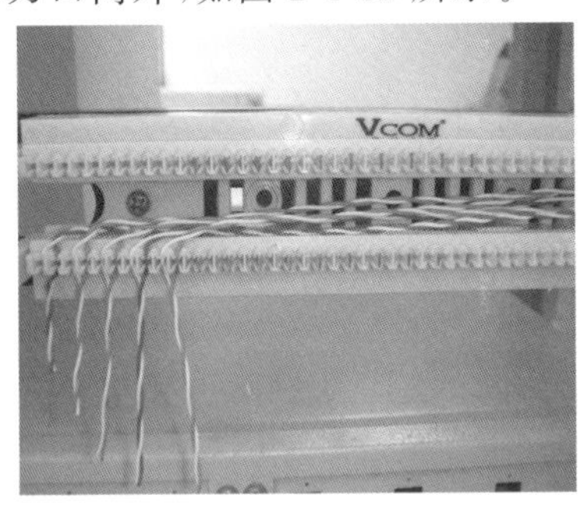


图 2-4-61　排列后把线卡入相应槽位

图 2-4-62　用打线工具逐条压紧电缆并打断多余的导线

⑤准备 5 对打线工具和 110 连接块,如图 2-4-63 所示,将连接块放入 5 对打线工具中,如图 2-4-64 所示,把连接块垂直压入槽内,如图 2-4-65 所示,并贴上编号标签。注意连接端的组合是:在 25 对的 110 配线架基座上安装时,应选择 5 个 4 对连接块和 1 个 5 对连接块,或 7 个 3 对连接块和 1 个 4 对连接块。从左到右完成白区、红区、黑区、黄区和紫区的安装。这与 25 对大对数电缆的安装色序一致。完成后的效果,如图 2-4-66 所示。

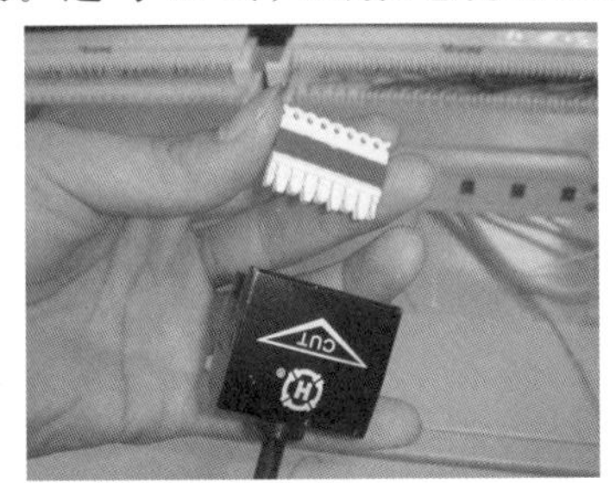


图 2-4-63　准备 5 对打线工具和 110 连接块

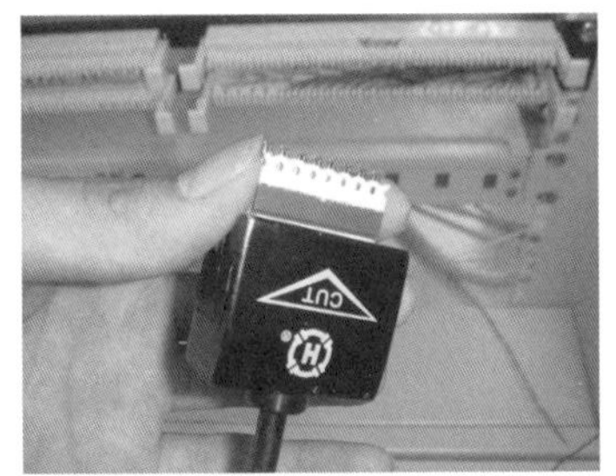


图 2-4-64　连接块放入 5 对打线工具中

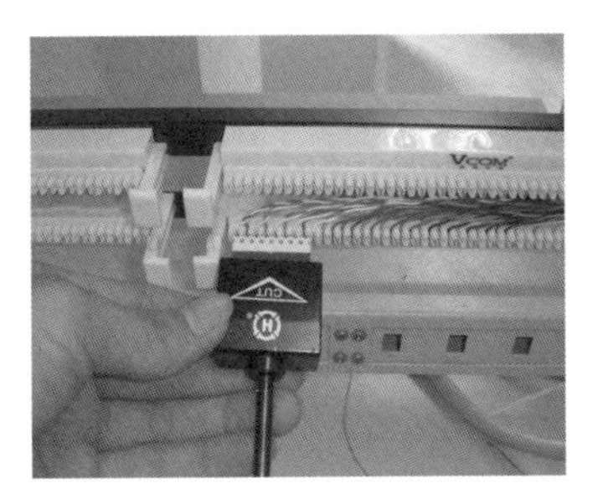

图 2-4-65　把连接块垂直压入槽内

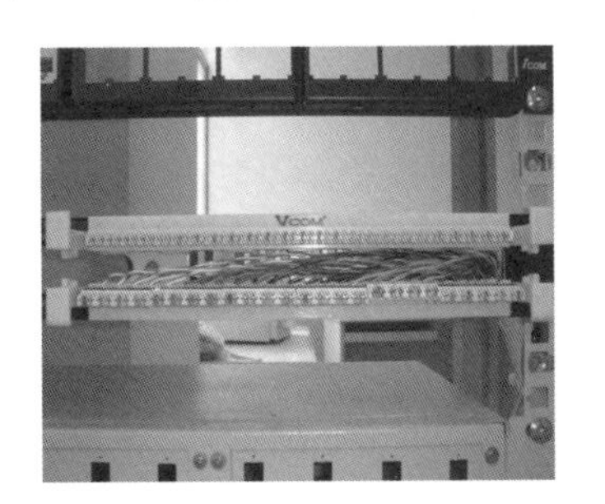

图 2-4-66　完成后的效果

2.110 配线架的跳接

①110 配线架到 110 配线架跳接(如建筑群语音主干到建筑物语音主干)用 110-110 跳线。

②110 配线架到数据配线架跳接(如建筑物语音主干到水平子系统)用 110-RJ45 跳线。

## 任务 4-8　测试光纤线路衰减

1.确定测试标准

由于该工程为国内工程,可以选择 GB 50312 标准或 1000BASE-SX 标准,这里选择 GB 50312 标准。

2.确定测试设备

选择 Fluke 的光纤模块主机和 Fluke 远端信号源进行测试。

3.测试信息点

(1)将 Fluke DTX 设备的主机和远端机都接好测试模块。

(2)测试前先设定光纤测试基准,用测试跳线将主机和远端信号源连接,Fluke 主机旋钮调至 SETUP,设定如下参数,如图 2-4-67 所示。

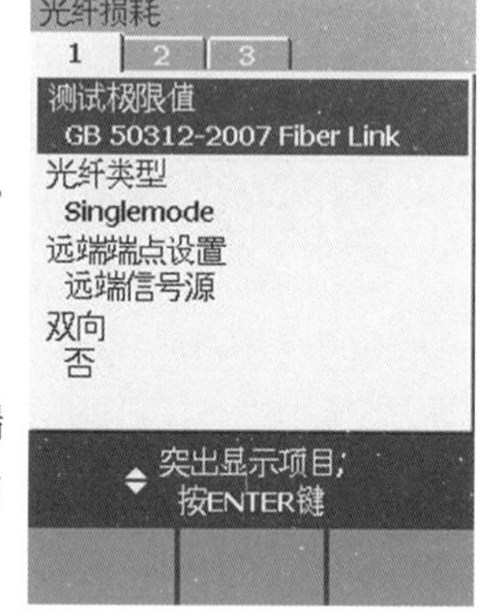


图 2-4-67　设定测试参数

(3)Fluke 主机旋钮至调 SPECIAL FUNCTION,选择设置基准,按 TEST 键设置基准,如图 2-4-68 所示。

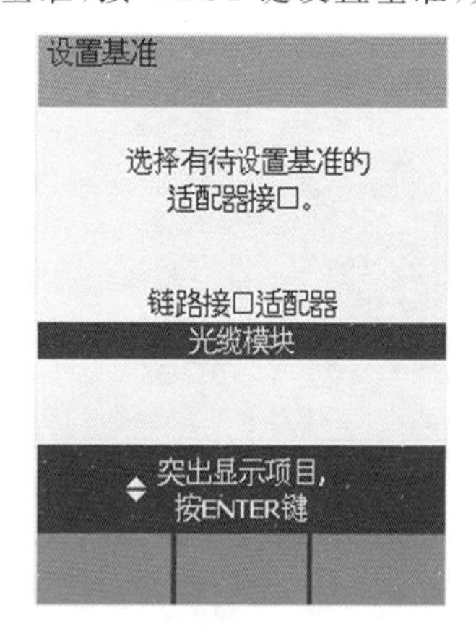


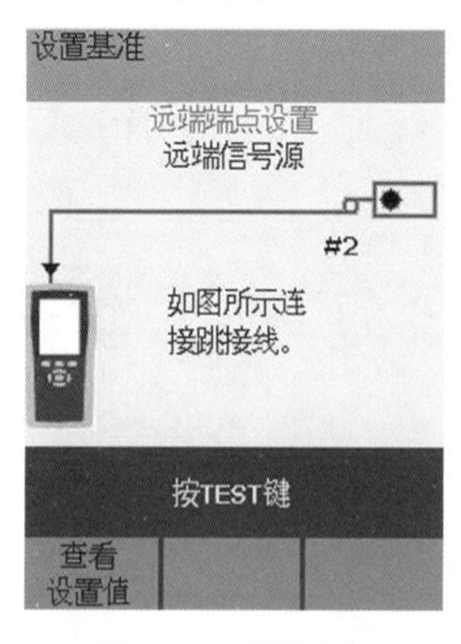

图 2-4-68　设置基准

(4)Fluke 主机跳线接设备间光纤配线架测试端口,远端接电信间配线架对应端口,旋钮调至 AUTO TEST,按 TEST 键进行测试,如图 2-4-69 所示。

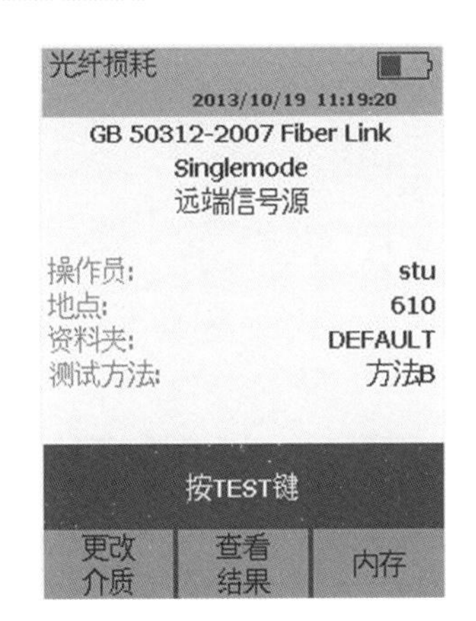


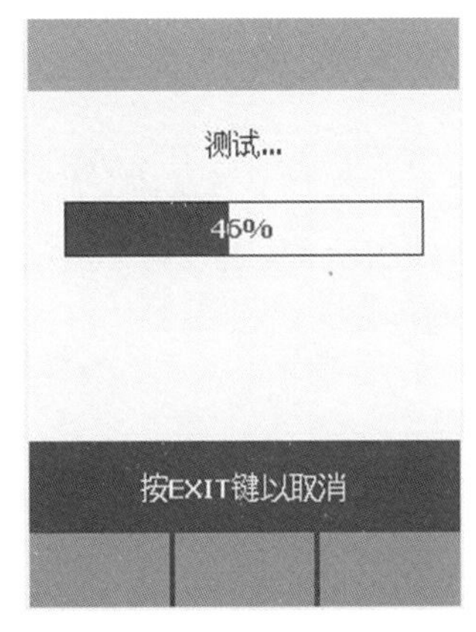


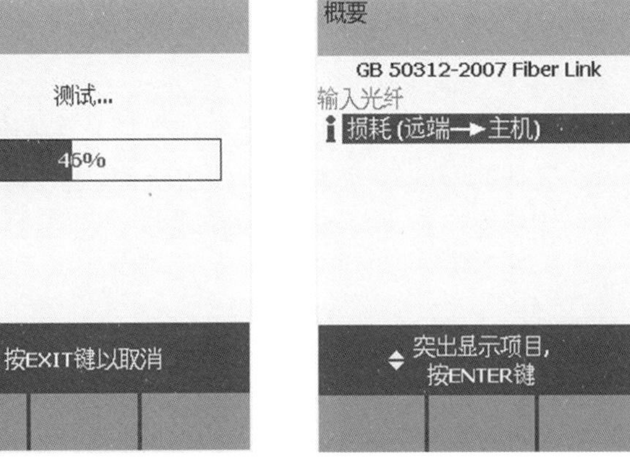


图 2-4-69　光纤衰减测试

(5)查看测试结果,如图 2-4-70 所示。

(6)测试其他光纤线路,并将测试结果导入 LinkWare。

Fluck DSX 5000 光纤损耗测试

Fluck DSX 5000 铜缆测试

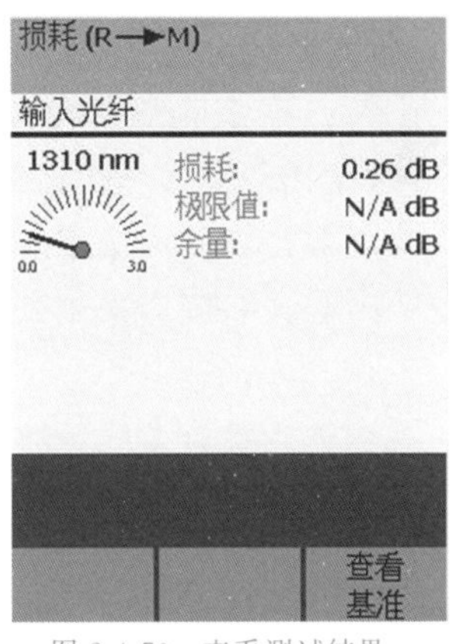


图 2-4-70　查看测试结果

## 4.4 项目小结

本项目主要介绍了干线子系统的设计,包括主干线缆选择、线缆容量计算、干线通道、干线布设路由选择及主干线缆端接。还介绍了设备间子系统的设计,主要内容为设备间位置、设备间使用面积的确定。另外,还介绍了电气保护设计、光纤测试技术。实施本项目的部分任务为垂直干线系统设计、主干线缆布设、设备间的设计、光纤熔接和配线架的安装。

## 4.5 项目实训

**1.按本项目介绍方法完成 50 对大对数电缆两端端接。**

要求:

(1)完成大对数电缆的两端开剥,不允许划伤线对。

(2)完成大对数电缆端接,要求端接方法正确,线序正确。

(3)完成大对数电缆在机柜(架)上的固定。

2.按本项目介绍方法完成光纤熔接任务。

要求：

(1)完成光缆的两端剥线，不允许损伤光缆光芯，而且长度适合。

(2)完成光缆的熔接，熔接方法要正确，并且熔接成功。

(3)完成光缆在光纤熔接盒的固定。

## 4.6 项目习题

1.填空题

(1)主干线缆组成的信道出现 4 个连接器件时，线缆的长度不应小于________ m。

(2)确定干线子系统的通道规模时，如果给定楼层的信息插座部分超过________ m，就要采用双干线接线系统，或者采用经分支电缆与设备间相连的二级交接间。

(3)设备间内梁下净高不应小于________ m。

(4)设备间应采用外开双扇防火门。房门净高不应小于________ m，净宽不应小于________ m。

(5)当综合布线区域内存在的电磁干扰场强低于________ V/m 时，宜采用非屏蔽电缆和非屏蔽配线设备。

(6)综合布线系统采用屏蔽系统时，必须有良好的接地系统，并且符合保护地线的接地电阻值，单独设置接地体时，不应大于________ Ω。

(7)大对数电缆主色为：________、________、________、________、________。

(8)大对数电缆辅色为：________、________、________、________、________。

2.选择题

(1)配线柜接地端子板应采用两根不等长度，且截面不小于________ $mm^2$ 的绝缘铜导线接至就近的等电位联结端子板。

A.3　　B.4　　C.5　　D.6

(2)双绞线与 2～5 kVA 的 380 V 电力线缆平行敷设时，最小间距为________ mm。

A.100　　B.200　　C.250　　D.300

(3)防雷保护接地电阻不应大于________ Ω。

A.5　　B.10　　C.15　　D.30

(4)25 对大对数电缆中，第三对线缆的色序是________。

A.白绿　　B.白蓝　　C.白橙　　D.白棕

# 项目 5 工业园区网综合布线

## 5.1 项目描述

某股份有限公司在开发区新建一个厂区，主要有生产车间、员工宿舍楼、食堂、联合站房等建筑，为实现生产管理信息化，要求使用综合布线系统实现整个厂区的数据、语音、安防等系统智能化管理，主干实现 1 000 MB 传输，桌面实现 100 MB 传输，线缆材料为知名品牌的产品。

本项目是一个综合性的项目，包括了几栋楼的综合布线。本项目的学习任务主要是楼栋之间的线路连接技术，以及室外到室内的进线部分的连接安装，即综合布线中的建筑群子系统和进线间子系统的设计与实施。同时还要学习布线工程的管理以及如何验收综合布线工程。

## 5.2 项目知识准备

### 5.2.1 进线间和建筑群子系统设计

1.进线间的设计配置

建筑群主干电缆和光缆、公用网和专用网电缆、光缆等室外线缆进入建筑物时，应在进线间由器件成端转换成室内电缆、光缆。线缆的终接处设置的入口设施外线侧配线模块应按出、入的电缆、光缆容量配置。

综合布线系统和电信业务经营者设置的入口设施内线侧配线模块应与建筑物配线设备(BD)或建筑群配线设备(CD)之间敷设的线缆类型和容量相匹配。

进线间的线缆引入管道管孔数量应满足建筑物之间、外部接入各类信息通信业务、建筑智能化业务及多家电信业务经营者线缆接入的需求，并应留有不少于 4 孔的余量。

**2.进线间的安装工艺**

(1)进线间内应设置管道入口,入口的尺寸应满足不少于3家电信业务经营者通信业务接入及建筑群布线系统和其他弱电子系统的引入管道管孔容量的需求。

(2)在单栋建筑物或由连体的多栋建筑物构成的建筑群体内应设置不少于1个进线间。

(3)进线间应满足室外引入线缆的敷设与成端位置及数量、线缆的盘长空间和线缆的弯曲半径等要求,并应提供安装综合布线系统及不少于3家电信业务经营者入口设施的使用空间及面积。进线间面积不宜小于10 $m^2$。

(4)进线间宜设置在建筑物地下一层临近外墙、便于管线引入的位置,其设计应符合下列规定:

①管道入口位置应与引入管道高度相对应。

②进线间应防止渗水,宜在室内设置排水地沟,并与附近设有抽排水装置的集水坑相连。

③进线间应与电信业务经营者的通信机房、建筑物内配线系统设备间、信息接入机房、信息网络机房、用户电话交换机房、智能化总控室及垂直弱电竖井等之间设置互通的管槽。

④进线间应采用相应防火级别的外开防火门,门净高不应小于2.0 m,净宽不应小于0.9 m。

⑤进线间宜采用轴流式通风机通风,排风量应按每小时不小于5次换气次数计算。

(5)与进线间安装的设备无关的管道不应在室内通过。

(6)进线间安装信息通信系统设施应符合设备安装设计的要求。

(7)综合布线系统进线间不应与数据中心使用的进线间合设,建筑物内各进线间之间应设置互通的管槽。

(8)进线间应设置不少于2个单相交流220 V/10 A电源插座盒,每个电源插座的配电线路均应装设保护器。设备供电电源应另行配置。

**3.建筑群子系统的设计要求**

建筑群子系统应按下列要求进行设计。

(1)考虑环境美化要求

建筑群子系统主干线设计应充分考虑建筑群覆盖区域的整体环境美化要求,建筑群干线电缆尽量采用地下管道或电缆沟敷设方式。因客观原因最后选用了架空布线方式的,也要尽量与原已架空布设的电话线或有线电视电缆的路由干线电缆一起敷设,以减少架空敷设的电线缆路。

(2)考虑建筑群未来发展需要

在布线设置时,要充分考虑各建筑需要安装的信息点种类、信息点数量,选择相对应的干线电缆的类型以及电缆敷设方式,使综合布线系统建成后,保持相对稳定,能满足今后一定时期内各种新的信息业务发展需要。

(3)线缆路由的选择

考虑到节省投资,线缆路由应尽量选择距离短、线路平直的路由。但具体的路由还要根据建筑物之间的地形或敷设条件而定。在选择路由时,应考虑原有已铺设的地下各种管道,线缆在管道内应与电力线缆分开敷设,并保持一定间距。

(4)电缆引入要求

建筑群干线电缆、光缆进入建筑物时,都要设置引入设备,并在适当位置终端转换为室内电缆、光缆。引入设备应安装必要保护装置以达到防雷击和接地的要求。干线电缆引入建筑物时,应以地下引入为主,如果采用架空式,应尽量采取隐蔽方式引入。

(5)干线电缆、光缆交接要求

建筑群的干线电缆、主干光缆布线的交接不应多于两次。从每栋建筑物的楼层配线架到建筑群设备间的配线架之间,只应通过一个建筑物配线架。

### 4.建筑群子系统主干线缆选择

建筑群子系统敷设的线缆类型及数量由综合布线连接应用系统种类及规模来决定。一般来说,计算机网络系统常采用光缆作为建筑群主干线缆,电话系统常采用3类大对数电缆作为主干线缆,有线电视系统常采用同轴电缆或光缆作为主干线缆。

光缆由一捆光纤组成,外表覆盖了一层保护皮层,纤芯外围还覆盖一层抗拉线,可以适应室外布线的要求。在网络工程中,经常使用62.5 μm/125 μm规格的多模光纤缆,有时也用50 μm/125 μm和100 μm/140 μm规格的多模光纤。户外布线大于2 km时可选用单模光纤。

3类大对数双绞线是由多个线对组合而成的电缆,为了适应室外传输,电缆还覆盖了一层较厚的外层皮。3类大对数双绞线根据线对数量分为25对、50对、100对、250对、300对等规格,要根据电话语音系统的规模来选择3类大对数双绞线相应的规格及数量。

### 5.建筑群子系统线缆布设方式

建筑群子系统的线缆布设方式有3种:架空布线法、直埋布线法和地下管道布线法,下面将详细介绍这3种方法。

(1)架空布线法

架空布线法通常应用于有现成电线杆,对电缆的走线方式无特殊要求的场合。这种布线方式造价较低,但影响环境美观且安全性和灵活性不足。架空布线法要求用电线杆将线缆在建筑物之间悬空架设,一般先架设钢丝绳,然后在钢丝绳上挂放线缆。

架空电缆通常穿入建筑物外墙上的U型电缆护套,然后向下(或向上)延伸,从电缆孔进入建筑物内部,如图2-5-1所示。电缆入口的孔径一般为5 cm。建筑物与最近处的电线杆相距应小于30 m。通信电缆与电力电缆之间的距离应遵守当地城管等部门的有关法规。

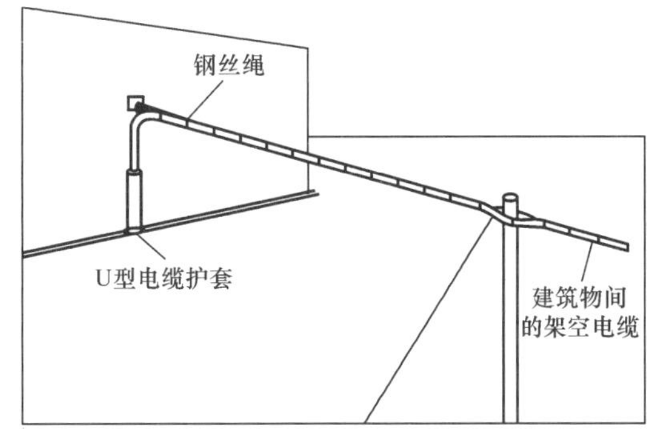


图2-5-1 架空布线法

(2)直埋布线法

直埋布线法根据选定的布线路由在地面上挖沟,然后将线缆直埋在沟内。直埋布线的电缆除了穿过基础墙的那部分电缆有保护外,电缆的其余部分直埋于地下,没有保护,如图 2-5-2 所示。直埋电缆通常应埋在距地面 0.6 m 以下的地方,或按照当地城管等部门的有关法规去施工。如果在同一土沟内埋入了通信电缆和电力电缆,应设立明显的共用标识。

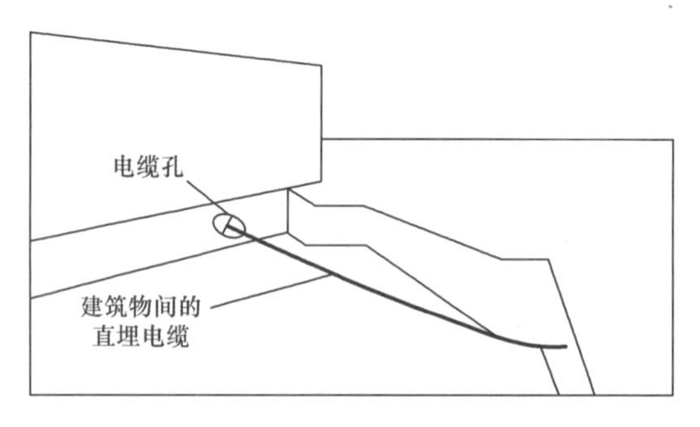


图 2-5-2 直埋布线法

直埋布线法的路由选择受到土质、公用设施、天然障碍物(如木头、石头)等因素的影响。直埋布线法具有较好的经济性和安全性,总体优于架空布线法,但更换和维护电缆不方便,且成本较高。

(3)地下管道布线法

地下管道布线法是一种由管道和入孔组成的地下系统,它把建筑群的各个建筑物进行互连。如图 2-5-3 所示,一根或多根管道通过基础墙进入建筑物内部。地下管道对电缆起到很好的保护作用,因此电缆受损坏的机会减少,而且不会影响建筑物的外观及内部结构。

管道埋设的深度一般为 0.8～1.2 m,或符合当地城管等部门有关法规规定的深度。为了方便日后的布线,管道安装时应预埋一根拉线,以供以后的布线使用。为了方便线缆的管理,地下管道应间隔 50～180 m 设立一个电缆交接盒,以方便人员维护。

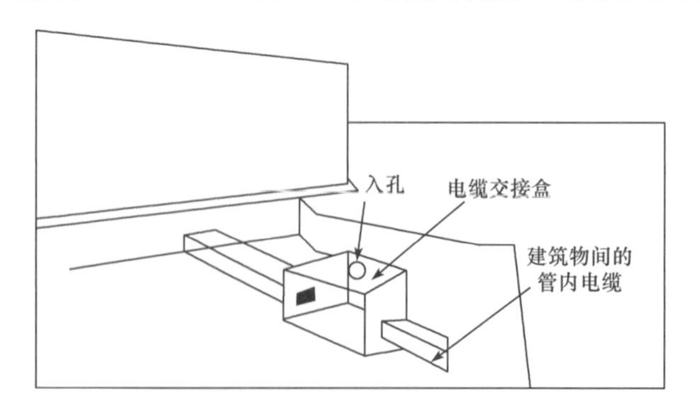


图 2-5-3 地下管道布线法

### 5.2.2 工业环境布线系统

(1)在高温、潮湿、电磁干扰、撞击、振动、腐蚀气体、灰尘等恶劣环境中应采用工业环境布线系统,并应支持语音、数据、图像、视频、控制等信息的传递。

(2)工业环境布线系统设置应符合下列规定:

①工业级连接器件应使用于工业环境中的生产区、办公区或控制室与生产区之间的交界场所,也可应用于室外环境。

②在工业设备较为集中的区域应设置现场配线设备。

③工业环境中的配线设备应根据环境条件确定防护等级。

(3)工业环境布线系统应由建筑群子系统、干线子系统、配线子系统、中间配线子系统组成,如图 2-5-4 所示。

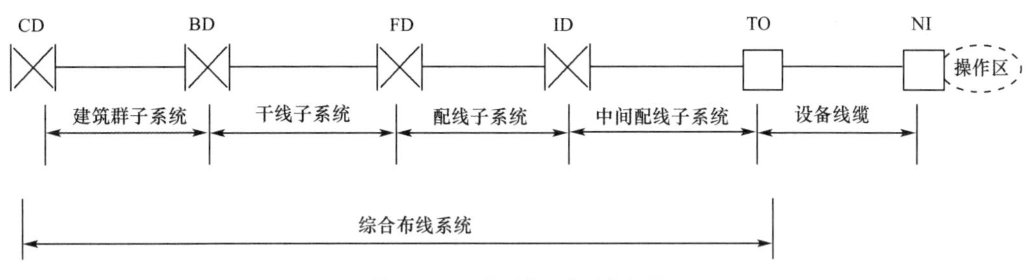


图 2-5-4 工业环境布线系统架构

(4)工业环境布线系统的各级配线设备之间宜设置备份或互通的路由,并应符合下列规定:

①建筑群 CD 与每一个建筑物 BD 之间应设置双路由,其中 1 条应为备份路由。

②不同的建筑物 BD 与 BD、本建筑物 BD 与另一栋建筑物 FD 之间可设置互通的路由。

③本建筑物不同楼层 FD 与 FD、本楼层 FD 与另一楼层 ID 之间可设置互通路由。

④楼层内 ID 与 ID、ID 与非本区域的 TO 之间可设置互通的路由。

(5) 布线信道中含有中间配线子系统时,网络设备与 ID 配线模块之间应采用交叉或互连的连接方式。

(6)在工程应用中,工业环境的布线系统应由光纤信道和双绞线电缆信道构成,如图 2-5-5 所示,并应符合下列规定:

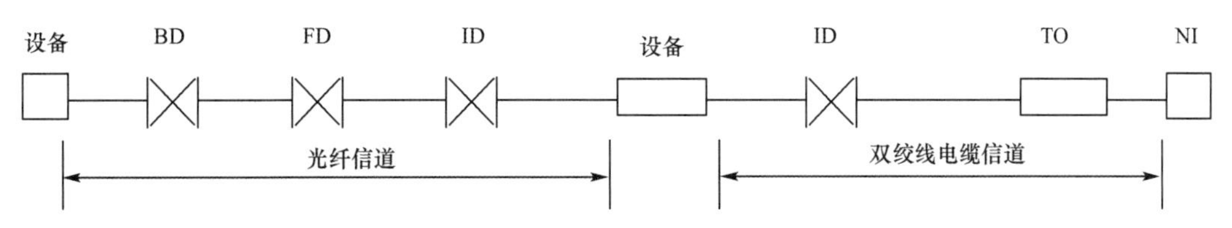


图 2-5-5 工业环境布线系统由光纤信道与双绞线电缆信道构成

①中间配线设备 ID 至工作区 TO 信息点之间双绞线电缆信道应采用符合 D、E、EA、F、FA 等级的 5、6、6A、7、7A 布线产品。布线等级不应低于 D 级。

②光纤信道可分为塑料光纤信道 OF—25、OF—50、OF—100、OF—200,石英多模光

纤信道 OF—100、OF—300、OF—500 及单模光纤信道 OF—2000、OF—5000、OF—10000 的信道等级。

(7)中间配线设备 ID 处跳线与设备线缆的长度应符合表 2-5-1 的规定。

表 2-5-1 设备线缆与跳线长度

| 连接模型 | 最小长度/m | 最大长度/m |
|---|---|---|
| ID—TO | 15 | 90 |
| 工作连接区设备线缆 | 1 | 5 |
| 配线区跳线 | 2 | — |
| 配线区设备线缆① | 2 | 5 |
| 跳线、设备线缆总长度 | — | 10 |

注:①此处没有设置跳线时,设备线缆的长度不应小于 1 m。

(8)工业环境布线系统中间配线子系统设计应符合下列规定:

①中间配线子系统信道应包括水平线缆、跳线和设备线缆,如图 2-5-6 所示。

图 2-5-6 中间配线子系统构成

②中间配线子系统链路长度计算应符合表 2-5-2 的规定。

表 2-5-2 中间配线子系统链路长度计算

| 连接模型 | 等级 | | |
|---|---|---|---|
| | D | E、EA | F、FA |
| ID 互连—TO | H=109—FX | H=107—3—FX | H=107—2—FX |
| ID 交叉—TO | H=107—FX | H=106—3—FX | H=106—3—FX |

注:①计算公式中,H 为中间配线子系统电缆的长度(m);F 为工作区设备线缆及 ID 处的设备线缆与跳线总长度(m);X 为设备线缆的插入损耗(dB/m)与水平线缆的插入损耗(dB/m)之比;3 为余量,以适应插入损耗值的偏离。

②H 的应用长度会受到工作环境温度的影响。当工作环境温度超过 20℃时,屏蔽电缆长度按每摄氏度减少 0.2%计算,非屏蔽电缆长度则按每摄氏度减少 0.4%(20 ℃~40 ℃)和每摄氏度减少 0.6%(40 ℃~60 ℃)计算。

③中间配线子系统信道长度不应大于 100 m;中间配线子系统链路长度不应大于 90 m;设备线缆和跳线的总长度不应大于 10 m,大于 10 m 时中间配线子系统水平线缆的长度应适当减少;跳线的长度不应大于 5 m。

(9)工业环境布线系统干线子系统设计应符合下列规定:

①干线子系统信道连接方式及链路长度计算应符合综合布线系统工程设计规范 GB 50311—2007 第 3.3.3 条第 2 款的规定。

②双绞线电缆的干线子系统可采用 D、E、EA、F、FA 的布线等级。干线子系统信道长度不应大于 100 m,存在 4 个连接点时长度不应小于 15 m。

③光纤信道的等级及长度应符合表 2-5-3 的规定。

表 2-5-3　光纤信道长度

| 光纤类型 | 光纤等级 | 信道长度/m | | | | | |
|---|---|---|---|---|---|---|---|
| | | 波长/nm | 650 | 850 | 1300 | 1310 | 1550 |
| OP1 塑料光纤 | OF—25、OF—50 | 双工连接 | 8.3 | — | — | — | — |
| | | 接续 | — | — | — | — | — |
| OP2 塑料光纤 | OF—100、OF—200 | 双工连接 | 15.0 | 46.0 | 46.0 | — | — |
| | | 接续 | — | — | — | — | — |
| OH1 复合塑料光纤 | OF—100、OF—200 | 双工连接 | — | 150.0 | 150.0 | — | — |
| | | 接续 | — | — | — | — | — |
| OM1、OM2、OM3、OM4 多模光纤 | OF—300、OF—500、OF—2000 | 双工连接 | — | 214.0 | 500.0 | — | — |
| | | 接续 | — | 86.0 | 200.0 | — | — |
| OS1 单模光纤 | OF—300、OF—500、OF—2000 | 双工连接 | — | — | — | 750.0 | 750.0 |
| | | 接续 | — | — | — | 300.0 | 300.0 |
| OS2 单模光纤 | OF—300、OF—500、OF—2000、OF—5000、OF—10000 | 双工连接 | — | — | — | 1875.0 | 1875.0 |

### 5.2.3　综合布线项目管理

项目管理是一种已被公认的管理模式，它起源于传统行业，目前已广泛应用于各行各业，尤其是计算机信息系统集成行业等高科技企业。它应用如此广泛的根本原因在于项目管理适应瞬息万变的组织经营环境，提高了企业的核心竞争力。与其他传统行业相比，计算机信息系统集成行业具有动态性和不确定性，每个项目的管理过程不可简单重复，灵活性较强。对计算机信息系统集成项目实施项目管理可以规范项目需求、降低项目成本、缩短项目工期、保证项目质量，发挥出成本、时间、质量最优化的配置，最终达到用户需求，保障公司的利益。

项目管理通过项目经理来实现。在综合布线工程中，项目经理的工作贯穿于整个工作过程，从投标到项目准备、项目实施、项目收尾和验收，大工程有时要持续半年以上。计算机信息系统集成和智能建筑系统集成的内容多、范围广，本节内容以综合布线为重点，介绍项目经理在工程现场管理的工作任务。

#### 1.项目管理与项目经理

(1)项目管理内容

从管理的角度来看，每个项目无论大小都要经历项目启动、项目计划、项目实施(包括项目执行、项目监控)和项目收尾过程。所涉及的管理技术包括项目范围管理、物料管理、进度管理、质量管理、技术管理、成本管理、客户关系管理、风险管理、人力资源管理、采购管理、沟通管理、文档管理和项目整体管理。

①物料管理

物料管理是很多项目经理容易忽略的问题。很多公司现在实现了 MRPⅡ管理。在工程现场，工程的每一个物料直接影响系统能否顺利实施，但是系统集成的物料多，这就要求物料管理一定要正确、及时、由专人负责。

②进度管理

首先要建立正确的项目实施流程，明确工程实施各步骤的顺序，其次要实现计划管理，有工程计划、月计划、周计划。工程计划可以有几种做法，如表格、甘特图等。

在计划管理中一定要注意以下几点：

- 系统集成中影响进度的因素较多，计划不能一成不变，要不断随具体情况调整。
- 制订计划要各部门共同参与，因为系统集成一般需要多种专业的配合，个人不一定了解其他人的工作内容，这就要求关键人物都要参与计划的制订。
- 工程进度一定要整个项目组共同了解和掌握，做到步调一致。

③质量管理

质量管理包括质量计划编制、质量保证和质量控制。

- 质量标准的制定。对质量的要求以标准形式固定下来，达到了标准就算通过，不达到标准就要返工。
- 现场作业质量管理。现场作业质量管理应有明确的程序和质量保证体系。程序和质量保证体系的建设应以 ISO 9000 的作业标准来进行。

根据工程实施流程，建立质量保证体系，对工程进行检查，跟踪质量保证体系运作过程和分析造成不良工程的主要因素，采取相应的措施，制定相应制度，明确质检和整改责任人，使工程的质量能一直处于闭环控制状态。

- 安全管理。这里将安全管理也纳入质量管理中来，要求将《安全规范》制定出来，并严格要求按安全规范实施，现场作业要有专人负责施工安全工作。

④技术管理

由于系统集成的创造性及多技术参与的特点，系统集成在现场有许多问题要解决，各技术一定要协调配合，才能产生最佳结果。因此，系统集成的技术管理就显得非常重要，项目管理不但要懂得管理知识，还要通晓相关技术专业知识，要注意各环节的配合。在技术管理中要注意以下几点：

- 重视每种技术在项目中的应用，多种技术的配合往往产生超越传统技术的解决问题的办法。
- 重视技术文档的作用，要求技术文档要及时、具体、含义清晰，特别是一些非标的工作，更要详细留档，以便今后的审查和改进。
- 对项目组技术人员的管理与施工人员不一样。技术人员往往只关心自己的技术，不愿涉及项目中的各种协调等，因此，应创造出适合技术人员的工作环境，应尊重并及时表彰他们的工作成果，努力造就一支具有目标明确、积极向上精神的团队。

⑤成本管理

成本管理包括资源计划、成本估算、预算和成本控制。

成本估算有几种类型：量级估算、预算估算、最终估算。每种估算类型分别用于项目生命周期不同阶段，并具有不同的精度。建立成本估算有4种基本工具和技术：类比估计法、自下而上法、参数模型估计法、计算机化的估算工具等。成本估算的主要部分包括目标叙述、范围、假设、成本收益分析、现金流分析、预算分解或详细依据。

成本控制包括临近成本执行、评审变更和向项目干系人通报与成本有关的变更。

⑥客户关系管理

客户关系管理是CS(客户满意度)管理的一部分，系统集成要求以用户需求为导向，对客户关系的管理也紧紧围绕它展开。系统集成本身就是一个系统工程，它不像一个具体的产品，比如冰箱，它的功能是通用的，系统集成就不一样，每个都有不同的需求，要知道客户的需求，和客户达成一致的意见，才能设计和实施。

在客户关系管理中要注意以下问题：

- 什么是客户的真正需求？
- 哪些是客户需求中的重要部分，哪些是客户需求中的次要部分。
- 与客户做好沟通，实现客户的需求，对客户超出系统功能的需求给予合理解释。
- 与客户互通系统的标准，做好客户的培训。
- 明白客户的决策链，做好系统验收工作。

⑦文档管理

按照ISO 9000的要求制定文档模板并组织实施。文档是过程的踪迹，文档管理要真实、符合标准。文档制作要及时，归档要及时；文档中的数据必须是真实有效的；文档的格式和填写必须规范。

(2)项目经理的工作

项目经理也就是项目负责人，负责项目的组织、计划及实施过程，以保证项目目标的成功实现。项目经理的任务就是要对项目实行全面的管理，具体体现在对项目目标要有一个全局的观点，并制订计划，报告项目进展，控制反馈，组建团队，在不确定的环境下对不确定性问题进行决策，在必要的时候进行谈判及解决冲突。

①项目经理应具备的素质

- 有管理经验，是一个精明而讲究实际的管理者。
- 拥有成熟的个性，具有个性魅力，能够使项目小组成员快乐而有活力。
- 与高层领导有良好的关系。
- 有较强的技术背景。

●有丰富的工作经验，曾经在不同岗位、不同部门工作过，与各部门之间的人际关系较好，这样有助于开展工作。

●具有创造性思维。

●具有灵活性，同时具有组织性和纪律性。

②项目经理岗位职责

●全面主持项目执行机构的日常工作。

●项目实施过程的全职组织者和指挥者。

●组织编制项目质量保证计划、各类施工技术方案、安全文明施工组织管理方案并督促落实工作。

●组织编制项目执行机构的劳资分配制度和其他管理制度。

●议定项目执行机构组织和人员分配。

●具体负责项目质量、工期，以及安全目标的管理监督工作。

●管理采购部和仓储部的工作。

●负责工程的竣工交验工作。

### 2.工程项目管理机构

建立一个分工明确、组织完善的工程项目管理机构是按计划、高质量完成工程的关键。工程管理需要完成从技术与施工设计、设备供货、安装调试验收至交付的全方位服务，并能在进度、投资上进行有效管理。

(1)工程项目管理机构简介

在综合布线系统工程领域中，系统集成商一般采用公司管理下的项目管理制度，由公司主管业务的领导作为工程项目总负责，管理机构由常设机构（如商务管理部）和根据项目而临时设立的项目经理部组成，职能部门及管理机构通常如图 2-5-7 所示。

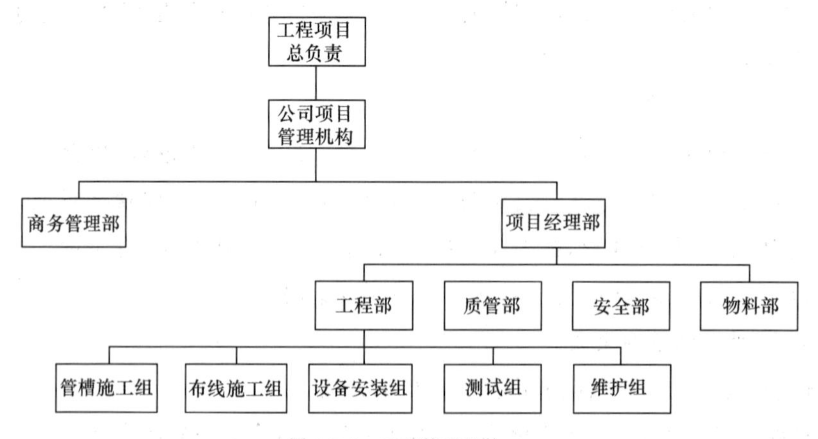


图 2-5-7　工程管理机构

(2)各部门及岗位职能

①工程项目总负责

工程项目总负责对工程负全面责任,监控整个工程的推进过程,并对重大的问题做出决策和处理,根据工程情况调配监控以确保工程质量。其负责人一般由公司副总经理以上职位人员担任。

②公司项目管理部

项目管理部为项目管理的最高职能机构。

③商务管理部

商务管理部负责项目的一切商务活动,主要由项目财务组、采购组和项目联络协调组组成。项目财务组负责项目中所有财务事务、合同审核、各种预算计划、各种项目文件管理和与建设单位的财务结算等工作。采购组根据工程项目进度及项目经理要求编制材料计划表及用款计划表,公司同意后实施采购;采购材料设备后,将组织材料设备验收入库,交由项目经理部使用。项目联络协调组主要负责与建设单位各方面的联络协调工作、与施工部门的联络协调工作和与产品厂商的联络协调工作。

④项目经理部

项目经理部是工程项目落实以后,临时建立起来的对工程项目施工实施管理的机构,是项目管理的范畴,它由项目经理负责组建,在公司内部通过任命或竞聘产生,其下一般分为3~4个职能部门。需要说明的是,如果工程项目以分包或转包的形式运作,图2-5-4中商务管理部的职能也将包括在项目经理部管理范畴内。

● 工程部。该部门主要承担各类建筑物综合布线系统的工程设计施工,负责整个项目的总控制进度计划、阶段进度计划以及相关保证措施的编制和落实;在项目总控制进度计划和阶段进度计划的指导下,编制详细的月、周和日计划;主持召开计划协调例会,对进度计划的实施过程进行监控,并根据反馈信息及时发现问题,调整计划并上报项目执行机构;结合进度计划及其保证措施,对施工措施、资源投入、劳动力安排、材料设备进出场等问题提出建议,对项目执行机构审定;参与编制项目质量策划;及时做好各项施工记录,及时整理交工文件资料;协助安全文明施工、质量体系运作和争创质量奖工作。

其实工程部可以分为不同的组,各组的分工明确,又可相互制约。

管槽施工组负责各种线槽、线管安装。布线施工组负责电缆、光缆的布放、捆绑、整理、标记等工作。设备安装组主要负责信息插座、配线架打线、机柜安装、面板安装以及各种色标制作和施工中的文档管理等工作。测试组主要按照标准对施工工程进行测试,形成测试报告和管理各种测试文档等。维护组主要职责是为该项目提供24小时响应的维修服务。

● 质管部。该部门责任重大,主要负责以下工作内容:

协助项目经理工作,负责项目质量监督、质量管理、创优评奖和ISO 9000贯标工作。

负责项目质量检验小组的工作管理和项目实施过程中的质检工作，并配合有关部门的质量监控工作。

负责管理落实质量记录的整理存档工作，协调项目负责人进行竣工资料的编制工作。

负责编制项目质量保证计划并负责监督实施过程、控制日常管理。

负责项目全员质量保证体系和质量方针的培训教育工作。

负责质量目标的分解落实，编制质量奖惩责任制度并负责日常管理工作。

负责工程创优和评奖的策划、组织、资料准备和日常管理工作。

最终负责竣工和阶段交验技术资料与质量记录的整理、分装工作，与工程部一道，共同负责项目阶段交验和竣工交验。

● 安全部。安全部主要负责以下工作：

协调项目经理工作，负责项目安全生产、文明施工和环境保护工作。

参与编制项目质量保证计划，负责编制安全文明施工组织管理方案和管理制度并监督实施。

负责安全生产和文明施工的日常检查、监督、消除隐患等管理工作。

负责管理人员和进场工人的安全教育工作；负责安全技术审核把关和安全交底；负责每周的全员安全生产例会。

负责安全目标的分解落实和安全生产责任制的考核评比；负责开展各类安全生产和宣传活动。

负责制订安全生产应急计划，保证项目施工生产的正常进行。

● 物料部。协助项目经理工作，主要根据合同及工程进度及时安排好库存和运输，为工程提供足够的物料，具体工作如下：

负责整个项目的设备材料供应、设备材料保管及发放等工作。

负责甲方供应设备、材料的领取及发放工作。

防止不合格材料或未检品进入施工现场。

做好材料标识工作。

及时送检材料，并收集原材料检验证书与产品合格证书。

### 5.2.4 综合布线系统工程检验项目及内容

综合布线工程验收是一项系统性的工作，它不仅包含前面项目介绍的链路连通性、电气和物理特性测试，还包括施工环境、工程器材、设备安装、线缆敷设、线缆终接等内容的验收。验收工作贯穿于整个综合布线工程中，包括施工前检查、随工检验、初步验收和竣工验收等阶段，每一阶段都有其特定的内容。综合布线工程与土建工程、其他弱电系统和供电系统密切相关，而且又涉及与其他行业间的接口处理，因此，验收内容涉及面广，验收时要根据涉及要求和相关标准与规范来执行。根据 GB 50312－2016 的规定，检验项目及内容见表 2-5-4。

表 2-5-4　　　　检验项目及内容

| 阶段 | 验收项目 | 验收内容 | 验收方式 |
| --- | --- | --- | --- |
| 施工前检查 | 施工前准备资料 | 1.已批准的施工图；<br>2.施工组织计划；<br>3.施工技术措施 | |
| | 环境要求 | 1.土建施工情况：地面、墙面、门、电源插座及接地装置；<br>2.土建工艺：机房面积、预留孔洞；<br>3.施工电源；<br>4.地板铺设；<br>5.建筑物入口设施检查 | 施工前检查 |
| | 器材检验 | 1.按工程技术文件对设备、材料、软件进行进场验收；<br>2.外观检查；<br>3.品牌、型号、规格、数量核对；<br>4.电缆及连接器件电气性能测试；<br>5.光纤及连接器件特性测试；<br>6.测试仪表和工具的检验 | |
| | 安全、防火要求 | 1.施工安全措施；<br>2.消防器材；<br>3.危险物的堆放；<br>4.预留孔洞防火措施 | |
| 设备安装 | 电信间、设备间、设备机柜、机架 | 1.规格、外观；<br>2.安装垂直、水平度；<br>3.漆不得脱落，标志完整齐全；<br>4.各种螺丝必须紧固；<br>5.抗震加固措施；<br>6.接地措施及接地电阻 | 随工检验 |
| | 配线模块及8位模块式通用插座 | 1.规格、位置、质量；<br>2.各种螺丝必须拧紧；<br>3.标志齐全；<br>4.安装符合工艺要求；<br>5.屏蔽层可靠连接 | |
| 电、光缆布放（楼内） | 线缆桥架布放 | 1.安装位置正确；<br>2.安装符合工艺要求；<br>3.符合布放线缆工艺要求；<br>4.接地 | 随工检验或隐蔽工程签证 |
| | 线缆暗敷 | 1.线缆规格、路由、位置；<br>2.符合布放线缆工艺要求；<br>3.接地 | 隐蔽工程签证 |

（续表）

<table>
<tr><th>阶段</th><th>验收项目</th><th>验收内容</th><th>验收方式</th></tr>
<tr><td rowspan="5">电、光缆布放（楼间）</td><td>架空线缆</td><td>1.吊线规格、架设位置、装设位置；<br>2.吊线垂度；<br>3.线缆规格；<br>4.卡、挂间隔；<br>5.线缆的引入符合工艺要求</td><td>随工检验</td></tr>
<tr><td>管道线缆</td><td>1.使用管孔孔位；<br>2.线缆规格；<br>3.线缆走向；<br>4.线缆防护设施的设置质量</td><td rowspan="3">隐蔽工程签证</td></tr>
<tr><td>埋式线缆</td><td>1.线缆规格；<br>2.敷设位置、深度；<br>3.线缆防护设施的设置质量；<br>4.回填土夯实质量</td></tr>
<tr><td>通道线缆</td><td>1.线缆规格；<br>2.安装位置、路由；<br>3.土建设置符合工艺要求</td></tr>
<tr><td>5.其他</td><td>1.通信线路与其他设施的间距；<br>2.进线室设施安装、施工质量</td><td>随工检验或隐蔽工程签证</td></tr>
<tr><td rowspan="4">线缆成端</td><td>RJ45、非 RJ45 通用插座</td><td rowspan="4">符合工艺要求</td><td rowspan="4">随工检验</td></tr>
<tr><td>光纤连接器件</td></tr>
<tr><td>各类跳线</td></tr>
<tr><td>配线模块</td></tr>
</table>

（续表）

| 阶段 | 验收项目 | 验收内容 | | 验收方式 |
|---|---|---|---|---|
| 系统测试 | 各等级的电缆布线系统工程电气性能测试内容 | A、C、D、E、EA、F、FA | 1.连接图；<br>2.长度；<br>3.衰减(只为A级布线系统)；<br>4.近端串音；<br>5.传播延时；<br>6.传播延时偏差；<br>7.直流环路电阻 | 竣工检验(随工测试) |
| | | C、D、E、EA、F、FA | 1.插入损耗；<br>2.回波损耗 | |
| | | EA、FA | 1.外部近端串音功率和；<br>2.外部衰减远端串音比功率和 | |
| | | 屏蔽布线系统屏蔽层的导通 | | |
| | | 为可选的增项测试(D、E、EA、F、FA) | 1.TCL；<br>2.ELTCTL；<br>3.耦合衰减；<br>4.不平衡电阻 | |
| | 光纤特性测试 | 1.衰减；2.长度；3.高速光纤链路OTDR曲线 | | |
| 管理系统 | 管理系统级别 | 符合设计文件要求 | | |
| | 标识符与标签设置 | 1.专用标识符类型及组成；<br>2.标签设置；<br>3.标签材质及色标 | | |
| | 记录和报告 | 1.记录信息；2.报告；3.工程图纸 | | |
| | 智能配线系统 | 作为专项工程 | | |
| 工程总验收 | 竣工技术文件 | 清点、交接技术文件 | | |
| | 工程验收条件 | 考核工程质量，确认验收结果 | | |

注：系统测试内容的验收亦可在随工中进行检验。

## 5.2.5 综合布线系统工程验收

(1)竣工技术文件应按下列规定进行编制：

①工程竣工后，施工单位应在工程验收以前，将工程竣工技术资料交给建设单位。

②综合布线系统工程的竣工技术资料应包括下列内容：

● 竣工图纸。

● 设备材料进场检验记录及开箱检验记录。

● 系统中文检测报告及中文测试记录。

● 工程变更记录及工程洽商记录。

● 随工验收记录，分项工程质量验收记录。

● 隐蔽工程验收记录及签证。

● 培训记录及培训资料。

③竣工技术文件应保证质量，做到外观整洁，内容齐全，数据准确。

(2)综合布线系统工程，应按表 2-5-4 所列项目、内容进行检验。检验应作为工程竣工资料的组成部分及工程验收的依据之一，并应符合下列规定：

①系统工程安装质量检查，各项指标符合设计要求，被检项检查结果应为合格；被检项的合格率为 100%，工程安装质量应为合格。

②竣工验收需要抽验系统性能时，抽样比例不应低于 10%，抽样点应包括最远布线点。

③系统性能检测单项合格判定应符合下列规定：

● 一个被测项目的技术参数测试结果不合格，则该项目应为不合格。当某一被测项目的检测结果与相应规定的差值在仪表准确度范围内，则该被测项目应为合格；

● 按综合布线验收规范 GB 50311－2016 附录 B 的指标要求，采用 4 对双绞线电缆作为水平电缆或主干电缆，所组成的链路或信道有一项指标测试结果不合格，则该水平链路、信道或主干链路、信道应为不合格。

● 主干布线大对数电缆中按 4 对双绞线对测试，有一项指标不合格，则该线对应为不合格。

● 当光纤链路、信道测试结果不满足 GB 50311—2016 附录 C 的指标要求时，该光纤链路、信道应为不合格。

● 未通过检测的链路、信道的电线缆对或光纤可在修复后复检。

④竣工检测综合合格判定应符合下列规定：

● 双绞线电缆布线全部检测时，无法修复的链路、信道或不合格线对数量有一项超过被测总数的 1%，应为不合格。光缆布线系统检测时，当系统中有一条光纤链路、信道无法修复时，为不合格。

● 双绞线电缆布线抽样检测时，被抽样检测点(线对)不合格比例不大于被测总数的 1%，应为抽样检测通过，不合格点(线对)应予以修复并复检。被抽样检测点(线对)不合格比例如果大于 1%，应为一次抽样检测未通过，应进行加倍抽样，加倍抽样不合格比例不大于 1%，应为抽样检测通过。当不合格比例仍大于 1%时，应为抽样检测不通过，应进行全部检测，并按全部检测要求进行判定。

● 当全部检测或抽样检测的结论为合格时，则竣工检测的最后结论应为合格；当全部检测的结论为不合格时，则竣工检测的最后结论应为不合格。

⑤综合布线管理系统的验收合格判定应符合下列规定：

● 标签和标志应按 10%抽检，系统软件功能应全部检测。检测结果符合设计要求应为合格。

● 智能配线系统应检测电子配线架链路、信道的物理连接，以及与管理软件中显示的链路、信道连接关系的一致性，按 10%抽检；连接关系全部一致应为合格，有一条及以上链路、信道不一致时，应整改后重新抽测。

(3)光纤到用户单元系统工程中用户光缆的光纤链路应 100%测试并合格，才能判定工程质量为合格。

## 5.3 项目实施

### 任务 5-1 设计建筑群系统

根据前面几个项目的方法，对宿舍楼、联合站房、门厅、AMT 厂房进行工作区、水平配线的设计，楼层管理间的位置见表 2-5-5。

表 2-5-5 管理间(柜)位置分布表

| 序号 | 场所区域 | 管理间(柜)位置 | 语音点 | 数据点 | 光纤点 | 备注 |
|---|---|---|---|---|---|---|
| 1 | 宿舍楼 | 2F 网络机房 42U | 26 | 61 | 24 | |
| 2 | AMT 厂房 A | 2F 办公室 42U | 17 | 56 | 6 对 | |
| 3 | AMT 厂房 B | AMT 厂房 B 6U | — | — | 3 对 | |
| 4 | AMT 厂房 C | AMT 厂房 B 6U | — | — | 3 对 | |
| 5 | AMT 厂房 D | AMT 厂房 B 6U | — | — | 6 对 | |
| 6 | 联合站房 | 值班室 6U | 2 | 2 | 3 对 | |
| 7 | 材料库 | 食堂 6U | 1 | 1 | 3 对 | |
| 8 | 门卫 | 门卫 6U | 2 | 3 | 3 对 | |

在管理间子系统内，AMT 厂房 B、C、D 区与材料库各配置一台康普 100A3 挂墙式光纤盒，并配备相应的 100A3 标准面板。

管理间(柜)内配置 24 口(48 芯)高密度光纤配线架、24 口超 5 类铜缆配线架、110 型语音主干配线架、19″机柜，并配置相应的 LC 光纤面板、LC 单模光纤尾纤、数据跳线、光纤跳线。

设备间(总配线间)设在宿舍楼二楼网络机房，厂区内各个分配线管理间的数据主干、语音主干均需连接至主机房，如图 2-5-8 所示。

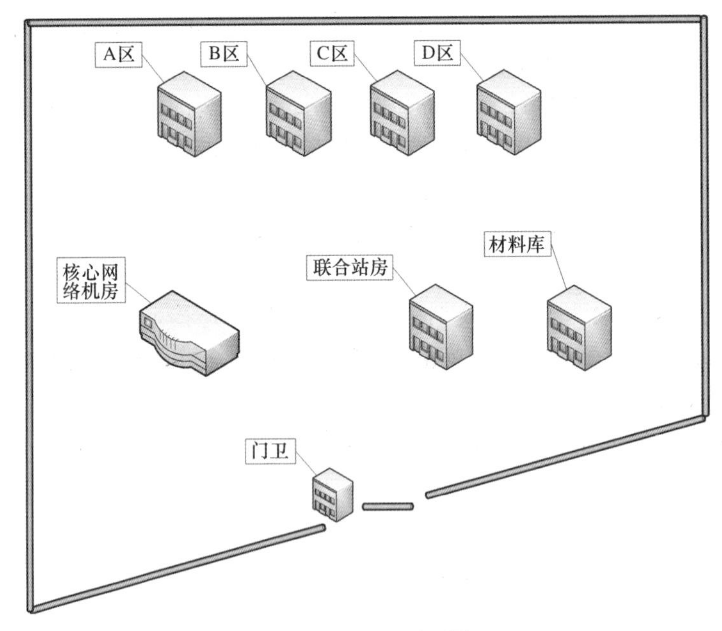


图 2-5-8　厂区平面图

产品配置:6 芯室外层绞式单模铠装光缆、3 类 50 对大对数室外铜缆、室外 3 类电话线、单模 DLNK 光纤收发器。

主干系统采用星型网络结构,布线及 3 类 50 对大对数室外铜缆分布如下:

从宿舍楼二楼网络机房分别敷设 1 条 6 芯室外层绞式单模铠装光缆至一期 AMT 厂房 A 区、B 区、C 区、D 区;敷设 1 条 50 对大对数室外铜缆至一期 ATM 厂房 A 区;敷设 1 条 6 芯室外单模光缆及 1 条室外 3 类电话线分别至联合站房的配线柜、材料库配线柜、厂区门卫配线柜,如图 2-5-9 所示。

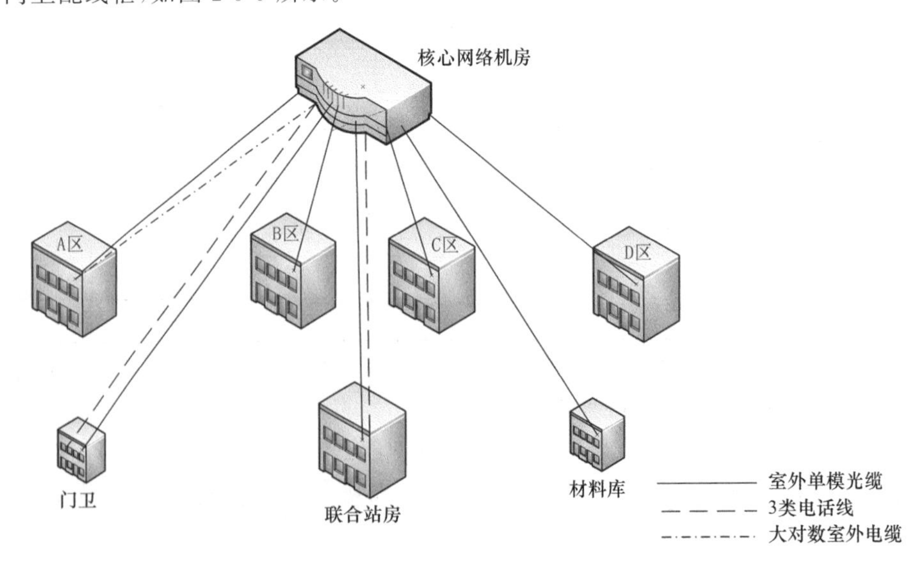


图 2-5-9　厂区内主干线路

DLNK 光纤收发器配置：

1.从 AMT 厂房 A 区至 D 区配备光纤收发器实现 RJ45 信号转换。

2.从宿舍楼二楼网络机房至联合站房配线柜配备光纤收发器实现 RJ45 信号转换。

3.从宿舍楼二楼网络机房至材料库配线柜配备光纤收发器实现 RJ45 信号转换。

4.从宿舍楼二楼网络机房至门卫配线柜配备光纤收发器实现 RJ45 信号转换。

具体的走线见本项目的 CAD 图纸。

## 任务 5-2 敷设建筑群光缆

### 1.光缆牵引

由于光缆弯曲半径和张力的限制，在牵引光缆时要规范施工。一般要注意以下几点：

(1)光缆采用人工牵引布放时，每个人孔或手孔应有人值守帮助牵引；机械布放光缆时，不需要每个孔均有人，但在拐弯处应设人照看。整个敷设过程中，必须严密组织，并有专人统一指挥，牵引光缆过程中应有较好的联络手段，不应有未经训练的人员上岗和在无联络工具的情况下施工。

(2)光缆一次牵引长度一般不应大于 1 000 m，超长距离时，应将光缆采取盘成倒 8 字分段牵引或中间适当地点增加辅助牵引，以减小光缆张力和提高施工效率。

(3)光缆的牵引端头可以预制，也可以现场制作，为防止在牵引过程中发生扭转而损伤光缆，在牵引端头与牵引索之间应加装转环。

(4)为了在牵引过程中保护光缆外护套等不受损伤，在光缆穿入管孔或管道拐弯处与其他障碍物有交叉时，应采用导引装置或喇叭口保护管进行保护，此外，根据需要可在光缆四周涂中性润滑剂等材料以减小牵引光缆时的摩擦阻力。

(5)对于给定的敷设光缆作业，需要多少施工人员，取决于牵引的是单根光缆还是多根光缆，是以最大的牵引力将光缆拉入一条管道，还是经过拥挤的区域，以及是否通过建筑物各层的预留槽孔向下布放光缆。当牵引一条光缆进入管道时，还要考虑光缆卷轴与管道的相对位置，有没有滑轮车来辅助牵引光缆等因素。

● 牵引一条光缆：如果被牵引的光缆要通过比较拥挤的区域，最好考虑用两个人，一个在卷轴处放光缆，另一人用拉绳牵引光缆。如果是往一个空的管道中敷设光缆，而且光缆卷轴放在管道的入口点处，则一个人就可以放光缆并牵引，但这种情况下必须保证张力。若管道不是空的，或光缆卷轴无法对准管道的入口点，则需要两个人，一个人将光缆馈送到管道入口处，另一个人牵引光缆。

● 牵引多条光缆：当在拥挤区域或管道中人工安装多条光缆时应配备两个人，一个人负责牵引光缆进入拥挤区域或管道(站在牵引绳的一端)，布放光缆的一侧分两种情况：如果光缆通过管道时，则第二个人在光缆卷轴的一端把光缆馈送进管道，为了避免在牵引时超过最大张力，应将光缆对准管道。若光缆要敷设在拥挤区域，第二个人负责将多根光缆馈送进此区域内，同时保证不能在带尖的边沿上拖动光缆。

● 经由建筑物各层楼板中的槽孔(弱电井)向下布放光缆：如果光缆经过建筑物弱电

竖井的槽孔向下敷设，则至少需要四个人。要安排两个人负责从卷轴上放光缆(一人备用)，在最底层的光缆入口处需要一个人，并且还要有人在楼层之间牵引光缆。

2.光缆敷设

建筑群之间的光缆基本上有三种敷设方法：管道敷设、直埋敷设、架空敷设。

(1)管道敷设：在地下管道中敷设光缆是三种方法中最好的，因为管道可以保护光缆，防止挖掘、有害动物及其他故障源对光缆造成损坏。

①在敷设光缆前，根据设计文件和施工图纸对选用光缆穿放的管孔大小和其位置进行核对，如所选管孔孔位需改变时应取得设计单位的同意。

②敷设光缆前应逐段将管孔清刷干净和试通。清扫时应用专制的清扫工具，清扫后应用试通棒检查合格才可穿放光缆。如采用塑料子管，要求对塑料子管的材质、规格、盘长进行检查，均应符合设计规定。一般塑料子管的内径为光缆外径的1.5倍以上，一个90 mm管孔中布放两根以上的子管时，其子管等效总外径不宜大于管孔内径的85%。

③光缆敷设后，应逐个在人孔或手孔中将光缆放置在规定的托板上，并应留有适当余量，避免光缆过于绷紧。人孔或手孔中光缆需接续时，应留有足够的预留长度，见表2-5-6。

表2-5-6 光缆敷设预留长度表

<table>
<tr><th>光缆敷设方式</th><th>自然弯曲增加长度/(m·km<sup>-1</sup>)</th><th>人(手)孔内弯曲增加长度/(m·孔<sup>-1</sup>)</th><th>接续每侧预备长度/m</th><th>设备每侧预备长度/m</th><th>备注</th></tr>
<tr><td>管道</td><td>5</td><td>0.5～1.0</td><td rowspan="2">一般为6～8</td><td rowspan="2">一般为10～20</td><td rowspan="2">其他预留按设计要求，管道或者光缆需引上架空时，其引上地面部分每处增加6～8 m</td></tr>
<tr><td>直埋</td><td>7</td><td></td></tr>
</table>

④当穿放塑料子管时，其敷设方法与敷设光缆基本相同，但必须符合以下规定：

- 布放两根以上的塑料子管应在其端头做好有区别的标志，如管材已有不同颜色可以区别时，其端头可以不做标志。
- 布放塑料子管的环境温度应在－5～35 ℃，在温度过低或过高时，尽量避免施工，以保证塑料子管的质量不受影响。
- 连续布放塑料子管的长度不宜超过300 m，塑料子管不得在管道中间有接头。
- 牵引塑料子管的最大拉力，不应超过管材的抗张强度，在牵引时速度要均匀。
- 穿放塑料子管的水泥管管孔，应采用塑料管堵头(也可采用其他方法)在管孔处安装使塑料子管固定。塑料子管布放完毕，应将子管口临时堵塞，以防异物进入管内，本期工程中不用的子管必须在子管端部安装堵塞或堵帽。塑料子管应根据设计要求在人孔或手孔中预留足够长度。
- 如果采用多孔塑料管可免去对子管的敷设要求。

(2)直埋敷设：通常不提倡这种方法，因任何未来的挖掘都可能破坏光缆。直埋光缆是隐蔽工程，技术要求较高，在敷设时应注意以下几点：

直埋光缆的埋设深度应符合表 2-5-7 的要求。

表 2-5-7　直埋光缆的埋设深度

| 序号 | 光缆敷设的地段或土质 | 埋设深度/m | 备注 |
| --- | --- | --- | --- |
| 1 | 市区、村镇的一般场合 | ≥1.2 | 不包括车行道 |
| 2 | 街坊和智能化小区内、人行道下 | ≥1.0 | 包括绿化带 |
| 3 | 穿越铁路、道路 | ≥1.2 | 距道砟底或距路面 |
| 4 | 普通土质(硬土路) | ≥1.2 | |
| 5 | 沙砾土质(半石质土等) | ≥1.0 | |

①在同一布线路由上且同沟敷设光缆或电缆时,应同期分别牵引敷设。

②直埋光缆的敷设位置应在统一的管线规划综合协调下进行安排布置,以减少管线设施之间的矛盾。

③在道路狭窄、操作空间小时,宜采用人工抬放敷设光缆。敷设时不允许光缆在地上拖拉,也不得出现急弯、扭转、浪涌或牵引过紧等现象。

④光缆敷设完毕后应及时检查光缆的外护套,如有破损应立即修复并测试其对地绝缘电阻。

⑤直埋光缆的接头处、拐弯点或预留长度处以及与其他地下管线交叉处应设置标志以便今后检修。标志可以专门制作,也可以利用光缆路由附近的永久建筑的特定部位,测量出距直埋光缆的相关距离,在有关图纸上记录,作为今后的参考资料。

(3)架空敷设:即在空中从电缆杆到电缆杆敷设,因为光缆暴露在空气中会受到恶劣气候的破坏,工程中较少采用架空敷设。

架空敷设光缆的方法基本与架空敷设电缆相同。其差别是光缆不能自持。因此,在架空敷设光缆时必须将它固定到两个建筑物或多根电线杆之间的钢绳上。

## 任务 5-3　进行项目管理

### 1.指导方针

综合布线系统过程中必须坚持"用户至上,质量第一"的总指导方针。为了在本工程中能够全面完成投标文件中提出的工期、质量要求,在本工程开工以前,必须对它的特点和施工要求进行全面系统的分析,拟订出可行的施工方案。采用先进的施工技术、科学组织施工,并充分利用时间、空间和资源(人、财、物),争取以最小的投入、最快的速度、最好的质量营建出最好的工程,以获得最佳的经济效益与社会效益。

### 2.目标

(1)质量控制目标

建筑工程质量的优劣,不仅影响建筑物的安全、寿命和正常使用,也直接影响承包者的信誉,是企业在激烈的市场竞争中举足轻重的筹码。从战略意义上而言,质量既是工程核心中的核心,也是企业的生命线。为了能给业主提供满意的产品,本工程的质量控制目标是按照国家、省、市现行的工程质量评定标准,确保达到优良工程。

(2)工期控制目标

本工程在合同签订后共20天完工。我们将采取各种有效手段，在保证工程质量和施工安全的前提下，保证按期完成全部工程施工并通过竣工验收，使其能够按期投入使用，充分发挥其经济效益。

(3)安全控制目标

在施工过程中，我公司将强化安全生产管理与安全教育，采取各项有效措施，杜绝重大事故发生，确保现场安全生产达标。

(4)文明施工目标

文明施工是体现一个建筑企业形象的窗口，并可以从一个侧面反映建筑企业的施工管理水平，它对提高工程质量和生产效率，减少安全事故的发生均能起到重要作用。

(5)安全生产目标

强化安全生产管理，争创无事故安全样板工地，杜绝死亡和重伤事故发生。

### 3.材料组织管理

本工程各系统材料有主材、辅材之分。按工程施工工艺特点及进度计划安排，工程前期主要是辅材和装修材料的进场，工程后期则主要是主材的进场以及设备安装、调试和试运行等。

由于主材、辅材使用性质不同，进场时间不同，因此需要区别对待，分别组织管理。

(1)仓库设置

为加强工程物料管理，设置临时仓库。要求位置靠近工地，要求通风、干燥度适宜，水电供应、防盗安全设施齐全。

(2)设备采购与入库

工程辅材及主要施工工具将按计划，自开工之日起便陆续就地采购进场入库，并配合大楼平面分割、初装过程投入使用。

工程主材设备器材及附件，将根据工程的实际进度，经会审、验收，确认合格后，开始陆续采购、发货入库。

### 4.进度控制管理

主要由经验丰富的项目经理领导项目组进行进度控制，包括设计、施工进度、材料设备供应、成本控制管理及满足各种需要的进度计划的检查，施工方案的制订与实施，以及设计、施工、总分包各方面计划的协调，经常性地对计划进度与实际进度进行比较，并及时调整计划等。

### 5.风险管理

(1)保证项目中运用的技术具有可靠性、先进性。

(2)保证项目管理的组织严密性，工程设计、施工、管理的严谨性。

(3)确保及时获得项目进程中所需的各种信息。

(4)充分估计人的因素。

(5)确保项目人员所需的技能。

(6)事先安排好项目所需的辅助设施。

(7)保证最低限度的误差损失。

(8)保证明确的责任分配原则。

### 6.质量控制管理

(1)隐蔽工程施工:由建筑施工单位、委托监理、建设单位、我公司负责人对预留预埋器材实行会同检查、成型验收。

(2)设备选型采购:主要设备器材向有可靠信誉的公司厂家提前订购、采取保险运输等措施,从材料供应上确保工程进度和质量。

(3)设备、材料检查:主要设备器材入库前,由专职检验员开箱查验并做详细记录。不合格产品坚决不准入库。查验结果须交建设单位、委托监理等有关负责人签字。

(4)阶段验收、检查:分阶段按建设单位要求,会同各有关单位进行抽查检验,发现问题及时整改,并将结果反馈至相关单位。

(5)分析总结工程进度与质量情况,集思广益,及时收集、推广好经验、好方法。

(6)文件档案管理:建立健全文档管理制度,对工程全过程的每一细节备案记录,做到有据可查。

(7)确定施工界面:与队友密切协作,配合施工,积极推进。

(8)标签管理:对每一结点都采用国际标签管理方案,各结点接入部分贴有永不磨损热敏标签。

(9)测试管理:所有信息点必须通过 Fluke 测试,并配备完整测试文档。

### 7.变更管理

修改方首先填写修改申请表(Request For Change,以下简称 RFC)。RFC 需提交评审小组确认,评审小组将就 RFC 的技术可靠性以及对整个项目的影响做出评估。评审小组主席由客户方代表指定,评审小组成员由客户方人员和公司项目小组人员组成,评审小组成员的资格确认以及人员的变更将以书面的形式通知对方。

### 8.施工的协调与配合

由于布线工程施工复杂,交叉作业频繁,因此,工程间的内部协调及与其他工程项目间的外部协调至关重要。

与建设单位、监理的协调工作主要通过例行会议方式进行。例行会议每周举行一次,若遇特殊情况,应其中一方要求,可随时就某一问题进行磋商,协调解决。

考虑到客户对工程局部可能的特殊要求,如工程变更、各施工队伍交叉作业与协调、工程培训等,建设单位可指定专业技术人员,配合本工程的全过程施工。

### 9.工程进度计划(表 2-5-8)

表 2-5-8　　工程进度计划表(合同签订起共 20 天完工)

| 类别 | 时间 | | | | | | | | | | | | | | | | | | | |
|---|---|---|---|---|---|---|---|---|---|---|---|---|---|---|---|---|---|---|---|---|
| | 01 | 02 | 03 | 04 | 05 | 06 | 07 | 08 | 09 | 10 | 11 | 12 | 13 | 14 | 15 | 16 | 17 | 18 | 19 | 20 |
| 现场勘测 | ■ | | | | | | | | | | | | | | | | | | | |
| 实施方案设计 | ■ | ■ | | | | | | | | | | | | | | | | | | |
| 材料清单 | ■ | ■ | ■ | | | | | | | | | | | | | | | | | |
| 采购计划 | | ■ | ■ | ■ | | | | | | | | | ■ | ■ | | | | | | |
| 线槽敷设 | | | ■ | ■ | ■ | ■ | ■ | | | | | | | | | | | | | |
| 室外管沟 | | | ■ | ■ | ■ | ■ | ■ | | | | | | | ■ | ■ | ■ | | | | |
| 网线敷设 | | | | | | ■ | ■ | ■ | ■ | ■ | ■ | ■ | | | | | | | | |
| 光纤、电话线敷设 | | | | | | | | ■ | ■ | ■ | ■ | ■ | | | | | | | | |
| 电线敷设 | | | | | | | | | | ■ | ■ | ■ | | | | | | | | |
| 光纤测试 | | | | | | | | | | | | | ■ | | | | | | | |
| 模块、面板安装 | | | | | | | | | | | | | ■ | ■ | ■ | | | | | |
| 配线架安装 | | | | | | | | | | | | | | ■ | ■ | ■ | ■ | | | |
| 跳线、标签整理 | | | | | | | | | | | | | | | | ■ | ■ | ■ | | |
| Fluke 测试 | | | | | | | | | | | | | | | | | | ■ | ■ | |
| 文档整理 | | | | | | | | | | | | | | | | | | ■ | ■ | ■ |

### 10.安全施工保证措施

(1)对入场的施工人员,必须进行安全教育方能上岗。

(2)项目负责人、施工现场负责人对其工种负责,工种对其班组负责,对每道工序(部位)都要进行详细的技术交底,从而使操作者牢记规程,一步不漏、一步不错地进行操作。

(3)根据作业特点制定安全操作规程。

(4)遵守班前安全活动制度及劳动纪律。

(5)爱护和正确使用防护设施及个人劳动用品。

(6)本岗位易发事故的不安全因素及其防范对策。

(7)不得擅自拆除或损坏施工现场的各种防护设施、安全标志和警示牌、消防设施,否则按管理规定给予罚款处理。

(8)公司将委派专人定期对工地进行安全生产检查。

(9)安全检查以"一标三规范"为标准,以安全检查表为内容,分项进行,查出不安全因素所在,然后按重要程序将整个检查结果系统地编写成安全检查通报。对隐患较多的施工单位,发出安全隐患整改书。对于整改不彻底或根本不整改的单位,根据情节轻重给予罚款。

(10)施工现场负责人要坚持每天不小于 4 小时的巡视检查,对重要部位要跟踪监控,发现不安全因素及时处理,对隐患较大的施工要停止作业并及时上报本单位有关领导。

### 11.保证文明施工措施

(1)工地的施工用料、施工机具要分开堆放,杜绝乱堆乱放。

(2)施工现场的垃圾、废物必须要做到天天清扫。

(3)工地办公室及材料仓库要保持干净整洁。

(4)临时用电的电气线路应按规定进行架空敷设,禁止乱拉乱搭。

(5)建立工地综合治理责任制和工地安全岗位责任制,岗位职责要落实到个人。

(6)遇到争议时,及时向主管汇报,通过合法的途径解决争端。

### 12.系统测试

采用 Fluke 公司的双绞线测试仪测试双绞线线路,光纤测试仪测试光纤链路。

进行联合测试验收,由施工单位提供验收步骤、顺序及表格,按要求严格测试每一项技术指标,提供所有的验收报告及完整的竣工资料。

结构化布线系统工程的竣工技术资料应包括以下内容:

(1)安装工程量。

(2)工程说明。

(3)设备、器材明细表。

(4)竣工图纸为施工中更改后的施工设计图。

(5)测试记录。

系统如采用微机设计、管理、维护、监测,应提供程序清单和用户数据文件,如磁盘、操作说明等文件。

竣工技术文件要保证质量,做到外观整洁,内容齐全,数据准确。

### 13.人员配备

(1)人员具体配置表

根据工程项目的规模及本公司的具体情况,我公司组建如下组织机构,并配备相关人员,针对本项目的复杂性和规模特点,为了保证项目的顺利实施,我们将专门成立项目管理组织机构,见表 2-5-9。

表 2-5-9　　人员配备

| 名称 | 项目经理 | 技术负责人 | 工程布线 | 电工 | 光纤熔接 | 链路测试 | 资料整理 | 设备采购 | 其他 |
|---|---|---|---|---|---|---|---|---|---|
| 人数 | 1 | 1 | 4 | 1 | 2 | 2 | 1 | 1 | 3 |

(2)项目经理

工作内容:负责整个项目建设的技术、质量、商务、施工及工程进度管理,对工程项目的实施进度负责;负责协调解决工程项目实施过程中出现的各种问题;负责与总包方及相关人员的协调工作。

(3)技术负责人

工作内容:负责整个工程项目的技术工作,包括本工程技术、指导预结算、协同项目经理对外协调;负责材料设备进场质量检查、施工工艺质量把关,安装、调试工程质量把关,成品及半成品的质量保护、培训质量把关。对生产过程的所有环节进行控制和把关。

(4)工地经理

工作内容:负责整个项目的现场施工管理,各专业施工队的协调,以及施工进度的控制。

(5)专业工程师

工作内容:负责各个系统工程的施工技术指导工作;每天向技术主管工程师汇报有关工作;负责系统的深化设计、工程变更设计、设备清单确认、现场技术问题解决等,计算有关工程量以配合材料部门采购有关物料。

(6)材料设备采购人员

工作内容:负责本项目中所需材料及设备的采购,保证其质量可靠、设备性能稳定。

项目负责人、参与本项目的管理人员和技术人员资历和能力的说明和保障,见表2-5-10。

表2-5-10 项目负责人、参与本项目的管理人员和技术人员资历和能力的说明和保障

| 姓名 | 岗位职务 | 专业 | 职称 | 从业年限 | 认证资质 | 主要项目经验 |
|---|---|---|---|---|---|---|
| 胡波 | 项目工程师 | 计算机应用 | 工程师 | 11年 | ITIL认证、PMP项目经理、信产部项目经理、RCNA认证网络工程师 | 参与建设广州市智能交通管理指挥系统第一批信息基础设施项目、广州市智能交通管理指挥系统核心网络及基础设备项目、中联通广西分公司IBM设备采购、东莞社保局计算机系统升级项目、广东省公安厅交管局软硬件平台升级及推广等项目 |
| 蔡海泉 | 项目工程师 | 计算机应用 | 工程师 | 16年 | 电气工程师、康普布线认证工程师证、Andover楼控认证工程师证、安全防范从业资格证 | 参与负责东莞行政中心及人民大会堂会议系统工程、广州市国土房管局机房工程、海关HX-51工程、顺德区人民检察院智能化工程等项目的技术工作等 |
| 吕刚 | 项目工程师 | 计算机应用 | 助理工程师 | 18年 | 助理电气工程师、康普布线认证工程师证、Honeywell楼控认证工程师证、安全防范从业资格证 | 参与广州国际会议展览中心首期安全防范系统工程、顺德区人民检察院智能化工程、海关HX-51工程、广州市国土房管局机房工程等项目的管理工作 |
| 吴兵 | 培训讲师 | 物理学 | 工程师讲师 | 9年 | 工程师证、安全防范从业资格证 | 参与管理顺德区人民检察院智能化工程、广州市国际会议展览中心首期安全防范系统工程、南山区人民检察院大楼智能化系统工程等 |

## 5.4 项目小结

本项目介绍了进线间和建筑群子系统的设计，包括进线间的设计要求、建筑群子系统的设计要求、建筑群子系统布线线缆的选择及布线方式。还介绍了综合布线项目管理和综合布线工程验收的相关知识，项目实施部分介绍了一个厂区的布线工程的主要实施过程。

## 5.5 项目实训

### 实训 1

#### 1.实训内容

使用 DTX 电缆分析仪加上 DTX-MFM2 模块（多模）或者 DTX-SFM2 模块（单模）测试一段中间含有连接器、熔接点、跳线的光纤链路。测试多模光纤的时候需要使用心轴过滤器。

存储结果，如果不合格则用显微镜和清洁工具进行维护，再测试。

#### 2.实训提示

实训样本链路可以参照前面介绍的光纤链路结构，亦可自制多种长度、结构、插头类型的光纤结构。

安装好光纤模块（单模或多模）后开机，将旋钮置于 SETUP 挡，选择光纤测试，选择测试标准（如 TIA 568C MM Backbone）。将旋钮置于 SPECIAL FUNCTION 挡，设置基准，按下测试键，按照仪器屏幕提示操作，结束后将旋钮置于 AUTOTEST 挡，即可准备进行测试。连接好成对的被测光纤后，按下 TEST 开始测试。如果选择了双向测试，则仪器中途还会提示更换测试跳线连接的光纤。保存测试结果。用 LinkWare 软件取出测试结果。

DTX-1800MS 套装工具可以实现单/多模光纤一级认证测试功能，主要用于链路认证和跳线质量检测。如果希望更准确地认证多模 1/10 Gbit/s 光纤链路，则可以使用 DTX-GFM2 测试模块内含一个对应 850 nm 工作波长的 VCSEL 光源和一个对应 1310 nm 波长的 LED 光源来实施，使得测试结果更准确。

提高多模光纤测试精度的另一个重要措施就是使用心轴过滤器，它有滤除高模次光的作用，使进入光纤的光能量比较集中，衰减测试的结果也就更准确。

## 实训 2

### 1.实训内容

用多模 OTDR 测试上述含有若干连接器、熔接点、跳线的光纤链路。该方法适用于园区网等。

(1)定位不及格"事件"的具体位置,自动认证链路损耗、连接器反射损耗、熔接点损耗等。

(2)识别 2 m 短跳线。

(3)用补偿光纤对比体验"第一个"和"最后一个"连接器的质量评估差异。

(4)对比光纤清洁工具处理前后的被污染连接器断面质量。

(5)测试跳线回波损耗(ORL)原件级测试。

(6)测试光纤衰减(不含连接器、熔接点元件级测试)。

(7)测试带故障点的光纤链路(如多连接/跳接、耦合点断面不洁净、光纤熔接质量差等)。

### 2.实训提示

故障链路可以用一级测试的链路,也可以设计 200～400 m 的链路,查看长度结果和 OTDR 曲线,识读"事件"表,识别 1 m 短跳线,估算光纤的衰减值,分析引起性能下降的故障点及其可能原因。用光纤显微镜检查端面质量,并对照仪器的"事件评估表"查看与分析结果是否一致,用清洁工具清除有污渍的端面,再对比清除结果。

测试短跳线前先用发射/接收补偿光纤对接进行测试,然后拆开,嵌入被测光纤跳线后进行测试,比对参数变化。

## 实训 3

内容和步骤:

- 准备本项目竣工资料。
- 安装工程。
- 工程说明。
- 设备、器材明细表。
- 竣工图纸。
- 测试记录。(提供样表)
- 工程变更、检查记录及施工过程中若需要改设计或采取相关措施,建设、设计、施工等单位之间需双向洽商记录。(提供样表)
- 随工验收记录。(提供表模板)
- 隐蔽工程签证。(提供表模板)
- 工程决算。

## 5.6 项目习题

1.填空题

(1)进线间入口的尺寸应满足不少于________家电信业务经营者通信业务接入及建筑群布线系统和其他弱电子系统的引入管道管孔容量的需求。

(2)建筑群子系统的线缆布设方式有三种:________________、________________和________________。

(3)程序和质量保证体系的建设应以________的作业标准来进行。

(4)光缆一次牵引长度一般不应大于________ m,超长距离时,应将光缆采取盘成倒________字分段牵引或中间适当地点增加辅助牵引,以减小光缆张力和提高施工效率。

(5)布放塑料子管的环境温度应在________,在温度过低或过高时,尽量避免施工,以保证塑料子管的质量不受影响。

2.选择题

(1)进线间面积不宜小于________ $m^2$。

A.10　　B.15　　C.20　　D.25

(2)工业布线环境下,双绞线电缆的干线子系统可采用 D、E、EA、F、FA 的布线等级。干线子系统信道长度不应大于 100 m,存在 4 个连接点时长度不应小于________ m。

A.10　　B.15　　C.20　　D.25

(3)进线间应采用相应防火级别的防火门,净宽不小于________。

A.800 mm　　B.900 mm　　C.1 000 mm　　D.1 100 mm

(4)系统性能检测中,双绞线电缆布线链路、光纤信道应全部检测,竣工验收需要抽验时,抽样比例不低于________。

A.10%　　B.15%　　C.20%　　D.25%

(5)光纤到用户单元系统工程中用户光缆的光纤链路应________%测试并合格,才能判定工程质量合格。

A.99.7　　B.99.8　　C.99.9　　D.100

# 项目 6

# 小区综合布线

## 6.1 项目描述

某小区是政府建设的一个安置小区，小区一共有 15 栋楼，每栋楼 2～3 个单元，每单元 8～12 户。楼栋及单元的分布情况见表 2-6-1。按照三网合一的建设要求，小区的网络采用光纤到户的建设模式，本项目着重介绍光分配网络的建设方案。

表 2-6-1　　小区住户楼栋及单元分布情况

| 楼栋号 | 单元数 | 楼层数 | 户数 | 楼栋号 | 单元数 | 楼层数 | 户数 |
|---|---|---|---|---|---|---|---|
| A1 栋 | 3 | 5 | 30 | B1 栋 | 3 | 5 | 30 |
| A2 栋 | 2 | 5 | 20 | B2 栋 | 2 | 4 | 16 |
| A3 栋 | 2 | 5 | 20 | B3 栋 | 2 | 4 | 16 |
| A4 栋 | 2 | 4 | 16 | B4 栋 | 2 | 4 | 16 |
| A5 栋 | 2 | 4 | 16 | B5 栋 | 2 | 4 | 16 |
| A6 栋 | 2 | 4 | 16 | B6 栋 | 2 | 4 | 16 |
| A7 栋 | 2 | 6 | 24 | B7 栋 | 2 | 5 | 20 |
| A8 栋 | 2 | 6 | 24 | | | | |

## 6.2 项目知识准备

### 6.2.1 光纤到用户单元通信设施概述

#### 1.光纤到用户单元的优势

当前，光纤到户(FTTH)已成为主流的家庭宽带通信接入方式，其部署范围及建设规模正在迅速扩大。与铜缆接入(xDSL)、光纤到楼(FTTB)等方式相比,光纤到户接入方式在用户接入带宽、所支持业务丰富度、系统性能等方面均有明显的优势。主要表现在以下几个方面:

(1)光纤到户接入方式能够满足高速率、大带宽的数据及多媒体业务的需求,能够适应现阶段及将来通信业务种类和带宽需求的快速增长,同时光纤到户接入方式对网络系统和网络资源的可管理性、可拓展性更强,可大幅提升通信业务质量和服务质量;GB 50311—2016 规定,在公用电信网络已实现光纤传输的地区,建筑物内设置用户单元时,通信设施工程必须采用光纤到户的方式建设。

(2)光纤到户接入方式可以有效地实现共建共享,减少重复建设,为用户自由选择电信业务经营者创造便利条件,并且能有效避免对住宅区及住宅建筑内通信设施进行频繁的改建及扩建。因此,光纤到户通信设施工程的设计必须满足多家电信业务经营者平等接入、用户单元内的通信业务使用者可自由选择电信业务经营者的要求。

(3)光纤到户接入方式能够节省有色金属资源,减少资源开采及提炼过程中的能源消耗,并能有效推进光纤光缆等战略性新兴产业的快速发展。

2.光纤接入网

光纤接入网(FTTX)范围从区域运营商的局端设备到用户终端设备,局端设备为光线路终端(Optical Line Terminal,OLT),用户终端设备为光网络单元(Optical Network Unit,ONU)或光网络终端(Optical Network Terminal,ONT)。根据光网络单元(ONU)的位置所在,分为光纤到户(FFTH)、光纤到大楼(FTTB)、光纤到路边(FTTC)、光纤到用户所在地(FTTP)、光纤到小区(FTTZ)、光纤到桌面(FTTD)等情况。对于住宅或者建筑物来讲,用光纤连接用户,主要有两种方式:一种是用光纤直接连接每个家庭或大楼;另一种是采用无源光网络(PON)技术,用分光器把光信号进行分支,一根光纤为多个用户提供光纤到家庭服务。

ODN(光分配网络)是指基于 PON 技术的 FTTx 网络中从 OLT 到 ONU 终端之间的光纤网络,是接入光缆网的一部分,如图 2-6-1 所示。ODN 已成为 FTTH 投资结构中

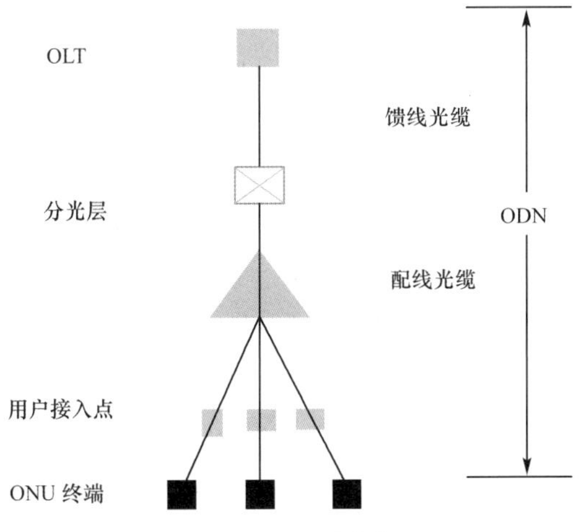


图 2-6-1 ODN 基本位置

的重点，在FTTB网络中，由于网络设备组网更加简单，ODN实际上已经成为网络投资的主体。从技术上说，ODN能很好适应IP数据业务的接入。通信网络越接近最终用户，对成本就越敏感。从成本上说，由于以太网技术的成熟和大规模使用，导致开发成本和器件成本较低，即易用性上具有优势。在FTTH网络中，由于网络设备组网更加简单，ODN实际上已经成为网络投资的主体，在FTTH初期建设投资中超过90%。另外，因ODN网络更靠近用户，全程线路中超过80%投资处于建筑物内部，ODN应保证几十年的可靠使用，质量问题应充分重视：短期内难以暴露，潜伏的质量问题一旦爆发则解决难度极大。

ODN网络由OLT至ONU之间的所有光缆和无源器件组成。

ODN网络以树型结构为主，包括馈线段、配线段和入户段3个段落，段落间的光分支点分别为光分配点、光用户接入点。ODN的馈线段从OLT局端延伸到各分配点，配线段从分配点延伸到各接入点，入户段则从接入点处延伸到每一个光纤用户，端接在用户室内，或直接将入户光缆连接到ONU上。

FTTH ODN网络框架结构，如图2-6-2所示。

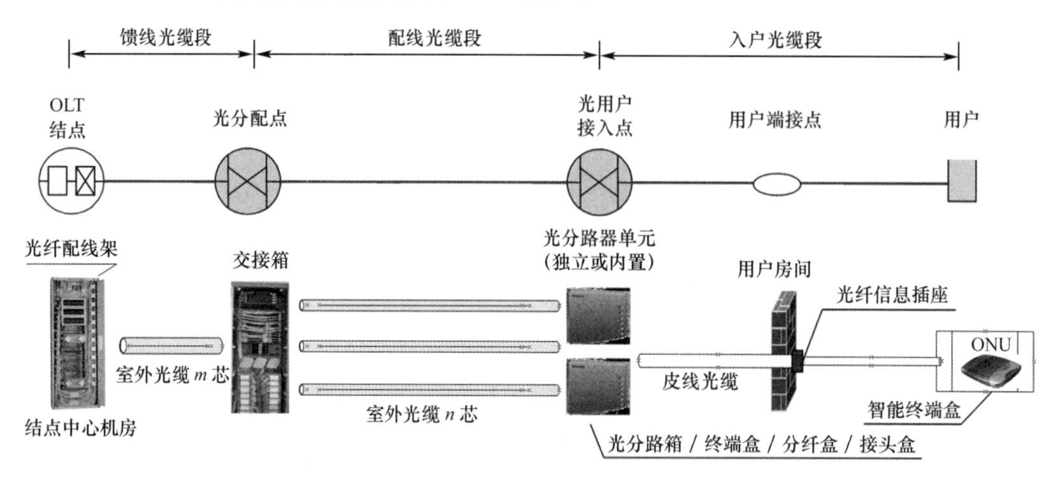


图2-6-2　FTTH ODN网络框架结构

## 6.2.2 光纤到用户单元通信设施接入点设置

(1)每一个光纤配线区所辖用户数量宜为70～300个用户单元。

(2)光纤用户接入点的设置地点应依据不同类型的建筑形成的配线区以及所辖的用户密度和数量确定，并应符合下列规定：

①当单栋建筑物作为1个独立配线区时，用户接入点应设于本建筑物综合布线系统设备间或通信机房内，但电信业务经营者应有独立的设备安装空间，如图2-6-3所示。

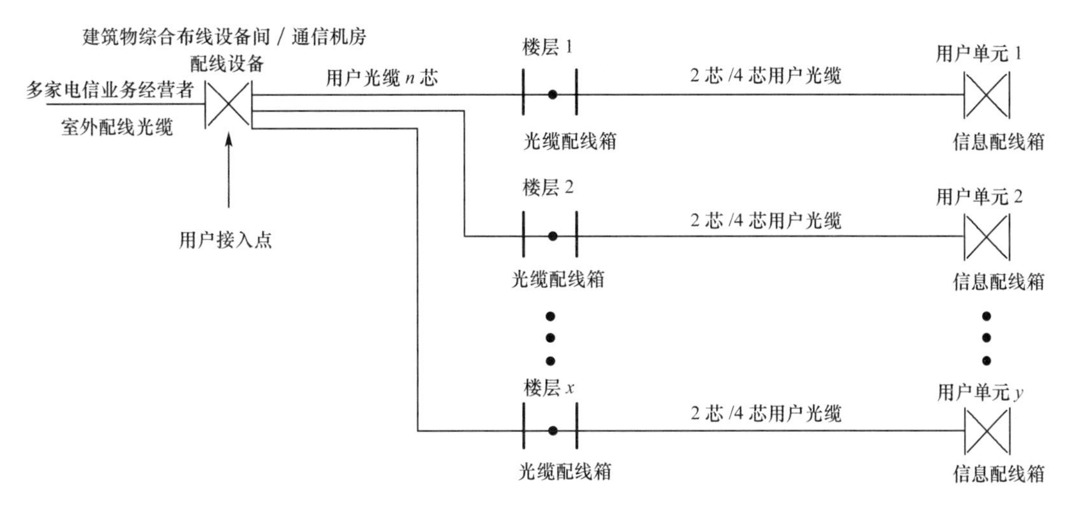


图 2-6-3 用户接入点设于单栋建筑物综合布线设备间或通信机房

②当大型建筑物或超高层建筑物被划分为多个光纤配线区时，用户接入点应按照用户单元的分布情况均匀地设于建筑物不同区域的楼层设备间内，如图 2-6-4 所示。

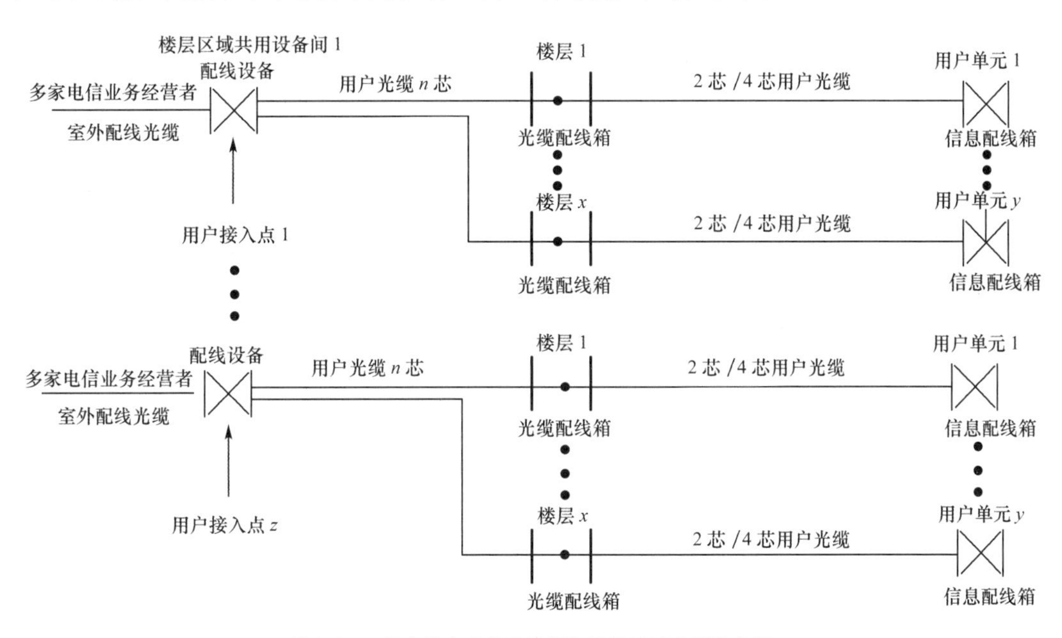


图 2-6-4 用户接入点设于建筑物楼层区域共用设备间

③当多栋建筑物形成的建筑群组成 1 个配线区时，用户接入点应设于建筑群物业管理中心机房、综合布线设备间或通信机房内，但电信业务经营者应有独立的设备安装空间，如图 2-6-5 所示。

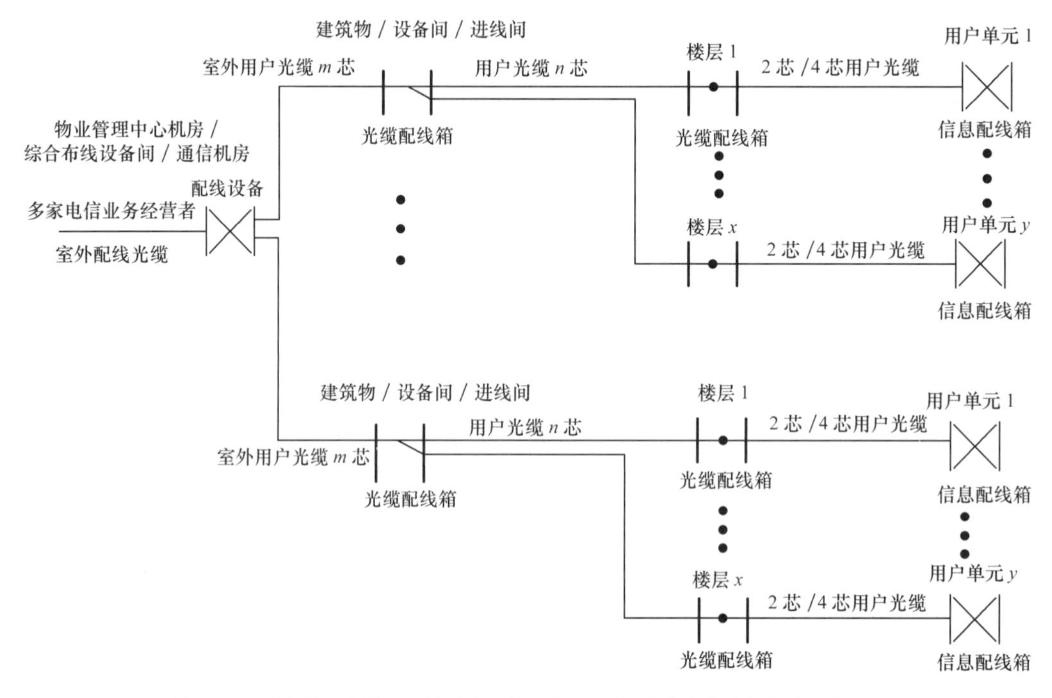


图 2-6-5 用户接入点设于建筑群物业管理中心机房、综合布线设备间或通信机房

④每一栋建筑物形成 1 个光纤配线区并且用户单元数量不大于 30 个(高配置)或 70 个(低配置)时,用户接入点应设于建筑物进线间、综合布线设备间或通信机房内,用户接入点应采用设置共用光缆配线箱的方式,但电信业务经营者应有独立的设备安装空间,如图 2-6-6 所示。

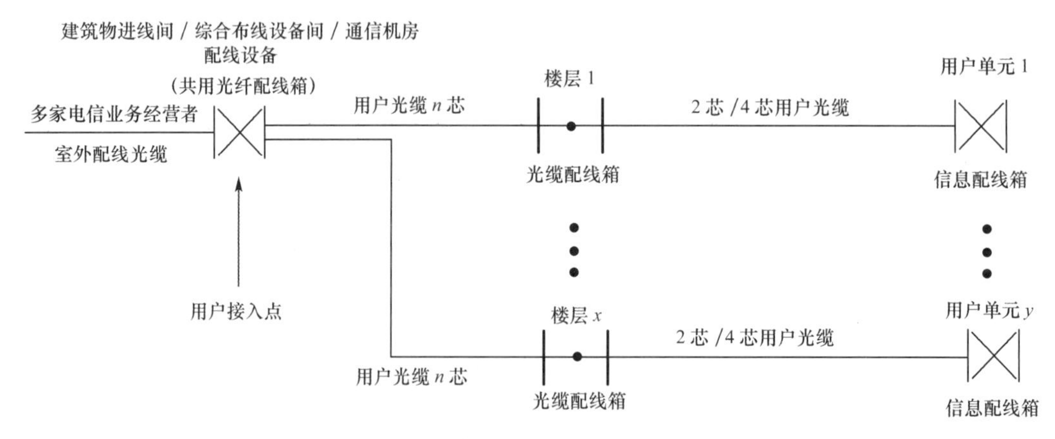


图 2-6-6 用户接入点设于建筑物进线间、综合布线设备间或通信机房

### 6.2.3 光纤到用户单元通信设施配置原则

(1)建筑红线范围内敷设配线光缆所需的室外通信管道管孔与室内管槽的容量、用户接入点处预留的配线设备安装空间及设备间的面积均应满足不少于 3 家电信业务经营者通信业务接入的需要。

(2)光纤到用户单元所需的室外通信管道与室内配线管网的导管及槽盒应单独设置，管槽的总容量与类型应根据光缆敷设方式及终期容量确定，并应符合下列规定：

①地下通信管道的管孔应根据敷设的光缆种类及数量选用，宜选用单孔管、单孔管内穿放子管及栅格式塑料管。

②每一条光缆应单独占用多孔管中的一个管孔或单孔管内的一个子管。

③地下通信管道宜预留不少于 3 个备用管孔。

④配线管网导管与槽盒尺寸应满足敷设的配线光缆与用户光缆数量及管槽利用率的要求。

(3)用户光缆采用的类型与光纤芯数应根据光缆敷设的位置、方式及所辖用户数计算，并应符合表 2-6-2 的规定。

表 2-6-2 光纤与光缆配置

| 配置 | 光纤/芯 | 光缆/根 | 备注 |
| --- | --- | --- | --- |
| 高配置 | 2 | 2 | 考虑光纤与光缆的备份 |
| 低配置 | 2 | 1 | 考虑光纤的备份 |

①楼层光缆配线箱至用户单元信息配线箱之间应采用 2 芯光缆。

②用户接入点配线设备至楼层光缆配线箱之间应采用单根多芯光缆，光纤容量应满足用户光缆总容量需要，并应根据光缆的规格预留不少于 10%的余量。

(4)用户接入点外侧光纤模块类型与容量应按引入建筑物的配线光缆的类型及光缆的光纤芯数配置。

(5)用户接入点用户侧光纤模块类型与容量应按用户光缆的类型及光缆的光纤芯数的 50%或工程实际需要配置。

(6)设备间面积不应小于 10 $m^2$。

(7)每一个用户单元区域内应设置 1 个信息配线箱，并应安装在柱子或承重墙等不被变更的建筑物部位。

### 6.2.4 光纤到用户单元线缆与配线设备选择

(1)光缆光纤选择应符合下列规定：

①用户接入点至楼层光纤配线箱(分纤箱)之间的室内用户光缆应采用 G.652 光纤。

②楼层光缆配线箱(分纤箱)至用户单元信息配线箱之间的室内用户光缆应采用 G.657 光纤。

(2)室内外光缆选择应符合下列规定：

①室内光缆宜采用干式、非延燃外护层结构的光缆。

②室外管道至室内的光缆宜采用干式、防潮层、非延燃外护层结构的室内外用光缆。

(3)光纤连接器件宜采用 SC 和 LC 类型。

(4)用户接入点应采用机柜或共用光缆配线箱，配置应符合下列规定：

①机柜宜采用 600 mm 或 800 mm 宽的 19″标准机柜。

②共用光缆配线箱体应满足不少于 144 芯光纤的终接。

(5)用户单元信息配线箱的配置应符合下列规定：

①配线箱应根据用户单元区域内信息点数量、引入线缆类型、线缆数量、业务功能需求选用。

②配线箱箱体尺寸应充分满足各种通信设备摆放、配线模块安装、光缆光纤终接与盘留、跳线连接、电源设备和接地端子板安装以及业务应用发展的需要。

③配线箱的选用和安装位置应满足室内用户无线信号覆盖的需求。

④当超过 50 V 的交流电压接入箱体内电源插座时，应采取强弱电安全隔离措施。

⑤配线箱内应设置接地端子板，并应与楼层局部等电位端子板连接。

## 6.3 项目实施

### 任务 6-1 设计 FTTH ODN 组网

#### 1.ODN 组网原则

FTTH 的 ODN 网络按照 1∶64 分光比建设。

FTTH 新建楼盘按二级分光，一级分光尽量下移到用户片区或者区域，入户皮缆到户，用户面板内光纤不成端的原则建设。

FTTH 改造楼盘按二级分光，一级分光尽量下移到用户片区或者区域，入户皮缆由装维二次放装的原则建设。

#### 2.光分路器的设置方式

光分路器的设置方式是 ODN 组网的关键问题。根据用户分布和实际施工条件，可以考虑如下分光方式：

一次分光集中设置：采用一次分光，光分路器集中设置在片区或大型楼宇集中光分配点。一次分光集中设置方式有利于集中维护管理，便于故障检测，能最大限度提高 PON 设备端口使用率；但对集中分光点配线设施要求较高，需要占用较大的安装空间，且配线光缆的投资相对较高。

二次分光：一级光分路器设置在片区光分配点，二级光分路器设置在楼宇或楼层。二次分光方式可节省配线光缆甚至用户光缆的投资，对分光点配线设施要求不高，便于安装；但二次分光在物理链路上增加了故障点，不利于维护和故障检测，且 PON 设备端口使用效率也相对较低。

基于上述两种分光方式的比较，结合小区业务需求现状，采用二次分光的方式。由于小区为安置小区，每栋楼为 4～6 层，每个单元为 8～12 户。按照一级光分路器、二级光分路器按用户终期容量工程一次性建设到位的原则，采用 1∶4+1∶16 方式分光模式，一级分光采用 1∶4 光分路器，二级分光采用 1∶16 插片式光分路器，一级光分路器建设在物业管理中心,放置在模块化室内光分配箱内,在不影响衰耗要求的情况下采用传统 ODF 分纤;二级光分路器主要放置在楼道挂墙式光缆分配箱内,箱体采用模块化、无跳纤结构,如图 2-6-7 所示。

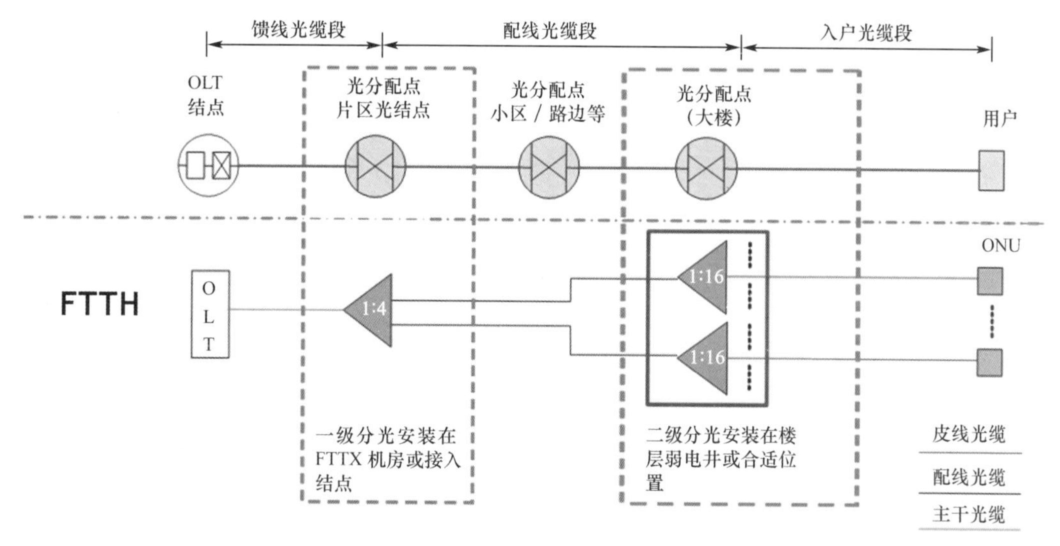


图 2-6-7 分光比组合(1∶4+1∶16)

## 任务 6-2 连接用户接入点

用户接入点的设定是为了解决工程实施的交叉与复杂性,使得工程的建设界面划分更加具有可操作性。用户接入点为多家电信业务经营者共同接入及用户自由选择电信业务经营者的部位,也是电信业务经营者与建筑物建设方的工程分界点。

用户接入点设置在物业管理的设备间,共安装 4 个 19″标准机柜,如图 2-6-8 所示。其中 $n$ 个机柜为电信业务经营者使用,每家电信业务经营者使用 1 个机柜,机柜满足配线光缆与光纤跳线的引入、配线光缆光纤的终接与盘留、光纤配线模块与光纤分路器的安装及理线的需要。1 个机柜由建筑物建设方提供,满足用户光缆与光纤跳线的引入、用户光缆光纤的终接与盘留、光纤配线模块的安装及理线的需要。电信业务经营者与建筑物建设方机柜的光纤配线模块之间通过光跳线互通。

以每一家庭(二室一厅或三室一厅)作为 1 个用户单元占有的区域。再以 1 个光纤配线区可以容纳 300 个用户单元测算,小区共有 15 栋楼,每栋楼两个单元,每单元 8～12 户。根据需求,可设置 1 个光纤配线区。物业管理的设备间提供给多家电信业务经营者和建筑物建设方安装机柜使用。电信业务经营者机柜内可以安装配线光缆连接的光纤配线模块、光分路器和光纤跳线,建筑物建设方机柜内可以安装用户光缆引入连接的配线模块。以小区一栋楼为例,如果该栋楼两个单元,每单元为 10 户。则这一栋楼的配置如下:

(1)用户单元信息配线箱:每一个用户单元配置 1 个,一栋楼共需要 20 个。

(2)用户光缆:

①按每一个用户单元配置 1 根 2 芯光缆(1 芯使用,1 芯备份);

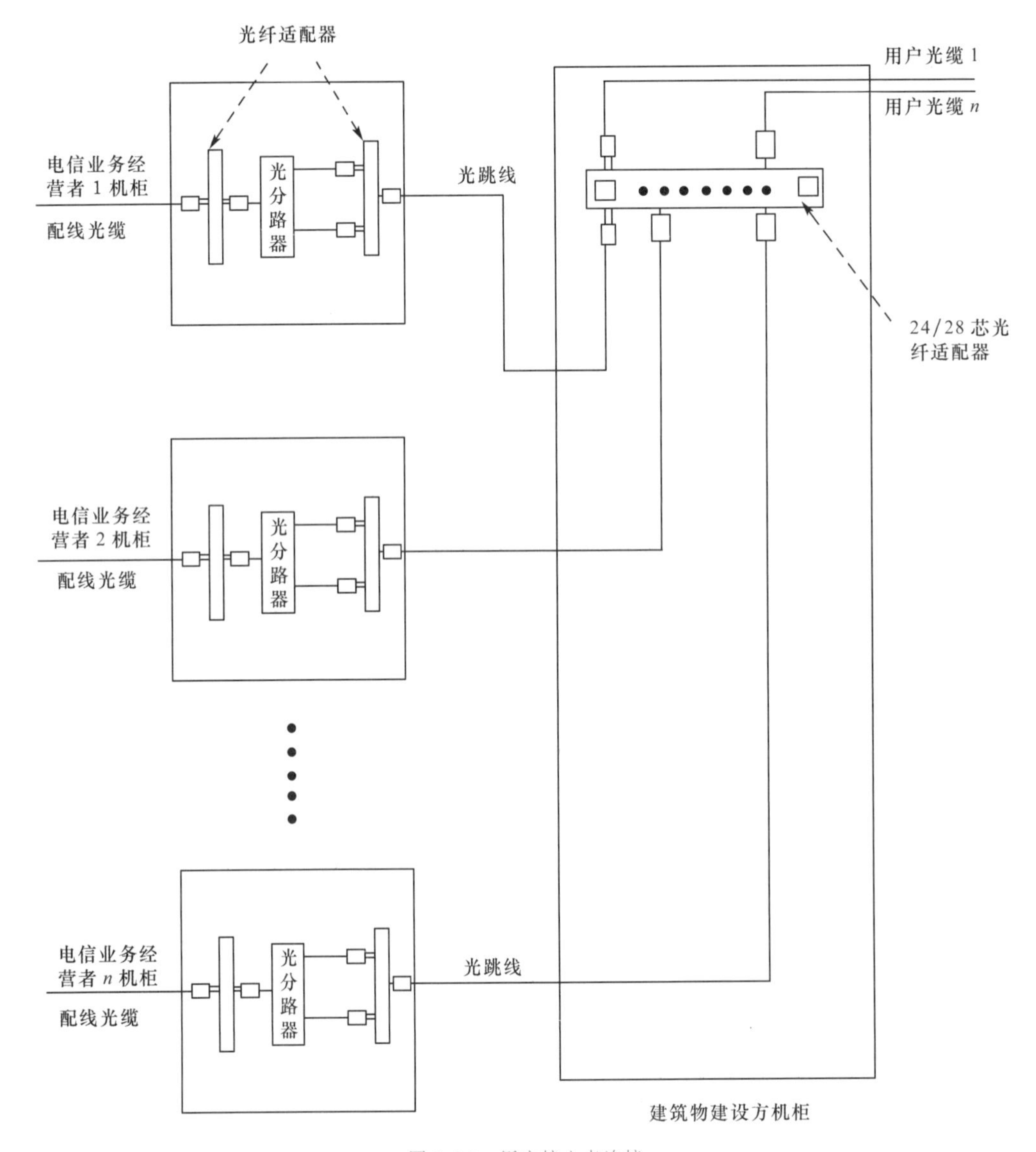


图 2-6-8 用户接入点连接

②楼道单元配线箱至区域交接箱之间的水平用户光缆(G.657 光纤)为每楼道单元 2 芯光缆进行配置(1 芯使用,1 芯备份);

③本项目共设置了 2 个区域交接箱,1 个区域交接箱汇聚 1～8 栋共 32 芯光纤,另一个区域交接箱汇聚 9～15 栋共 28 芯光纤,每个区域交接箱通过 1 根 48 芯光纤汇聚到物业管理的设备间。(G.652 光纤)。

(3)设备间配线机柜(建筑物建设方使用):

①配线柜能够满足 2 根 48 芯用户光缆引入与盘留和 96 个光纤连接器尾纤的熔接安装;

②光纤配线架:考虑到每一个楼道单元与电信业务经营者提供的 EPON 系统之间实

际上只需要通过 1 芯光纤完成互通的情况，光纤配线机柜一共需要安装 2 个 24 个 SC 端口或 1 个 48 个 LC 端口的光纤配线架。当用户单元需要接入不同电信业务经营者提供的业务时，则需要通过 2 芯光纤实现对 2 个电信业务经营者的互通，此时的光纤端口数量应满足工程要求。

## 任务 6-3 选择光缆与配线设备

### 1.馈线光缆

根据使用环境的不同，馈线光缆可选择管道、架空等不同的敷设方式，常用的光缆型号有：层绞式通信用室外光缆、松套层绞式光纤带光缆、中心束管式光纤带光缆、骨架槽式光纤带光缆等。本案例为管道施工，采用层绞式通信用室外光缆。

### 2.配线光缆

对于配线光缆，由于芯数相对较大，分歧下纤的数量较多，宜选用光纤组装密度较高且缆径相对较小、开放式装纤结构的带装光缆；同时，由于小区内管道人孔间距近、施工拐点多，配线光缆需具备良好的弯曲和扭转性能。一般使用骨架式光纤带光缆、室内子单元配线光缆、微束管室内室外光缆。本案例使用骨架式光纤带光缆。

### 3.入户光缆

由于楼层间或者楼道中的环境比较复杂，FTTH 的入户光缆宜具备结构简单、操作方便、抗拉/抗扰/抗侧压性能好、便于楼内穿管布放、低烟无卤阻燃等特点。入户光缆的长度宜根据现场的实际情况确定，不宜采用带有固定光纤插头的定长光缆，因此还必须具备能够完成施工现场端接光纤插头或者光纤终端插座的能力。入户光缆宜采用小弯曲半径光纤。

一般使用：皮线光缆、室内外两用皮线光缆（悬挂式用于架空布放；加强护套式用于管道布放）。本案例采用皮线光缆。

### 4.光分路器

为保证 ODN 网络在较大光分路比时的较远传输距离，应在利于维护的前提下尽量控制 ODN 网络中活动连接点的数量。

本案例采用无跳接光交托盘式（PLC，1×4，FC/PC 母接头，1×16，FC/PC 母接头）。如图 2-6-9 和图 2-6-10 所示。

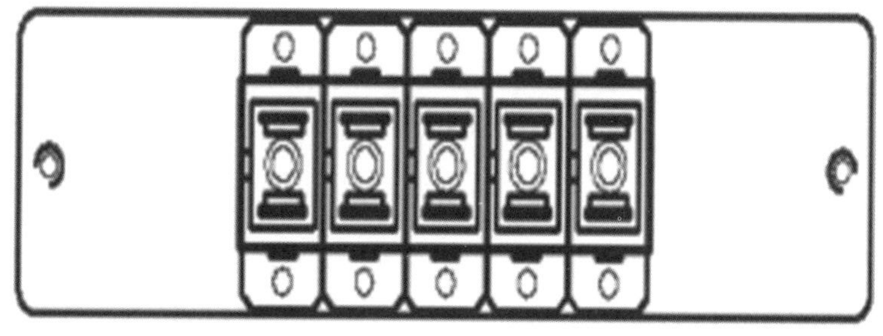

图 2-6-9　1∶4 无跳接光交托盘式面板图

图 2-6-10　1∶16 无跳接光交托盘式面板图

**5.光纤连接器的选择**

光缆连接包括:活动连接和固定连接。

①固定连接可以减少 ODN 的跳接点,减少光通道损耗。

②活动连接则更有利于光缆灵活配线。但是,要严格控制 ODN 网络中活接头数量,尽量不超过 8 个。

固定连接可采用:熔接、预端接。

①预端接技术用于皮线光缆在二级分光箱内的成端,此技术优点是价格低,性能高,在工厂直接做好,不需现场施工。

②馈线与配线光缆应以熔接为主。

③入户光缆进户后的成端,用户终端盒内成端时建议以熔接为主;信息插座成端时可采用冷接方式。

采用插片式光分器时,其配线光缆侧的成端尾纤做固定熔接处理,皮线光缆两侧均采用冷接方式,但要注意适配器的端头区别,室内无跳接光缆交接箱上联时采用双头尾纤 SC/FC(15 米/条),下纤时采用双头尾纤 SC/SC(5 米/条),工程安装时需从中剪断当单头尾纤使用。

## 任务 6-4　光纤冷接技术

所谓冷接,是与熔接相对立,指通过冷接子进行光缆机械接续,采用冷接技术,其接续效果可与熔接相当,插入损耗可小于 0.1 dB。

(1)光纤冷接工具

皮线光缆、FC 冷接子、光纤切割刀、米勒钳、光缆剥线器、酒精棉或无尘纸、打光笔。如图 2-6-11 所示。

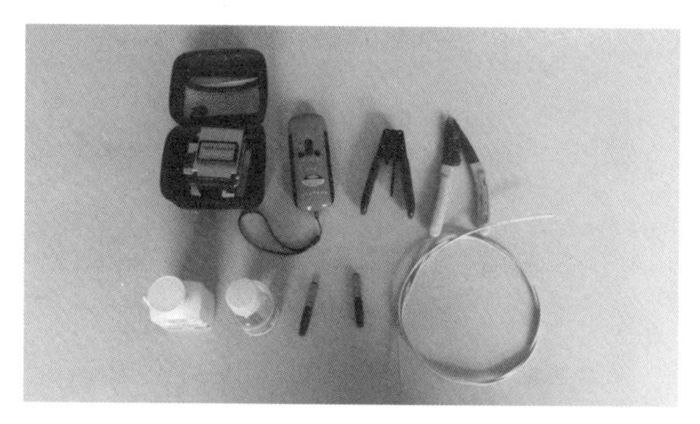

图 2-6-11　光纤冷接工具

(2)光纤冷接步骤

①拆开冷接子,共三部分,防尘帽、主体、尾帽,将尾帽套入皮线光缆,如图 2-6-12 所示。

图 2-6-12　将尾帽套入皮线光缆

②用光缆剥线器剥开皮线光缆,露出约 4 cm 光纤,如图 2-6-13 所示。

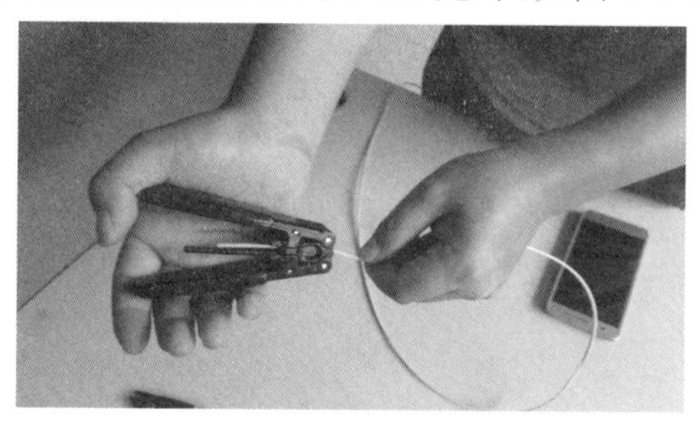

图 2-6-13　剥开皮线光缆

③用米勒钳刮去光纤上的涂覆层,露出纤芯,如图 2-6-14 所示。

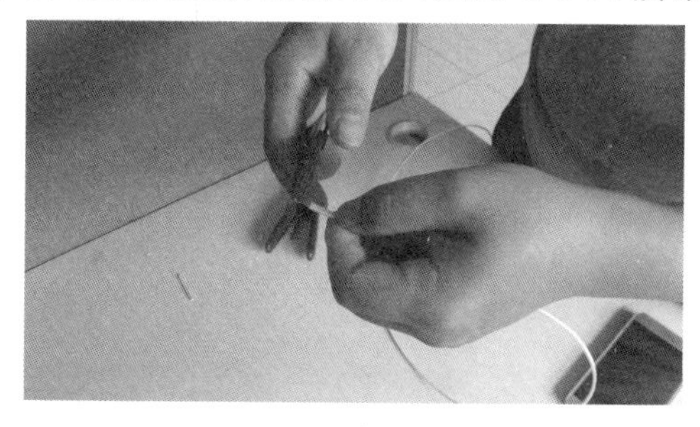

图 2-6-14　刮去涂覆层

④用蘸酒精的酒精棉或无尘纸清洁纤芯，正擦一下后转 90°再做一次，如图 2-6-15 所示。

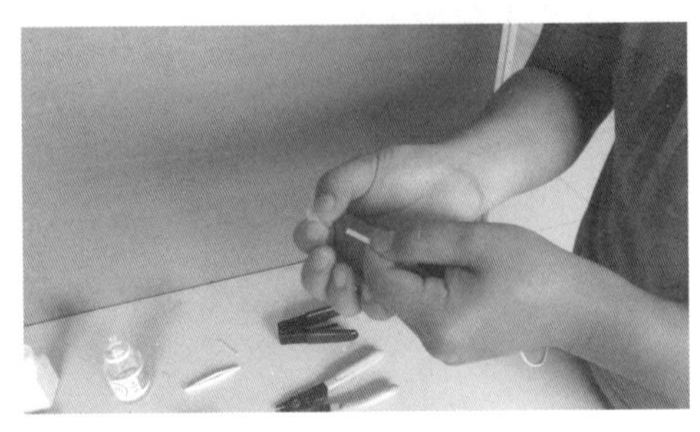

图 2-6-15 清洁纤芯

⑤将光纤放到光纤切割刀上切割，留出约 3 cm，或者使用光纤定长器切割，如图 2-6-16 所示。

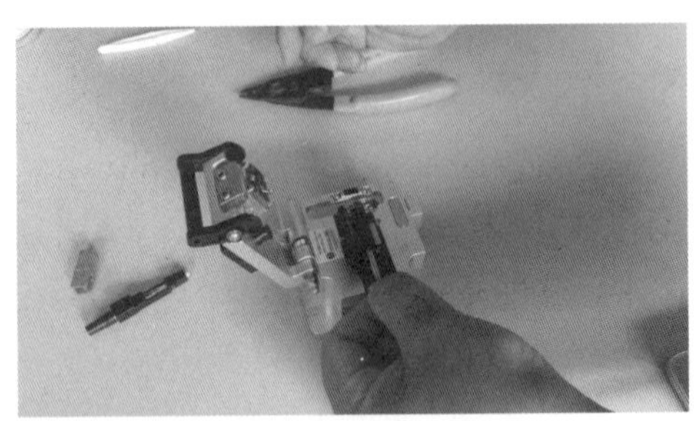

图 2-6-16 切割光纤

⑥将光纤插入冷接子主体，如图 2-6-17 所示。

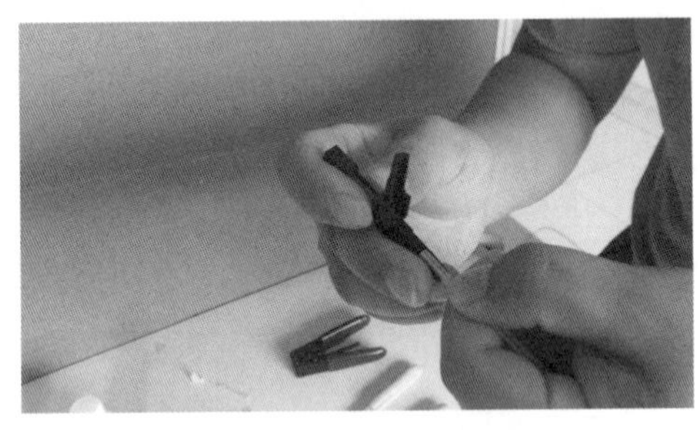

图 2-6-17 光纤插入冷接子主体

⑦当光纤到达线位处时会明显隆起，之后锁住光纤主体，如图 2-6-18 所示。

图 2-6-18 锁住光纤主体

⑧盖好尾盖，旋紧尾套，如图 2-6-19 所示。

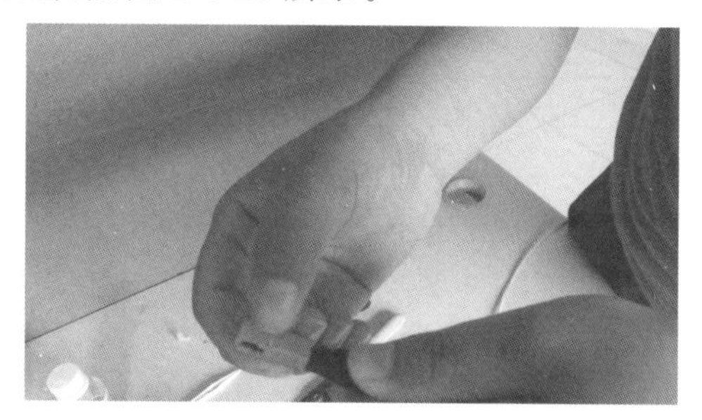

图 2-6-19　盖好尾盖，旋紧尾套

⑨按上述步骤做好光纤的另一个接头，并打光测试，如图 2-6-20 所示。

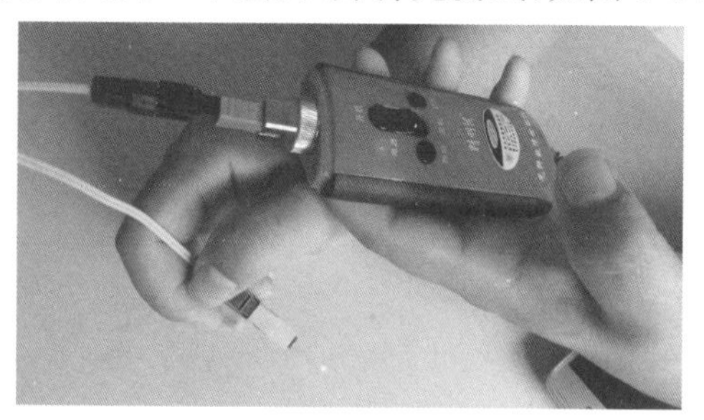

图 2-6-20　测试光纤

## 6.4 项目小结

本项目介绍了光纤接入网的框架结构、光纤到用户单元通信设施接入点的设置方法、光纤到用户单元通信设施的配置方法、光纤到用户单元线缆与配线设备的选择等基本知识及光纤冷接的施工技巧。给出了一个安置小区的光纤到户的实施方案，包括组网设计、分光器的设置、用户接入点的连接、光缆与配线设备的选择。

## 6.5 项目实训

分组完成，用冷接子和快速连接器做 1 个如图 2-6-21 所示的光纤测试链路，每队 1 根 5 m 单模室内光缆，5 套冷接子，5 套单模快速连接器，每人冷接 1 芯，5 人冷接 5 芯，完成 1 个链路。

图 2-6-21　单模光纤冷接链路

实训器材：按照表2-6-3准备，现场准备4套冷接工具箱与操作台。

表2-6-3　实训器材

| 序号 | 产品名称 | 型号规格 | 实训数量 | 说明 |
|---|---|---|---|---|
| 1 | 冷接工具箱 | KYGJX-35 | 4台 | 冷接用 |
| 2 | 地布 | 1.2 m×1.4 m | 4块 | |
| 4 | 酒精 | 200～500 ml即可，90%无水酒精 | 1瓶 | 药店购买 |
| 5 | 无尘纸 | 裁成边长30～40 mm方块，50张/袋 | 4袋 | |
| 6 | SC－SC跳线 | SC－SC单模光纤跳线，3 m/根 | 5根 | |
| 7 | 单模光纤 | 4芯单模室内光纤，5 m/根 | 5根 | |

未完成0分，满分100分，测试合格按照表2-6-4评分。

表2-6-4　冷接评分表

| 评判项目 | 操作工艺评价（每处扣10分） | | | | | | | 链路得分合计 |
|---|---|---|---|---|---|---|---|---|
| | 松套管偏心 | 松套管加热不足 | 纤芯弯曲大 | 剥树脂层太长 | 颜色不对应 | 预留太短 | 损耗过高 | |
| | | | | | | | | |

## 6.6 项目习题

**1.填空题**

(1)ODN网络由________至________之间的所有光缆和无源器件组成。

(2)ODN网络以树型结构为主，包括________、________和________3个段落。

(3)每一个光纤配线区所辖用户数量宜为________～________个用户单元。

(4)用户接入点至楼层光纤配线箱之间的室内用户光缆应采用________光纤。

(5)楼层光缆配线箱至用户单元信息配线箱之间的室内用户光缆应采用________光纤。

**2.选择题**

(1)用户接入点处预留的配线设备安装空间及设备间的面积均应满足不少于________家电信业务经营者通信业务接入的需要。

A.1　　B.2　　C.3　　D.4

(2)光纤到用户单元所需的室外通信管道与室内配线管网的导管与槽盒应单独设置，地下通信管道宜预留不少于________个备用管孔。

A.1　　B.2　　C.3　　D.4

(3)用户接入点配线设备至楼层光缆配线箱之间应采用单根多芯光缆，光纤容量应满足用户光缆总容量需要，并应根据光缆的规格预留不少于________%的余量。

A.5　　B.10　　C.15　　D.20

(4)共用光缆配线箱体应满足不少于________芯光纤的终接。

A.48　　B.96　　C.120　　D.144

(5)活动连接有利于光缆灵活配线，但要严格控制ODN网络中活接头数量，尽量不超过________个。

A.2　　B.4　　C.6　　D.8

# 项目7 数据中心综合布线

## 7.1 项目描述

某大学是某省教育厅直属的，运用广播、电视、文字教材、音像教材、计算机课件和网络等多种媒体，面向全省开展远程开放教育的新型高等学校。

本项目为教育云架构的网络数据中心建设，主要服务某学习平台的学分银行、国家数字化学习资源中心的存储和管理、学校教学资源总库、学校数字图书馆、培训学院和网络学院的各类教育教学平台和管理系统，满足学校 URP 业务交互需求。一方面，大量的业务系统需要对数据进行共享，另一方面，由于数据的重要性，又需要相互隔离，要求对接入访问有严格的身份认证和权限控制。

本项目的学习任务包括认识数据中心、数据中心的选型、通道设计、机柜机架布置设计、接地网设计、标志设计和数据中心施工与测试。

## 7.2 项目知识准备

### 7.2.1 数据中心定义

数据中心可以是一个建筑物或建筑物的一部分，主要用于设置机房及其支持空间。数据中心内放置核心的数据处理设备，是企业的大脑。数据中心的建立是为了全面、集中、主动并有效地管理和优化 IT 基础架构，实现信息系统高水平的可管理性、可用性、可靠性和可扩展性，保障业务的顺畅运行和服务的及时提供。

建设一个完整的、符合现在及将来要求的高标准新一代数据中心，应满足以下功能要求：

(1)一个需要满足安装本地数据计算、数据存储和安全的联网设备的地方。

(2)为所有设备运转提供所需要的动力。

(3)在设备技术参数要求下,为设备运转提供一个温度受控环境。

(4)为数据中心所有内部和外部的设备提供安全可靠的网络连接。

## 7.2.2 数据中心的系统组成、分级与性能

### 1.数据中心的系统组成

数据中心从功能上可以分为核心计算机机房和其他支持空间,如图 2-7-1 所示。

计算机机房是主要用于电子信息处理、存储、交换和传输设备的安装、运行和维护的建筑空间,包括服务器机房、网络机房、存储机房等功能区域。

支持空间是计算机机房外部专用于支持数据中心运行的设施和工作空间,包括进线间、内部电信间、行政管理区、辅助区和支持区。

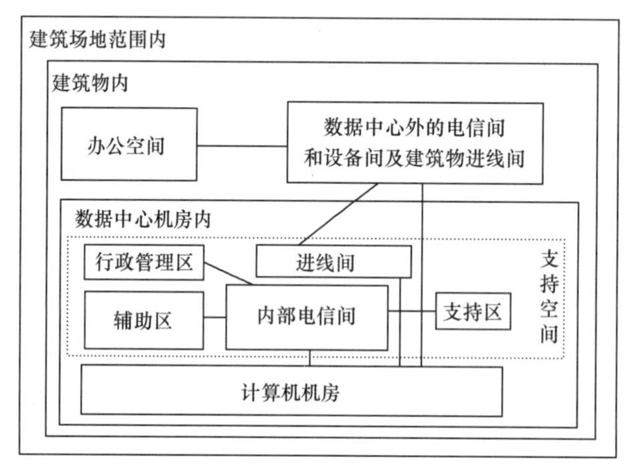


图 2-7-1 数据中心构成图

### 2.数据中心的分级

按照《电子信息系统机房设计规范》(GB 50174－2017),数据中心可根据使用性质、管理要求及由于场地设备故障导致电子信息系统运行中断在经济和社会上造成的损失或影响程度,分为 A、B、C 三级。设计时应根据数据中心的使用性质、数据丢失或网络中断在经济或社会上造成的损失或影响程度确定所属级别。

(1)符合下列情况之一的数据中心应为 A 级:

①电子信息系统运行中断将造成重大的经济损失;

②电子信息系统运行中断将造成公共场所秩序严重混乱。

(2)符合下列情况之一的数据中心应为 B 级。

①电子信息系统运行中断将造成较大的经济损失;

②电子信息系统运行中断将造成公共场所秩序混乱。

(3)不属于 A 级或 B 级的数据中心应为 C 级。

①在同城或异地建立的灾备数据中心,设计时宜与主用数据中心等级相同。

②数据中心基础设施各组成部分宜按照相同等级的技术要求进行设计,也可按照不

同等级的技术要求进行设计。当各组成部分按照不同等级进行设计时，数据中心的等级按照其中最低等级部分确定。

**3.性能要求**

①A 级数据中心的基础设施宜按容错系统配置，在电子信息系统运行期间，基础设施应在一次意外事故后或单系统设备维护或检修时仍能保证电子信息系统正常运行。

②A 级数据中心同时满足下列要求时，电子信息设备的供电可采用不间断电源系统和市电电源系统相结合的供电方式。

- 设备或线路维护时，应保证电子信息设备正常运行；
- 市电直接供电的电源质量应满足电子信息设备正常运行的要求；
- 市电接入处的功率因数应符合当地供电部门的要求；
- 柴油发电机系统应能够承受容性负载的影响；
- 向公用电网注入的谐波电流分量（方均根值）不应超过现行国家标准《电能质量 公用电网谐波》（GB/T 14549—1993）规定的谐波电流允许值。

③当两个或两个以上地处不同区域的数据中心同时建设，互为备份，且数据实时传输、业务满足连续性要求时，数据中心的基础设施可按容错系统配置，也可按冗余系统配置。

④B 级数据中心的基础设施应按冗余要求配置，在电子信息系统运行期间，基础设施在冗余能力范围内，不应因设备故障而导致电子信息系统运行中断。

⑤C 级数据中心的基础设施应按基本需求配置，在基础设施正常运行情况下，应保证电子信息系统运行不中断。

## 7.2.3 数据中心布线的空间构成

数据中心布线包括核心计算机机房内布线、计算机机房外布线和支持空间（计算机机房外）。数据中心布线空间构成如图 2-7-2 所示。

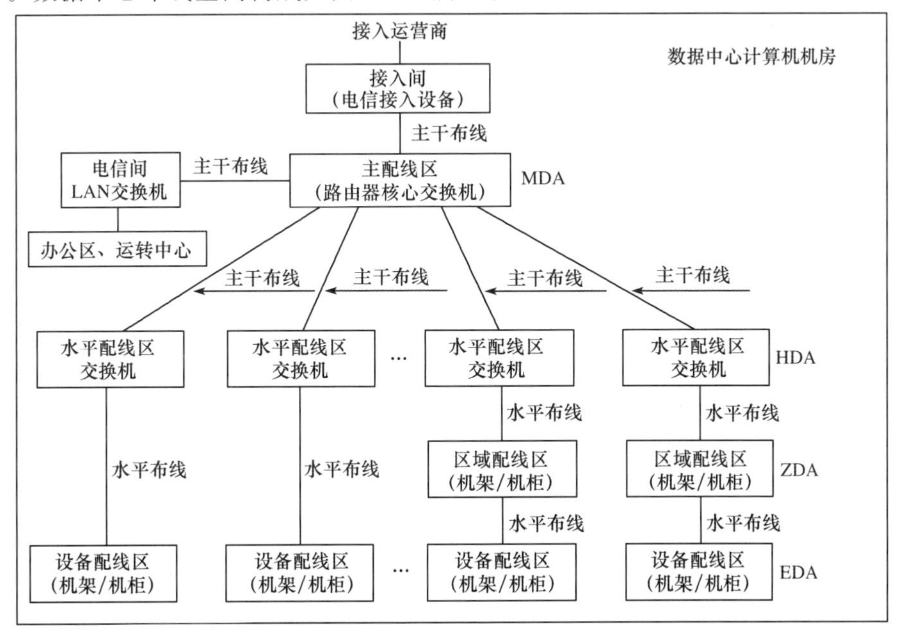


图 2-7-2 数据中心布线空间构成

1.计算机机房内布线

数据中心计算机机房内布线空间包含主配线区、水平配线区、区域配线区和设备配线区。

(1)主配线区(MDA)

主配线区包括主交叉连接(MC)配线设备,它是数据中心结构化布线分配系统的中心配线点。当设备直接连接到主配线区时,主配线区可以包括水平交叉连接的配线设备。主配线区的配备主要服务于数据中心网络的核心路由器、核心交换机、核心存储区域网络交换设备和PBX设备。有时接入运营商的设备(如MUX多路复用器)也被放置在主干区域,以避免因线缆超出额定传输距离,或考虑数据中心布线系统及电子信息设备直接与电信业务经营者的通信实施互通,而建立第二个进线间(次进线间)。主配线区位于计算机机房内部,为提高其安全性,主配线区也可以设置在计算机机房内的一个专属空间内。每一个数据中心应该至少有一个主配线区。

主配线区可以服务于一个或多个不同地点的数据中心内部的水平配线区或设备配线区,以及各个数据中心外部电信间,为办公区域、操作中心和其他一些外部支持区域提供服务和支持。

(2)水平配线区(HDA)

水平配线区用来服务不直接连接到主配线区的设备。水平配线区主要包括水平配线设备,为终端设备服务的局域网交换机、存储区域网络交换机和KVM交换机。小型的数据中心可以不设水平配线区,而由主配线区来支持。但是,一个标准的数据中心必须有若干个水平配线区。一个数据中心可以有设置于各个楼层的计算机机房,每一层至少含有一个水平配线区,如果设备配线区的设备距离水平配线设备超过水平线缆长度限制的要求,可以设置多个水平配线区。

在数据中心,水平配线区为位于设备配线区的终端设备提供网络连接,连接数量取决于连接的设备端口数量和线槽通道的空间容量,应该为日后的发展预留空间。

(3)区域配线区(ZDA)

在大型计算机机房中,为了获得在水平配线区与终端设备之间更高的配置灵活性,水平布线系统中可以包含一个可选择的对接点,叫作区域配线区。区域配线区位于设备经常移动或变化的区域,可以采用机柜或机架,也可以是集合点(CP)完成线缆的连接,区域配线区也可以表现为连接多个相邻设备的区域插座。

区域配线区不可存在交叉连接,在同一个水平线缆布放的路由中不得超过一个区域配线区。区域配线区中不可使用有源设备。

(4)设备配线区(EDA)

设备配线区是分配给终端设备安装的空间,可以包括计算机系统和通信设备,服务器和存储设备,刀片服务器和服务器外围设备。设备配线区的水平线缆端接在固定于机柜或机架的连接硬件上。需要为每个设备配线区的机柜或机架提供充足数量的电源插座盒连接硬件,使设备线缆和电源线的长度减少至最短距离。

2.支持空间

数据中心支持空间(计算机机房外)布线空间包含进线间、电信间、行政管理区、辅助区和支持区。

(1)进线间

进线间是数据中心结构化布线系统和外部配线及公用网络之间接口与互通交接的场地,设置用于分界的连接硬件。基于安全目的,进线间宜设置在机房之外。根据冗余级别或层次要求的不同,进线间可能需要多个,以根据网络的构成和互通的关系连接外部或电信业务经营者的网络。如果数据中心面积非常大,次进线间就显得非常必要,这是为了让进线间尽量与机房设备靠近,以使设备之间的连接线缆不超过线路的最大传输距离要求。

进线间的设置主要用于电信线缆的接入和电信业务经营者通信设备的放置。这些设施在进线间内经过电信线缆交叉转接,接入数据中心内。如果进线间设置在计算机机房内部,则与主进线间、主配线区(MDA)合并。如果数据中心只占建筑物之中的若干区域,则建筑物进线间、数据中心主进线间和可选数据中心次进线间的关系如图 2-7-3 所示。若建筑物只有一处外线进口,数据中心主进线间的进线也可经由建筑物进线间引入。

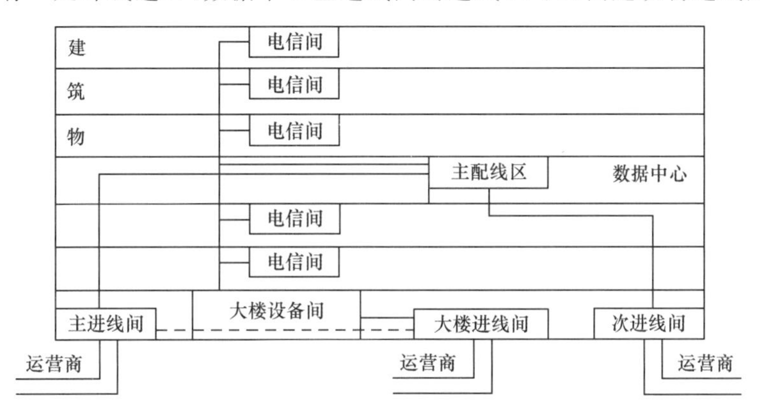


图 2-7-3 建筑物进线间、数据中心主进线间及次进线间

(2)电信间

电信间是数据中心内支持计算机机房以外的布线空间,包括行政管理区、辅助区和支持区。电信间用于安置为数据中心的正常办公及操作维护支持提供本地数据、视频和语音通信服务的各种设备。电信间一般位于计算机机房外部,但是如果有需要,它也可以和主配线区或水平配线区合并。

数据中心电信间与建筑物电信间属于功能相同,但服务对象不同的空间,建筑物电信间主要服务于楼层的配线设备。

(3)行政管理区

行政管理区是用于办公、卫生等目的的场所。包括工作人员办公室、门厅、值班室、盥洗室、更衣间等。

(4)辅助区

辅助区是用于电子信息设备和软件的安装、调试、维护、运行监控和管理的场所。包括测试机房、监控中心、备件库、打印室、维修室、装卸室、用户工作室等区域。

(5)支持区

支持区是支持并保障完成信息处理过程和必要的技术作业的场所。包括变配电室、柴油发电机房、UPS 室、电池室、空调机室、动力站房、消防设施用房、消防和安防控制室等。

### 7.2.4 数据中心网络布线规划与拓扑结构

#### 1.数据中心网络布线规划

在数据中心建设规划和设计时，要求对数据中心建设有一个整体的了解，需要较早地和全面地考虑与建筑物之间的关联与作用。综合考虑和解决场地规划布局中有关建筑、电气、机电、通信、安全等多方面协调的问题。

在新建和扩建一个数据中心时，建筑规划、电气规划、电信布线结构、设备平面布置、供暖通风及空调、环境安全、消防措施、照明等方面需要协调设计。数据中心规划与设计的步骤，建议按照以下过程进行：

(1)评估机房空间、电信设备及数据中心设备在通电满负荷工作时的机房环境温、湿度及设备的冷却要求。并考虑目前和预估将来的冷却实施方案。

(2)提供场地、楼板荷载、电源、空调、安全、接地、漏电保护等有关建筑土建、设备、电气等方面的要求。同时也针对操作中心、装卸区、储藏区、中转区和其他区域提出相关基本要求。

(3)结合建筑土建工程建设，给出数据中心空间上的功能区域初步规划。

(4)创建一个建筑平面布置图，包括进线间、主配线区、水平配线区、设备配线区的所在位置与面积。为相关专业的设计人员提供近、远期的供电、冷却和对房屋楼板的荷载要求。

(5)将电信线缆路径、供电设备和机械设备的安装位置及要求体现于数据中心的平面图内。

(6)在数据中心内各配线区域布置的基础上确定机房布线系统的整体方案。

#### 2.数据中心网络布线拓扑结构

连接各数据中心空间的布线系统组成了数据中心网络布线系统的基本星型拓扑结构的各个元素，以及体现这些元素间的关系。数据中心网络布线系统基本元素包括：

(1)水平布线。

(2)主干布线。

(3)设备布线。

(4)主配线区的主交叉连接。

(5)电信间、水平配线区或主配线区的水平交叉连接。

(6)区域配线区内的区域插座或集合点。

(7)设备配线区内的信息插座。

布线系统典型网络拓扑结构，如图 2-7-4 所示。

一般来说，EDA 区域的服务器设备，应通过分布式网络的方式，经由 HDA 的网络设备，交叉连接到位于 MDA 的核心交换机，如图 2-7-5 所示。

如果距离允许(信道长度小于 100 m)，也可以采用集中式网络架构，不经由 HDA，直接从 EDA 布水平线缆至 MDA，通过交叉连接接入核心交换机，如图 2-7-6 所示。

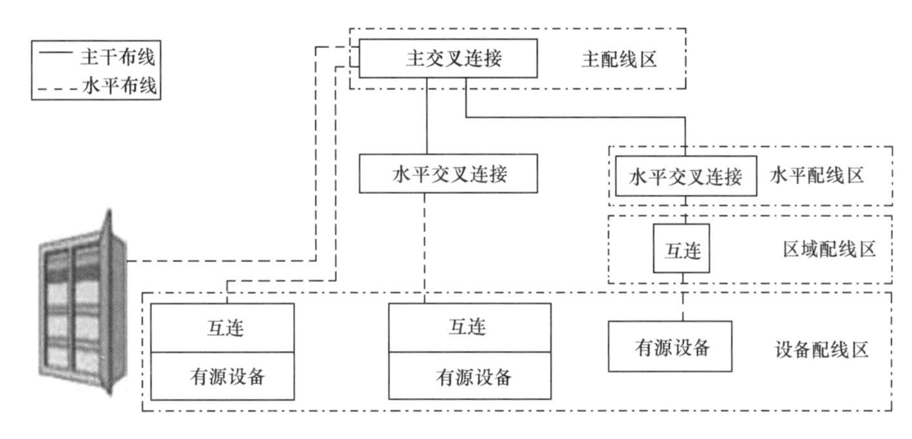


图 2-7-4 布线系统具体网络拓扑结构

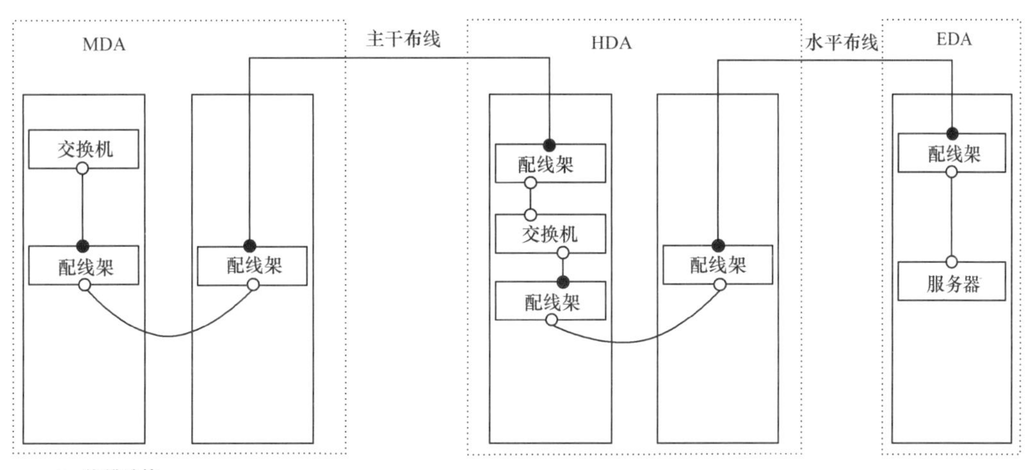


图 2-7-5 分布式网络连接

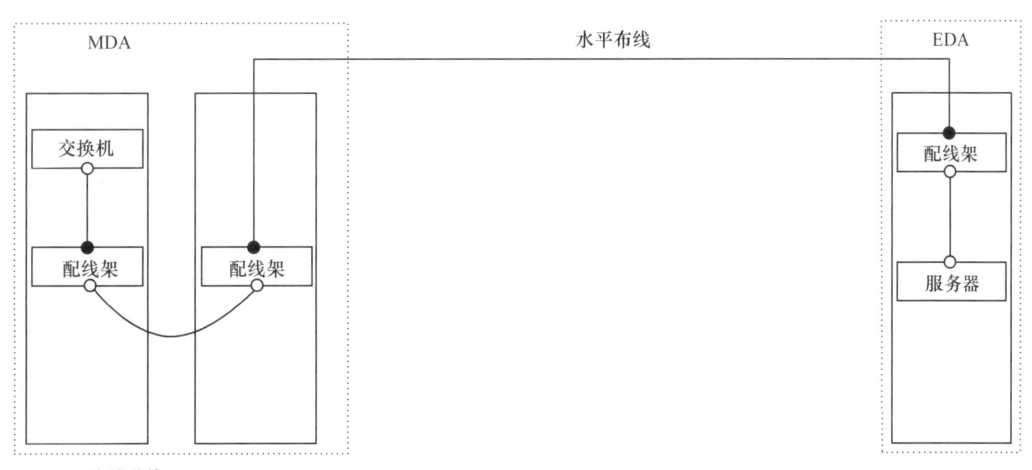


图 2-7-6 集中式网络连接

或者在上例的基础上采用集合点或区域插座的方式，增加日后服务器变更的灵活性，如图 2-7-7 所示。

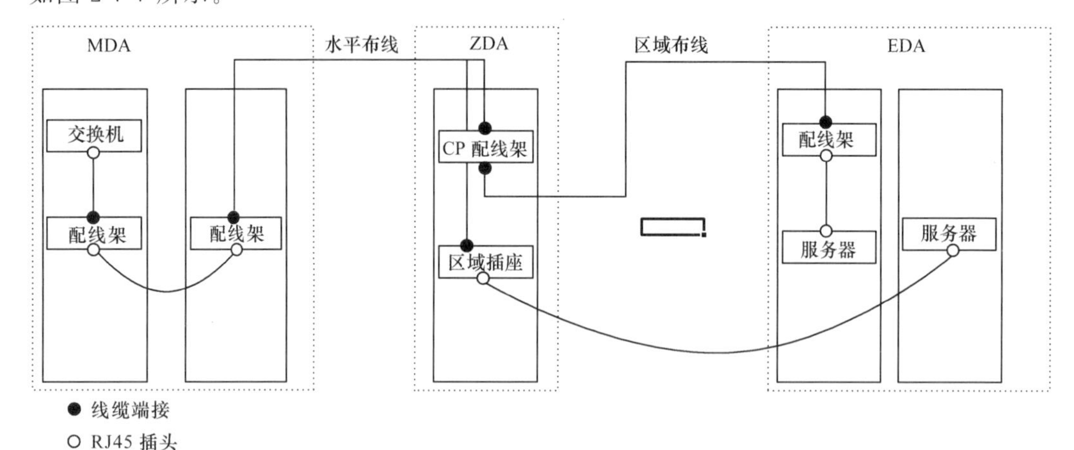


图 2-7-7　区域插座与集合点连接方式

3.水平布线系统

水平布线采用星型拓扑结构，每个设备配线区的连接端口应通过水平线缆连接到水平配线区或主配线区的水平交叉连接配线模块。水平布线包含水平线缆，端接配线设备，设备线缆、跳线，以及区域配线区的区域插座或集合点。在设备配线区的连接端口至水平配线区的水平交叉连接配线模块之间的水平布线系统中，不能含有多于一个的区域配线区的集合点。水平布线系统的信道最多存在 4 个连接器件的组成方式，如图 2-7-8 所示。

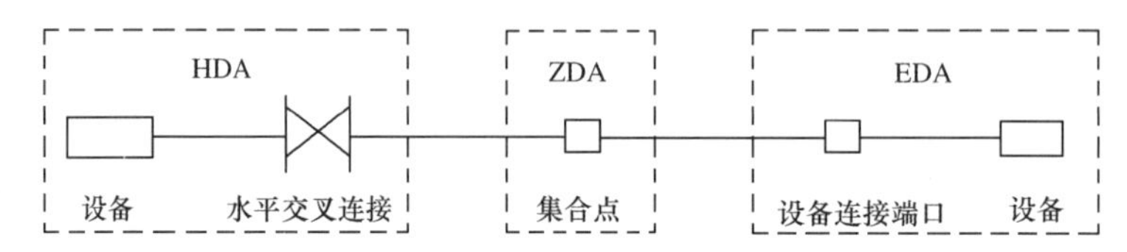


图 2-7-8　水平布线系统信道构成(4 个连接点)

为了适应现今的电信业务需求，水平布线系统的规划设计应尽量方便维护和避免以后设备的重新安装。同时也应该适应未来的设备和服务变更。

不管采用何种传输介质，水平线缆的传输距离不能超过 90 m，水平信道的最大距离不能超过 100 m。若数据中心没有水平配线区，包含设备光缆在内的光纤布线信道的最大传输距离不应超过 300 m，不包含设备电源的铜缆布线链路的最大传输距离不超过 90 m，包含设备电源的铜缆布线信道的最大传输距离不超过 100 m。

如果在配线区使用过长的跳线和设备线缆，则水平线缆的最大距离应适当减少。关于基于应用的水平线缆和设备线缆、跳线的总长度应能满足相关的规定和传输性能的要求。

基于补偿插入损耗对于传输指标的影响，区域配线区采用区域插座的方案时，水平布线系统信道构成如图 2-7-9 所示。工作区设备线缆的最大长度由以下公式计算得出：

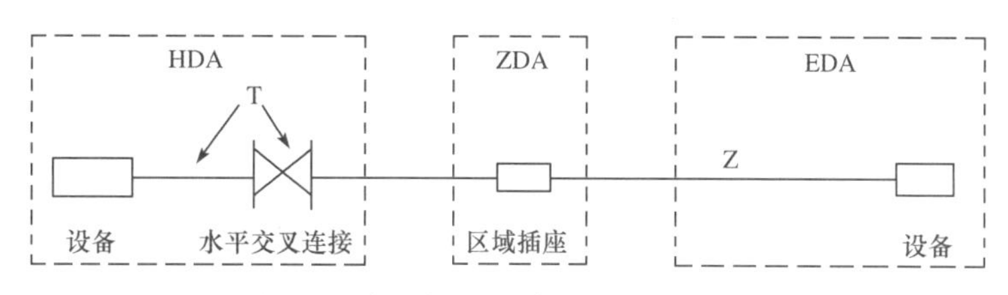


图 2-7-9 水平布线系统信道(区域插座)构成

$C=(102-H)/(1+D)$

$Z=C-T\leqslant 22$ m，22 m 是针对使用 24AWG(线规)的 UTP(非屏蔽电缆)或 ScTP(屏蔽电缆)来说的；如果采用 26AWG(线规)的 ScTP(屏蔽电缆)，则 $Z\leqslant 17$ m。

其中：

$C$ 是区域配线区线缆、设备线缆和跳线的长度总和；

$H$ 是水平线缆的长度($H+C\leqslant 100$ m)；

$D$ 是跳线类型的降级因子，对于 24AWG UTP/24AWG ScTP 电缆取 0.2，对于 26AWG ScTP 电缆取 0.5；

$Z$ 是区域配线区的信息插座连接至设备线缆的最长距离；

$T$ 是水平交叉连接配线区跳线和设备线缆的长度总和。

如图 2-7-10 所示，为设置区域配线区时，水平布线线缆的长度要求。

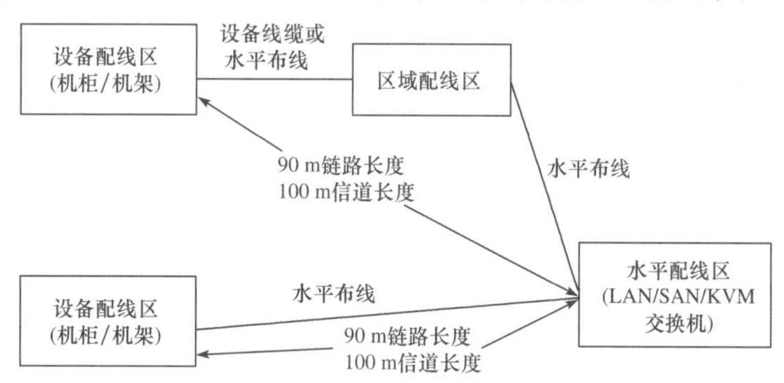


图 2-7-10 水平布线线缆长度

应用举例，如图 2-7-11 所示。

【例 1】 HDA 直接连接至 EDA

【例 2】 HDA 通过 ZDA 区域插座连接至 EDA

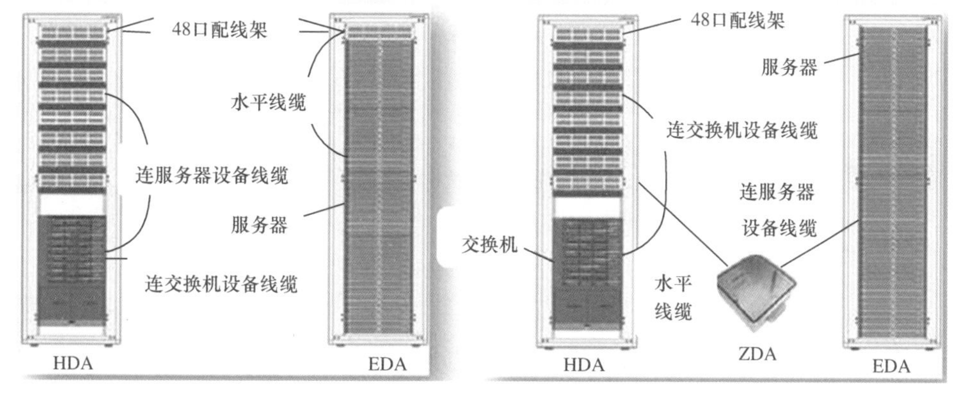


图 2-7-11 设备间连接方式

对于设备配线区内相邻或同一列的机架或机柜内的设备之间，允许点对点布线连接，连接线缆长度不应大于 15 m。

4.主干布线系统

主干布线采用一级星型拓扑结构，连接主配线区、水平配线区和进线间。主干布线包含主干线缆、主干交叉连接及水平交叉连接配线模块、设备线缆以及跳线。主干布线系统的信道组成方式如图 2-7-12 所示。

图 2-7-12 主干布线系统的信道组成

主干布线可以支持数据中心在不同阶段的使用者。在每段试用期内，主干布线设计应考虑无须增加新的布线就能适应服务要求的增长及变更。

每个水平配线区的水平交叉连接的配线模块直接与主配线区的主干交叉连接配线模块相连时，不允许存在多次交叉连接。

为了达到充分的冗余标准，允许水平配线区（HDA）间的直连，这种直连是非星型拓扑结构，用于支持常规布线距离超过应用要求距离的情况。

为了避免超过最大电路限制的要求，允许在水平交叉连接和次进线间之间设置直连布线路由。

主干线缆支持的最长传输距离是和网络应用及采用何种的传输介质有关的。主干线缆和设备线缆、跳线的总长度应能满足相关的规定和传输性能的要求。为了缩短布线系统中线缆的传输距离，一般将主干交叉连接设置在数据中心的中间位置。超出这些距离极限要求的布线系统可以拆分成多个分区，每个分区内的主干线缆长度都能满足上述标准的要求。分区间的互连不属于上述标准定义范畴，可以参照广域网中布线系统线缆连接的应用情况。主干布线系统构成，如图 2-7-13 所示。各类线缆在 10 G 网络应用中的传输距离见表 2-7-1。

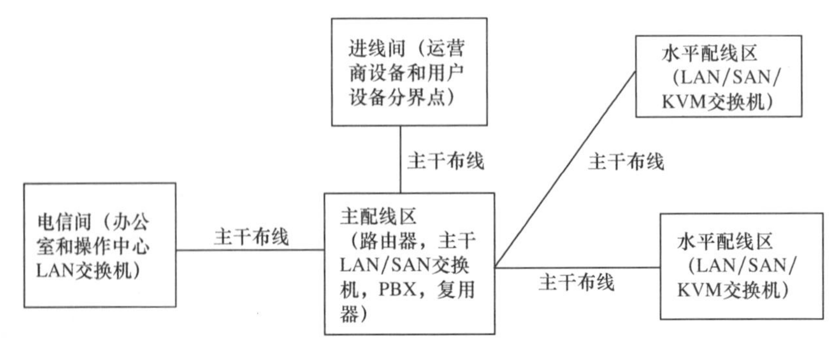


图 2-7-13 主干布线系统构成

表 2-7-1 常用万兆以太网和不同传输介质之间的关系

| 应用 | 介质 | 类别 | 最长距离/m | 波长/nm |
|---|---|---|---|---|
| 10G BASE-T | 双绞线 | 6 类或 E 级 UTP | 37 | — |
| | 双绞线 | 6A 类或 EA 级 UTP | 100 | — |
| | 双绞线 | 6A 类或 EA 级 F/UTP | 100 | — |
| | 双绞线 | F 或 FA 级(屏蔽) | 100 | — |
| 10G BASE-CX4 | 同轴 | 无 | 15 | — |
| 10G BASE-SX | 62.5 多模 | 160/500 MHz・km | 28 | 850 |
| | 62.5 多模 | 200/500 MHz・km | 28 | 850 |
| | 50 多模 | 500/500 MHz・km | 86 | 850 |
| | 50 多模 | 2 000/500 MHz・km | 300 | 850 |
| 10G BASE-LX | 单模 | — | 10 | 1 310 |
| 10G BASE-EX | 单模 | — | 40 | 1 550 |
| 10G BASE-LRM | 所有多模 | — | 220 | 1 300 |
| 10G BASE-LX4 | 所有多模 | — | 300 | 1 300 |
| | 单模 | — | 10 | 1 310 |

5.支持空间的布线设计

行政管理区域应按照 GB 50311 标准实施布线。所有水平线缆连至数据中心电信间。

辅助区的测试机房、监控控制台和打印室需要比标准办公环境工作区配置更多的信息插座和敷设更多的线路，可咨询用户方和相关技术人员来确定具体的数量。此外，监控中心还会安装大量的墙挂式或悬吊式显示设备(如监控器和电视机)，这些也需要数据网络接口。

支持区的配电室、柴油发电机、UPS 室、电池室、空调机房、动力站房、消防设施用房、消防和安防控制室等，房内至少需要设置一个电话信息点，机电室另外需要至少一个数据网络接口以连接设备管理系统。

支持空间各个区域信息插座数分布，如图 2-7-14 所示。

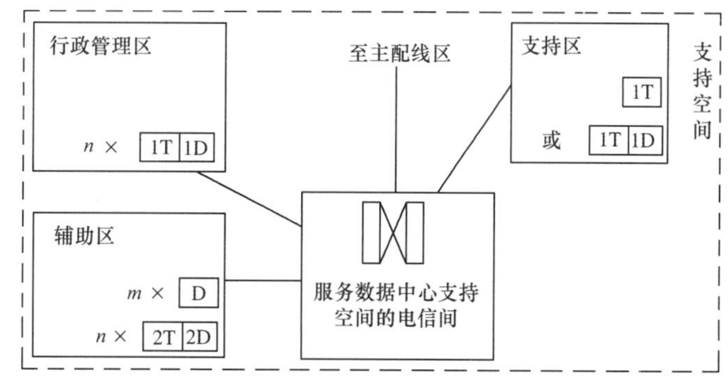


图 2-7-14 支持空间各个区域信息插座分布

## 7.2.5 设备选型

### 1.线缆

布线标准认可多种介质类型以支持广泛的应用，但是建议新安装的数据中心采用支持高传输带宽的布线介质以最大化其适应能力并保持基础布线的使用寿命。

推荐使用的布线传输介质有：

(1)100 Ω 平衡双绞线，建议选用 6 类/E 级(GB 50311—2007)、6A 类/EA 级(ANSI/TIA/EIA-568.B.2-10，ISO/IEC 11801：2008)或 F/FA 级(GB 50311—2007，ISO/IEC 11801：2008)。

(2)多模光纤：62.5/125 μm 或 50/125 μm(ANSI/TIA/EIA-568.B.3)，建议选用 50/125 μm、850 nm 工作波长的激光优化多模光缆(ANSI/TIA/EIA-568.B.3—1)。

(3)单模光纤(ANSI/TIA-568.B.3)。

除以上介质外，认可的同轴介质为 75 Ω(型号是 734 和 735)同轴电缆(符合 Telcordia GR—139—CORE)及同轴连接头(ANSI T1.404)。这些电缆和连接头被建议用于支持 E—1 及 E—3 传输速率接口电路。

### 2.机柜/机架

机架为开放式结构，一般用于安装配线设备，有 2 柱式和 4 柱式。机柜为封闭式结构，一般用于安装网络设备、服务器和存储设备等，也可安装配线设备，有 600 mm×600 mm、600 mm×800 mm、600 mm×900 mm、600 mm×1 000 mm、600 mm×1 200 mm、800 mm×800 mm、800 mm×1 000 mm、800 mm×1 200 mm 等规格。

宽度为 600 mm 的机柜没有垂直线槽，一般用于安装服务器设备；宽度为 600 mm 的机柜两侧有垂直线槽，适合跳线较多的环境，一般作为配线柜和网络柜。机架和机柜最大高度为 2.4 m，推荐的机架和机柜最好不高于 2.1 m，以便于放置设备或在顶部安装连接硬件。推荐使用标准 19 in 宽的机柜/机架。

机柜深度要求足够安放计划好的设备，包括在设备前面和后面预留足够的布线空间、装有方便走线的线缆管理器、电源插座、接地装置和电源线。为确保充足的气流，机柜深度或宽度至少比设备最深部位多 150 mm(6 in)。

机柜中要求有可前后调整的轨道。轨道要求提供满足 42U 高度或更大的安装空间。

### 3.配线架

为满足企业的成本效益要求，数据中心要求能够提供更高密度的设备以及应用空间。因此，在数据中心中使用的配线架应能满足高密度安装配线模块，方便端口的维护或更换，并且能清楚方便地对端口进行识别。

模块化的配线架可以灵活配置机柜/机架单元空间内的端接数量，既减少端口浪费，又便于日后的维护变更。配线架的构成，如图 2-7-15 所示。

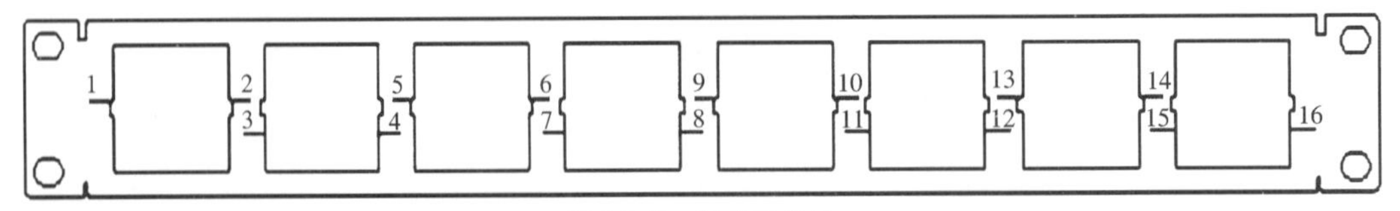


图 2-7-15 配线架构成

常用的配线架，通常在1U或2U的空间可以提供24个或48个标准的RJ45接口，而使用高密度配线架可以在同样的机架空间内获得高达48个或72个标准的RJ45接口，从而大大提高了机柜的使用密度，节省了空间。高密度配线架的构成，如图2-7-16所示。

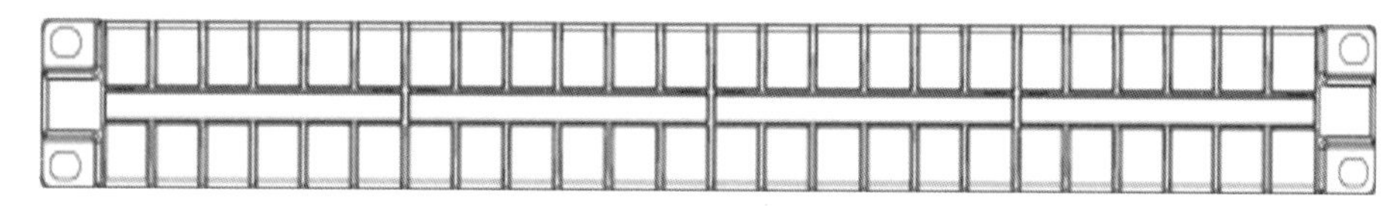

图2-7-16 高密度配线架构成

角型配线架允许线缆直接从水平方向进入垂直的线缆管理器，而不需要水平线缆管理器，从而增加了机柜的密度，可以容纳更多的信息点数量。角型高密度配线架的构成，如图2-7-17所示。

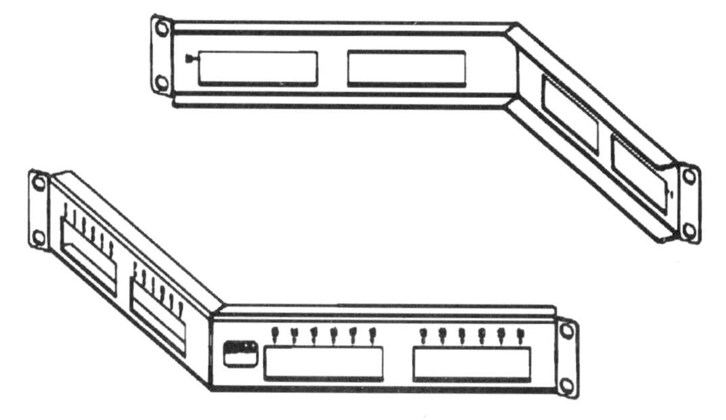

图2-7-17 角型高密度配线架构成

凹型高密度配线架主要应用于需要在服务器机柜背部进行配线的情况下，配线架向下凹陷，即使关闭服务器机柜的背板也不会压迫到任何的跳线，且方便维护操作人员快捷地接入整个配线界面。凹型高密度配线架的构成，如图2-7-18所示。

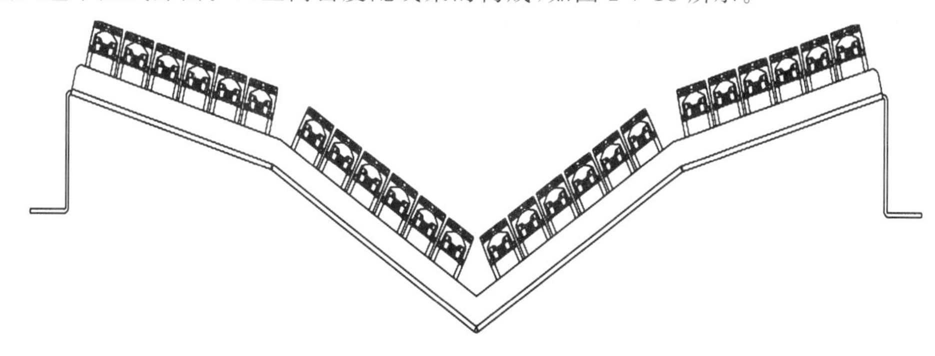

图2-7-18 凹型高密度配线架构成

机柜内的垂直配线架，充分利用机柜空间，不占用机柜内的安装高度(所以也叫0U配线架)。在机柜侧面可以安装多个铜缆或者光缆配线架，它的好处是可以节省机柜空间，减少跳线的弯曲和更方便地插拔跳线。

高密度的光纤配线架，配合高密度的小型化光纤接口，可以在1U空间内容纳至少48芯光纤，并具备人性化的抽屉式或翻盖式托盘管理和全方位的裸纤固定及保护功能。更可配合光纤预连接系统做到即插即用，节省现场施工时间。光纤高密度配线架的构成，如图 2-7-19 所示。

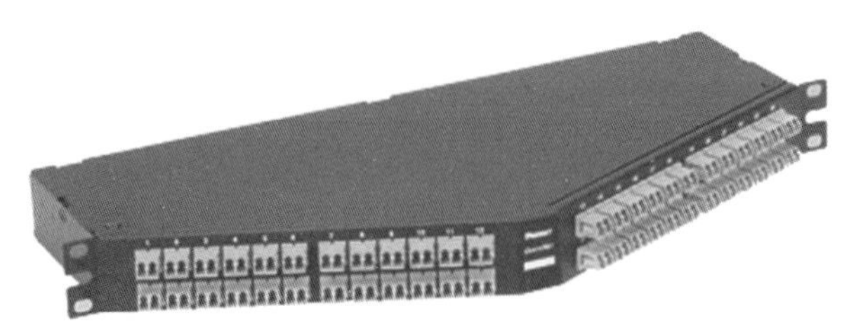

图 2-7-19 光纤高密度配线架构成

4.线缆管理器

在数据中心中通过水平线缆管理器和垂直线缆管理器实现对机柜或机架内空间的整合，提升线缆管理效率，使系统中杂乱无章的设备线缆与跳线管理得到很大的改善。水平线缆管理器主要用于容纳内部设备之间的连接，有 1U 和 2U、单面和双面、有盖和无盖等不同结构组合，线缆可以从左右、上下出入，有些还具备前后出入的能力。垂直线缆管理器分机柜内和机柜外两种，内部的垂直线缆管理器主要用于管理机柜内部设备之间的连接，一般配备滑槽式盖板；机柜外的垂直线缆管理器主要用于管理相邻机柜设备之间的连接，一般配备可左右开启的铰链门。线缆管理器的构成，如图 2-7-20 所示。

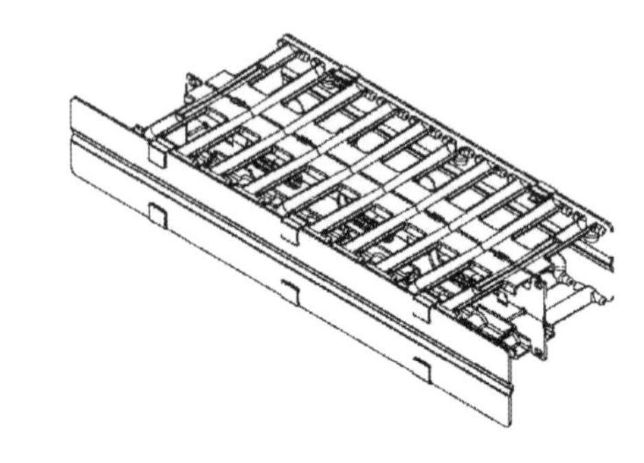

图 2-7-20 线缆管理器的构成

5.设备线缆与跳线

在数据中心中通过设备线缆与跳线实现端口之间的连接。设备线缆与跳线可采用铜缆或光纤。它们的性能指标应满足相应标准的要求。

光、电设备线缆与跳线应和水平或主干光、电缆的等级保持一致，还应与网络设备、配线设备端口连接硬件的等级保持一致，并且能够互通。

在端口密集的配线和网络机柜和机架上，可以使用高密度的铜缆和光纤跳线。这些跳线通过对传统插拔方式或接口密度的重新设计，在兼容标准化插口的前提下提高了高密度环境的插拔准确性和安全性。高密度线缆跳线的构成，如图 2-7-21 所示。

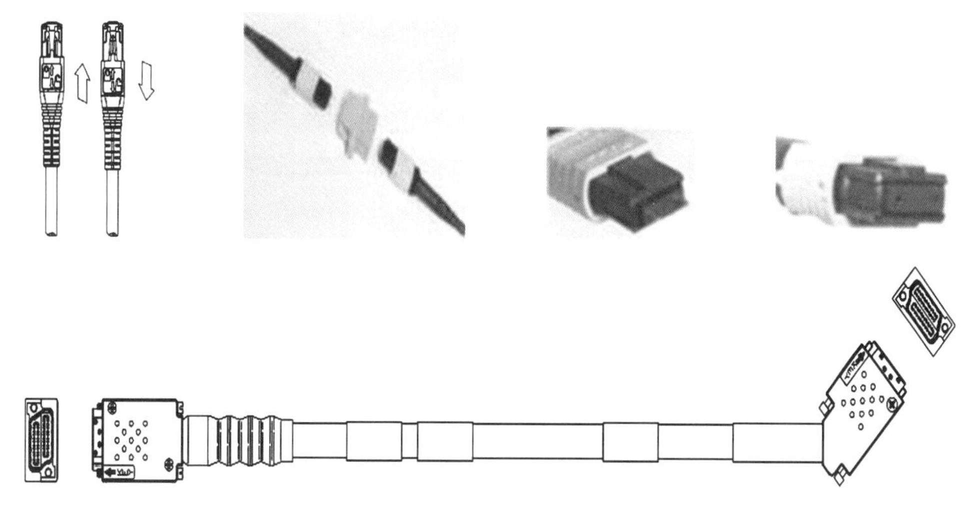

图 2-7-21　高密度线缆跳线构成

6.预连接系统

预连接系统是一套高密度的，由工厂端接、测试的，符合标准的模块式连接解决方案。预连接系统包括配线架、模块插盒和经过预连接的铜缆和光缆组件。预连接系统的特点是经过工厂端接和测试的铜缆和光缆可以提供可靠的质量和性能；基于模块化设计的系统允许安装者快速便捷地连接系统部件，实现铜缆和光缆的即插即用，降低系统安装的成本；当移动大数量的线缆时，预连接系统可以减少移动所带来的风险；预连接系统在接口、外径尺寸等方面具有的高密度优点节省了大量的空间，在网络连接上具有很大的灵活性，使系统的管理和操作都非常方便。预连接系统的构成，如图 2-7-22 和图 2-7-23 所示。

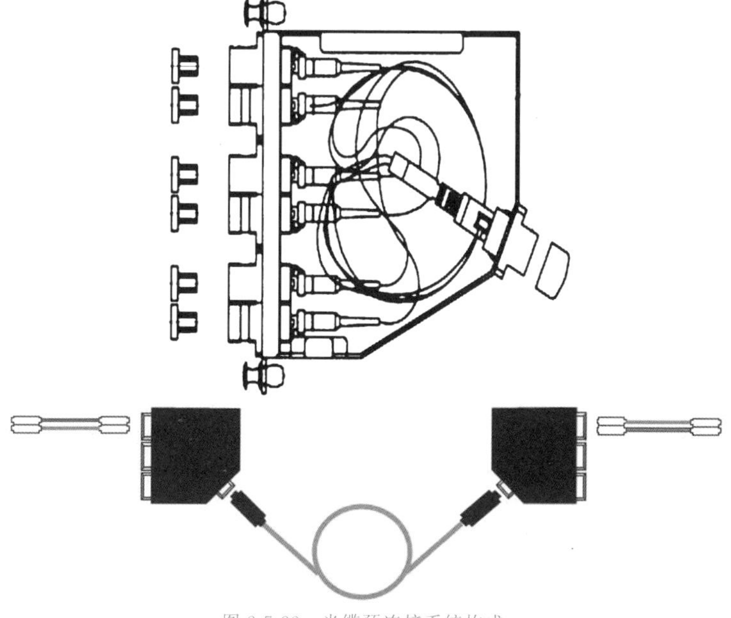

图 2-7-22　光缆预连接系统构成

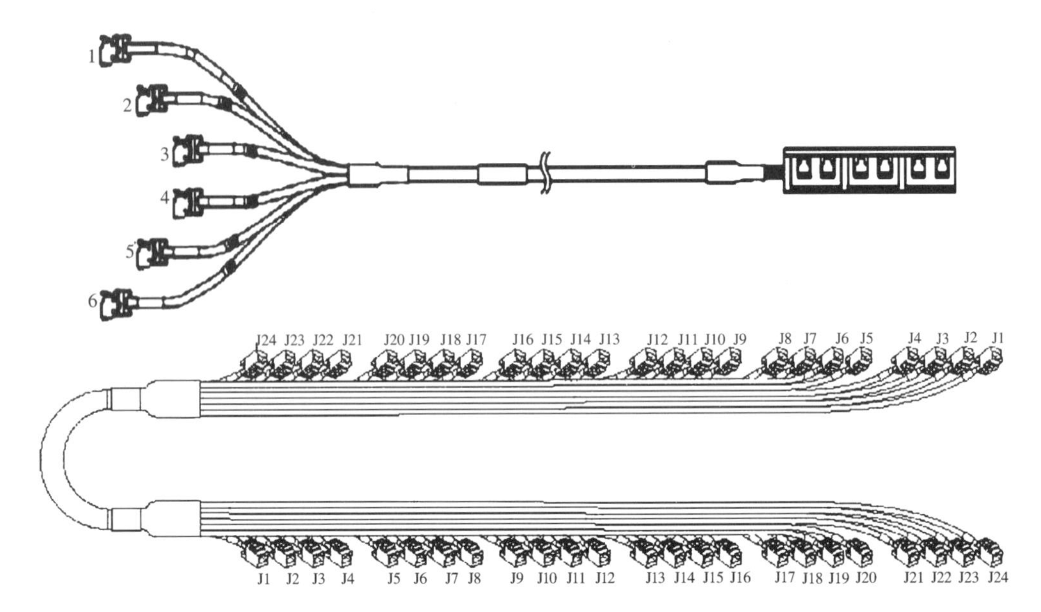


图 2-7-23 铜缆预连接系统构成

**7.走线通道**

数据中心包含高度集中的网络和设备，在主配线区、水平配线区和设备配线区之间需要敷设大量的通信线缆，合理地选用走线方式显得尤为重要。数据中心内常见的布线通道产品主要分为开放式和封闭式两种。在早期的布线设计中，多采用封闭式的走线通道方式，随着数据中心布线对方便、快捷、易于升级以及能耗等的多方面要求提高，现在国际上采用开放式的布线通道已经越来越普遍。

(1)开放式桥架

金属网格式电缆桥架由纵横两向钢丝组成，电缆桥架的结构为网格式的镂空结构。这种开放式桥架具有结构轻便、坚固稳定、散热好、安装简便、线缆维护升级方便等优点，更提高了安装线缆的可视性，辨别容易。可以选择在地板下、机柜/机架顶部或吊顶内安装。

开放式桥架主要分为网格式桥架、梯架和穿孔式桥架等大类。

(2)封闭式线槽

封闭式的电镀锌桥架与 JDG、KBG 类的薄壁镀锌钢管进行组合。

封闭式桥架主要有槽式电缆桥架、托盘式电缆桥架、梯级式电缆桥架、大跨距电缆桥架、组合式电缆桥架、阻燃玻璃钢电缆桥架、抗腐蚀铝合金电缆桥架等。

## 7.2.6 设计通道

**1.架空地板走线通道**

架空地板，也被称作活动地板系统，地面起到防静电的作用，它的下部空间又可以作为冷热通风的通道。同时它又被应用在支持下走线的数据中心内。

在下走线的机房中，线缆不能在架空地板下面随便摆放。架空地板下线缆敷设在走线通道内，通道可以分开设置，进行多层安装，线槽高度不宜超过 150 mm。金属通道应当在两端就近接至机房等电位接地端子。在建筑设计阶段，安装于地板下的走线通道应当与其他的地下设备管线（如空调、消防、电力等）相协调，并做好相应防护措施。

**2.天花板下走线通道**

(1)净空要求

在数据中心的建设中，通常还安装有抗静电天花板（或简称吊顶），但是近年来国际上也有很多数据中心不使用吊顶，通常挑高开阔的超大型或袖珍型的数据中心不使用吊顶，而使用其他的方式来解决机房顶部的抗静电问题或美观问题，这通常也由各个数据中心的具体情况决定。

常用的机柜高度一般为 2.0 m，气流组织所需机柜顶面至天花板的距离一般为 500～700 mm，故机房净高不宜小于 2.6 m。

根据国际正常运行时间协会的可用性分级指标，1～4 级数据中心的机房梁下或天花板下的净高见表 2-7-2。

表 2-7-2　　　　机房净高要求

| 级别 | 1 级 | 2 级 | 3 级 | 4 级 |
| --- | --- | --- | --- | --- |
| 天花板离地面高度 | 至少 2.6 m | 至少 2.7 m | 至少 3 m（天花板离最高的设备顶部不低于 460 mm） | 至少 3 m（天花板离最高的设备顶部不低于 600 mm） |

(2)通道形式

天花板走线通道分为槽式、托盘式和梯架式等结构，由支架、托臂和安装附件等组成。

在数据中心的走道和其他用户公共空间上空，天花板走线通道的底部必须使用实心材料，或者将走线通道安装在离地板 2.7 m 以上的空间，以防止人员触及和保护其不受意外或故意的损坏。

(3)通道位置与尺寸要求

通道顶部距楼板或其他障碍物不应小于 300 mm。

通道宽度不宜小于 100 mm，高度不宜超过 150 mm。

通道内横断面的线缆填充率不应超过 50%。

如果使用天花板走线通道敷设数据线缆，为了方便管理，最好将铜线缆路和光线缆路分线槽敷设，这样做还可以避免损坏线缆直径较小的光缆。在不可能满足上述条件时，如果有可能的话，光缆最好敷设在铜缆的上方，如果存在多个天花板走线通道时，可以分开进行多层安装。

照明器材和灭火装置的喷头应当放在走线通道之间，不能直接放在通道的上面。机房采用管路的气体灭火系统（一般是采用七氟丙烷气体，当然也有卤代烷及其他混合气体）时，电缆桥架应安装在灭火气体管道上方，不阻挡喷头，不阻碍气体。

天花板走线通道架空线缆盘一般为悬挂安装，如果所有的机柜、机架是统一标准高度时，电缆桥架可以附在机架、机柜的顶部，但这并不是一个规范操作，因为悬挂安装的线缆盘可以支持各种高度的机柜、机架，并且对于机架、机柜的增加和移动有更大的灵活性。

## 7.2.7 机柜、机架布置设计

### 1.机柜、机架安装设计

机柜、机架与线缆的走线槽道摆放位置对于机房的气流组织设计至关重要，如图 2-7-24 所示，表示出了各种设备建议的安装位置。

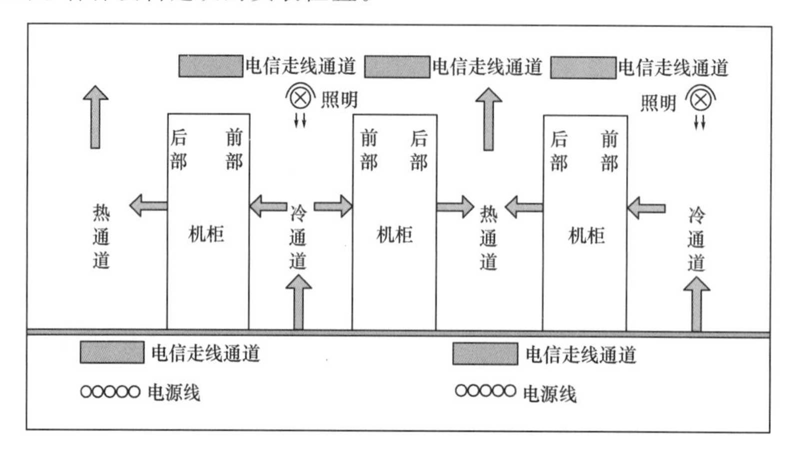


图 2-7-24 机房设备摆放位置与气流组织

以交替模式排列设备行，即机柜、机架面对面排列以形成热通道和冷通道。冷通道是机架、机柜的前面区域，热通道位于机柜、机架的后部。采用从前到后的冷却配置。针对线缆布局，电子设备在冷通道两侧相对排列，冷气从钻孔的架空地板吹出。热通道两侧电子设备则背靠背，热通道下的地板无孔，天花板上的风扇排出热气。

地板下走线，电力电缆和数据电缆宜分布在热通道的地板下面，或机柜、机架的地板下面，分层敷设。如果一定要在冷通道的地板下面走线，则应相应提高防静电地板的高度以保证制冷空气流量不受影响。

地板上应按实际使用需要开走线口。调节闸、防风刷、减震器或毛刷可安装在开口处阻塞气流。为更好地利用现有的制冷、排风系统，在数据中心设计和施工的时候，应避免形成迂回气流，以至于热空气没有直接排出计算机机房；避免架空地板下空间线缆杂乱堆放，阻碍气流的流动；避免机柜内部线缆堆放太多，影响热空气的排放；在没有满设备安装的机柜中，建议采用空白挡板防止热通道气流进入冷通道，造成迂回气流。

### 2.配线设备安装设计

(1)预连接系统安装设计

预连接系统可以用于水平配线区—设备配线区，也可以用于主配线区—水平配线区。预连接系统的设计关键是准确定位预连接系统两端的安装位置以定制合适的线缆长度，包括配线架在机柜内的单元高度位置和端接模块在配线架上的端口位置。

(2)机架线缆管理安装设计

在进线间、主配线区和水平配线区，在每对机架之间和每列机架两端安装垂直线缆管理器(布线空间)，垂直线缆管理器宽度至少为 83 mm (3.25 in)。在单个机架摆放处，垂直线缆管理器宽度至少为 150 mm (6 in)。两个或多个机架一列时，在机架间考虑安装宽

度为 250 mm（10 in）的垂直线缆管理器，在一排的两端安装宽度为 150 mm（6 in）的垂直线缆管理器。线缆管理器要求从地面延伸到机架顶部。

### 7.2.8 接地体与接地网

数据中心内设置的等电位连接网络为防静电地板、金属桥架、机柜、机架、金属屏蔽线缆外层和设备等提供了良好的接地条件，保证浪涌电流、感应电流以及静电电流等的及时释放，从而最大限度地保护人员和设备的安全，确保网络系统的高性能以及设备正常运行。有关接地的要求，国内的相关标准有比较详尽的描述，这里重点涉及机房内的接地系统设计需要考虑的问题：

机房内应该设置等电位连接网络。

机房内的各种接地应该共用一组接地装置，接地电阻按照设置的各电子信息设备所要求的最小值确定，如果与防雷接地共用接地装置，接地电阻值不大于 1 Ω。

各系统共用一组接地装置时，设施的接地端应以最短的距离分别采用接地线与接地装置进行连接。

机房内的交流工作接地线和计算机直流地线不容许短接或混接。

机房内交流配线回路不能与计算机直流地线紧贴或近距离平行敷设。

数据中心内的机架和机柜应当保持电气连续性。由于机柜和机架带有绝缘喷漆，因此用于连接机架的固定件不可作为连接接地导体使用，必须使用接地端子。

数据中心内所有金属元器件都必须与机房内的接地装置相连接，其中包括设备、机架、机柜、爬梯、箱体、线缆托架、地板支架等。

接地系统的设计在满足高可靠性的同时，必须符合以下要求：

（1）国家建筑物相关的防雷接地标准及规范。

（2）机房内的接地装置及接地系统的金属构件建议采用铜质的材料。

（3）在进行接地线的端接之前，将抗氧化剂涂抹于连接处。

（4）接地端子采用双孔结构，以加强其紧固性，避免其因震动或受力而脱落。

（5）接地线缆外护套表面也可附有绿色或黄绿相间等颜色，以易于辨识。

（6）接地线缆外护套应为防火材料。

总接地端子板（TMGB）应当位于进线间或进线区域。机房内或其他区域设置等电位接地端子板（TGB）。TMGB 与 TGB 之间通过接地母干线 TBB 沟通，如图 2-7-25 所示。

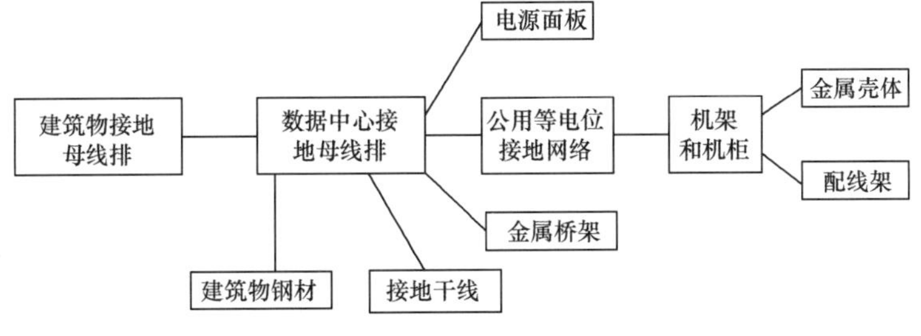


图 2-7-25 接地系统结构图

### 7.2.9 标志设计

数据中心中，布线的系统化及管理是相当必要的。数千米的线缆在数据中心的机柜和机架间穿行，必须精确地记录和标注每段线缆、每个设备和每个机柜、机架。

在布线系统设计、实施、验收、管理等方面，定位和标识是提高布线系统管理效率，避免系统混乱所必须考虑的因素，所以有必要将布线系统的标识当作管理的一个基础组成部分，从布线系统设计阶段就予以统筹考虑，并在接下去的施工、测试和完成文档环节按规划统一实施，让标识信息有效地向下一个环节传递。

(1)机柜、机架标识

数据中心中，机柜和机架的摆放和分布位置可根据架空地板的分格来布置和标识，依照 ANSI/TIA/EIA-606.A 标准，在数据机房中必须使用两个字母或两个阿拉伯数字来标识每一块 600 mm×600 mm 的架空地板。在数据中心计算机机房平面上建立一个 XY 坐标系网格图，以字母标注 X 轴，数字标注 Y 轴，确立坐标原点。机柜与机架的位置以其正面在网格图上的坐标标注，如图 2-7-26 所示。

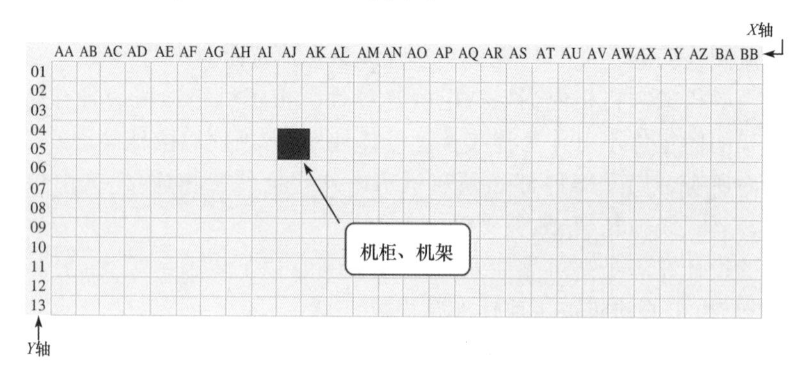


图 2-7-26　坐标标注

所有机柜和机架应当在正面和背面粘贴标签。每一个机柜和机架应当有一个唯一的基于地板网格坐标编号的标识符。如果机柜在不止一个地板网格上摆放，通过在每一个机柜上相同的拐角(例如，右前角或左前角)所对应的地板网格坐标编号来识别。

在有多层的数据中心里，楼层的标识数应当作为一个前缀增加到机柜和机架的编号中去。例如，上述在数据中心第三层的 AJ05 地板网格的机柜标识为 3AJ05。

一般情况下，机柜和机架的标识符可以为以下格式：

nnXXYY，其中

nn＝楼层号

XX＝地板网格列号

YY＝地板网格行号

在没有架空地板的机房里，也可以使用行数字和列数字来识别每一机柜和机架，如图 2-7-27 所示。在有些数据中心里，机房被细分到房间中，编号应对应房间名字和房间里面机柜和机架的序号。

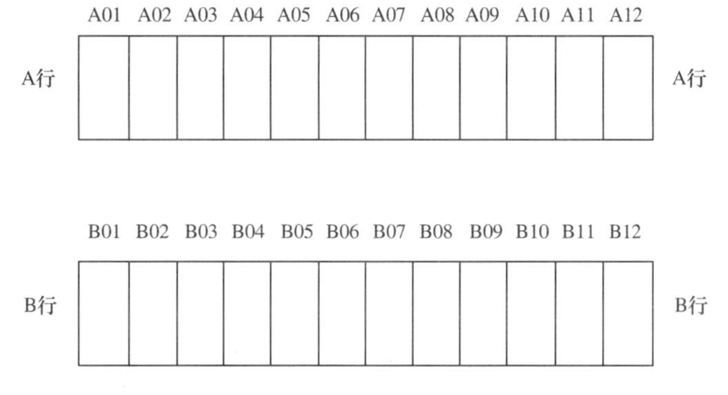


图 2-7-27 行列标注

(2)配线架标识

①配线架的标识方法

配线架的编号应当通过机柜和机架的编号和该配线架在机柜和机架中的位置来表示。在决定配线架的位置时,水平线缆管理器不计算在内。配线架在机柜和机架中的位置可以自上而下用英文字母表示,如果一个机柜或机架有不止 26 个配线架,则需要两个特征来识别。

②配线架端口的标识

用两个或三个特征来指示配线架上的端口号。比如,在机柜 3AJ05 中的第二个配线架的第四个端口可以被命名为 3AJ05－B04。

一般情况下,配线架端口的标识符可以为以下格式:

nnXXYY－A－mmm,其中

nn＝楼层号

XX＝地板网格列号

YY＝地板网格行号

A＝配线架号(A～Z,从上至下)

mmm＝线对/芯纤/端口号

③配线架连通性的标识

p1 to p2,其中

p1＝近端机柜或机架、配线架次序和端口数字

p2＝远端机柜或机架、配线架次序和端口数字

为了简化标识和方便维护,考虑在 ANSI/TIA/EIA-606.A 中用序号或者其他标识符表示。例如,连接 24 根从主配线区到水平配线区 1 的 6 类线缆的 24 口配线架应当包含标签“MDA to HDA1 Cat 6 UTP 1－24”。

例如,图 2-7-28 和图 2-7-29 显示用于有 24 根 6 类线缆连接柜子 AJ05 到 AQ03 的 24 位配线架的标签。

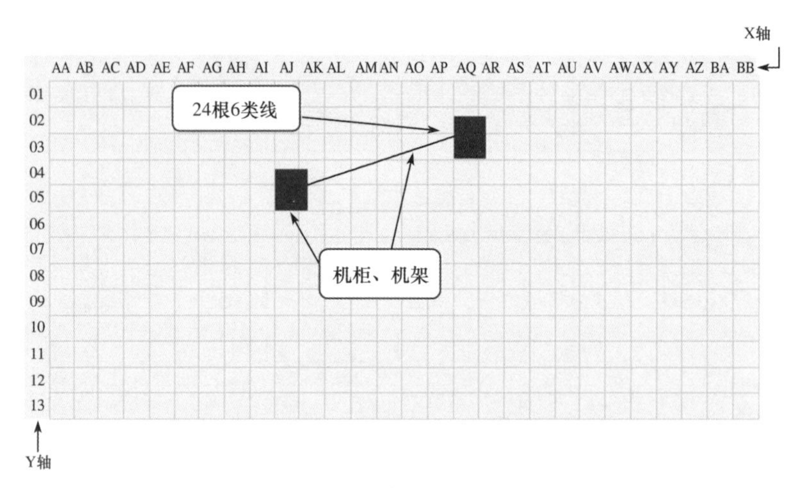


图 2-7-28 采样配线架标签

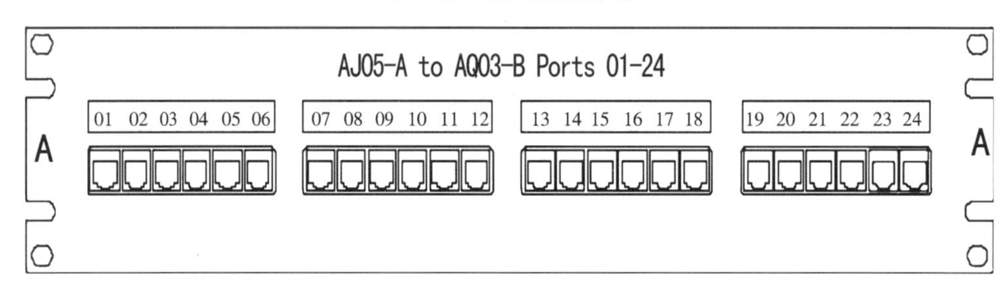


图 2-7-29 配线架标签

(3)线缆和跳线标识

连接的线缆上需要在两端都贴上标签标注其远端和近端的地址。

线缆和跳线的管理标识

p1n / p2n,其中

p1n=近端机柜或机架、配线架次序和指定的端口

p2n=远端机柜或机架、配线架次序和指定的端口

例如,图 2-7-25 中显示的连到配线架第一个位置的线缆可以包含下列标签:AJ05－A01 / AQ03－B01,并且在柜子 AQ03 里的相同的线缆将包含下列标签:AQ05－B01 / AJ03－A01,如图 2-7-30 所示。

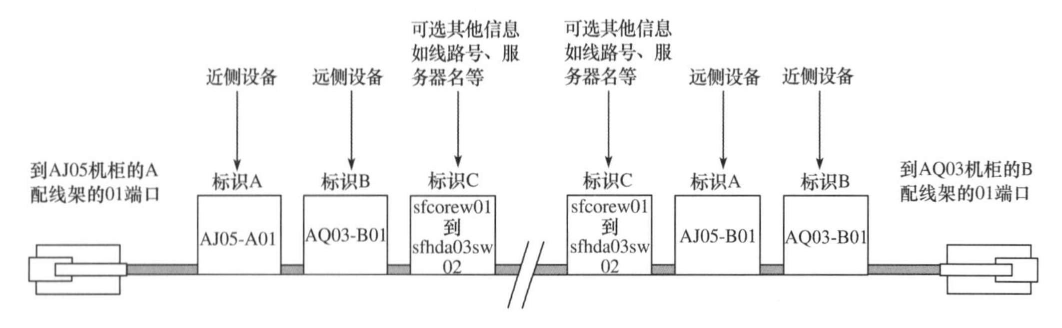


图 2-7-30 跳线标识

## 7.2.10 布线系统施工与测试

1.通道安装

(1)开放式网格桥架的安装施工

①地板下安装。桥架在与大楼主桥架导通后,在相应的机柜下方,每隔 1.5 m 安装一个桥架地面托架;安装时,配以 M6 螺栓、垫圈、螺母等紧固件进行固定。托架安装方式,如图 2-7-31 所示。

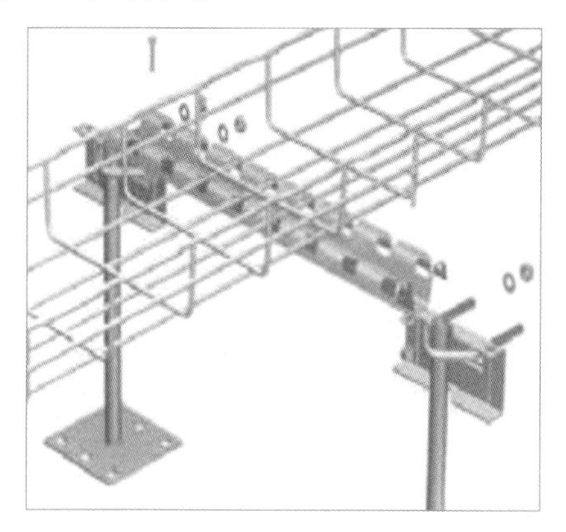
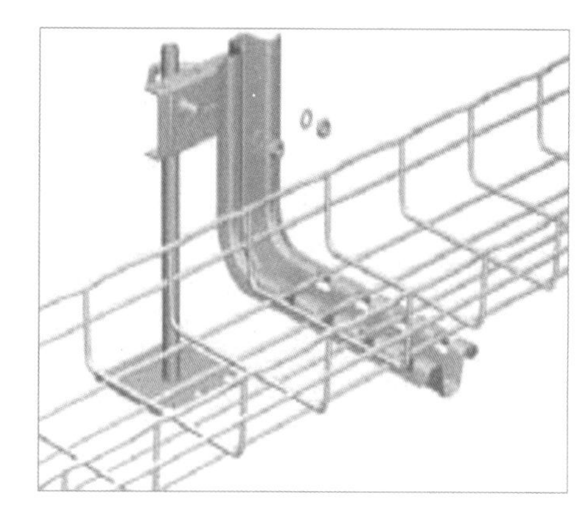

图 2-7-31 托架安装方式

一般情况下可采用支架,托架与支架离地高度也可以根据用户现场的实际情况而定,不受限制,底部至少距地 50 mm 安装,支架安装方式,如图 2-7-32 所示。

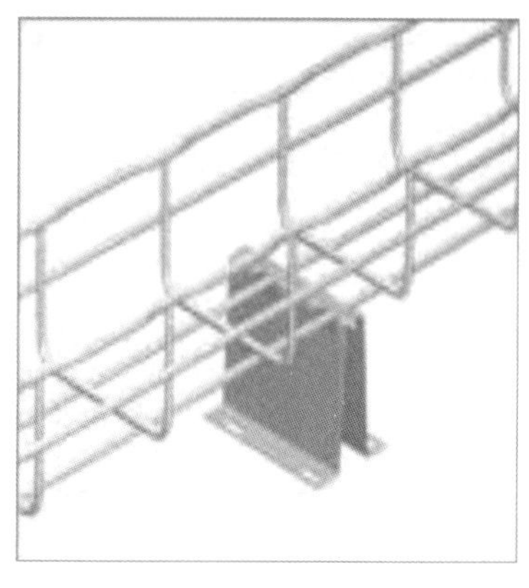

图 2-7-32 支架安装方式

②天花板安装,根据用户承重等的实际需求,可选择不同的吊装支架。通过槽钢支架或者钢筋吊杆,再结合水平托架和 M6 螺栓将主桥架固定,吊装于机柜上方。在对应机柜的位置处,将相应的线缆布放到相应的机柜中,通过机柜中的理线器等对其进行绑扎、整理归位。吊装支架安装方式,如图 2-7-33 所示。

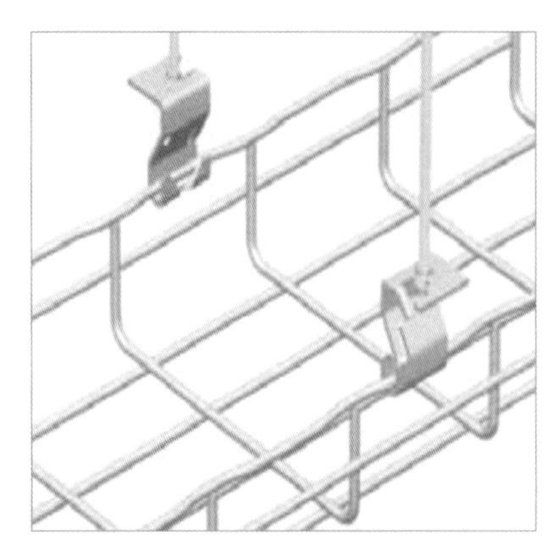
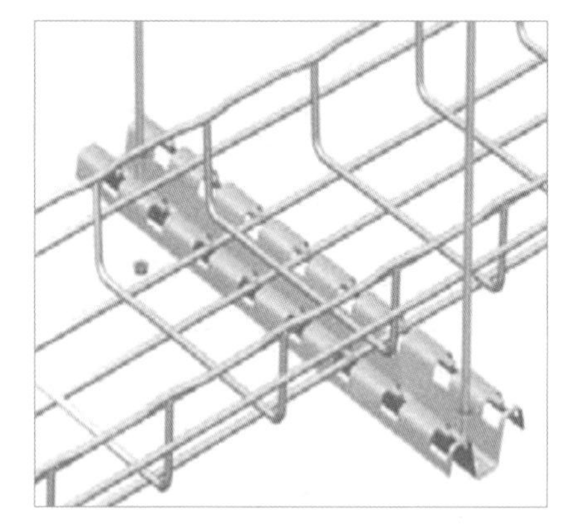

图 2-7-33　吊装支架安装方式

(2)开放式网格桥架的特殊安装方式

①分层安装。创新的分层布线可以满足敷设更多线缆的需求，便于维护和管理，也能使现场更美观。

②机柜安装。机柜安装代替了传统的吊装和天花板安装。采用这种新的安装方式，安装人员不用在天花板上钻孔，不会破坏天花板，而且安装和布线时工人不用爬上爬下，省时省力，非常方便。再加上网格式桥架开放的特点，用户不仅能对整个安装工程有更直观的控制，线缆也能自然通风散热，减少能耗，节约能源；机房日后的维护升级也很简便。

(3)将配线架(配线模块)直接安装在网格式桥架上

通过简单安装，配线架可以固定在网格式桥架上，水平线缆的整理和路由在桥架上进行，而配线架自带的环型理线器可以正常进行跳线的管理，当机柜需要进行增减变更时，只需插拔跳线即可，非常方便。

(4)梯架的补充

网格式桥架因其轻便、灵活，在很多情况下可以成为梯架理想的替代品。不过，也有很多用户在项目中把网格式桥架作为梯架的补充。梯架用于支持主干电缆的敷设，而网格式桥架则用于二、三级支线的部位。

(5)封闭式管槽的安装施工

线槽可在地板下或机柜上方安装，部分路径还要借助天花板吊装。管材除了上述安装方法外，还有暗敷设于墙体内等方法。电缆桥架直接安装于机柜上方时，在相应的机柜处可将对应的线缆直接引入机柜中；采用桥架地板下安装方式时，即通过电缆桥架将对应的线缆布放到相应的机柜下方，强电插座或者无法抵达到相应机柜处的线缆还要再通过JDG、KBG之类的薄壁镀锌钢管从线槽延伸，进行二次敷设。

**2.线缆布放**

走线通道敷设应符合以下要求：

①走线通道安装时应做到安装牢固，横平竖直，沿走线通道水平走向的支吊架左右偏差应不大于 10 mm，其高低偏差应不大于 5 mm。

②走线通道与其他管道共架安装时，走线通道应布置在管架的一侧。

③走线通道内线缆垂直敷设时，在线缆的上端和每间隔 1.5 m 处应固定在通道的支

架上，水平敷设时，在线缆的首、尾、转弯及每间隔 3～5 m 处进行固定。

④布放在电缆桥架上的线缆必须绑扎。绑扎后的线缆应互相紧密靠拢，外观平直整齐，线扣间距均匀，松紧适度。

⑤要求将交、直流电源线和信号线分架走线，或金属线槽采用金属板隔开，在保证线缆间距的情况下，同槽敷设。

⑥线缆应顺直，不宜交叉。在线缆转弯处应绑扎固定。

⑦线缆在机柜内布放时不宜绷紧，应留有适当余量，绑扎线扣间距均匀，力度适宜，布放顺直、整齐，不应交叉缠绕。

⑧6A UTP 线缆敷设通道填充率不应超过 40%，尽管最小弯曲半径仍是安装时不得小于 8 倍线缆外径及固定时不得小于 4 倍线缆外径，但由于 6A UTP 线缆外径一般大于 8 mm，对线缆敷设和固定还是有一定的影响。

### 3.线缆端接

(1)设备线缆与跳线端接

①完成交叉连接时，尽量减少跳线的冗余。

②保证配线区域的双绞线及光纤跳线与设备线缆满足相应的弯曲半径要求。

③线缆应端接到性能级别相一致的连接硬件上。

④进入同一机柜或机架内的主干线缆和水平线缆应被端接在不同的配线架上。

(2)为了避免因考虑线缆在插座端接时的质量而影响对阻抗的完好匹配，使得平衡破坏而造成串扰(包括 NEXT 和 ELFEXT)、回损参数不达标，必须注意以下几点：

①在完成双绞线端接时应剥除最少长度的线缆外护套。

②正确按照制造商规范进行线缆准备、端接、定位和固定。

③由于端接而产生的线对开绞距离在超 5 类或更高级别线缆中不能超过 13 mm。

④机柜内 6A 类 UTP 固定不宜采用过紧的捆扎工艺，并保证其最小弯曲半径。

### 4.接地体与接地网的安装

(1)机架接地连接

机架的接地连接方法，如图 2-7-34 所示。

机架上的接地装置应当采用自攻螺丝以及喷漆穿透垫圈以获得最佳电气性能。如果机架表面是油漆过的，接地必须直接接触到金属，所以当装配机架时，借助褪漆溶剂、冲击钻的帮助，也可以获得更好的连接质量。

在机架后部，应当安装与机架安装高度相同的接地条，以方便机架上设备的接地连接。通常安装在机架一侧就可满足要求。

在机架设备安装导轨的正面和背面距离地面 1.21 m 高度分别安装静电释放(ESD)保护端口。在静电释放(ESD)保护端口正上方安装相应标识。

机架通过 6 AWG 跳线与网状共用等电位接地网络相连，压接装置用于将跳线和网状共用等电位接地网络导线压接在一起。在实际安装中，禁止将机架的接地线按菊连的方式串接在一起。

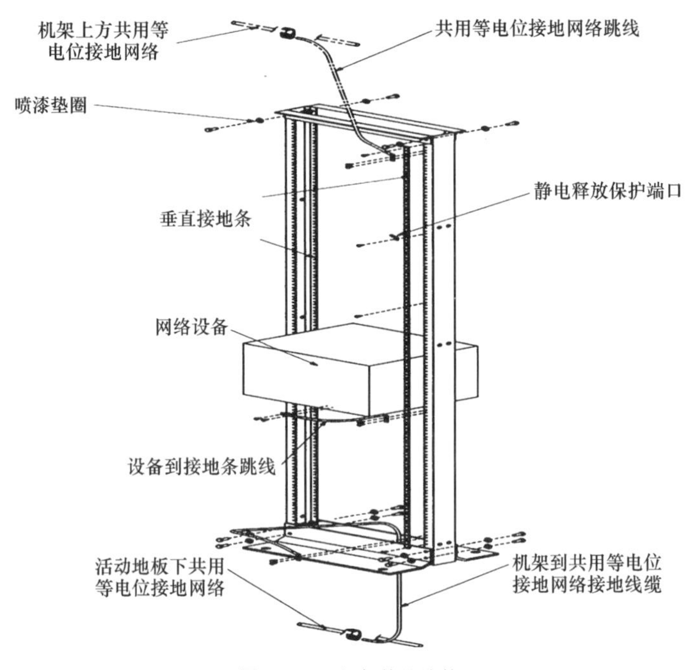


图 2-7-34 机架接地连接

(2)机柜接地连接

机柜的接地连接方法,如图 2-7-35 所示。

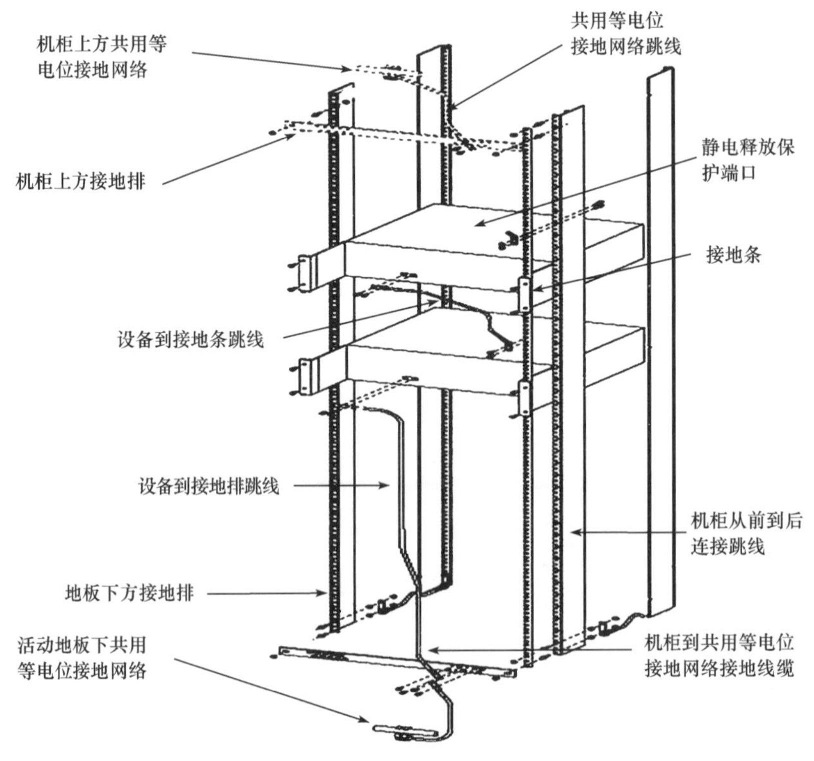


图 2-7-35 机柜接地连接

为了保证机柜的导轨的电气连续性，建议使用跳线将机柜的前后导轨相连。在机柜后部，应当安装与机柜安装高度相同的接地条，以方便机柜上设备的接地连接。通常安装在机柜后部立柱导轨的一侧。

机柜应当安装接地排，以充当机柜到共用等电位接地网络的汇集点。接地排根据共用等电位接地网络的位置，安装在机架的顶部或底部。接地排和共用等电位接地网络的连接使用6 AWG的接地线缆。线缆一端为带双孔铜接地端子，通过螺丝固定在接地排。另一端则用压接装置与共用等电位接地网络压接在一起。

在机柜正面立柱和背面立柱距离地板1.21 m高度分别安装静电释放保护端口。静电释放保护端口正上方安装相应标识。背面立柱的ESD保护端口直接安装在接地条上。

机柜上的接地装置应当采用自攻螺丝以及喷漆垫圈以获得最佳电气性能。

(3)设备接地

建议安装在机架上的设备与机房接地系统相连，设备要求通过以下方法之一连接到机架上：

为满足设备接地需求，厂商可能提供专门的接地孔或接地螺栓。接地线一端连接到设备的接地孔或接地螺栓上，另一端连到机柜或机架的铜接地母线或铜条上。在有些情况下，最好将设备接地线直接连接到数据中心接地网络上。

如果设备厂商建议通过设备安装边缘接地，并且该处没有喷漆，可直接连接到机架上；如果设备安装边缘已经喷漆，可以除去油漆再连接到机架上或采用上述内外齿轮锁紧垫圈连接到机架上。

大多数厂商在安装指导中指定安装网络或计算机硬件时使用静电放电腕带，腕带口系到机架上确保电连续接地。

### 5.测试

数据中心综合布线系统(TIA942定义)与常规综合布线系统(TIA568B定义)的验收测试对象相比存在一定差异：数据中心综合布线系统由于采用的链路传输速率较高，设备更新周期短，对布线系统的产品要求与水平布线等常规系统有所不同，链路结构也呈现自身的特点(短链路多、长跳线多、连接模块多、跳接点多)，由此对应测试对象和测试方法也有所不同。

测试方法：

(1)光纤测试方法(短链路高速光纤的测试)

目前，数据中心开始大量采用能支持10 G以太网的OM3短光纤链路和少量OS1光纤，而短链路多模光纤允许的损耗余量很小，为了保证测试准确性，测试模型一定要选用B模式。

测试类型：一类测试＋二类测试(用户选定)。

测试标准：通用型测试标准、应用型测试标准、二类测试标准。参见光纤测试方法。

对于多模光纤应用，1 G和10 G以太网的光模块较多地采用了VCSEL光源，在一类测试时如果使用LED光源来测试损耗值，则存在一定误差。所以，为了更加精确地测试损耗，建议测试时使用相同的 VCSEL 光源模块，这样仿真度最高，误差最小。

(2)电缆测试方法

①外部串扰(线间串扰)测试

6A 类/ EA 级 UTP 电缆由于成本低、施工方便和不用考虑接地影响，对数据中心用户的吸引力很强，但需要测试外部串扰(线间串扰)。由于外部串扰测试的时间长，测试工作量极大，进行全部捆扎链路的测试成本会非常高，所以标准中只推荐进行部分链路的选择性验收测试。

为此，建议用户采用两种测试来保证链路质量。一是安装前的进货测试，二是安装后的竣工验收测试。既可以减少测试数量，又可以最大限度地保证链路合格率。

进货测试不是标准当中要求的测试，测试时采用“6 包 1”仿真测试，使用 10 G 标准化组织认可的 10 G 外部串扰模块进行测试。人工搭建的“6 包 1”仿真链路长度为 90 m。进货仿真测试的目的是把好所选用产品的进货质量关。抽测的比例由用户确定并执行，建议的抽测比例为 1%包装箱，即每 100 箱电缆抽测 1 箱(“6 包 1”实际耗用 630 m，抽测合格过的电缆可以继续在工程中使用，每次基本上用两箱＋90 m 标准包装的电缆)。基本上，如果施工队伍技术纯熟、经验丰富，则把好进货关的安装链路绝大多数都能通过竣工验收测试。

竣工验收测试则是选择部分在线槽中或穿管内被捆扎链路中的标本来进行测试。抽测原则：捆扎数量大，链路长，连接模块多的链路。抽测比例各标准目前没有统一规定，我们建议在 5%～10%，如果事先已经进行过进货测试，则比例可以降低到 2%～10%。实际抽测的数量需要在合同中规定，使用 10 G 标准化组织认可的 10 G 外部串扰模块进行测试。

②非外部串扰测试

未被选中进行外部串扰测试的链路则只要像在水平链路中那样选择 6A 类/ EA 级标准进行常规测试即可。类似地，6A 类/ EA 级屏蔽系统由于本身的屏蔽层是对外来串扰的天然屏障，目前业界和标准都倾向于不做外部串扰测试。

③长跳线测试

数据中心可能会使用少量的长跳线(小于 20 m)进行高速设备连接，若使用传统的水平布线标准来验收，则因为标准中的短链路“符合 3/4 dB 原则”，很容易通过。而部分用户希望这些链路以后能支持更高速率的设备，会怀疑这类链路的本身质量是否达标(不只是符合 3/4 dB 原则)。这时建议用户可以按跳线标准进行验收测试。

④短链路多连接模块测试

数据中心由于其结构的特点，可能存在多连接/跳接的短链路，链路虽然不长(小于 20 m)，但连接模块的数量可能达到 4 个，此时采用某些标准进行测试可能出现较多的回波损耗边界值(即 * 号)，部分用户不认可这种测试结果。建议选择包含“3/4 dB 原则”的标准进行测试，这样可以减少 * 号，提高测试通过率。

⑤接地电阻测试

若采用屏蔽电缆系统，一般不需进行外部串扰测试，但需要进行接地测试，接地测试方法和要求与弱电接地相同。请参见弱电接地电阻测试的相关内容。

⑥外来干扰测试

本测试方法不属于物理测试验收范畴，但在系统集成完工后有时候需要进行这种测试，故在此做简单介绍。

数据中心由于设备密度大，速度快，具有电力谐波和高频辐射干扰强、接地回路干扰大等特点。系统集成商时常会发现，在对电缆进行验收测试时可能都是符合要求的，但实际工作时链路的出错率却比较高。

这时需要引入基于局域网的网络链路传输速率测试，对重要的链路进行吞吐率、延迟量等测试。目前的测试方法只是涉及千兆链路，对于 10 G 链路则可用千兆测试做参考。测试时，被测链路需要接入交换机、路由器等真实设备，就近选择网络接入口进行链路测试(此测试包含链路两端的有源接口)。测试方法请参见国家标准 GB/T 21671－2008。本测试除了可以考察链路接点设备的问题外，还可以考察 UTP 的外来辐射干扰(此处不是指线间的外部串扰)和 F/UTP 的接地回路干扰情况。

电缆测试仪器的常规操作程序如下：

①开机(自校验/设置 NVP 值)。

②选择测试介质(如果需要)。

③选择测试标准。

④选择电缆类型。

⑤选择链路模式(通道/永久链路/跳线)。

⑥连接测试模块。

⑦实施测试。

⑧存储测试数据。

⑨批量测试结束后取出/转存/打印数据。

⑩关机(或充电)。

## 项目实施

### 任务 7-1 学习数据中心布线构成

#### 1.配线区域设置

该数据中心采用 TIA－942 标准数据中心布线拓扑结构，设置一个进线间、一个监控室和一个通信室、一个主配线区和多个水平配线区及多个设备配线区，具体结构如图 2-7-36 所示。

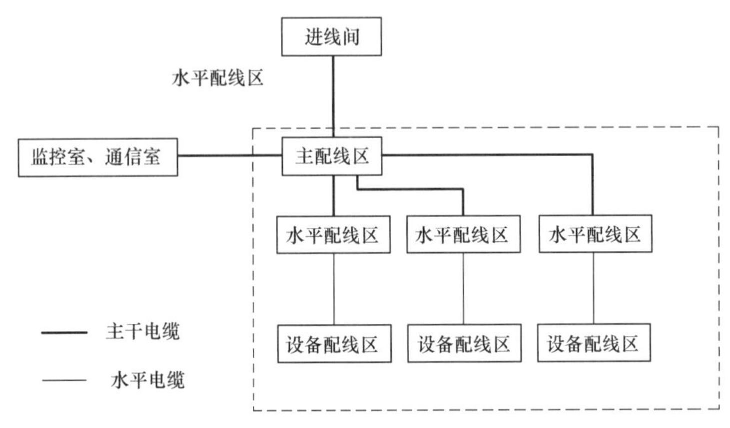


图 2-7-36　数据中心布线拓扑结构

### 2.布线连接图

在图 2-7-37 中，用于主干电缆（OM3 万兆光纤为主，6 类双绞线为辅）连接主配线区和水平配线区的列头柜，再由水平配线区的列头柜通过水平电缆（6 类双绞线为主，光纤为辅）连接至设备配线区。在设备与布置不明确的情况下，可以先实施连接主干电缆至列头柜的安装和布线工程，设备区的工程则可以根据以后的需要进行动态的调整和布局。在设备布置明确，但初期建设时设备没有完全布放到位的情况下，可以先将从列头柜至设备配线区的线缆敷设到位。

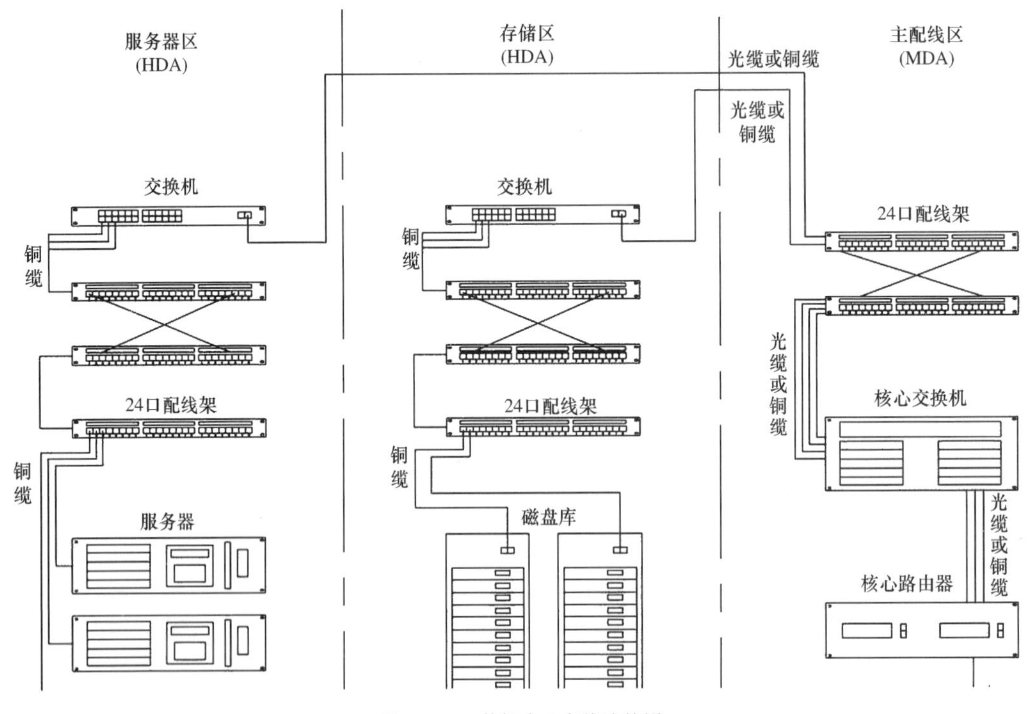


图 2-7-37　数据中心布线连接图

如图 2-7-38 所示，对于每台服务器机柜，在柜顶安装一个 24 口配线架，组成一个配线灵活、布线施工方便的设备配线区域，机柜内设备端口与配线架端口采用 RJ45 跳线相连。

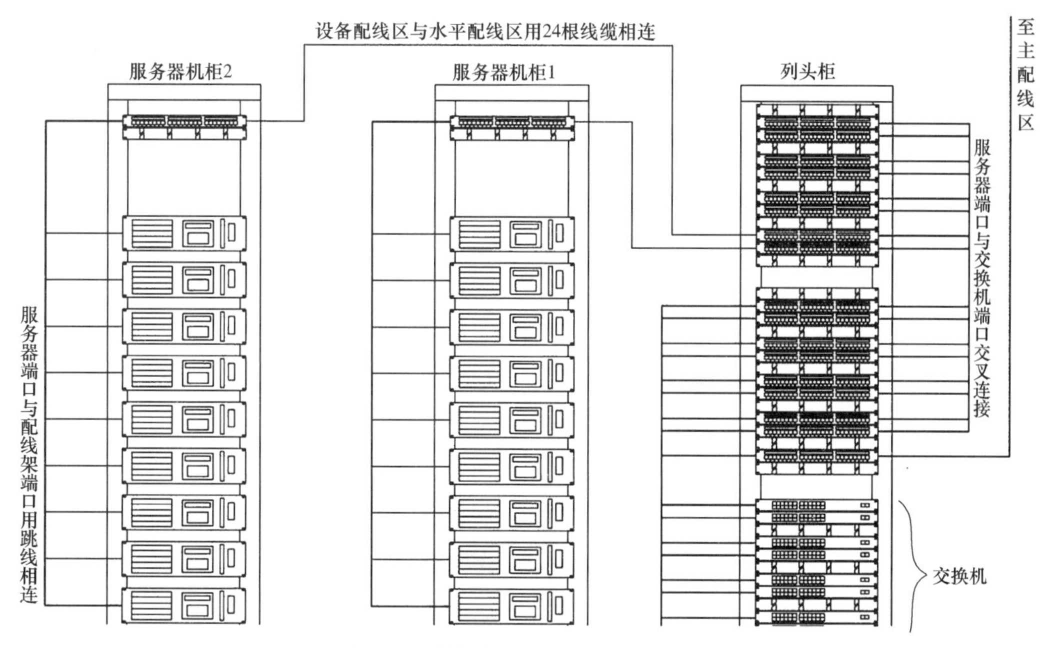


图 2-7-38 数据中心水平配线区布线连接图

对于一列机柜，将每个机柜顶端配线架的背面与列头柜内对应的配线架的背面用线缆直接端接，形成固定的水平布线连接。列头柜内与服务器机柜相连的配线架数量与服务器机柜数量相对应。

在列头柜中每一台交换机与 24 口配线架之间形成一个相对固定的连接，每一台交换机的端口对应一个 24 口配线架。

与服务器设备对应连接的配线架和与网络交换设备对应连接的配线架之间采用 RJ45 跳线，实现灵活的交叉连接。这两个配线架从提高管理水平出发，也可以采用电子配线架。

## 任务 7-2 布置数据中心机房

(1)机柜摆放与线缆敷设路由

如图 2-7-39 所示，机柜的排列与地板下面的机房空调产生的气流平行，机柜采用面对面和背对背排列来形成交互的"冷"和"热"过道，以有效提高设备使用寿命，降低能源损耗。供电电缆与信息电缆成反 F 型布局而不交叉。

根据机房安装设备的规格尺寸，设计的设备安装柜标准为 2 200 mm×1 100 mm×600 mm，并结合楼层平面建筑立柱的分布情况、楼层能达到的荷载情况，合理安排设备排列距离，使之不仅能达到最大的装机能力，又能保证机房的安全运行，维护方便。

本工程共设置设备安装柜 56 架、UPS 电源分配列头柜 6 架。

(2)电缆桥架布置

如图 2-7-40 所示，根据机房楼层平面的特点，设备排列按南北方向成列、面对面排列，南面设计一列 600 mm 宽电源主走线通道，北面设计两列 600 mm 宽信号主走线通道，机房采用上走线方式，所有设备光、电缆均通过主走线通道、列走线通道和垂直走线通道连接。列走线通道距防静电地板面高度 2 300 mm，主走线通道距防静电地板面高度 2 600 mm，走线通道应有良好的承重能力，保证设备电缆和电力电缆的安全布放。

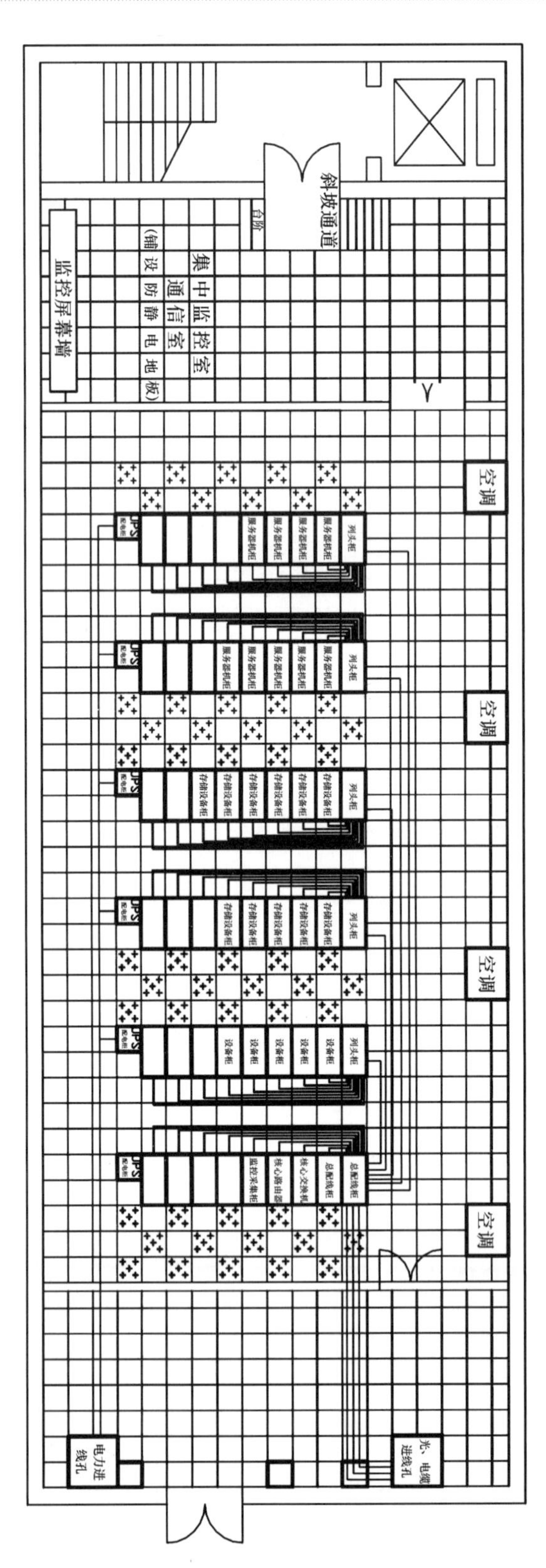


图2-7-39　数据中心机柜分布及管线路由图

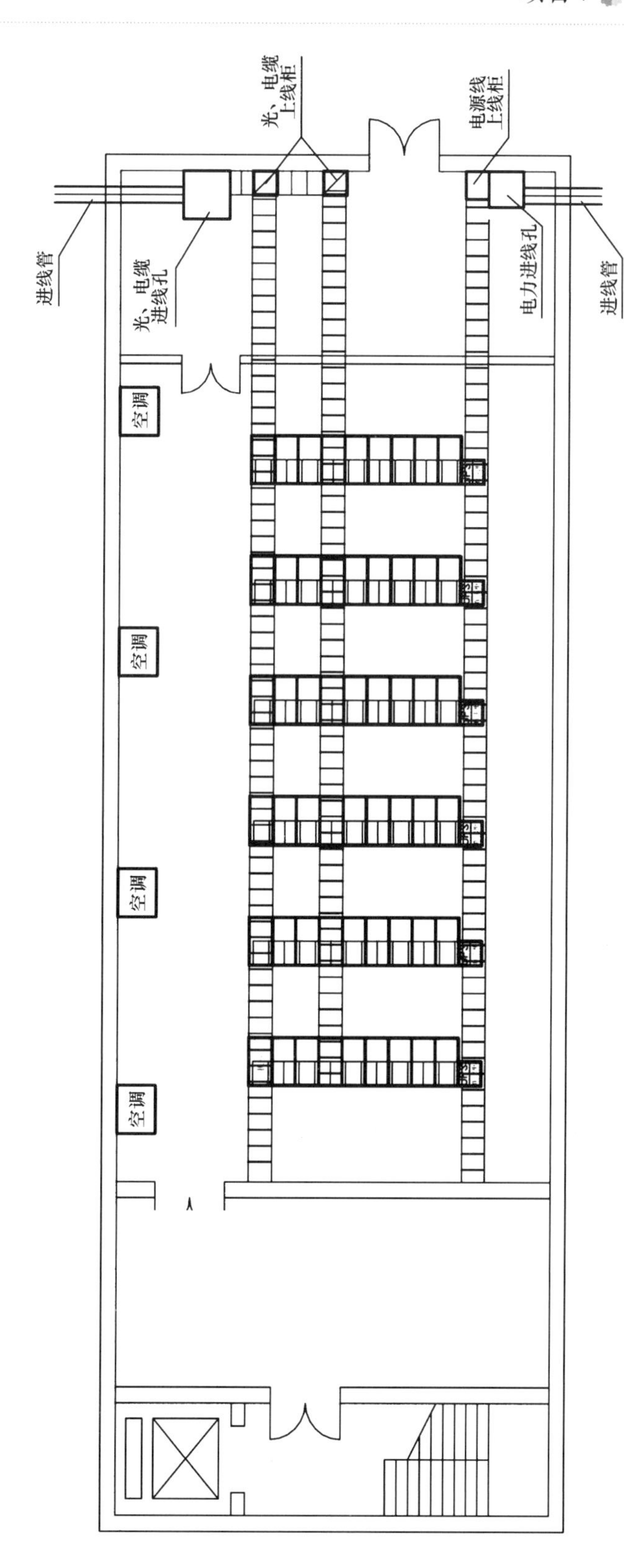


图2-7-40 数据中心机房桥架布置和进线图

## 任务 7-3 了解数据中心机房工艺对土建要求

(1)数据中心机房层高要求

机房的层高由工艺要求的净高、结构层、建筑层和风管等高度构成。机房的净高是指地面至梁下或风管下的高度。工艺生产要求的净高由设备的高度、电缆走线架和施工维护所需的空间高度等因素确定。

本工程的每层机房均设防静电地板,按照规范要求,机房室内净高要求不低于3.3 m。

(2)数据中心机房地面、墙面、顶棚面要求

楼内的地面、墙面、顶棚面的面层料应按室内通信设备的需要,采用光洁、耐磨、耐久、不起灰、防滑、不燃烧、保温、隔热的材料。

如果机房采用吊顶装饰,必须采用经过降阻处理的材料,以达到防静电要求。

机房均设置防静电活动地板,地面均需做防水处理。防静电地板表面应不反光、不打滑、耐腐蚀、不起尘、不吸尘、易于清扫。底座应为金属支架,并且应有可靠的接地。

屋顶层地面需做防水处理,避免渗水。

光缆和电力电缆进入机房一层,并在一层设置进线地沟,在管线入口处应加强进局管道的防水措施,其围护结构应有良好的整体性,并在地沟内设置漏水报警装置。

(3)数据中心机房门窗设计工艺要求

各机房门均应向外开启,双扇门的宽度不小于 1.8 m,单扇门的宽度不小于 1 m,门洞高度不低于 2.4 m,具备防火、隔热、抗风的性能。机房的外窗应具备严密防尘、防火、隔热、抗风的性能。内门应采用耐久、不易变形的材料,外形应平整光洁,减少积灰。

# 7.4 项目小结

本项目介绍了数据中心的设计,包括数据中心布线的系统组成、空间构成、规划与拓扑结构、设备选型、机柜/机架布置设计、接地体与接地网设计、布线系统施工与测试及本项目的数据中心的实施。

# 7.5 项目实训

观摩某数据中心,参照任务实施中的图纸格式,用 AutoCAD 或 Visio 绘制布线连接图、水平布线连接图、机柜布置图、桥架布置及进线图,通过图纸绘制掌握数据中心结构化布线的设计。

## 7.6 项目习题

### 1.填空题

(1)数据中心布线包括________、________和________。

(2)数据中心计算机机房内布线空间包含________、________、________和________。

(3)数据中心支持空间(计算机机房外)布线空间包含________、________、________、________和________。

(4)高密度配线架可以在同样的机架空间内获得高达________个或________个标准的 RJ45 接口。

(5)机柜、机架面对面排列以形成________和________。

(6)连接的线缆上需要在两端都贴上标签标注其________和________的地址。

(7)在机架设备安装导轨的正面和背面距离地面 1.21 m 高度分别安装________。

### 2.选择题

(1)在下走线的机房中,线缆不能在架空地板下面随便摆放。架空地板下线缆敷设在走线通道内,通道可以分开设置,进行多层安装,线槽高度不宜超过________ mm。

A.100　　B.150　　C.200　　D.250

(2)机房净高不宜小于________ m。

A.1.6　　B.2.6　　C.3.6　　D.4.6

(3)推荐的机柜和机架最好不高于________ m。

A.2.1　　B.3.1　　C.4.1　　D.5.1

(4)通道顶部距楼板或其他障碍物不应小于________ mm。

A.100　　B.200　　C.300　　D.400

(5)机房内的各种接地应该共用一组接地装置,接地电阻值按照设置的各电子信息设备所要求的最小值确定,如果与防雷接地共用接地装置,接地电阻值不大于________ Ω。

A.1　　B.2　　C.3　　D.4

(6)走线通道内线缆垂直敷设时,在线缆的上端和每间隔________ m 处应固定在通道的支架上。

A.0.5　　B.1.0　　C.1.5　　D.2.0

(7)一般情况下可采用支架,托架与支架离地高度也可以根据用户现场的实际情况而定,不受限制,底部至少距地________ mm 安装。

A.10　　B.50　　C.100　　D.150

# 项目 8 家居布线

## 8.1 项目描述

一套四房两厅两卫住宅的房子，包括客厅一间、餐厅一间、厨房一间、主卧一间、次卧一间、书房一间、客房一间、主卫生间一间、公用卫生间一间。住宅的平面图如图 2-8-1 所示。

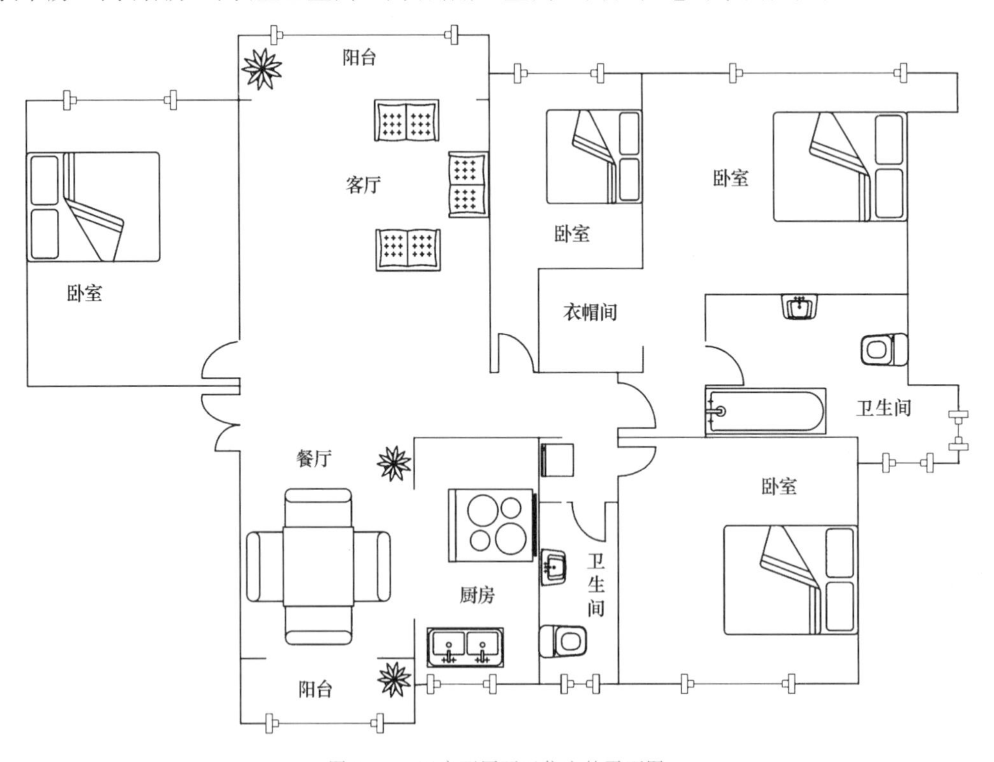


图 2-8-1　四房两厅两卫住宅的平面图

家居布线系统规划不考虑实现智能系统控制，但要达到《城市住宅建筑综合布线系统工程设计规范》(CECS 119－2000)的基本配置要求。

# 8.2 项目知识准备

## 8.2.1 家居布线概述

### 1.智能化小区

智能化小区利用现代建筑技术及现代计算机、通信、控制等高新技术，把物业管理、安防、通信等系统集成在一起，并通过通信网络连接物业管理处，为小区住户提供一个安全、舒适、便利的现代生活环境。

智能化系统入户有两种方案，即直接入户和间接入户。直接入户是指开发商确定信息点数量和位置，统一安装；间接入户是在入户处安装 CP 配线箱，入户线在此对接，户内布线等住户做内部装修时再进行，信息点数量和位置由住户确定。

智能小区布线除支持数据、语音、电视媒体应用外，还可提供对家庭的保安管理和对家用电器的自动控制以及能源自控，如图 2-8-2 所示是小区综合布线系统。

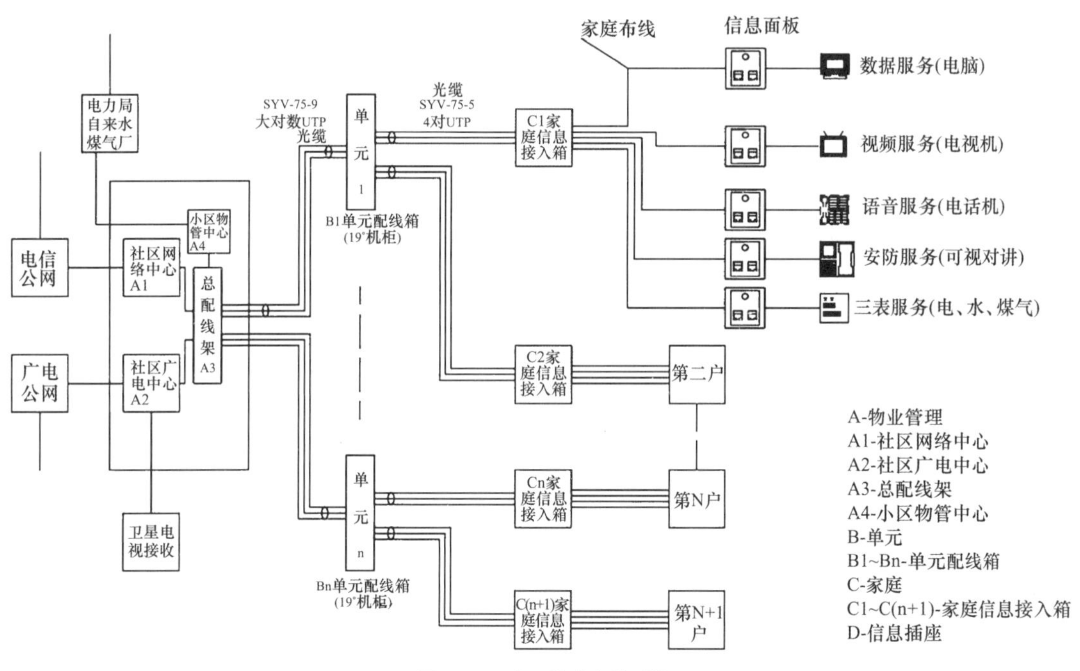


图 2-8-2 小区综合布线系统

在小区综合布线系统中，数据网的接入目前已实现光纤到小区机房，从小区机房到楼道(FTTB)可以是光纤或 5 类(6 类)数据线。楼道配线箱经过配接分配到户。

电话(语音)系统网的分配方式，目前是新老交替时期，老的形式是通过大对数电话电缆分配，由 600 对电缆到小区，再分配 25 对电缆到楼道配线箱，再分配 1～2 对电话线。新的方式是光缆到小区，分配后用 25 对大对数电缆到楼道(也有光纤到楼道的形式)，再分配给用户 2 对 4 芯电话线。最新的方式是通过光分网络直接分配到户。

有线电视系统也有新老形式。老的形式是同轴电缆经信号电平放大后分配到楼道，在保证每个频道信号电平≥70 db 的情况下，从楼道分配到每户家庭。新的形式是通过光纤分配到小区，然后通过同轴电缆分配到楼道（也有光纤分配到楼道的形式），再到户的形式。最新的方式是通过光分网络直接分配到户。

智能小区的布线系统涉及用户信息系统（语音、数据）、有线电视系统、小区监控系统、停车场管理系统、背景音乐系统、防火报警系统和防盗报警系统等。建筑物内综合布线系统应该一次布线到位，提供语音、数据和有线电视等服务。

**2.智能家居**

智能家居将与家居生活有关的各种弱电子系统有机地结合在一起，通过统筹管理，让家居生活变得更加舒适、方便、安全和环保。智能家居系统包括网络接入系统、语音与传真通信系统、有线电视系统、防盗报警系统、可视对讲系统、煤气泄漏探测系统、紧急求助系统、远程医疗诊断及护理系统等。家居布线是智能家居的基础，是智能小区的延伸。

**3.智能家居布线**

智能家居布线是一个小型的综合布线系统。它可以作为一个完善的智能小区综合布线系统的一部分，也可以完全独立成为一套综合布线系统。智能家居布线系统从功用来说是智能家居系统的基础，是其传输的通道，主要包括宽带接入、家居通信、家庭局域网、家庭安防、家庭娱乐、家用电器自动控制等。许多国内外大的综合布线厂家都针对智能家居市场推出了解决方案和产品。目前，家居布线系统的建设规范是中国工程建设标准化协会通信委员会颁布的《城市住宅建筑综合布线系统工程设计规范》(CECS 119－2000)。

(1)家居布线功能

家居布线是智能家居的基础。家居布线支持语音、数据、影像、视频、多媒体、家居自动系统、环境管理、保安、探头、报警及对讲机等服务。目前，在智能家居布线中应用较多的有 4 个功能模块，包括高速数据网络模块、电话语音系统模块、有线电视网模块、安防模块。高级实施中还包括音响模块和现场总线技术。

家居布线系统具有的优点可归纳为 4 个方面：能够集中管理家庭服务的各种功能应用，布线效果整齐美观；具有高带宽、高速率、高灵活性及高可靠性；具有兼容性及开放性；适应家庭网络目前及将来的应用发展。

(2)全屋智能家居系统布线方法

①集中控制技术

采用集中控制方式的智能家居系统，主要是通过一个以单片机为核心的系统主机来构建，中心处理单元(CPU)负责系统的信号处理，系统主板上集成一些外围接口单元，包括安防报警、电话模块、控制回路输入/输出(I/O)模块等电路。

这类集中控制方式的系统主机板一般带 8 路的灯光、电器控制回路，8 路报警信号输入，3～4 路抄表信号接入等。由于系统容量的限制，一旦系统安装完毕，扩展增加控制回路比较困难。

这类产品由于采用星型布线方式，所有安防报警探头、灯光及电器控制回路必须接入主控箱，与传统室内布线相比增加了布线的长度，布线较复杂。目前市场上这类产品较多。

②现场总线技术

现场总线控制系统则通过系统总线来实现家居灯光、电器及报警系统的联网以及信号传输，采用分散型现场控制技术，控制网络内各功能模块只需要就近接入总线即可，布线比较方便。

一般来说，现场总线类产品都支持任意拓扑结构的布线方式，即支持星型与环状结构走线方式。灯光回路、插座回路等强电的布线与传统的布线方式完全一致。“一灯多控”在家庭应用中比较普遍，以往一般采用“双联”“四联”开关来实现。走线复杂而且布线成本高。若通过总线方式控制，则完全不需要增加额外布线。是一种全分布式智能控制网络技术，其产品模块具有双向通信能力，以及互操作性和互换性，其控制部件都可以编程。典型的总线技术采用双绞线总线结构，各网络节点可以从总线上获得供电(24V/DC)，即通过同一总线实现节点间无极性、无拓扑逻辑限制的互连和通信，信号传输速率和系统容量则分别为 10 Kbit/s 和 4 GB。

家居布线系统采用哪种现场总线技术应根据用户的需求来确定，若要使用这些总线技术，则必须根据需要的拓扑结构要求进行布线。

## 8.2.2 家居布线标准

家居布线的主要参考标准是《城市住宅建筑综合布线系统工程设计规范》(CESC 119—2000)和《家居电讯布线标准》(TIA/EIA 570A)。我国家居布线的设计与施工应当遵循 CESC 119—2000 规范，同时可以参考美国的 TIA/EIA 570A 标准。

### 1.标准

TIA/EIA 570A 由美国国家标准学会(ANSI)与 TIA/EIATR—41 学会内的 TR41.8 分委会的 TR41.8.2 工作组制定，该标准包含了家居布线系统中的产品、安装指导和测试程序。

TIA/EIA 570A 提出了有关布线的等级，建立一个布线介质的基本规范及标准，主要应用于室内家居布线及室内主干布线。该标准把家居布线分为两个等级，两个等级的比较见表 2-8-1 和表 2-8-2。

表 2-8-1 各等级支持的典型家居服务

| 服务 | 等级一 | 等级二 |
| --- | --- | --- |
| 电话 | 支持 | 支持 |
| 电视 | 支持 | 支持 |
| 数据 | 支持 | 支持 |
| 多媒体 | 不支持 | 支持 |

表 2-8-2 各等级认可的家居传输介质

| 布线 | 等级一 | 等级二 |
| --- | --- | --- |
| 4 对非屏蔽双绞线 | 3 类(建议使用 5 类电缆) | 5 类 |
| 75 Ω 同轴电缆 | 支持 | 支持 |
| 光缆 | 不支持 | 可选择 |

(1)等级一

等级一提供了可满足电信服务最低要求的通用布线系统，该等级提供电话、CATV 和数据服务。等级一主要采用双绞线及使用星形拓扑方法连接，等级一布线的最低要求为一根 4 对非屏蔽双绞线(UTP)，并必须满足或超出 TIA/EIA 568A 规定的 3 类电缆传输特性要求，以及一根 75 Ω 同轴电缆，并必须满足或超出 SCTE IPS－SP－001 的要求。建议安装 5 类非屏蔽双绞线，方便升级到等级二。

(2)等级二

等级二提供了可满足基础、高级和多媒体电信服务的通用布线系统，该等级可支持当前和正在发展的电信服务。等级二布线的最低要求为 1 根或 2 根 4 对非屏蔽双绞线(UTP)，并必须满足或超出 TIA/EIA 568A 规定的 5 类电缆传输特性要求，以及 1 或 2 根 75 Ω 同轴电缆，并必须满足或超出 SCTE IPS－SP－001 的要求。可选择光缆，并必须满足或超出 ANSI/ICEA S－87－640 的传输特性要求。

TIA/EIA 570A 标准中，还规范了“从分界点或信息插座到一个住宅单元设备间的布线系统”以及“多住户/园区布线基础”。详细内容参见《家居电讯布线标准》(TIA/EIA 570A)。

(3)CECS 119－2000 规范

《城市住宅建筑综合布线系统工程设计规范》(CECS 119－2000)由中国工程建设标准化协会信息、通信专业委员会制定，经信息产业部、建设部等业内资深专家的审查，协会于 2000 年 9 月 30 日正式批准该规范为协会标准，同年 12 月正式施行。该标准在制定时结合我国城市住宅建筑通信设施的现状和对未来通信需求的预测，同时参考了 TIA/EIA 570A 标准。该标准适用于新建、扩建和改建的城市住宅小区及住宅楼的综合布线系统工程设计。

该规范对住宅建筑综合布线系统做了一般规定，还规范了“城市住宅小区内综合布线管线设计”和“建筑物内综合布线管线设计”。“城市住宅小区内综合布线管线设计”包括“地下综合布线管道设计”和“综合布线电缆或光缆设计”的规范；“建筑物内综合布线管线设计”包括“综合布线暗配管设计”“综合布线暗配线设计”的规范。规范中要求：对于综合布线的系统分级传输距离限值、各段线缆长度限值和各项指标等规范未涉及的内容均应符合国家标准《建筑与建筑群综合布线系统工程设计规范》(GB 50311－2007)的有关规定。

**2.基本配置与综合配置**

CECS 119－2000 规范中的一般规定认为“建筑物内的综合布线系统应一次分线到位，并根据建筑物的功能要求确定其等级和数量”。把布线配置分为基本配置和综合配置两个等级。

(1)基本配置

适应基本信息服务的需要，提供电话数据和有线电视等服务。具体规定如下：

①每户可引入一条 5 类 4 对双绞线电缆；同步敷设一条 75 Ω 同轴电缆及相应的插座。

②每户宜设置壁龛式配线装置(简称 DD)，每一卧室、书房、餐厅等均应设置一个信息插座和一个电缆电视插座；主卫生间还应设置用于电话的信息插座。

③每个信息插座或电缆电视插座至壁龛室配线装置，各敷设一条 5 类 4 对双绞线电缆或一条 75 Ω 同轴电缆。

④壁龛式配线装置的箱体应一次到位，满足远期的需要。

(2)综合配置

适应较高水平信息服务的需要，提供当前和发展需要的电话、数据、多媒体和有线电视等服务。

①每户可引入两条 5 类 4 对双绞线电缆，必要时也可设置 2 芯光缆；同步敷设 1～2 条 75 Ω 同轴电缆及相应的插座。

②每户宜设置壁龛式配线装置，每一卧室、书房、餐厅等均应设置不少于 1 个信息插座或光缆插座，以及 1 个电缆电视插座，也可以按用户需求设置；主卫生间还应设置用于电话的信息插座。

③每个信息插座、光缆插座或电缆电视插座至壁龛式配线装置，各敷设 1 条 5 类 4 对双绞线电缆、2 芯光缆或 1 条 75 Ω 同轴电缆。

④壁龛式配线装置的箱体应一次到位，满足远期的需要。

### 3.拓扑结构

家居综合布线系统的拓扑结构应符合如图 2-8-3 所示的规定。

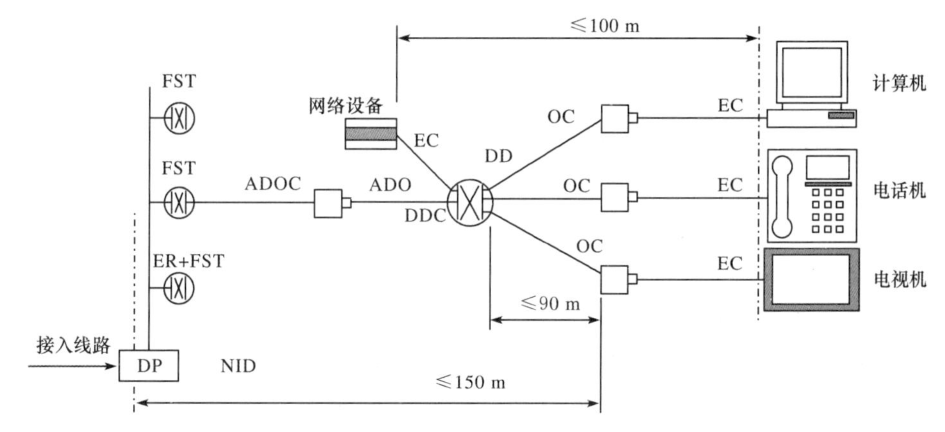


图 2-8-3 家居综合布线系统的拓扑结构

图 2-8-2 中各缩写的含义如下：

DP：分界点。

NID：网络接口装置。

ER：设备间。

FST：楼层服务端接，即楼层配线设备。

ADOC：辅助的可断开插座电缆。

ADO：辅助的可断开插座。

DDC：配线装置软线。

DD：家庭信息接入箱。

EC：设备软线缆（也称为跳线）。

OC：信息插座电缆。

相关要求如下：

①分界点（DP）至最远住户信息插座的电缆总长度不应大于 150 m。

②每户家庭信息接入箱（DD）户内最远用户终端的信息插座电缆（OC）、设备软线缆

(EC)和家庭信息接入箱(DD)的跳线总长度不应大于 100 m。

③信息插座电缆(OC 长度)不应大于 90 m。

④家庭信息接入箱(DD)的跳线和设备软线缆(EC)的总长度不应大于 7.6 m。

⑤设备软线缆和跳线的衰减大于实芯铜线的对绞电缆,应注意核算电气长度,折算为物理长度,使衰减指标符合规定。

### 8.2.3 家居布线系统

家居布线系统是指将计算机网络、电视、电话、多媒体影音等设备进行集中控制的弱电系统,实际上就是一个家庭住宅范围内的微型综合布线系统。家居布线系统通常由多个子系统模块构成。

#### 1.家居布线模型

家居布线系统由家居布线信息接入箱、信号线和信息插座模块组成,各种线缆在信息接入箱汇集。

信息接入箱的作用是集中控制输入和输出的电子信号,各种线路在箱内跳接连通,原理与计算机网络的中心机柜类似。家居布线投入使用以后,平时可按需要对接入箱的线路进行调配,以控制线路的具体属性和作用,而不必更改线路甚至破坏原有装修。

信号线传输各种电子信号,这些信号线包括双绞线、同轴电缆、电话线、音频线、视频线及各种安防和水电煤气自动抄表的信号线和控制线。

信号插座模块通过连接线缆接驳各种终端设备,如电视机、电话、电脑、防盗报警器、自动抄表器等。如图 2-8-4 所示是一个典型的家居布线系统模型的组成。

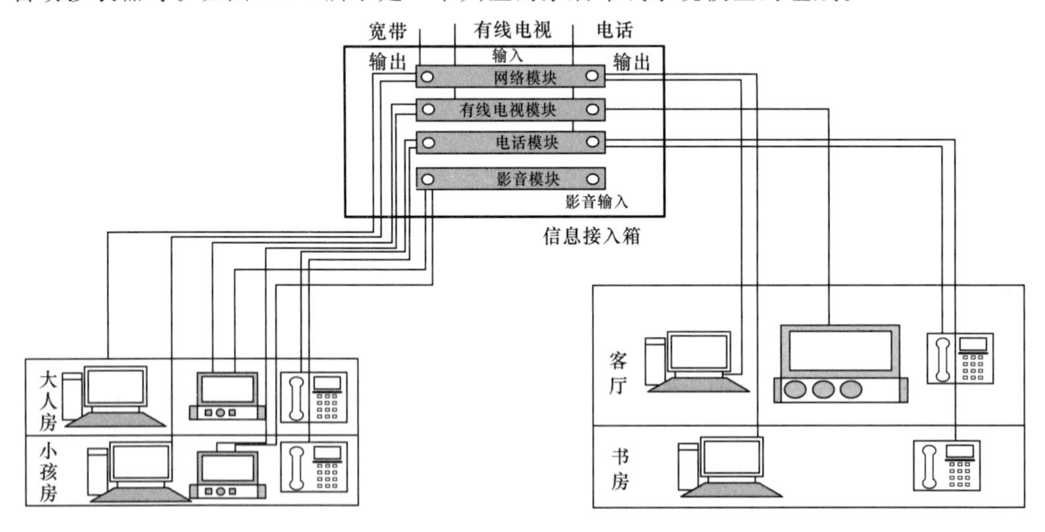


图 2-8-4 典型家居布线系统模型组成

该模型可实现计算机网络、有线电视、电话和影音的集中控制。系统由一个信号接入箱、各种线缆以及各个信息出口的标准接插件组成,功能部件采用模块化设计,模块和线路相互独立,连接网络为星型拓扑结构,单个线路出现故障,不会影响其他家电的使用。

### 2.家居布线信息接入箱

家居布线信息接入箱是家居布线模型的关键部分，它能对家庭的计算机网络、电话线、音频和视频线、同轴电缆、安防网络等线路进行合理有效的布置，实现对电话、传真、电脑、音响、电视机、影碟机、安防监控设备及其他网络信息家电的集中管理。家居布线信息接入箱简称为家居布线箱，又称为弱电箱、家居智能配线箱、多媒体集线箱、住宅信息配线箱等。

普通家居布线箱至少能控制有线电视信号、电话语音信号和网络数字信号这 3 种电子信号；较高级的布线箱则能控制视频、音频信号，如果房子所在的社区提供相应的服务，还可以实现电子监控、自动报警、远程控制信息家电等一系列功能。各种信号线在家居布线箱里都有相应的功能接口模块进行管理。

典型的家居布线箱结构如图 2-8-5 所示，包括各种功能模块，用于汇接各个信息点的连接线。

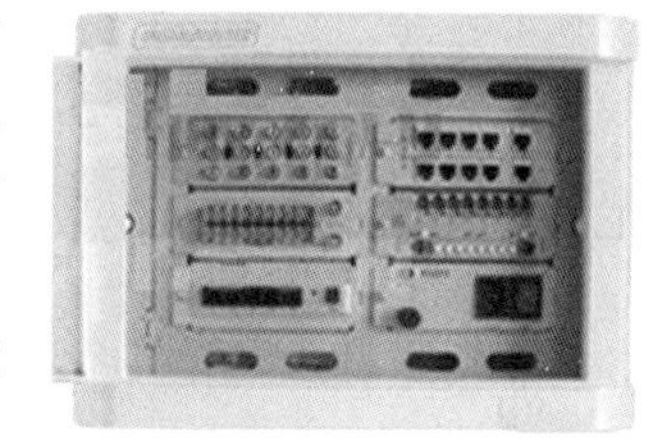

图 2-8-5　家居布线箱结构

家居布线箱里要安装各种设备，如宽带路由器、电话交换机、有线电视信号放大器等。通常采用厂家特定的集成模块，也可以由用户选用成品模块，前者与家居布线箱的尺寸配合较好，但价格较高。选用家居布线箱的原则如下：

(1)家居配线箱应根据住户信息点数量、引入线缆、户内线缆数量、业务需求选用。

(2)家居配线箱箱体尺寸应充分满足各种信息通信设备摆放、配线模块安装、线缆终接与盘留、跳线连接、电源设备及接地端子板安装等需求，同时应适应业务应用的发展。

(3)家居配线箱安装位置宜满足无线信号的覆盖要求。

(4)家居配线箱宜安装在套内走廊、门厅或起居室等便于维护处，并宜靠近入户导管侧，箱体底边距地高度宜为 500 mm。

(5)距家居配线箱水平 150～200 mm 处，应预留 AC220V 带保护接地的单相交流电源插座，并应将电源线通过导管暗敷设至家居配线箱内的电源插座。电源接线盒面板底边宜与家居配线箱底边平行，且距地高度应一致。

(6)当采用 220 V 交流电接入箱体内电源插座时，应采取强、弱电安全隔离措施。

接入箱的主要参数包括箱体材料、表面处理、外形尺寸、安装尺寸和包含的模块。

### 3.家居布线箱的功能模块

家居布线箱的功能模块管理各种信号输入和输出的连接。所有分布在各个房间的信息插座上的连接都集中连接到各个对应功能模块的背面(也有些模块采用正面插口)，这些模块的接口与分布在各信息点插座的接口一致。

①计算机电话模块

计算机电话模块又称为数据模块，由一组 RJ45 及一组 RJ11 插孔组成，主要实现对进入室内的计算机、电话的跳接。如图 2-8-6 所示是典型的计算机电话模块，包括计算机数据接入端口 1 个，输出端口 4 个。电话接入端口 1 个，室内电话接口 6 个。

②语音电话模块

语音电话模块与计算机电话模块相似，采用一组 RJ11 插孔，如图 2-8-7 所示。在安装时通过两条电话外线引进，室内电话接口有 8 个，采用 RJ11 接口，用来实现同一外线号码分支多台话机共用，分合开关控制进线口分合，通断开关控制信息口通断。

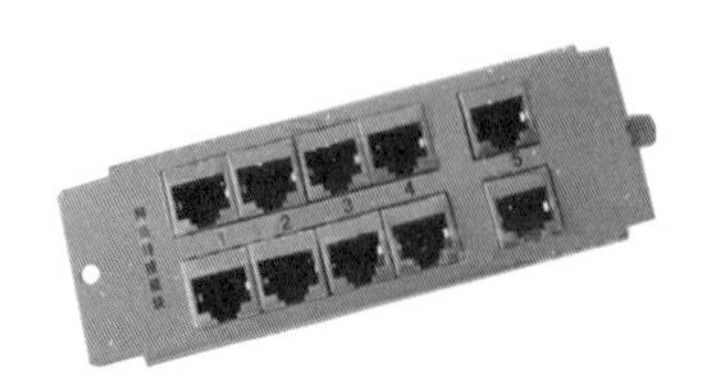

图 2-8-6 计算机电话模块

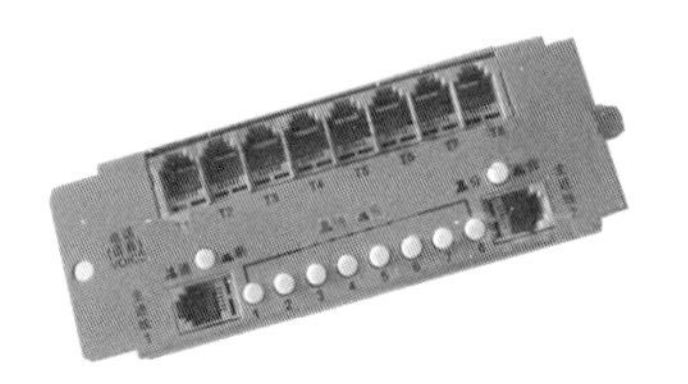

图 2-8-7 语音电话模块

③电视分配模块

电视分配模块用来分配电视信号和保持线路匹配，如图 2-8-8 所示。包括 1 个信号输入端口，4 个信号输出端口。内部连接方式为信号均衡分配；频带范围为 5～100 MHz。

④AV 音、视频模块

AV 音、视频模块提供音、视频分配标准接口及视频标准转接口，如图 2-8-9 所示。音、视频标准接口：1 进 4 出，共 5 组。具有信号输出与信号输入口复接或断开功能。

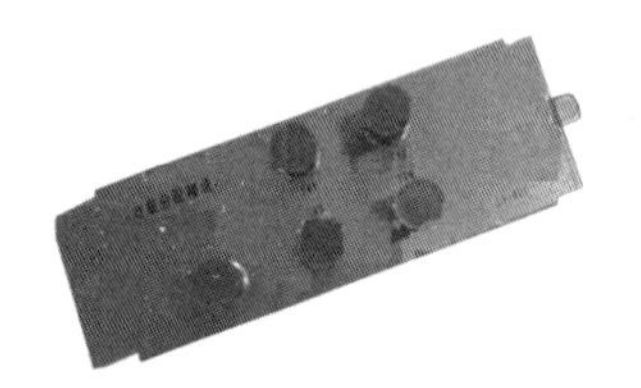

图 2-8-8 电视分配模块

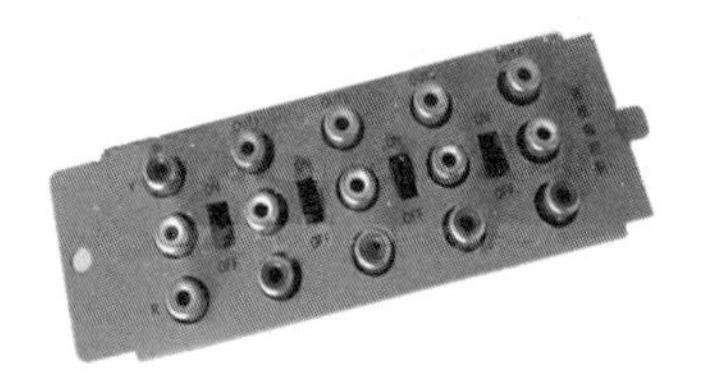

图 2-8-9 AV 音、视频模块

⑤安防、监控模块

该模块可用作家庭安防、视频监控、五表抄送等信号的中间连接点，包括 9 对弱电导线、1 个视频输入接口、1 个视频输出接口。接口类型为 BNC 型同轴接头，如图 2-8-10 所示。

⑥路由器模块

该模块提供多台计算机联网共享网上极速冲浪服务，允许多个用户同时共享一个合法 IP 地址访问互联网。支持虚拟拨号方式连接到 ISP，支持静动态路由。内建 NAT 防火墙保护局域网，支持 DMZ。可支持 IP 电话、视频会议、网络游戏等多媒体应用。工作速率：100 Mbit/s；稳压电源：7.5 V 1 A；功率：8 W；工作温度：0～65 ℃，如图 2-8-11 所示。

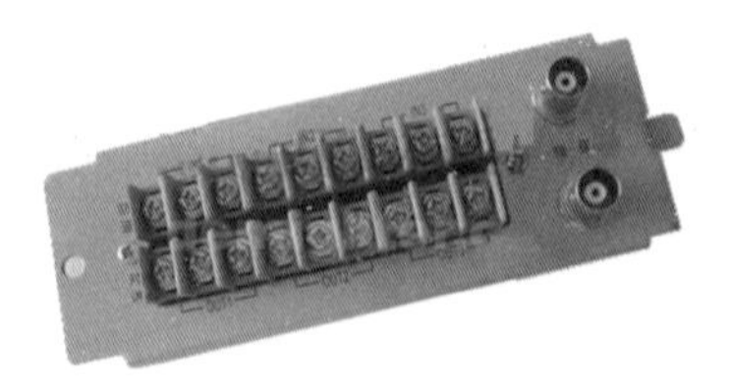

图 2-8-10 安防、监控模块

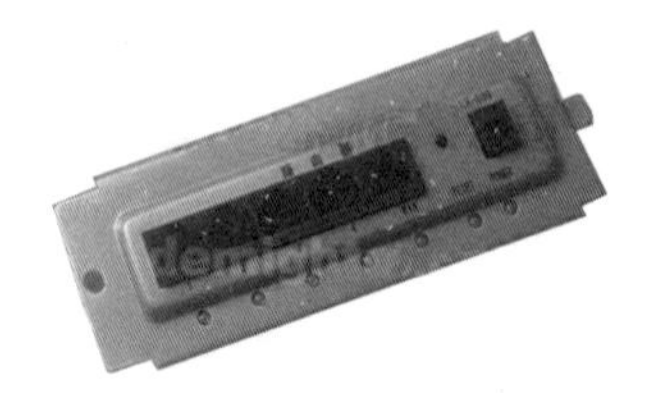

图 2-8-11 路由器模块

⑦电源模块

电源模块为信息箱的功能模块提供直流电源。电源模块的输入电源为 AC 165～245 V，频率：50 Hz，通常有两组输出，一组提供程控电话交换机的电源，另一组提供网络交换机、路由器、ADSL MODEM 的电源。实际选用时要注意输出电源的组数、每组电源的电压值、输出功率。如图 2-8-12 所示为一高质量电源模块，提供多媒体箱内集线器模块所需电源。电源：7.5 V 0.5 A；功率：4.6 W。

⑧装饰面板

装饰面板方便箱体内模块的扩展，可根据功能需求自行调整，如图 2-8-13 所示。

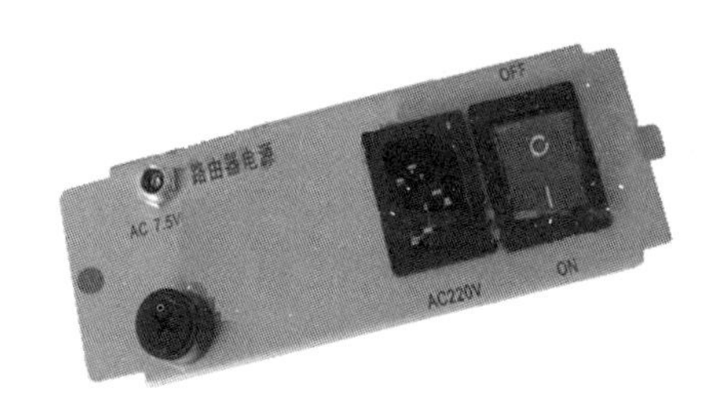


图 2-8-12 高质量电源模块

图 2-8-13 装饰面板模块

4.常用的信息接点面板

家居布线系统的用户端口由各种信息插座构成，包括计算机网络与电话插座、电视插座、音视频插座等。选用的关键首先是满足功能要求，其次要考虑耐用性、连接是否方便、是否美观等因素。

①计算机网络与电话插座

计算机网络插座采用 RJ45 插座，电话插座采用 RJ11 插座，网络插座与电话插座可采用相同的面板，分别安装 RJ45 信息模块和 RJ11 信息模块。如图 2-8-14 所示为网络与电话插座面板。

②电视插座

如图 2-8-15 所示为单孔电视插座，可与 75 Ω 同轴电缆插头进行连接。

③音视频插座

如图 2-8-16 所示为音视频插座，可提供视频、音响左右声道的连接。

图 2-8-14 网络与电话插座面板

图 2-8-15 单孔电视插座

图 2-8-16 音视频插座

## 8.3 项目实施

家居布线是一项系统工程，需要进行科学的规划、详细的设计和精确的施工才能完成，任何一个过程中的疏漏都会造成对系统功能的损害，轻则给家庭住户带来不便，重则导致智能家居布线系统敷设失败。因此，在进行家居布线的过程中，要把在综合布线系统中使用的规划、设计和施工理念加以灵活运用，要考虑家居布线的特点，从功能性、经济性、美观性方面出发，同时要考虑家庭住户个人审美观的差别，做出经得起时间检验的家居布线工程。

## 任务 8-1 规划与设计家居布线

家居布线应根据家庭需求进行规划，既要满足当前需要，又要有长远眼光。例如，家中的紧急呼救信息点就应该多设一些，可以有备无患；如果要实现家居环境的智能控制，则需要规划控制所需的现场总线；若要安装安防装置，则要预留相应的布线管道。

(1)需求分析

首先进行需求分析，与用户进行充分的沟通，让用户明白整个家居布线系统的设计理念。从家庭局域网络及宽带网、电话通信系统、有线电视系统、家庭办公系统、可视对讲(门铃)系统、智能灯光控制、家庭安防系统、家庭娱乐系统、家庭中央空调、环境控制、智能家电控制、远程监视监控等诸多功能中，与用户一起确认哪些需求是必需的，即定下基线。一般情况下，网络、电视、电话、安防是必要的功能。

(2)确定布线等级

根据需求基线，参照 CECS 119－2000 规范和 TIA/EIA 570A 标准，确定布线的等级。如果需要实现家居智能控制，则要选用控制系统；如果实现智能照明控制系统，则要选用相应照明控制系统；还要明确控制系统采用哪一种现场总线技术，并根据选用的现场总线，按拓扑结构要求布线。

(3)选型家用信息接入箱

以各模块安装及今后各线缆管理方便并留有余量为选型原则。根据以上弱电布线系统的方案中的系统多少与规模大小，选择相应大小的家用信息接入箱。要考虑各系统转接设备的安装方式，以及各种线缆的规格、型号、数量，包括今后各系统转接设备的维护、升级，各系统线缆如有线电视同轴电缆、5 类或超 5 类数据线、音频线、视频线、音箱线、各种控制线(可用 5 类线)、光纤等的管理。

(4)选择各弱电布线系统的转接设备(模块条)

根据数据和电话点的使用情况，有线电视分配模块、安防和可视对讲设备进行选择时，要根据探头数量选择开关量、模拟量和数据量等的输入/输出数量，如有光纤到户，可选用光缆接续模块。

(5)选择各弱电布线系统的信息面板及模块插座

有各种不同用途的专用模块插座，如电视、数据(电脑、家电)、电话、音频、视频、音箱等。如果数据模块插座安装于同一信息点(安插座的地方)，要考虑是否能合用暗盒和面板，比如同一点上有电话和电脑，就可选用 2 孔或 4 孔的信息面板，一孔做电话插座用，另一孔做电脑插座用。

(6)选择各弱电布线系统的线缆

有线电视和卫星电视可选用同轴电缆，一般为 SYV-75，直径为 3 mm、5 mm、7 mm、10 mm、15 mm。数据和各种控制线及防盗防灾探头都可用 5 类线布线，以减少线缆的种类。也可用超 5 类、6 类线缆，特殊场合(如潮湿环境)可用阻水线缆。音频线缆要用专用的带屏蔽护套的线缆，视频电缆用同轴电缆，音箱线要用专用的多股绞线。

(7)设计各类布线子系统

将各子系统分别设计成星型拓扑结构。

(8)汇总各布线子系统

将各子系统集成为总的家庭综合布线系统，看集成度的高低是否适中，反过来再局部调整各子系统的线缆、面板模块的选型。

(9)画出各子系统图及总图

(10)编制预算书

按照上面所确定的家庭综合布线系统的规模、选定的家庭信息接入箱、线缆、信息面板、模块插座以及暗埋穿线管的种类和数量，可制作出造价预算书。

## 任务 8-2 具体设计家居布线

按照《城市住宅建筑综合布线系统工程设计规范》(CECS 119－2000)的基本配置要求，每一间卧室、书房、起居室、餐厅等均应设置一个信息插座和一个电缆电视插座；主卫生间还应设置用于电话的信息插座；每个信息插座或电缆电视插座至壁龛式配线装置，各敷设一条5类4对双绞线电缆或一条75 Ω同轴电缆；壁龛式配线装置的箱体应一次到位，满足远期的需要。

### 1.系统组成

家居布线系统涉及工作区子系统、配线(水平)子系统、管理子系统及接入系统4个部分。本系统接入部分包括网络(数据)系统、电话分配系统、有线电视分配系统。

### 2.家庭信息接入箱的选择

选择HIB-L2型家庭信息接入箱，该箱体可安装8U单位的模块。

### 3.模块条的选择

网络模块条为8口交换机，1进7出，保证7台电脑同时联网。电话模块条也为8端口，1进7出。有线电视，1进4出，可连接4台电视。

### 4.信息面板的选择

根据客户的要求选择K系列面板。根据各个信息点的情况，选择相应信息面板和模块。语音、数据可用单孔和双孔面板。有线电视用单孔面板。

### 5.线缆选择

线缆采用两种，一种是超5类的非屏蔽双绞线，用于传输网络数据和语音信号；另一种是75 Ω同轴电缆。

### 6.系统设计

(1)信息点分布及布线路由

信息点分布及布线路由如图2-8-17所示。共设置信息点17个，其中电话口7个、数据口6个、电视口4个，具体数据见表2-8-3。

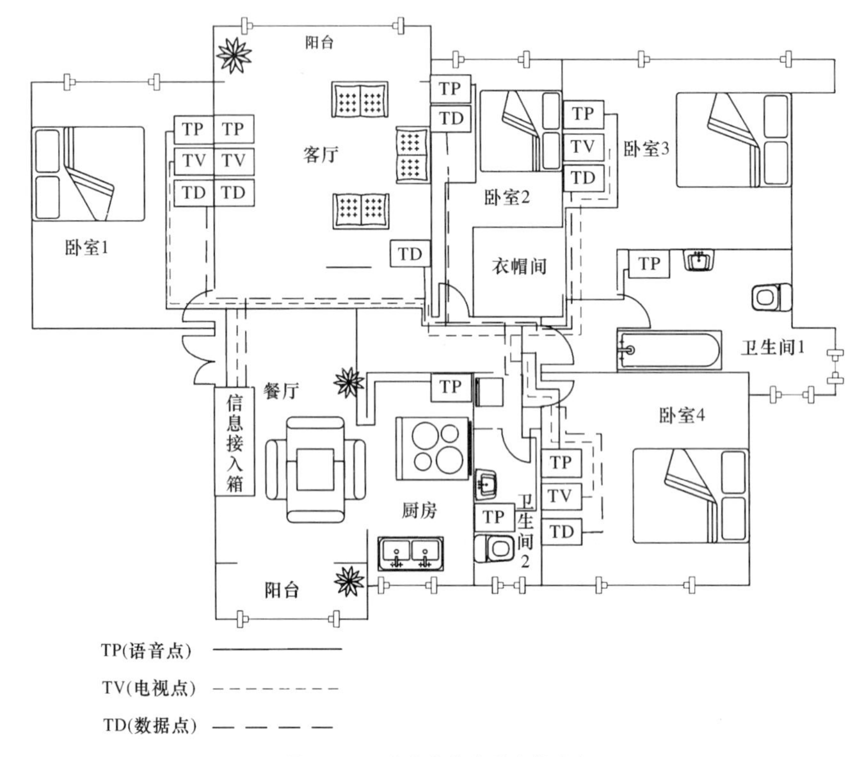


图 2-8-17 信息点分布及布线路由

表 2-8-3 房间信息点统计

| 房间 | 网络 | 语音 | 电视 |
| --- | --- | --- | --- |
| 卧室 1 | 1 | 1 | 1 |
| 客厅 | 2 | 1 | 1 |
| 卧室 2 | 1 | 1 | 0 |
| 卧室 3 | 1 | 1 | 1 |
| 卧室 4 | 1 | 1 | 1 |
| 卫生间 1 | 0 | 1 | 0 |
| 卫生间 2 | 0 | 1 | 0 |

(2)双绞线用线量计算:每个信息点平均水平长度约为 20 m,本系统共有 17 个数据、语音点,共计双绞线用线量为 340 m。

同轴电缆用线量计算:每个信息点平均水平长度约为 15 m,本系统共有 4 个电视信息点,共计同轴电缆用线量为 60 m。

(3)接入与配线子系统

小区安防对讲系统直接连接对讲系统,该系统的煤气安全、防盗安全、紧急呼救的开关信号需通过家居布线实现。家居布线的接入系统为一根有线电视接入线、一对电信服务商的电话线以及安防系统的开关信号。

配线子系统选用接入箱,具体要求如下:电话模块 10 个端口,网络模块有 8 个端口,电视模块有 4 个端口,安防模块有 4 对开关端子。

**7.编制预算**

具体材料清单见表 2-8-4。

表 2-8-4 材料清单(忽略型号)

| 序号 | 名称 | 型号 | 数量 | 单位 |
|---|---|---|---|---|
| 1 | 智能家居布线接入箱 | — | 1 | 个 |
| 2 | 超 5 类双口语音数据信息插座 | — | 7 | 个 |
| 3 | 超 5 类单口数据信息插座 | — | 1 | 个 |
| 4 | 单口语音信息插座 | — | 2 | 个 |
| 5 | 视频信息插座 | — | 4 | 个 |
| 6 | 超 5 类 4 对 UTP 线缆 | — | 340 | 米 |
| 7 | 75 欧姆同轴电缆 | — | 60 | 米 |
| 8 | 管槽 | — | 440 | 米 |
| 9 | 暗埋盒 | — | 17 | 个 |
| 10 | 管槽的配件 | — | 1 | 批 |

## 任务 8-3 进行家居布线施工

大部分新建的房屋均预留有布线的管道、管槽，因此，布线前必须熟悉环境的原来设计走线图，尽可能使用房屋原来的管道、管槽，根据客户的需求再做调整。现场施工时首先要根据 CECS 119－2000 规范的要求确定信息接入箱、各房间内信息点位置，确定从信息接入箱到各信息点的走向。具体的施工步骤可分为定位、开槽、布线与测试、封槽。

### 1.确定信息点位置

(1)点位确定的依据

根据家居布线设计图纸，结合墙上的点位，用铅笔、直尺或墨斗将各点位处的暗盒位置标注出来。

(2)暗盒高度的确定

除特殊要求外，暗盒的高度与原强电插座一致，背景音乐调音开关的高度应与原强电开关的高度一致。若有多个暗盒在一起，暗盒之间的距离至少为 10 mm。

(3)布线箱位置的确定

①内嵌式：在所采用弱电布线箱尺寸上宽、高各增加 10 mm，在深度方向上减少 10 mm。

②外置式：按所用产品的型号、尺寸标注固定孔位置。

③内置式：确定管线进入所用产品的高度。

### 2.开槽

(1)开槽路线原则

①路线最短。

②不破坏原有强电。

③不破坏防水。

(2)确定开槽宽度

根据信号线的数目确定 PVC 管的数目，进而确定槽的宽度。

(3)确定开槽深度

若选用 16 mm 的 PVC 管，则开槽深度为 20 mm；若选用 20 mm 的 PVC 管，则开槽深度为 25 mm。

(4)线槽外观要求

要做到横平竖直，大小均匀。

(5)线槽的测量

暗盒和配线箱独立计算,所有线槽按开槽起点到线槽终点测量,若线槽宽度超过80 mm,按双线槽长度计算。

3.布线

系统布线应确保“活线”。所谓“活线”,就是可以通过面板或接线盒直接将线拉出来。如果以后线路老化或是出现渗水等意外情况,不动家里的墙面和地面,就可以轻松地将旧线抽换成新线,不仅解除了线路这种隐蔽工程的后顾之忧,也方便了后期的维护和升级。

(1)保证线缆通畅

①网线、电话线的测试:分别做水晶头,用网络测试仪测试通断。

②有线电视线、音视频线、音响线的测试:分别用万用表测试通断。

③其他线缆:用相应专业仪表测试通断。

(2)确定各信息点的用线长度

①测量出配线箱槽到各点位端的长度。

②加上各点位及配线箱槽处的冗余线长度:各点位出口处线的长度为200~300 mm;配线箱内:线的长度为500 mm,背景音乐出口处线长为150~200 mm。

(3)确定标签

将各类线缆按一定长度剪断后在线的两端分别贴上标签,并注明弱电种类、房号、序号。

(4)确定管内线数

管内线总的横截面积不得超过管的横截面积的80%。

4.其他

(1)固定暗盒

除厨房、卫生间暗盒要凸出墙面20 mm外,其他暗盒与墙面要求齐平。几个暗盒在一起时要求在同一水平线上。

(2)固定PVC管

① 地面PVC管要求每间隔1 m必须固定。

② 地面槽PVC管要求每间隔2 m必须固定。

③ 墙槽PVC管要求每间隔1 m必须固定。

(3)封槽

封槽后的墙面、地面不得高于所在平面。

(4)清扫施工现场

封槽结束后,清运垃圾,打扫施工现场。

本案例的家居布线施工包括定位、信息接入箱安装、开槽、布线与测试、打线、封槽等步骤。定位、开槽、布线与测试、封槽施工参照本项目的要点进行。打线施工参照“信息模块端接技术”的打线要点进行。

施工过程要求严格遵守《城市住宅建筑综合布线系统工程设计规划》(CECS 119—2000)的“建筑物内综合布线管线设计”要求。

施工完成后要进行验收,及时发现和解决存在的问题,保证施工质量,保障家居布线系统的正常运转。

## 8.4 项目小结

家居布线是一个小型的综合布线系统，是综合布线的一个特例，可以作为一个完善的小区综合布线系统的一部分，也可以独立成为一套综合布线系统。本项目学习了家居布线的典型模型、信息接入箱结构、各模块的功能、家居布线规划与设计的一般过程和方法及家居布线系统的标准。

## 8.5 项目实训

以某楼盘户型或自己所居住房子的户型为基础，画出户型图，设计一套中等型的家居布线系统，绘制系统结构图、布线施工图，并写好施工方案。

## 8.6 项目习题

**1.填空题**

(1)家居布线的主要参考标准是________和________。

(2)我国家居布线的设计与施工应当遵循________规范。

(3)基本型配置中，每户可引入一条 5 类________双绞线电缆；同步敷设一条________ Ω 同轴电缆及相应的插座。

(4)基本型配置中，每个信息插座或电缆电视插座至壁龛室配线装置，各敷设一条 5 类________双绞线电缆或一条________ Ω 同轴电缆。

(5)综合型配置中，每户可引入两条 5 类 4 对双绞线电缆，必要时也可设置________光缆；同步敷设 1～2 条________ Ω 同轴电缆及相应的插座。

**2.选择题**

(1)暗盒的高度与原强电插座一致，背景音乐调音开关的高度应与原强电开关的高度一致。若有多个暗盒在一起，暗盒之间的距离至少为________ mm。

A.10　　B.20　　C.30　　D.40

(2)确定开槽时，若选用 16 mm 的 PVC 管，则开槽深度为________ mm；若选用________ mm 的 PVC 管，则开槽深度为________ mm。

A.15　　B.20　　C.25　　D.30

(3)地面 PVC 管要求每间隔________ m 必须固定。

A.0.5　　B.1.0　　C.1.5　　D.2.0

(4)除厨房、卫生间暗盒要凸出墙面________ mm 外，其他暗盒与墙面要求齐平。几个暗盒在一起时要求在同一水平线上。

A.15　　B.20　　C.25　　D.30

(5)地面槽 PVC 管要求每间隔________ m 必须固定。

A.0.5　　B.1.0　　C.1.5　　D.2.0

# 参 考 文 献

1.吴柏钦,综合布线设计与施工[M].北京:人民邮电出版社,2016.

2.余明辉,尹岗.综合布线系统的设计、施工、测试、验收与维护[M].北京:人民邮电出版社,2010.

3.胡选子,王志明,曹文梁.综合布线工程技术与实训教程[M].北京:清华大学出版社,2012.

4.梁裕,阳琼芳.网络综合布线设计与施工技术[M].北京:电子工业出版社,2011.

5.杜思深.综合布线[M].北京:清华大学出版社,2010.

6.曹隽,李存.综合布线技术[M].大连:大连理工大学出版社,2011.

7.王公儒.综合布线工程实用技术[M].北京,中国铁道出版社,2012.

8.综合布线工作组.数据中心系统布线的设计与施工技术白皮书,2008.

9.TIA 组织.www.tiaonline.org 资料